"十二五"普通高等教育本科国家级规划教材

"十三五"江苏省高等学校重点教材

新编大学化学实验（四）

综合与探究 ———————— 第三版

扬州大学　唐山师范学院　江苏理工学院
南通大学　上海第二工业大学　常州工学院 　合编

刁国旺　总主编　　韩　莹　颜朝国　主编

化学工业出版社

·北　京·

内容简介

"十二五"普通高等教育本科国家级规划教材《新编大学化学实验》共包括四个分册：基础知识与仪器、基本操作、仪器与参数测量、综合与探究。

第四分册为综合与探究，在化学一级学科的基础上以"制备与表征"为主线分两部分安排了实验 107 个，第一部分 72 个实验以有机合成为主，对一些新型方法与技术如机械化学合成、电化学合成也有所涉及，第二部分 35 个实验为探究性实验，涉及有机、无机、分析等各个方向，也可供毕业论文选择。每个实验都涉及两个或两个以上的二级学科，且使用了目前化学研究中的新技术、新方法，以提高学生的综合实验能力和科研能力。

《新编大学化学实验（四）——综合与探究》（第三版）内容广泛、实用、系统，适用于化学、化工、环境、生物、制药、材料等专业的本科生，也可供从事化学实验和科研的相关人员参考。

图书在版编目（CIP）数据

新编大学化学实验. 四，综合与探究 / 韩莹，颜朝国主编. — 3 版. — 北京：化学工业出版社，2025.8.
（"十二五"普通高等教育本科国家级规划教材）（"十三五"江苏省高等学校重点教材 / 刁国旺总主编）.
ISBN 978-7-122-48396-6

Ⅰ. O6-3

中国国家版本馆 CIP 数据核字第 2025ML8585 号

责任编辑：宋林青　　　　　　文字编辑：刘志茹
责任校对：边　涛　　　　　　装帧设计：史利平

出版发行：化学工业出版社
　　　　　（北京市东城区青年湖南街 13 号　邮政编码 100011）
印　　装：河北鑫兆源印刷有限公司
787mm×1092mm　1/16　印张 15¾　字数 376 千字
2025 年 8 月北京第 3 版第 1 次印刷

购书咨询：010-64518888　　　　售后服务：010-64518899
网　　址：http://www.cip.com.cn
凡购买本书，如有缺损质量问题，本社销售中心负责调换。

定　　价：39.80 元　　　　　　版权所有　违者必究

"十二五"普通高等教育本科国家级规划教材
《新编大学化学实验》（第三版）编委会

总 主 编：刁国旺

副总主编：韩 莹 于 静 刘维桥 葛 明 周全法 周 品

编 委（以姓氏汉语拼音为序）：

陈 铭（扬州大学）　　　　　刁国旺（扬州大学）

丁元华（扬州大学）　　　　　葛 明（南通大学）

顾卫华（上海第二工业大学）　韩 莹（扬州大学）

嵇正平（扬州大学）　　　　　贾雪平（南通大学）

李改花（唐山师范学院）　　　刘 巍（扬州大学）

刘维桥（江苏理工学院）　　　刘 燕（扬州大学）

刘玉海（江苏理工学院）　　　马 诚（扬州大学）

倪鲁彬（扬州大学）　　　　　商艳芳（南通大学）

宋肖锴（江苏理工学院）　　　孙德立（上海第二工业大学）

王继芬（上海第二工业大学）　王玲玲（常州工学院）

王书博（常州工学院）　　　　吴 俊（扬州大学）

颜朝国（扬州大学）　　　　　杨廷海（江苏理工学院）

杨占军（扬州大学）　　　　　姚 勇（南通大学）

于 静（唐山师范学院）　　　张 燕（上海第二工业大学）

张 源（唐山师范学院）　　　周 品（常州工学院）

周全法（上海第二工业大学）　朱霞石（扬州大学）

《新编大学化学实验（四）
——综合与探究》（第三版）编写组

主 编：韩 莹 颜朝国

副主编：姚 勇 张 源 宋肖锴 张 燕 王书博

参 编（以姓氏汉语拼音为序）：

蔡明建　程洁红　程庆霖　丁元华　高 盼　郭 霞

菅盘明　蒋 敏　景崤壁　鞠 涛　阚锦晴　李增光

李中春　林 伟　刘晓岚　刘永红　牟志刚　倪鲁彬

石尧成　宋根萍　孙 晶　童 霏　徐红胜　王颉胤

王存德　王光荣　王 菊　王 磊　杨 冰　杨成根

杨凤丽　杨廷海　杨占军　俞 磊　袁 宇　翟江丽

张扣林　张曼莹　张 宁　张 青　张树伟　张永才

朱绍群　朱霞石

第三版编写说明

《新编大学化学实验》第一版于 2010 年出版，并于 2016 年修订再版。本系列教材出版以来，扬州大学、唐山师范学院、江苏理工学院等多所院校先后选择本套教材的全部或部分作为所在院校相关专业的化学实验课程教学用书，受到广大师生的普遍好评。该套教材 2014 年被评为"十三五"江苏省高等学校重点教材，同年入选"十二五"普通高等教育本科国家级规划教材。本次修订是为适应高等教育尤其是化学实验教学在相关专业高素质人才培养的需求，结合多年来化学实验教学改革经验而进行的。本次修订保持原书的框架结构不变，全套书仍分为四个分册。为进一步强化编写质量，除第三分册外，其余三个分册均采用双主编制，其中第一分册基础知识与仪器，主编由倪鲁彬和刘巍担任；第二分册基本操作，主编由杨占军和朱霞石担任；第三分册仪器与参数测量，主编由丁元华担任；第四分册综合与探究，主编由韩莹和颜朝国担任。全套书由刁国旺任总主编，韩莹、于静、刘维桥、葛明、周全法、周品任副总主编。

本次修订结合近几年教学实践和教学改革的成果，对原书部分内容进行了删改；为培养学生的创新能力，将部分与化学学科相关的前沿技术融入大学化学实验教学中；同时为提升教材的普适性，进一步提升教材的编写质量，对参编院校和参编人员进行整合，优先聘请一线教学人员担任本教材的编写工作。南通大学、上海第二工业大学和常州工学院等院校的加入，大幅增加了适应不同学科基础化学实验教学要求的实验内容，极大地丰富了本教材基础实验的内涵。

本书在修订过程中，分属各校的副总主编负责所在院校的组织工作，并审查相关编写内容，全书由刁国旺教授负责主审和统稿。

由于编者水平有限，书中难免会出现不足及疏漏之处，恳请广大师生及读者批评指正。本书在修订时，得到了江苏省重点教材项目、省教改基金（2015JSJG063）、扬州大学重点教材建设项目和出版基金的资助，在此一并表示感谢。

编者
2025 年 3 月

第三版前言

本书为《新编大学化学实验》系列教材第四分册，主要涉及综合与探究性实验。自2016年再版以来，本教材凭借其系统性和实用性，被全国多所高校选为实验课程用书，并广受师生好评。然而，随着我国高等教育改革的深化与化学实验教学的快速发展，实验室建设水平显著提升，大型仪器设备和新兴技术逐步融入基础实验教学。为顺应这一趋势，满足新时代人才培养需求，我们对第四分册进行了全面修订与完善。

本次修订充分吸纳了近年来同类院校的教学改革成果，特别感谢各参编院校提供的宝贵经验与案例，进一步增强了教材的普适性与适应性。针对原版中综合实验数量不足、内容覆盖面有限的问题，本次修订新增13个综合性实验和6个探究性实验，涵盖材料化学、环境分析、绿色合成等多个领域，为不同教学需求提供灵活选择。特别聚焦合成化学领域的技术革新，新增手性合成、光催化合成、电化学合成、机械合成技术、超分子合成等现代合成方法，构建并解析新型反应体系，助力学生掌握高效、精准的合成路径。同时，修订版强化了学科前沿动态与基础实验的融合，引入先进材料表征技术和光谱分析应用等模块，并鼓励学生通过自主探究理解合成机理与材料功能的关联。安全规范与环保理念的全程渗透，全面提升学生的科研素养与创新能力。

本分册由韩莹教授和颜朝国教授主编，姚勇，张源、朱肖锴、张燕、王书博任副主编。参加实验编写的老师有：扬州大学菅盘明（实验1.1、1.2），丁元华（实验1.3），郭霞（实验1.4、2.8、2.9），韩莹（实验1.5、1.40～1.42、1.62、1.67），鞠涛（实验1.6、2.33），孙晶（1.7、1.33、1.34、1.55～1.58），袁宇（实验1.10、1.11，共同编写实验1.12、1.13），宋根萍（实验1.14、1.15、1.24、2.12），景崤壁（实验1.16～1.23、2.3），颜朝国（实验1.25、1.26、1.43、1.44、1.46），朱霞石（实验1.27、1.28），王存德（实验1.29～1.32、2.1、2.2），石尧成（实验1.35～1.39、1.52），俞磊（实验1.45），杨成根（实验1.47），刘永红（实验1.48、1.61、2.13），张扣林（实验1.51），张树伟（实验1.54），李增光（实验1.59、1.60），朱绍群（实验1.65），高盼（实验1.66），阚锦晴（实验2.4、2.5），王菊（实验2.6），王赪胤（实验2.7），张永才（实验2.10、2.11），刘晓岚（2.14），王磊（实验2.32），倪鲁彬（实验2.34），杨占军（实验2.35）；唐山师范学院蔡明建（实验1.8），王光荣（实验1.9、2.15），张宁（实验1.49），张青（实验1.50），翟江丽（实验1.63），张源（实验1.64）；江苏理工学院程洁红（实验2.16），程庆霖（实验2.17），蒋敏（实验2.18），李中春（实验2.19），林伟（实验2.20、2.21），牟志刚（实验2.22），宋肖锴（实验2.23），童霏（实验2.24），徐红胜（实验2.25），杨凤丽（实验2.26），杨廷海（实验2.27），张曼莹（实验2.28）；南通大学杨冰（实验1.53），姚勇（实验2.29～2.31）；上海第二工业大学张燕（共同编写实验1.12、1.13）；常州工学院王书博（实验1.68～1.72）。

教材修订过程中，编者力求精益求精，但受限于水平与时间，疏漏之处在所难免。恳请广大师生与读者不吝指正，我们将持续听取建议，不断完善教材内容，助力大学化学实验教学的高质量发展。

编者

2025 年 3 月

第一版序

关于化学实验的重要性和化学实验教学在培养创新人才中的作用，我国老一辈化学家从他们的创新实践中提出了非常精辟的论述。傅鹰教授提出："化学是实验的学科，只有实验才是最高法庭。"黄子卿教授指出："在科研工作中，实验在前，理论在后，实验是最基本的。"戴安邦教授对化学实验教学的作用给予了高度的评价："为贯彻全面的化学教育，既要由化学教学传授化学知识和技术，更须通过实验训练科学方法和思维，还应培养科学精神和品德。而化学实验课是实施全面的化学教育的一种最有效的教学形式。"老一辈化学家的论述为近几十年来化学实验的改革指明了方向，并取得了丰硕的成果。

什么是创新人才？创新人才应具备的品质是：对科学的批判精神，能发现和提出重大科学问题；对科学实验有锲而不舍的忘我精神；对学科的浓厚兴趣。而学生对化学实验持三种不同态度：一类是实验的被动者，这类学生不适合从事化学方面的研究工作；一类是对实验及研究充满激情，他们可以放弃节假日，埋头于实验室工作，他们的才智在实验室中得以充分体现，他们是"创新人才"的苗子；一类是对实验既无热情也不排斥，只是把实验当成取得学分的手段，这类学生也许能成为合格的化学人才，但绝不能成为创新人才。因此，对待实验室工作的态度是创新人才的"试金石"，有远见的化学教育工作者应创造机会让优秀学生脱颖而出。

近三十年来，各高校对实验教学的重视程度有所提高，并取得了系统性的认识和成果，但目前的实际情况尚不尽如人意，在人们的思想中，参加实验教学总是排在科学研究、理论教学工作之后，更不愿把精力放在教学实验的研究工作上。但是，以扬州大学刁国旺教授为首的教学集体以培养创新人才为己任，长期投入、潜心钻研、追求创新，研究出一批新实验，形成了富有特色的化学实验教学新体系，编写了新的实验教材，受到了同行的高度好评，成为江苏省人才培养模式创新实验示范区、大学化学实验课程被评为江苏省精品课程，刁国旺教授荣获江苏省教学名师，这种精神是难能可贵的。《新编大学化学实验》就是他们的最新研究成果，全书特色鲜明：(1) 全：全书收集了教学实验 214 个，囊括了基础综合探究性各类实验，可能是目前国内收编教学实验最多的化学实验教科书之一，是实验教学改革成果的结晶。(2) 新：收集的实验除了经典的基本实验外，相当多的实验是新编的，有的就是作者的科研成果转化而来，使实验训练接近最新的科学前沿。本教材也以全新的模式展现给读者。(3) 细：从实验教学出发，教材在编写时细致周到，既为学生提供了必要的提示，也为教师在安排实验教学上提供了很大的自由度。

期望《新编大学化学实验》的出版能给我国化学实验教学带来新活力、增添新气象、开创新局面，培养出更多的创新人才。

高盘良

2010 年 5 月 16 日

第一版编写说明

众所周知，化学是一门以实验为基础的学科，许多化学理论和定律是根据大量实验进行分析、概括、综合和总结而形成的，同时实验又为理论的完善和发展提供了依据。化学实验作为化学教学中的独立课程，作用不仅是传授化学知识，更重要的是培养学生的综合能力和科学素质。化学实验课的目的在于：使学生掌握物质变化的感性知识，掌握重要化合物的制备、分离和表征方法，加深对基本原理和基本知识的理解掌握，培养用实验方法获取新知识的能力；掌握化学实验技能，培养独立工作和独立思考的能力，培养细致观察和记录实验现象、正确处理实验数据以及准确表达实验结果、培养分析实验结果的能力和一定的组织实验、科学研究和创新的能力；培养实事求是的科学态度，准确、细致、整洁等良好的科学习惯和科学的思维方法，培养敬业、一丝不苟和团队协作的工作精神和勇于开拓的创新意识。为此，教育部化学与化工学科教学指导委员会制定了化学教学的基本内容，并对化学实验教学提出了具体要求。江苏省教育厅也要求各教学实验中心应逐渐加大综合性与设计性实验的比例，加强对学生动手能力的培养。扬州大学化学教学实验中心作为省级化学教学实验示范中心，始终注重实验教学质量，于1999年起尝试实验教学改革，于2001年在探索和实践中建立一套独特的实验教学体系，并编写了《大学化学实验讲义》（以下简称《讲义》），该《讲义》按照实验技能及技术的难易程度和实验教学的认知规律分类，分别设立基础实验、综合实验和探究实验。其中基础实验又分成基础实验一和基础实验二，分别在大学一、二年级开设，主要训练学生大学本科阶段必须掌握的基本实验技能技巧、物质的分离与提纯、常用仪器的性能及操作方法、常规物理量测量及数据处理等，了解化学实验的基本要求。在完成基础实验训练后，学生于三年级开设综合性实验。该类实验以有机合成、无机合成为主线，辅之以各种分析测量手段，一方面学生可学到新的合成技术，同时又可以利用在一、二年级掌握的基本实验技术，对合成的产品进行分离提纯、分析检测，并研究相关性质等。综合性实验一方面可帮助学生复习、强化前面已学过的知识，进一步规范实验操作技能和技巧；另一方面也可培养学生综合应用基础知识和提高解决实际问题的能力。在此基础上，开设探究性与设计性实验，该实验内容主要来自最新的实验教学改革成果，也有部分为最新的科研成果。按照设计要求，该类实验，教科书只给出实验目的与要求，学生必须通过查阅参考文献，撰写实验方案，经指导老师审查通过后独立开展实验，对于实验过程中发现的问题尽可能自行解决。该类实验完全摒弃了以往实验教学中常用的保姆式教育，放手让学生去设计、思考，独立自主地解决实际问题，使学生动手能力得到了显著提高。经过4年的教学实践证明，采用这一课程体系，综合性与设计性实验的课时数占总实验课时数可以达到40%左右。师生普遍反映该课程体系设计科学、合理，学生在基础知识、基础理论和实践技能培训方面得到全面、系统训练的同时，综合解决实际问题的能力得到进一步加强。《讲义》经4年的试用，不断完善，并于2006年与徐州师范大学联合编写了《大学化学实验》系列教材，由南京大学出版社正式出版发行。两校从2006年夏起，以本套丛书作为本校化学及近化学各专业基础化学实验的主要教材，至2010年，先后在化学、应用化学、化学工程与工艺、制药工程及高分子材料与工程等专业近4000名学生中使用，师生普遍反映良好，该教材也被评为普通高等教育"十一五"国家级规划教材和江苏省精品教材。但在实际使用过程中，也发现原教材存在诸多不足。为此，扬州大学、徐州师范大学以及盐城师范学院、盐城工学院、徐州工程学院、淮海工学院和淮阴工学院一起于 2008 年春在扬州召开了实验教学改革经验交流会及实验教材建设会议，在充分肯定《大学化学实验》教材取得成功经验的基础上，也提出了许多建设性的建议，并决定成立《新编大学化学实验》编写委员会，对《大学化学实验》教材进行改编。会议决定，《新编大学化学实验》仍沿用《大学化学实验》的编写体系，即全套共由四个分册组成，第一分册介绍实验基础知识、基本理论和基本操作以及常规仪器的使用方法等，刘巍任主编；第二分册为化学实验基本操作实验，朱霞石任主编；第三分册为仪器及参数测量类实验，丁元华任主编；第四分册为综合与探究实验，颜朝国任主编。全书由刁国旺任总主编，薛怀国、沐来龙、许兴友、张根成、邵荣、杜锡华和马卫兴等任副总主编，刁国旺、薛怀国负责全套教材的统稿工作。

本次改编时，在保留原教材编写体系的同时，根据实际教学需要，又作了以下几点调整：

（1）为反映实验教学的发展历史，同时也为适应不同学校的教学需求，适当增加了部分基础实验内容，安排了部分利用自动化程度相对较低的仪器进行测量的实验，有利于加深学生对实验测量基本原理的认识。

（2）为强化实验的可操作性，注意从科研和生产实践中选择实验内容。

（3）考虑到现代分析技术发展迅速，在仪器介绍部分，增加了现代分析技术经常使用的较先进仪器的介绍，以适应不同教学之需要，也可供相关专业人员参考。

（4）部分实验提供了多种实验方案，一方面可拓宽学生的知识视野，同时也便于不同院校根据自身的实验条件选择适合自己的教学方案。

（5）吸收了近几年实验教学改革的最新研究成果。

全套教材共收编教学实验 214 个，涉及基础化学实验教学各个分支的教学内容，各校可根据具体教学需求，自主选择相关的教学内容。

希望本套教材的出版，能为我国高等教育化学实验教学的改革添砖加瓦。

本套教材是参编院校从事基础化学实验教学工作者多年来教学经验的总结，编写过程中得到扬州大学郭荣教授、胡效亚教授等的关心和支持；北京大学高盘良教授担任本套教材的审稿工作，提出了许多建设性的意见，并欣然为本书作序，在此一并表示谢意！

本套教材由扬州大学出版基金资助。

由于编者水平有限，加之时间仓促，不足之处在所难免，恳请广大读者提出宝贵意见和建议，以便再版时修改。

编委会
2010 年 5 月

第一版前言

本书为《大学化学实验新体系系列教材》丛书的第四分册，是在原扬州大学化学化工学院《大学化学实验——综合和探索性实验》讲义的基础上，联合其他兄弟院校经过修改、增加和充实编写而成的。本书可用作综合性大学化学、化工、环境科学、生物化学、医学等专业的基础实验教材，亦可供其他大专院校从事化学实验工作的有关人员参考。

教育部化学与化工学科教学指导委员会制订的化学本科专业基本教学内容中明确指出，化学本科专业基础课教学应着力培养具有宽广知识基础和基本技能，能够适应未来发展需要的专业人才。教学的基本内容应着眼于为学生今后发展奠定基础，努力达到本科教学不只是传授知识（基础的，前沿的），更要传授获取知识的方法和思想，培养学生的创新意识和科学品质，使学生具备潜在的发展能力和基础（继续学习的能力，表述和应用知识的能力，发展和创造知识的能力）。

本册教材正是基于此要求，在基础实验训练的基础上，训练学生综合实验和探究性实验的能力。实验内容以"物质的制备——分离分析——性质与结构表征"为主线，将先期大学化学实验的基本技能和基本操作训练、物质合成实验、仪器分析实验等多项实验内容融合在新的综合化学实验体系中，在实验中大量使用大型现代分析仪器，提高学生学习兴趣和实验效果，尽量避免旧教学体系中相似实验的重复安排，提高实验教学效率。

基于上述认识，我们开始了作为大学化学实验教学新体系第四分册——综合性实验和探究性实验的编写工作。在编写过程中，许多教师结合自己多年的研究工作，将最新的研究成果编写成相应的实验内容，强调实验内容的综合性和实用性，在化学一级学科的基础上安排实验内容，共有 48 个实验。每一个实验都包含了两个或两个以上二级学科的内容，使得学生能从实际的化学研究、产品开发等方面培养解决综合性问题和实际问题的能力，更快地掌握进行科学研究和生产实践的思维方法和基本技能。综合实验的内容包括实验目的、实验原理、仪器与试剂、实验步骤、结果与讨论、注意事项、思考题、参考文献等栏目。探究性实验的内容主要有实验目的和要求、实验背景、参考文献等。探究性实验的编写力求体现最新的科学研究成果，实行导师制。由导师提出要求，学生根据掌握的知识、技能，通过查阅文献，提出解决问题的方案，经指导老师审阅后，独立开展实验工作。该部分内容可以是动态的，教师随时可以增加新的实验课题，供学生选择。因此本教材中仅编入了少量探究性实验，共 14 个，作为实验范例，不同性质的学校可以根据自己的实际情况，以本实验为参考，灵活安排实验内容。

本分册由颜朝国主编，参加编写的有扬州大学菅盘铭（实验 1.1、1.2），单丹（实验 1.3），郭霞（实验 1.4），袁宇（实验 1.10～1.13），宋根萍（实验 1.14、1.15），景崤壁（实验 1.16～1.23），阚锦晴（实验 1.24），颜朝国（实验 1.25、1.26、1.43、1.44、1.46），朱霞石（实验 1.27、1.28），王存德（实验 1.29～1.32），孙晶（实验 1.33、1.34），石尧成（实验 1.35～1.39），韩莹（实验 1.40～1.42），俞磊（实验 1.45），刘晓岚（实验 1.47），刘永红（实验 1.48），徐州工程学院董藜明（实验 1.5），盐城工学院邵荣（实验 1.6、1.7），徐州师范大学王香善教授（实验 1.8、1.9）。探究性实验的编写者见各实验后。刁国旺负责全套教材的统稿工作。

由于编者水平所限，时间仓促，疏漏之处在所难免，敬请广大读者批评指正，以便再版时参考。

编者
2010 年 5 月

第二版编写说明

2010 年《新编大学化学实验》第一版出版，本系列教材吸收了多所院校的实验教学改革经验，并结合教育部关于加强大学生实践能力与创新能力培养的教学改革精神，在满足教育部化学专业教学指导委员会关于化学及近化学类专业化学基础实验的基本要求的前提下，对整个大学化学实验的内容和体系进行了全方位的更新，得到同行专家的首肯。2014 年该教材先被评为江苏省重点教材，后入选"十二五"普通高等教育本科国家级规划教材。该系列教材出版以来，扬州大学、盐城师范学院、江苏师范大学、徐州工程学院和唐山师范学院等院校先后选择该书为本校相关本科专业基础化学实验教材，受到了广大师生的普遍好评。

经过近六年的教学实践验证，本套教材比较符合本科化学及近化学类专业基础化学实验的基本要求，因此在第二版中基本保留了原书的框架结构，只是对部分内容进行了删改或增加。修订时遵循的基本原则：一是尽量吸收近年来实验教学改革的最新成果，将现代科学发展的前沿技术融入基础化学实验教学中，为提升学生的创新能力、拓宽学生的知识视野提供了保证；二是对参编院校进行了调整，他们提供了许多优秀的实验教学方案，使本书教学内容更加丰富。编者相信，通过本次修订，本书的普适性会更强。

由于编者水平有限，书中难免会出现不足及疏漏之处，恳请广大师生及读者批评指正。

本书在修订时，得到了江苏省重点教材项目、省教改基金（重点）、扬州大学出版基金和教改项目的资助。特此感谢！

编者
2016 年 2 月

第二版前言

本书为《新编大学化学实验》教材的第四分册。本教材于 2010 年出版以来，被多所高校选用，并得到了大家的肯定和认可。与此同时，也发现存在一些不足。目前我国高等学校的课程建设和大学化学实验教学已经进入了一个新的发展阶段。实验室建设，特别是实验设备已经上了一个新台阶。各种新技术和一些大型仪器都开始在基础实验中得到使用。为适应新的发展，我们对《新编大学化学实验》第四分册进行了修订。

与第一版教材相比，本版教材在修订时注意吸收同类院校的教学改革经验，尤其是唐山师范学院、江苏理工学院等院校的加盟，使本册教材的普适性更强。基于原教材综合化学实验数量不足，难以满足不同院校教学需求的情况，本次修订时，新增加了 16 个综合化学实验，这样不同使用单位在使用过程中的选择性更大。针对目前新的实验技术和新的实验方法在化学研究中广泛使用的情况，比如化学研究中大量涉及纳米材料的形貌表征和性能测试方法、绿色化学合成方法等，修订时适当增加探索性实验篇幅，引入现代实验技术与前沿研究成果，供有条件的院校选做。

本分册由颜朝国教授主编，参加实验编写的老师有：扬州大学菅盘明（实验 1.1、1.2），丁元华（实验 1.3），郭霞（实验 1.4、2.8、2.9），韩莹（实验 1.5、1.40～1.42、1.62、1.63），袁宇（实验 1.10～1.13），宋根萍（实验 1.14、1.15、1.24、2.12），景崤壁（实验 1.17～1.23、2.3），颜朝国（实验 1.25、1.26、1.43、1.44、1.46），朱霞石（实验 1.27、1.28），王存德（实验 1.29～1.32、2.1、2.2），孙晶（1.33、1.34、1.54～1.58），石尧成（实验 1.35～1.39、1.53），俞磊（实验 1.45），刘晓岚（实验 1.47、2.14），刘永红（实验 1.48、1.61、2.13），李增光（实验 1.59、1.60），阚锦晴（实验 2.4、2.5），王菊（实验 2.6），王赖胤（实验 2.7），张永才（实验 2.10、2.11）；盐城工学院何建玲（实验 1.6、1.7）；唐山师范学院蔡明建（实验 1.8），王光荣（实验 1.9、2.15），张宁（实验 1.49），张青（实验 1.50）；盐城师范学院杨锦明（实验 1.16、1.51、1.52）；江苏理工学院程洁红（实验 2.16），程庆霖（实验 2.17），蒋敏（实验 2.18），李中春（实验 2.19），林伟（实验 2.20、2.21），牟志刚（实验 2.22），宋肖锴（实验 2.23），童霏（实验 2.24），徐红胜（实验 2.25），杨凤丽（实验 2.26），杨廷海（实验 2.27），张曼莹（实验 2.28）。

由于编者水平有限，时间仓促，书中疏漏和不足之处在所难免，敬请广大师生和读者批评指正，以便再版时参考。

编者
2015 年 11 月

目　录

第一部分 综合性实验

实验1.1 4A分子筛的合成及吸水性能测定

【实验目的】

1. 了解水热法合成分子筛的过程以及分子筛的性能。
2. 熟悉分子筛合成过程中的成胶、晶化、洗涤、干燥、活化等基本操作。

【实验原理】

分子筛是一种人工合成、具有均一孔径的硅铝酸盐，具有突出的吸附性能、离子交换性能和催化性能，因此被广泛用作干燥剂、吸附剂和催化剂等。目前合成分子筛的型号已有几十种。本实验采用水热法合成 4A 型分子筛原粉。4A 分子筛是具有 Al-O 和 Si-O 四面体的三维骨架结构的晶状化合物，其化学组成通式为：$Na_2O \cdot Al_2O_3 \cdot 2SiO_2 \cdot 5H_2O$，晶胞结构的化学式为：$Na_{12}[(AlO_2)_{12}(SiO_2)_{12}] \cdot 27H_2O$，属于立方晶系。4A 分子筛晶胞中心有一孔穴，这一孔穴是由 12 个四元环、8 个六元环和 6 个八元环组成的二十六面体笼状结构，笼的平均直径为 11.4Å（$1\text{Å}=10^{-10}\text{m}$），笼的体积为 760Å^3，笼的最大窗孔是八元环，八元环的孔径是 4.1Å，故称为 4A 分子筛。

4A 分子筛是以水玻璃（Na_2SiO_3）、偏铝酸钠（$NaAlO_2$）和氢氧化钠为原料，按一定的比倒，在剧烈搅拌下，使它们形成硅铝凝胶，然后在合适的温度下，使它们转化为晶体的硅铝酸盐。晶化是在 100℃ 的温度下进行的。晶化时间需要 8h 以上。晶化程度可用显微镜观察，如果结晶是正方形，则表示晶化已完成。经过滤、洗涤、干燥，即可得到 4A 分子筛原粉。

【仪器与试剂】

仪器：100mL 高压反应罐 4 个，250mL 烧杯 2 只，1000mL 大烧杯或 600～1000mL 搪瓷杯二只，500mL 平底烧瓶 1 只，布氏漏斗和吸滤瓶 1 套，真空干燥器 1 只，小试管 4 只，50mL 量筒 3 只，台秤，电动搅拌器，1000 倍显微镜，马弗炉，电热恒温烘箱。

试剂：水玻璃 Na_2SiO_3（规格要求：模数＞2，密度 40°Bé），固体 NaOH，$Al(OH)_3$（工业用），变色硅胶，混合指示剂（甲基红 0.2% 乙醇溶液＋溴甲酚绿 0.2% 乙醇溶液按 5∶3 本积比混合）。

【实验步骤】

（一）4A 分子筛的合成

1. 配料

（1）实验准备室提供以下已知浓度的原料。

① 水玻璃溶液：Na_2O 的浓度为 c_1，SiO_2 的浓度为 c_2。

② 偏铝酸钠溶液：Na_2O 的浓度为 c_3，Al_2O_3 的浓度为 c_4。

③ NaOH 溶液：Na_2O 的浓度为 c_5。

（2）反应料浆的配比：

$Al_2O_3 : SiO_2 : Na_2O = 1 : 2 : 4$，$c_{Al_2O_3} = 0.25\,mol \cdot L^{-1}$

反应物总体积 = 400mL

（3）根据以上数据，计算下列原料用量：

水玻璃用量 $$V_1 = \frac{400 \times 0.25}{c_2}$$

偏铝酸钠用量 $$V_2 = \frac{400 \times 0.25}{c_4}$$

NaOH 用量 $$V_3 = \frac{400 \times 1 - c_1 V_1 - c_3 V_2}{c_5}$$

2. 成胶（硅铝胶的制备）

用量筒量取 V_1（mL）的水玻璃，倒入一只 250mL 烧杯内，加入热水（60～70℃）至 200mL。用另一只量筒量取 V_2（mL）的偏铝酸钠和 V_3（mL）的氢氧化钠，倒入另一只 250mL 烧杯内，加入热水（60～70℃）至 200mL。

把第一只烧杯里的物料倒入一只 1000mL 大烧杯内，然后开动电动搅拌器，在剧烈搅拌下，迅速倒入第二只烧杯里的物料中，并继续搅拌，直到不存在块状物，反应物变得稀薄为止（约需 10min）。

3. 晶化（形成结晶硅铝酸盐）

把成胶生成物分别加至 4 个高压反应罐内，放到电热烘箱里于 100℃ 左右进行晶化，使硅铝胶转化为硅铝酸盐结晶。晶化时间分别控制在 4h、6h、8h、10h，取出后自然冷却至室温。

4. 洗涤、过滤、干燥（晶体分离）

打开高压反应罐后，倾去上面的母液，采用倾析法反复用水洗涤沉淀，直至洗出液 pH<9，然后用吸滤法把沉淀分离出来，放在蒸发皿中，在 110℃ 温度下烘干（约需 2h），即得 4A 分子筛原粉。

（二）分子筛性能的测定

1. 分子筛堆积体积的测定

用台秤称出干燥的 50mL 量筒的质量，加入分子筛原粉，蹾实至 50mL 刻度处，再称出质量，计算每克分子筛的体积。

2. 分子筛晶形观察

取少许制得的 4A 分子筛原粉，放在 1000 倍的显微镜下，观察不同晶化时间得到的晶体的形状及大小。分子筛晶体应为立方晶系。

3. 分子筛的吸水性能

取约 0.5g 已活化并冷却的 4A 分子筛原粉（由教师预先在马弗炉内于 600℃ 活化 2h，取出放在真空干燥器内冷却到室温备用），放入一只小试管内，并加入 1～2 粒已吸水变红的变色硅胶，用橡皮滴头封口，观察变色硅胶的变色过程与时间。比较不同晶化时间得到的分子筛吸水性能的强弱。

【结果与讨论】

将 4A 分子筛的性能测试结果列出，讨论晶化时间对分子筛晶形、吸附能力的影响。

【注意事项】

（一）水玻璃的配制和分析方法

1. 配制

将工业用 40°Bé 的水玻璃和蒸馏水（按 3∶5 体积比）混合，搅拌均匀，静置 3d，使杂质自然沉降。将上层清液转移到试剂瓶中，分析备用。

2. 分析

（1）分析提要　水玻璃中的游离碱和水解碱的总浓度可直接用盐酸标准溶液滴定求出。

由 Na_2SiO_3 水解而生成的硅酸，在 KF 的作用下，生成氟硅酸钾和氢氧化钾，加入过量盐酸标准溶液，然后用 KOH 标准溶液回滴过量的盐酸，即可求出 Na_2SiO_3 的浓度。其反应如下：

$$Na_2SiO_3 + 2H_2O \Longrightarrow H_2SiO_3 + 2NaOH$$
$$NaOH + HCl \Longrightarrow NaCl + H_2O$$
$$H_2SiO_3 + 6KF + H_2O \Longrightarrow K_2SiF_6 + 4KOH$$
$$KOH + HCl \Longrightarrow KCl + H_2O$$

（2）分析步骤　用移液管移取 10mL 样品到 500mL 容量瓶中，加蒸馏水至刻度，摇匀后，得到稀释 50 倍的样品溶液。

用移液管移取 25mL 稀释液于 250mL 锥形瓶内，加蒸馏水 50mL，加 13 滴混合指示剂（这种指示剂的碱色为翠绿色，酸色为鲜红色，其变色点的 pH 为 5.1）。用 $0.5 mol \cdot L^{-1}$ HCl 标准溶液滴定至由翠绿色突变为鲜红色，记下 HCl 的消耗体积 V_A。再用移液管加入 25mL 10% KF-KCl 水溶液（100g 中含 KF、KCl 各 10g），这时溶液又重新变绿。再用 $0.5 mol \cdot L^{-1}$ HCl 标准溶液滴定至变红后过量 3～4mL，记下 HCl 的消耗体积 V_B，然后以 $0.25 mol \cdot L^{-1}$ KOH 标准溶液回滴至溶液由鲜红色变为翠绿色，记下 KOH 的消耗体积 V_C。

（3）计算

① 水玻璃中 Na_2O 的浓度 c_1 的计算。

根据物质的量规则：$n_{NaOH} = n_{HCl} V_A / [(25/500) \times 10] = 2 n_{HCl} V_A$

因为　1mol $Na_2O \cong$ 2mol NaOH，所以　Na_2O 的浓度：$c_1 = 1/2 \times 2 n_{HCl} V_A$

即
$$c_1 = n_{HCl} V_A$$

② 水玻璃中 SiO_2 的摩尔浓度 c_2 的计算。

根据反应式中 1mol H_2SiO_3 生成 4mol KOH 的关系，可以得到水玻璃中 SiO_2 的浓度：

$$c_2 = 1/4 \times 2(n_{HCl} V_B - n_{KOH} V_C)$$

即
$$c_2 = 1/2(n_{HCl} V_B - n_{KOH} V_C)$$

（二）偏铝酸钠的配制和分析方法

1. 配制

在一只 2000mL 大烧杯里，加入 500g 化学纯固体 NaOH 和 1250mL 蒸馏水，在电动搅拌器下使 NaOH 溶解，然后边搅拌边慢慢加入 500g 工业用 $Al(OH)_3$，并不断搅动，保持温度在 95℃以上，直至溶液变清为止（约需 1h）。冷却、沉降，取上层清液，分析备用（必要时，可用 3# 砂芯漏斗过滤）。

2. 分析

（1）分析提要　偏铝酸钠中的游离碱和水解碱的总浓度，可以用盐酸标准溶液滴定，求

出铝酸浓度,即可换算为三氧化二铝的浓度,其反应如下:

$$NaAlO_2 + 2H_2O \Longrightarrow NaOH + H_3AlO_3$$
$$NaOH + HCl \Longrightarrow NaCl + H_2O$$
$$H_3AlO_3 + 6NaF \Longrightarrow Na_3AlF_6 + 3NaOH$$
$$NaOH + HCl \Longrightarrow NaCl + H_2O$$

(2)分析步骤　用移液管移取 10mL 样品到 500mL 容量瓶中,加蒸馏水至刻度,摇匀,得到稀释 50 倍的样品溶液。

用移液管移取 25mL 稀释液于 250mL 锥形瓶内,加 4 滴混合指示剂,用 $0.5mol \cdot L^{-1}$ HCl 标准溶液滴定溶液至由绿转红,记下 HCl 的消耗体积 V_D。加入 50mL 3.5% NaF,摇 2min 后,再用 $0.5mol \cdot L^{-1}$ HCl 标准溶液滴定溶液至再次变红,记下 HCl 的消耗体积 V_E。

(3)计算

① 铝酸钠中 Na_2O 的浓度 c_3 的计算。

$$c_3 = n_{HCl}V_D$$

② 铝酸钠中 Al_2O_3 的浓度 c_4 的计算。

根据反应式,可以知道:

$$1mol\ H_3AlO_3 \cong 3mol\ NaOH$$

而
$$1mol\ Al_2O_3 \cong 2mol\ H_3AlO_3$$

因此可得:
$$c_4 = 1/3(n_{HCl}V_E)$$

(三)NaOH 溶液的配制和分析方法

将化学纯固体 NaOH 和蒸馏水按 2:3 的质量比混合,在搅动下使 NaOH 全部溶解。冷却后用酸碱滴定法分析备用。NaOH 的浓度为 c_5。

【思考题】

1. 简述"分子筛"名称的来源和意义。

2. 设计测定 4A 分子筛吸水量的方法。

3. 为什么分子筛的晶形对其吸附能力有较大的影响?

实验 1.2　$BaTiO_3$ 纳米粉的溶胶-凝胶法制备及其表征

【实验目的】

1. 了解纳米粉材料的应用和纳米技术的发展。

2. 学习和掌握溶胶-凝胶法制备纳米粉的技术。

【实验原理】

由于有机纳米材料具有独特的表面效应、量子效应及局域场效应等大结构特性,表现出一系列与普通多晶体和非晶体物质不同的光、电、力、磁等性能,因此有机纳米材料的制备、结构以及应用前景的开发,已经成为 21 世纪材料科学研究的新热点。然而纳米材料的制备方法与手段直接影响纳米材料的结构、性能及应用,所以发展高效纳米材料制备技术十分重要。溶胶-凝胶(sol-gel)法是制备纳米粉的有效方法之一。

该方法的简单原理是:钛酸四丁酯吸收空气或体系中的水分而逐渐水解,水解产物发生失水缩聚形成三维网络状凝胶，而 Ba^{2+} 或 $Ba(OAc)_2$ 的多聚体均匀分布于网络中。高温热处理时，溶剂挥发或灼烧—Ti—O—Ti—多聚体与 $Ba(OAc)_2$ 分解产生的 $BaCO_3$（X 射线衍射分析表明，在形成 $BaTiO_3$ 前有 $BaCO_3$ 生成），生成 $BaTiO_3$。

纳米粉的表征方法可以用 X 射线衍射（XRD）、透射电子显微镜（TEM）和比表面积测定、红外光谱等方法，本实验仅采用 XRD 技术。

【仪器与试剂】

仪器：Al_2O_3 坩埚，马弗炉，电子天平，X 射线衍射仪。

试剂：钛酸四丁酯，正丁醇，冰醋酸，醋酸钡。

【实验步骤】

1. 溶胶及凝胶的制备

准确称取钛酸四丁酯 10.2108g(0.03mol) 置于小烧杯中，倒入 30mL 正丁醇使其溶解，搅拌下加入 10mL 冰醋酸，混合均匀。另准确称取等物质的量的已干燥过的无水醋酸钡 (0.03mol，7.6635g)，溶于 15mL 蒸馏水中，形成 $Ba(OAc)_2$ 水溶液。将其加入到钛酸四丁酯的正丁醇溶液中，边滴加边搅拌，混合均匀后用冰醋酸调 pH 为 3.5，即得到淡黄色澄清透明的溶胶。用普通分析滤纸将烧杯口盖上、扎紧，室温下静置 24h，即可得到近乎透明的凝胶。

2. 干凝胶的制备

将凝胶捣碎，置于烘箱中，在 100℃ 温度下充分干燥（24h 以上），除去溶剂和水分，即得干凝胶。研细备用。

3. 高温灼烧处理

将研细的干凝胶置于 Al_2O_3 坩埚中进行热处理。先以 $4℃·min^{-1}$ 的速度升温至 250℃，保温 1h，以彻底除去粉料中的有机溶剂。然后以 $8℃·min^{-1}$ 的速度升温至 800℃，高温灼烧保温 2h，然后自然降至室温，即得到白色或淡黄色固体，研细即可得到结晶态 $BaTiO_3$ 纳米粉。

4. 纳米粉的表征

将 $BaTiO_3$ 粉涂于专用样品板上，于 X 射线衍射仪上测定衍射图。

【结果与讨论】

对得到的衍射图数据进行计算机检索或与标准图谱对照，可以证实所得 $BaTiO_3$ 是否为结晶态，同时还可以根据谢勒公式计算所得 $BaTiO_3$ 是否为纳米粒子。$BaTiO_3$ 纳米粉 XRD 标准谱图见图 1.2-1。

$BaTiO_3$ 纳米粉的平均晶粒尺寸可由下式计算：

$$D = 0.9\lambda/(\beta\cos\theta)$$

式中，D 为晶粒尺寸，纳米微粒一般在 1～100nm 之间；λ 为入射 X 射线波长，对 Cu 靶，$\lambda = 0.1542$nm；θ 为 X 射线衍射的布拉格角（以度计）；β 为 θ 处衍射峰的半高宽（以弧度计）；其中 β 和 θ 可由 X 射线衍射数据直接给出。

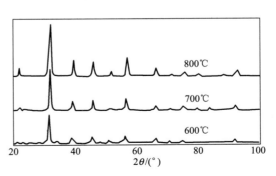

图 1.2-1　$BaTiO_3$ 纳米粉 XRD 标准谱图

【注意事项】

1. 本实验所用的溶胶-凝胶法水解得到的干凝胶并非无定形的 $BaTiO_3$，而是一种混合物，只有经过适当的热处理才成为纯相的 $BaTiO_3$ 纳米粉。

2. 确定热处理温度要通过差热分析（DTA）曲线。教师应对 DTA 曲线及其意义进行分析说明。

3. 前体溶胶应清澈透明略带黄色且有一定黏度，若出现分层或沉淀，则表示失败。

实验 1.3　聚苯胺-葡萄糖生物传感器的制备与表征

【实验目的】

1. 掌握酶催化反应动力学。

2. 了解酶基生物传感器测试葡萄糖的基本原理。

3. 掌握电化学生物传感器的测试方法。

【实验原理】

生物传感器是一个非常活跃的研究和工程技术领域，它与生物信息学、生物芯片、生物控制论、仿生学、生物计算机等学科一起，处在生命科学和信息科学的交叉区域。生物传感器一般由两个组成部分：一是分子识别元件（感受器），由具有分子识别能力的生物活性物质构成；二是信号转换器（换能器），主要是电化学或光学检测元件，它可以将生物识别事件转换为可检测的信号。生物传感器是利用生物物质作为识别元件，将被测物的浓度与可测量的电信号关联起来，并将生物体功能材料（酶、底物、抗原、抗体、动物细胞、微生物组织等）固定化处理，当待测物质（酶、辅酶、抗原、抗体、底物、维生素、抗生素等）与分子识别感受器（即接受器）相互作用时，发生物理变化或化学变化，换能器件将此信号转变为电信号或光信号等，从而检测出待测物质。生物传感器的原理可用图 1.3-1 表示。

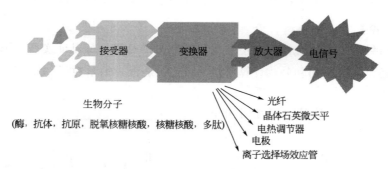

图 1.3-1　生物传感器的原理

生物传感器的分析性能取决于生物活性物质的固定。导电高聚物广泛应用于固定酶的材料，因为导电聚合物能直接在铂和玻璃碳电极材料上聚合；聚合膜均一而强烈地黏附在电极表面。在电化学聚合的过程中，还能通过控制电量来直接控制共聚物膜的厚度。此外，有些导电高聚物可作为电子传递中介体，因为它们能可逆地氧化和还原。

用导电高聚物固定酶有三种方法。

（1）电化学包埋法 电解含酶的单体的缓冲溶液来制备酶电极，在单体电化学聚合的过程中，酶被包埋在共聚物膜内。但缓冲溶液的 pH 必须控制在 7.0 附近，因为酶在 pH 过高或过低的溶液中会变性。

（2）电化学掺杂法 这个方法基于导电聚合物的掺杂和酶的等电点。导电高聚物膜先在传统的条件下合成，其后，先在缓冲溶液中还原，接着在酶溶液中电化学氧化。酶溶液的 pH 要高于酶的等电点。在氧化的过程中，带负电荷的酶掺杂进入导电聚合物膜内，形成了酶电极。用电化学掺杂法制备的传感器不同于物理吸附法制备的传感器，它们之间主要的不同是，酶掺杂是由带负电的酶分子与带正电的导电聚合物骨架间的静电吸引引起的。用电掺杂的方法固定形成的聚苯胺葡萄糖氧化酶传感器要比用物理吸附法制备的传感器稳定得多。

（3）共价键法 通过酶和功能高聚物间形成共价键的方法来制备酶电极。共价键法的一个主要优点是避免了酶从聚合物层上脱附下来。

用电化学掺杂的方法制备的酶电极的优点是导电聚合物的制备在传统的条件下进行，如制备聚苯胺或聚吡咯。因此，导电聚合物有很高的电导率和很好的电化学性质。尤其用电化学掺杂的方法固定酶是在温和的条件下进行的，这就避免了酶在固定过程中变性。

在本实验中，我们用电化学掺杂的方法，将葡萄糖氧化酶固定到聚苯胺膜上，制备葡萄糖生物传感器，并研究了实验条件对酶电极性质的影响。葡萄糖氧化酶（GOD）电极在测量葡萄糖溶液时，酶催化反应如下：

$$\beta\text{-D-葡萄糖} + O_2 \xrightarrow{GOD} \beta\text{-D-葡萄糖酸} + H_2O_2$$

生物电极响应电流的测定原理是：基于在分子氧的存在下，酶催化反应过程中生成的 H_2O_2 在电极上发生氧化反应时产生的电流，酶传感器上形成的 H_2O_2 可用电流法来检测：

$$H_2O_2 \longrightarrow O_2 + 2H^+ + 2e^-$$

整个酶传感器的反应过程可用图 1.3-2 表示。

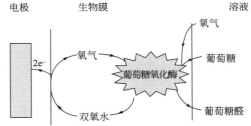

图 1.3-2 整个酶传感器的反应过程

【仪器与试剂】

仪器：CHI 电化学工作站，电解池，铂片电极（3mm×3mm）（2 支），饱和甘汞电极，磁力搅拌器，搅拌子，pH 仪。

试剂：苯胺，葡萄糖氧化酶 GOD，EC1.1.3.4，葡萄糖，盐酸，NaH_2PO_4，Na_2HPO_4，二次蒸馏水。

【实验步骤】

1. 聚苯胺膜修饰电极的制备

配制 0.2mol·L^{-1} 的苯胺盐酸水溶液；构建三电极体系（工作电极、对电极和参比电极）；将所配制的苯胺盐酸水溶液置于三电极体系的电解池中；应用恒电位法电聚合苯胺，电位恒定于 0.7V；通过控制电量来实现对电聚合所产生膜厚度的控制，电量控制为 0.025C。

2. 葡萄糖氧化酶在聚苯胺膜中的固定

所得聚苯胺膜修饰电极浸于 pH 4.0 的磷酸缓冲溶液中，在 -0.50V 下还原 20min；然后快速将三电极转入葡萄糖酶溶液中，在 0.6V 下氧化 20min。3mL 的 pH 7.0 含 4.0mg 葡萄糖氧化酶的 0.1mol·L^{-1} 的磷酸盐缓冲溶液被用来制备酶电极，酶的等电点为 4.7，带负电的葡萄糖氧化酶在聚苯胺氧化时掺杂到聚苯胺膜中形成酶电极，酶溶液可以反复使用。

3. 溶液 pH 对响应电流的影响

配制不同 pH 的磷酸缓冲溶液（pH3，pH4，pH5，pH6，pH7），将电位恒定于 0.6V，检测传感器对 $1mmol \cdot L^{-1}$ 葡萄糖溶液的响应。

4. 电位对响应电流的影响

在最适 pH 的缓冲溶液中，检测传感器对 $1mmol \cdot L^{-1}$ 葡萄糖溶液的响应，电位分别控制为 0.2V、0.3V、0.4V、0.5V、0.6V、0.7V。

5. 温度对响应电流的影响

在最适 pH、最适电位下，研究传感器在不同温度下对 $1mmol \cdot L^{-1}$ 葡萄糖的响应，温度分别控制为 5℃、10℃、20℃、30℃、35℃、40℃。

6. 葡萄糖浓度与响应电流的关系

在最适条件（pH、电位和温度）下，检测葡萄糖传感器的分析性能。

7. 测试完毕

聚苯胺-葡萄糖电极置于铬酸洗液中浸泡 15min。

【结果与讨论】

1. 选择出最合适的实验条件。

2. 做出葡萄糖传感器的浓度校正曲线，找出测试葡萄糖的线性范围；测算葡萄糖的检测下限以及葡萄糖传感器的灵敏度。

【思考题】

在低浓度时，为什么葡萄糖的浓度与测试电流成正比？

实验 1.4　微乳液中反式 1,2-二苯乙烯的光异构化反应

【实验目的】

1. 了解光异构化反应的机理。

2. 了解微乳液的基本概念。

3. 学习微乳液对光异构化反应的调控及作用机制。

【实验原理】

微乳液（microemulsion）通常是由表面活性剂、助表面活性剂、油、水或盐水等组分，在合适配比下自发生成的热力学稳定、均匀透明、各向同性、低黏度的分散体系。微乳液在结构上主要分为三种：水包油型（O/W）、油包水型（W/O）和双连续（BI）结构。

微乳液的光学透明性为其在光化学领域的应用提供了便利条件，微乳液的热力学稳定性又使得光化学反应可在其特定的结构中发生而微乳液自身的结构并不受光反应的影响，同时通过改变微乳液的结构亦可方便地达到调控反应体系微环境的目的。

Triton X-100 是典型的聚乙二醇型非离子表面活性剂。图 1.4-1 为 Triton X-100/n-$C_5H_{11}OH$/H_2O 体系的部分相图，图中 L_1 区和 L_2 区均为各向同性区，L_1 区和 L_2 区之间由双连续区（BI）连接，其中 L_1 区为 O/W 结构，L_2 区为 W/O 结构。本实验将研究不同组成和结构的 Triton X-100/n-$C_5H_{11}OH$/H_2O 体系中，反式 1,2-二苯乙烯的直接光异构化反应，阐述微乳液组成和结构对反式 1,2-二苯乙烯光异构化反应的影响。

【仪器与试剂】

仪器：高压汞灯（125W），石英试管（直径 1.0cm），紫外-可见吸收光谱仪，荧光光谱仪，乌氏黏度计。

试剂：壬基酚聚氧乙烯醚（Triton X-100，Sigma，＞98%）；正戊醇（n-$C_5H_{11}OH$，Fluka，＞98%），反式 1,2-二苯乙烯（TS，Fluka，97%），芘（Sigma，99%），水为二次蒸馏水。

【实验步骤】

1. Triton X-100/n-$C_5H_{11}OH$/H_2O 体系的配制

按照图 1.4-1 符号"●"、"○"和"×"分别配制不同组成和结构的 Triton X-100/n-$C_5H_{11}OH$/H_2O 体系（见表 1.4-1）。图

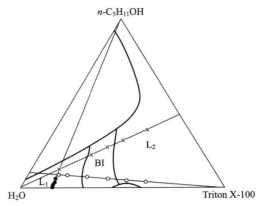

图 1.4-1　Triton X-100/n-$C_5H_{11}OH$/H_2O
体系的部分相图
L_1—O/W 微乳液；BI—双连续结构；
L_2—W/O 微乳液

1.4-1 中，符号"●"代表的是固定 Triton X-100/H_2O 的质量比为 16：84，改变 n-$C_5H_{11}OH$ 含量时所形成的不同组成的 O/W 微乳液。符号"○"代表的是固定 n-$C_5H_{11}OH$/H_2O 的质量比为 1：10，改变 Triton X-100 含量时，所形成的 Triton X-100/n-$C_5H_{11}OH$/H_2O 体系，且体系可呈水包油微乳液（O/W）、油包水微乳液（W/O）以及双连续（BI）结构。符号"×"代表的是固定 Triton X-100/n-$C_5H_{11}OH$ 的质量比为 4：3，改变 H_2O 含量时所形成的 Triton X-100/n-$C_5H_{11}OH$/H_2O 体系。

表 1.4-1　Triton X-100/n-$C_5H_{11}OH$/H_2O 体系的组成及结构

Triton X-100/H_2O	16/84			
n-$C_5H_{11}OH$/%	0	1.0	2.0	4.0
结构				

n-$C_5H_{11}OH$/H_2O	1/10					
Triton X-100/%	15	20	30	40	50	60
结构						

Triton X-100/n-$C_5H_{11}OH$	4/3				
H_2O/%	20	35	45	55	75
结构					

2. 反式 1,2-二苯乙烯光异构化反应

室温下，125W 高压汞灯（上海亚明灯泡厂）作为激发光源。反式-1,2-二苯乙烯（TS）的直接光异构化反应在一直径为 1.0cm 的石英试管中进行，高压汞灯与试管之间的距离为 5.0cm，TS 的浓度为 $1.2×10^{-4}$ mol·L^{-1}。

3. 反式 1,2-二苯乙烯光异构化反应产率的测定

室温下，以相应反应介质作参比，在 MPS-2000 型分光光度计（Shimadzu 公司）上测定不同光照时间后 Triton X-100/n-$C_5H_{11}OH$/H_2O 体系中 TS 的紫外-可见吸收光谱。

图 1.4-2 是 TS（$1.2×10^{-4}$ mol·L^{-1}）在微乳液中随光照时间变化的紫外-可见吸收光谱，其中 TS 的最大吸收波长位于 310nm 处。从图 1.4-2 中可以看出，位于 310nm 处的吸

光强度（A_{310}）随着光照时间的增加而逐渐降低。而该体系中，顺式 1,2-二苯乙烯（CS）没有明显的吸收峰，反应过程中位于 220nm 处的吸收峰没有明显改变，说明该反应除了 CS 外没有其他产物生成。当 TS 浓度 c_{TS}（小于 1.5×10^{-4} mol·L^{-1}）与其 A_{310} 之间的关系符合朗伯-比尔定律时，通过式（1.4-1）可以计算得到不同光照时间下 TS 光异构化的反应产率（CS）。

$$CS(\%) = \frac{c_{CS}(t)}{c_{TS}(0)} = \frac{c_{TS}(0) - c_{TS}(t)}{c_{TS}(0)} \times 100\%$$
$$= \frac{A_{310}(0) - A_{310}(t)}{A_{310}(0)} \times 100\% \quad (1.4\text{-}1)$$

式中，$c_{TS}(0)$ 是光照前 TS 的浓度；$A_{310}(0)$ 是光照前 TS 在 310nm 处的吸光度；$A_{310}(t)$ 和 $c_{CS}(t)$ 分别是光照时间 t 后 TS 的吸光度和 CS 的浓度。

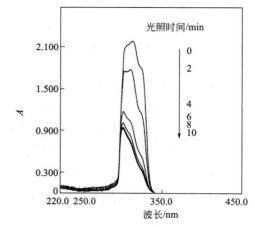

图 1.4-2　Triton X-100/n-C$_5$H$_{11}$OH/H$_2$O 体系中，TS（1.2×10^{-4} mol·L^{-1}）在不同光照时间下的紫外-可见吸收光谱　质量分数：Triton X-100/H$_2$O＝16：84；n-C$_5$H$_{11}$OH＝2.0%

4. 反应微环境的性质测定

（1）荧光发射光谱的测定　在 RF-540 型荧光光谱仪（日本 Shimadzu 公司）上测定不同组成的 Triton X-100/n-C$_5$H$_{11}$OH/H$_2$O 微乳液中 TS 的荧光发射光谱，激发与发射的狭缝宽度均为 1.5nm，TS 的激发波长为 320nm，浓度为 5.0×10^{-5} mol·L^{-1}，实验温度为（30±0.1）℃。

（2）微极性的测定　以芘为探针，测定其在 Triton X-100/n-C$_5$H$_{11}$OH/H$_2$O 微乳液中的稳态荧光光谱。其中，第一个峰（约 373nm）的荧光强度与第三个峰（约 384nm）的荧光强度之比 I_1/I_3 可用来表征探针分子所处微环境的极性。芘浓度为 1.0×10^{-6} mol·L^{-1}，实验温度为（30±0.1）℃。

根据上述两个实验结果，讨论微环境极性对反应的影响。

（3）黏度的测定　配制不同质量比的 Triton X-100/n-C$_5$H$_{11}$OH/H$_2$O 微乳液体系，置于乌氏黏度计中，恒温 10min 后，测定溶液流动时间 t，相同条件下测定水的流动时间 t_0，从而得到相对黏度 $\eta_r = t/t_0$。实验温度为（25±0.1）℃。讨论微环境黏度对反应的影响。

【结果与讨论】

1. n-C$_5$H$_{11}$OH 含量及聚集体结构对 TS 直接光异构化反应的影响

Triton X-100/H$_2$O	16：84			
n-C$_5$H$_{11}$OH/%	0	1.0	2.0	4.0
CS				
结构				

2. Triton X-100 含量及微乳液结构对 TS 直接光异构化反应的影响

$n\text{-}C_5H_{11}OH/H_2O$			$1:10$			
Triton X-100/%	15	20	30	40	50	60
CS						
结构						

3. H_2O 含量及聚集体结构对 TS 直接异构化反应的影响

Triton X-100/$n\text{-}C_5H_{11}OH$		$4:3$			
H_2O/%	20	35	45	55	75
CS					
结构					

实验 1.5　聚己内酰胺的制备

【实验目的】

1. 了解聚合物合成的基本原理。
2. 初步掌握聚合物的合成方法。

【实验原理】

聚合物是由许多重复单元组成的高分子量化合物。除了天然聚合物（淀粉、纤维素、蛋白质及天然橡胶）之外，人类已经合成了许多人造聚合物。所谓"三大合成材料"即合成塑料、合成纤维与合成橡胶，已经渗透到我们日常生活的各个方面及工农业生产、军事、航天及科学研究等许多领域，对人类的文明产生了深刻的影响。

高聚物由单体聚合反应制得。聚合反应可以分为加成聚合反应（简称加聚反应，包括共聚和定向聚合）和缩合聚合（简称缩聚反应）。加聚反应是由不饱和的小分子化合物（单体）经相互加成连接形成高聚物的反应；缩聚反应是由相同或不同的单体，通过连续的缩合反应形成高聚物的过程，在这一过程中同时伴有小分子物质的生成，并且很多反应都是可逆的平衡反应。本实验以环己醇为起始原料，制备己内酰胺，利用已合成的己内酰胺开环聚合生成尼龙-6，掌握使用封管操作技术制备聚己内酰胺的基本方法。

醛和酮是重要的化工原料及有机合成中间体。工业上可用相应的醇在高温下催化脱氢进行制备，常用的催化剂有锌、铬、锰、铜的氧化物及金属银、铜等。

实验室常用铬酸氧化伯醇和仲醇来制备相应的醛酮。铬酸是重铬酸盐与 40%～50% 硫酸的混合物。制备分子量低的醛（丙醛、丁醛），可以将铬酸滴加到热的酸性醇溶液中，以防止反应混合物中有过量氧化剂存在，并采用将沸点较低的醛不断蒸出的方法，可以达到中等的产率。尽管如此，仍有部分醛被进一步氧化成羧酸，并生成少量的酯。铬酸氧化仲醇制备脂肪酮时，由于生成的酮对氧化剂比较稳定，不易进一步氧化，反应较容易控制。但铬酸氧化醇是放热反应，必须严格控制反应温度以免反应过于剧烈。叔醇在通常条件下与铬酸不反应，在更剧烈的条件下，叔醇和酮都可能发生断链和降解反应。

$$3\ \text{(环己醇)} + Na_2Cr_2O_7 + 4H_2SO_4 \longrightarrow 3\ \text{(环己酮)} + Cr_2(SO_4)_3 + Na_2SO_4 + 7H_2O$$

脂肪酮和芳香酮都可以和羟胺作用生成肟。肟和酸性催化剂如硫酸或五氯化磷等作用，发生分子重排生成酰胺的反应，称为 Beckmann 重排反应。

$$\text{(环己酮)} + NH_2OH \longrightarrow \text{(肟)} + H_2O$$

$$\text{(肟)} \xrightarrow{85\%H_2SO_4} \left[\text{(中间体)}\right] \xrightarrow{20\%NH_3\cdot H_2O} \text{(己内酰胺)}$$

聚酰胺通常称为尼龙，其结构为含酰胺基团（—CONH—）的线性高分子化合物。

己内酰胺具有不稳定的七元环结构，因此在高温和催化剂作用下，可以开环聚合成线性高分子，通常称为尼龙-6，我国称之为锦纶，可以作纤维，也可以作塑料。

聚合反应的催化剂，除了常用的水之外，还有有机酸、碱或金属钠、锂等。采用不同的催化剂，聚合机理不同，从而聚合速率和所得的聚合物也不相同。用水作催化剂时，通常得到分子量为 $10^4 \sim 4\times10^4$ 的线型高聚物，其两端分别为氨基和羧基。

$$\text{(己内酰胺)} \underset{H_2O}{\longleftarrow} HO-C-(CH_2)_5NH_2 \longleftarrow \text{(中间体)}$$

$$HO-C-(CH_2)_5NH-C-(CH_2)_5NH_2 \xrightarrow{(m-1)\text{(己内酰胺)}} HO-[C-(CH_2)_5NH]_m H$$

【仪器与药品】

仪器：有机合成制备仪器，厚壁硬质玻璃封管，聚合炉，氮气钢瓶。

试剂：环己醇，重铬酸钠，浓硫酸，乙醚，精盐，无水碳酸钾，盐酸羟胺，结晶醋酸钠，氨水，蒸馏水。

【操作步骤】

1. 环己酮的制备

在 400mL 烧杯中，溶解 10.5g 重铬酸钠于 60mL 水中，然后在搅拌下，慢慢加入 9mL 浓硫酸，得到橙红色溶液，冷却至 30℃以下备用。

在 250mL 圆底烧瓶中，加入 10.5mL 环己醇，然后一次加入上述制备好的铬酸溶液，振摇使充分混合。放入一温度计，测量反应初始温度，并观察温度变化情况。当温度上升至 55℃时，立即用水浴冷却，保持反应温度在 55～60℃。约半小时后，温度开始下降，移去水浴再放置半小时以上。其间不时振摇，使反应完全，反应液呈墨绿色。

在反应瓶中加入 60mL 水和几粒沸石，改成蒸馏装置。将环己酮与水一同蒸出[1]，直至馏出液不再浑浊后再多蒸 15～20mL，约收集 50mL 馏出液。馏出液用精盐（约 12g）饱和[2]，转入分液漏斗，静置后分出有机层。水层用 15mL 乙醚提取一次，合并有机层及提取液，用无水碳酸钾干燥，在水浴上蒸去乙醚后，蒸馏收集 151～155℃馏分。

2. 环己酮肟的制备

在 250mL 锥形瓶中，将 9.8g 盐酸羟胺及 14.0g 结晶醋酸钠溶于 30mL 水中，温热此溶液至 35～40℃。每次 2mL 分批加入 10.5mL 环己酮，边加边振荡，此时即有固体析出。加完后，用橡皮塞塞紧瓶口，激烈振荡 2～3min，环己酮肟呈白色粉状结晶析出[3]。冷却后，抽滤并用少量水洗涤。抽干后在滤纸上进一步压干。干燥后环己酮肟为白色晶体。

3. 己内酰胺的制备

在 800mL 烧杯中[4]，加入 10.0g 环己酮肟及 20mL 85% H_2SO_4，旋动烧杯使二者很好混溶。在烧杯中放置一支 250℃温度计，缓慢加热。当开始有气泡时（约 120℃），立即移去热源，此时发生强烈的放热反应，温度很快自行上升至 160℃，反应在几秒钟内完成。稍冷后，将此溶液倒入 250mL 三口烧瓶中，并用冰盐浴冷却。在三口烧瓶上分别装置搅拌器、温度计及滴液漏斗。当溶液温度下降至 0～5℃时，在搅拌下小心滴入 20%氨水[5]。控制溶液温度 20℃以下，以免己内酰胺在温度较高时发生水解，直至溶液恰对石蕊试纸呈碱性（通常需要 60mL 20%氨水，约 1h 加完）。

粗产物倒入分液漏斗中，分出水层，油层转入 25mL 克氏烧瓶，用油泵进行减压蒸馏。收集 127～133℃/0.93kPa（7mmHg）或 137～140℃/1.6kPa（12mmHg）或 140～144℃/1.86kPa（14mmHg）的馏分[6]。馏出物在接收瓶中固化成无色结晶，己内酰胺易吸潮，应储存于密闭容器中。

4. 聚己内酰胺的制备

在一封管[7]中加入 3.0g 己内酰胺单体，再用滴管加入单体质量 1%的蒸馏水。用纯氮置换封管中的空气，封闭管口。加上保护套后放入聚合炉，于 250℃加热约 5h。反应后期应得到极黏稠的熔融物。将封管从聚合炉内取出，任其自然冷却，管内熔融物即凝成固体，再打开封管，取出聚合物称重。

【结果与讨论】

1. 环己酮产量约 6.0～7.0g。纯环己酮沸点为 155.7℃，折射率 n_D^{20} 1.4507。

2. 环己酮肟熔点 89～90℃。

3. 己内酰胺熔点 69～70℃，产量约 5.0～6.0g。

【注意事项】

1. 这里实际上是一种简化的水蒸气蒸馏，环己酮与水形成恒沸混合物，沸点 95℃，含环己酮 38.4%。

2. 环己酮 31℃时在水中的溶解度为 2.4g/100g。加入精盐的目的是降低环己酮在水中的溶解度，并有利于环己酮的分层。水的馏出量不宜太多，否则即使使用盐析，仍不可避免有少量环己酮溶于水而损失。

3. 若此时环己酮肟呈白色小球状，则表示反应还未完全，须继续振摇。

4. 由于重排反应剧烈进行，故使用大烧杯以利于散热，使反应缓和。环己酮肟的纯度对反应有影响。

5. 己内酰胺的制备中，重排反应后用氨水中和时，开始要加得很慢，因为此时溶液较为黏稠，发热严重，否则温度突然升高，影响收率。

6. **己内酰胺也可以用重结晶方法提纯** 将粗产物转入分液漏斗，每次用 10mL 四氯化碳萃取 3 次，合并萃取液，用无水硫酸镁干燥后，滤入一干燥的锥形瓶。加入沸石后，在水浴上蒸去大部分溶剂，到剩下 8mL 左右为止。小心向溶液中加入石油醚（30～60℃），到恰好出现浑浊为止。加热重新溶解后，将锥形瓶置于冰浴中冷却结晶，抽滤，用少量石油醚洗涤晶体。如加入石油醚的量超过原溶液体积的 4～5 倍仍未出现浑浊，说明开始所剩下的四氯化碳的量过多。需加入沸石后重新蒸去大部分溶剂直到剩余很少量四氯化碳时，再加入石油醚进行结晶。

7. 在实验室中常使用金属制的高压釜进行高压反应。但在小量操作中（如小于 50mL 液体或几十克固体），更常用的是厚壁硬质玻璃封管，文献上称作 Carius 管或聚合管等，要求管壁厚薄均匀，无结疤、裂纹等缺陷。按以下步骤进行实验操作。

① **清洗** 封管在使用前，需经碱洗、水洗和蒸馏水洗涤，并在烘箱中烘干。

② **装料** 对于常温下是气体的原料，可直接把浸在冷冻剂中的封管与原料容器相连接，或用蒸馏的方法加料，用封管上事先做好的记号计算体积来确定投料量（也可用称重法）。至于液体或固体的原料，可以用长颈漏斗加料，避免药品玷污封管的颈部，进而导致熔封时碳化影响封管的质量。

③ **脱气（或使用保护气体）和熔封** 为了避免空气和湿气对反应的影响，往往在封管封闭前要做脱气或用惰性气体如纯氮置换管中的空气。对于极易挥发的原料，应让封管浸在冷冻剂中，接上三通活塞。三通活塞的另两个通路，一个接真空泵，另一个接保护气体瓶，轮番抽空和置换保护气体数次。关闭活塞，然后进行封闭。

④ **封闭封管** 调节煤气喷灯，先用大而温度不高的黄色火焰加热封管的颈部，并转动封管使受热均匀。至刚呈钠的黄色火焰时，开大喷灯的空气阀，用高温的氧化焰把颈部端软化熔融，最后粘在一起，慢慢拉去末端。封闭这一动作不能快，否则封闭的尖端处太薄不安全可靠。然后再调小喷灯的空气阀，用黄色火焰退火，消除封端玻璃的内应力。慢慢放冷，然后将封管装入防护套中，放入加热炉反应。

⑤ **起封** 封管受热后，因内容物的气化或膨胀，内压很大，像是一个不安全的炸弹，因此把它从加热炉中取出时应先在防护套中放冷。操作者戴好手套，用有机玻璃保护好身体和面部，然后把封管尖嘴部位抽出防护套。用煤气喷灯高温小尖焰对准封管尖端烧，当玻璃软化时，管中过剩的压力会将管吹破，之后进行一般玻璃工操作。

【思考题】

1. 环己醇的氧化反应严格控制反应温度在 55～60℃之间，温度过高或过低有什么不好？

2. 醛的氧化和酮的氧化在操作上有何不同？为什么？

3. 在制备环己酮肟时，为什么要加入醋酸钠？

4. 己内酰胺的制备中，重排反应后如果用氨水中和，反应温度过高时，将发生什么反应？

5. 某肟经 Beckmann 重排后得到 $CH_3CONHC_2H_5$，试推测该肟的结构。

6. 聚合时为何要预先通入氮气？

7. 如何用化学方法测定本实验制备的聚己内酰胺的分子量？

实验 1.6　对甲基苯甲酸的合成

【实验目的】

1. 掌握格氏试剂的制备原理和方法。
2. 掌握芳基格氏试剂与 CO_2 制备芳基甲酸的原理和方法。
3. 学会正确使用薄层色谱等方法监测反应的进程。
4. 熟练掌握有机化合物的分离纯化和鉴定方法。

【实验原理】

1. 格氏试剂的合成

格氏试剂（Grignard reagent）作为重要的亲核试剂广泛应用于有机合成中。该试剂是由法国诺贝尔化学奖获得者格林尼亚（Victor Grignard）于 1901 年发现的。他以简单易得的芳基卤代物为原料，在无水无氧条件下，以四氢呋喃或乙醚为溶剂，与金属镁作用生成芳基卤化镁 ArMgX。格氏试剂可以作为亲核试剂与醛、酮、羧酸等化合物发生加成反应，从而作为重要的方法构建一系列碳碳键和碳杂原子键。

格氏反应的特点：①格氏试剂通常热稳定，但是对空气和水敏感，与质子性基团不兼容（如醇、酚、羧酸、端炔等）；②C—Mg 键高度极化，碳原子带负电荷，在卤代烃制备格氏试剂过程中碳原子的极性发生了翻转；③格氏试剂具有强亲核性，可以和极性的不饱和键（如 C＝O 双键）发生亲核加成反应。

2. 对甲基苯基格氏试剂与 CO_2 反应制备对甲基苯甲酸

CO_2 是温室气体的主要成分，但由于其价廉、无毒、可再生等优点，也是理想的碳一资源。因此，通过化学手段来利用 CO_2 合成高附加值的化学品具有重要意义。值得关注的是，由于 CO_2 具有热力学稳定性和动力学惰性等特点，实现 CO_2 的有效利用仍存在着较大挑战。目前可以通过多种活化模式实现 CO_2 参与的有机合成，如 CO_2 活化、底物活化或者双活化模式。由于对甲基苯甲酸是重要有机化合物，广泛用于化工、医药、香料和树脂等方面，本实验主要通过利用芳基格氏试剂中碳原子的强亲核性与 CO_2 分子中极性的 C＝O 双键发生加成反应，将 CO_2 作为羧基源前体，实现羧酸衍生物的合成。

3. 对甲基苯甲酸的重结晶

重结晶原理：利用混合物中不同组分在某种溶剂中溶解度的差异，或在同一溶剂中不同温度时的溶解度不同，从而达到相互分离的目的。一般重结晶适用于分离纯化杂质含量 10% 以下的固体有机物。

对甲基苯甲酸在水中溶解度随温度变化较大，通过重结晶可以使其与杂质分离，从而达到分离纯化的目的。

温度/℃	25	50	90
溶解度/$g \cdot mL^{-1}$	0.43	1.18	5.6

重结晶溶剂选用要求：①溶剂不能与重结晶物质发生化学反应；②重结晶物质在溶剂中的溶解度随温度升高差别较大，高温时溶解度大，低温时溶解度小，而杂质在溶剂中的溶解度很大或者很小；③溶剂较易挥发，便于结晶分离；④溶剂应无毒，不易燃，价廉易得并可回收利用。

重结晶的一般过程包括：

①选择合适的溶剂；②配制成饱和溶液；③热过滤除去杂质；④晶体的析出；⑤过滤、洗涤；⑥晶体的干燥。

【仪器与试剂】

仪器：加热磁力搅拌器，旋转蒸发仪，电子天平，圆底烧瓶，恒压滴液漏斗，回流冷凝管，色谱柱，三通阀，核磁共振仪，核磁管，熔点仪，双排管，氮气钢瓶，烧杯，布氏漏斗，抽滤瓶等。

试剂：对溴甲苯，镁条，四氢呋喃，碘单质，对甲基苯甲酸，二氧化碳（干冰），饱和食盐水，无水硫酸钠，乙酸乙酯，pH试纸，氢氧化钠，盐酸，氯化铵饱和溶液。

【实验步骤】

1. 对甲苯基溴化镁的合成

在250mL干燥的三口烧瓶中加入打磨过的1.5g镁条（除去表面的氧化镁）和2~3粒碘单质，装上恒压滴液漏斗、回流冷凝管、含气球的三通阀。为避免空气中氧气对反应的影响，将该反应装置通过三通阀连接到装有氮气钢瓶的双排管上，抽换气三次置换反应瓶中的空气。在氮气保护下，通过注射器往反应瓶中加入10mL无水四氢呋喃，并用冰水浴将反应液降至0℃。随后，在恒压滴液漏斗中混合6.4mL对溴甲苯和5mL无水四氢呋喃。通过恒压滴液漏斗缓慢滴加对溴甲苯的四氢呋喃溶液（每分钟1~2滴），边滴边搅拌，并关注格氏反应的引发[1]（现象：颜色从红棕色变为无色，镁屑表面有气泡产生，溶液轻微浑浊并伴随放热现象）。若不发生反应，可用水浴或手掌温热。在反应成功引发后，将剩余的对溴甲苯溶液缓慢滴加到反应液中，并额外加入15mL无水四氢呋喃，控制滴加速度以保持溶液微沸。加毕再缓慢升温至回流状态（约60℃），待镁条的量不再变化（约30~60min）后停止加热，降温待用（图1.6-1）。

2. 对甲基苯甲酸的合成

将新制备对甲基苯基溴化镁的四氢呋喃溶液通过冰水浴再次降温至0℃。随后将装有CO_2气体的气囊通过导气针通入反应体系中[2]，不断加压鼓泡使CO_2气体更好地与对甲基苯基溴化镁反应，并在0℃下反应3h。通过薄层色谱（TLC）监测反应的具体状态，待反应完全后将混合物温热至室温。向反应体系中缓慢滴加饱和氯化铵以除掉反应生成的无机镁盐（饱和氯化铵水溶液分解加成产物是放热反应，太快会导致反应剧烈，局部过热使溶液冲出），如反应中的絮状氢氧化镁未完全溶解，可加入几滴稀盐酸促使其全部溶解。用乙酸乙酯（3×10mL）萃取反应液，得到对溴甲苯和对甲基苯甲酸的混合物。将合并的有机相浓缩至10mL，用1mol·L⁻¹的氢氧化钠溶液将混合物调成碱性[3]，并通过分液漏斗分出水相，弃掉有机相。随后，用HCl（1mol·L⁻¹）将水相酸化至pH=5，用乙酸乙酯（3×10mL）萃取水相。将合并的有机相用无水硫酸钠干燥，过滤，真空除去溶剂，析出白色粗产物（图1.6-2）。

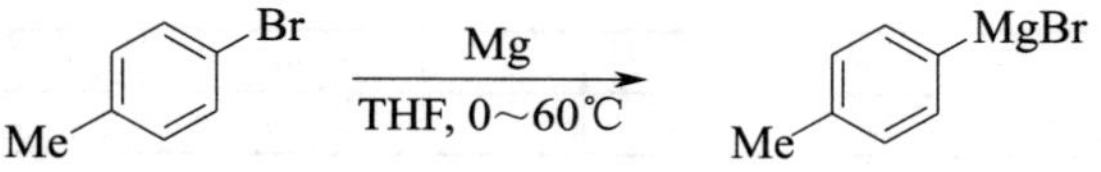

图1.6-1 对甲苯基溴化镁的合成 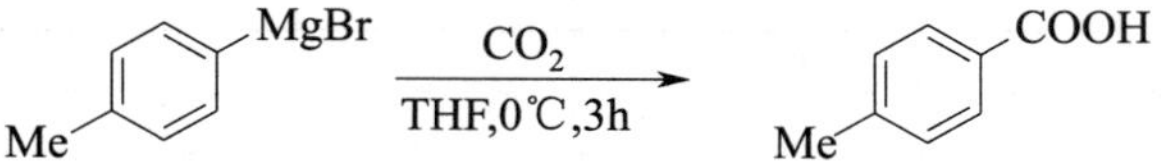　　　　　　图1.6-2 对甲基苯甲酸的合成

3. 对甲基苯甲酸重结晶

将粗产物转移到单口圆底烧瓶中，加入适量水[4]，并安装上球形冷凝管，边加热边搅拌，

使粗产物在回流温度下达到饱和状态。如回流状态下仍有固体没有溶解，需进一步通过球形冷凝管加入少量水直至白色固体完全溶解达到饱和溶液。随后缓慢降温至室温，随着温度的不断降低，对甲基苯甲酸在水相中的溶解度也会降低，从而溶液达到过饱和状态，析出白色晶体，充分冷却结晶后，抽滤出晶体。停止抽滤，加少量水至漏斗中，使晶体完全润湿，然后重新抽干，重复 1～2 次得到白色晶体并放入烘箱中烘干，称重。

【结果与讨论】

将所得到的固体通过核磁共振氢谱或碳谱，并与标准谱图作对比，对各特征峰进行归属。另外，通过熔点仪测定所得产物的熔点，检验其纯度，计算产率。纯对甲基苯甲酸的熔点为 179～180℃。

核磁共振测定数据具体如下：

对甲基苯甲酸：^{1}H NMR（600MHz，CDCl$_3$）δ2.44（s，3H），7.28（d，$J=7.9$Hz，2H），8.01（d，$J=8.1$Hz，2H）；^{13}C NMR（150MHz，CDCl$_3$）δ21.7，126.6，129.2，130.3，144.6，172.3。

【注意事项】

1. 制备格氏试剂，反应需要控制在无水无氧的条件下进行。

2. 向格氏试剂中通过 CO$_2$ 气体，需注意控制气体的流速。

3. 对溴甲苯是液体，对甲基苯甲酸是固体，如反应转化率高，可避免 pH 值的调节，直接进行重结晶。

4. 对甲基苯甲酸重结晶中，水的量不能太多或太少，在回流状态下达到饱和溶液即可。

【思考题】

1. 碘单质在格氏试剂制备反应中的作用是什么？除了碘单质，还可以用什么代替？为什么？

2. 简述通过调节 pH 值除去对甲基苯甲酸中的对溴甲苯的原理。

3. 对甲基苯甲酸的重结晶，溶剂水的量应如何控制？为什么不能太多，也不能太少？

实验 1.7　甲基橙的合成和棉布染色实验

【实验目的】

1. 掌握重氮盐制备的原理和方法。

2. 掌握重氮盐与芳胺、酚生成偶氮化合物的原理和方法。

3. 掌握反应试剂的用量和反应条件的控制。

【基本原理】

芳香族伯胺在低温、强酸性介质中与亚硝酸作用，生成重氮盐，这个反应称为重氮化反应。

$$ArNH_2 + NaNO_2 \xrightarrow[0\sim5℃]{HCl} Ar\overset{+}{N}\equiv NX^- + 2H_2O + NaX$$

重氮化反应是芳香族伯胺特有的性质，生成的化合物 $ArN_2^+X^-$ 称为重氮盐（diazonium salt）。与脂肪族重氮盐不同，芳基重氮盐中，重氮基上的 π 电子可以与苯环上的 π 电子发生共轭作用使稳定性增加。因此芳基重氮盐可在冰浴温度下制备和进行反应。芳基重氮盐作为有机合成的中间体，可用来合成多种有机化合物，被称为芳香族的 Grignard 试剂，无论在工业或实验室制备中都具有很重要的价值。

重氮盐通常的制备方法是将芳胺溶解或悬浮于过量的稀酸中（酸的物质的量为芳胺的2.5 倍左右），把溶液冷却至 0～5℃，然后加入与芳胺物质的量相等的亚硝酸钠水溶液。一般情况下，反应迅速进行，重氮盐的产率差不多是定量的。由于大多数重氮盐很不稳定，室温即会分解放出氮气，故必须严格控制反应温度。当氨基的邻或对位有强的吸电子基如硝基或磺酸基时，其重氮盐比较稳定，温度可以稍高一点。制成的重氮盐不宜长时间存放，应尽快进行下一步反应。由于大多数重氮盐在干燥的固态受热或振荡能发生爆炸，所以通常不需分离，而是将得到的水溶液直接用于下一步合成。只有氟硼酸重氮盐例外，可以分离出来并加以干燥。

酸的用量一般为芳胺的物质的量的 2.5～3 倍，其中 1mol 酸与亚硝酸钠反应产生亚硝酸，1mol 酸生成重氮盐，余下的过量的酸是为了维持溶液一定的酸度，防止重氮盐与未起反应的胺发生偶联。邻氨基苯甲酸重氮盐是个例外，由于重氮化后生成的内盐比较稳定，故不需要过量的酸。

$$\underset{\text{COOH, NH}_2}{\bigcirc} + NaNO_2 + HCl \xrightarrow{0\sim5℃} \underset{\text{COO}^-, \text{N}_2^+}{\bigcirc} + NaCl + 2H_2O$$

重氮化反应还必须注意控制亚硝酸钠的用量，若亚硝酸钠过量，则生成多余的亚硝酸会使重氮盐氧化而降低产率。因而在滴加亚硝酸钠溶液时，必须用碘化钾-淀粉试纸试验，至刚变蓝为止。

重氮盐的用途很广，其反应可分为两类。一类是用适当的试剂处理，重氮基被—H、—OH、—F、—Cl、—Br、—NO$_2$、—CN 及—SH 等基团取代，制备相应的芳香族化合物；另一类是保留氮的反应，即重氮盐与相应的芳香胺或酚类起偶联反应，生成偶氮染料，在染料工业中占有重要的地位。甲基橙与甲基红就是通过偶联反应来制备的。

偶氮染料迄今为止仍然是普遍使用的最重要的染料之一，是偶氮基（—N ═N—）连接两个芳环形成的一类化合物。为了改善颜色和提高染色效果，偶氮染料必须含有可以成盐的基团如酚羟基、氨基、磺酸基和羧基等。

偶氮染料可通过重氮基与酚类或芳胺发生偶联反应来进行制备，反应速率受 pH 值影响很大。重氮盐与芳胺偶联时，在高 pH 介质中，重氮盐易变成重氮酸盐；而在低 pH 介质中，游离芳胺则容易转变为盐，二者都会降低反应物的浓度。

$$ArN_2^+ + H_2O \longrightarrow ArN{=}N{-}O^- + 2H^+$$

$$ArNH_2 + H^+ \longrightarrow Ar\overset{+}{N}H_3$$

只有溶液的 pH 值某一范围内使两种反应物都有足够的浓度时，才能有效地发生偶联反应。胺的偶联反应，通常在中性或弱酸性介质（pH 4～7）中进行，通过加入缓冲剂醋酸钠加以调节；酚的偶联反应与胺相似，为了使酚成为更活泼的酚氧基负离子与重氮盐发生偶联，反应需在中性或弱碱性介质（pH 7～9）中进行。

$$H_2N{-}\bigcirc{-}SO_3H + NaOH \longrightarrow H_2N{-}\bigcirc{-}SO_3Na + H_2O$$

$$H_2N \text{—} \underset{}{\bigcirc} \text{—} SO_3Na \xrightarrow[HCl]{NaNO_2} \left[HO_3S \text{—} \underset{}{\bigcirc} \text{—} \overset{+}{N} \text{≡} N \right] Cl^- \xrightarrow[HOAc]{C_6H_5N(CH_3)_2}$$

$$\left[HO_3S \text{—} \underset{}{\bigcirc} \text{—} N \text{=} N \text{—} \underset{}{\bigcirc} \text{—} NH(CH_3)_2 \right]^+ OAc^- \xrightarrow{NaOH}$$

$$NaO_3S \text{—} \underset{}{\bigcirc} \text{—} N \text{=} N \text{—} \underset{}{\bigcirc} \text{—} N(CH_3)_2 + NaOAc + H_2O$$

【仪器与试剂】

仪器：有机合成制备仪一套。

试剂：对氨基苯磺酸，N,N-二甲基苯胺[1]，碳酸钠，亚硝酸钠，浓盐酸，冰醋酸，10%氢氧化钠溶液，淀粉-碘化钾试纸，棉布。

【操作步骤】

1. 甲基橙的合成

（1）重氮盐的制备

在 100mL 烧杯中放置 0.6g 碳酸钠，加入 25mL 水使其溶解，向溶液中加入 2.1g 对氨基苯磺酸晶体[2]，用热水浴加热直至溶解，然后放在冰水中冷却，待冷却后，在搅拌下加入 0.8g 亚硝酸钠，使其溶解。

在另一个烧杯中加 12.0mL 冰水和 3.0mL 浓盐酸，并把烧杯置于冰水浴中。将上述对氨基苯磺酸钠-亚硝酸钠溶液滴入稀盐酸溶液中[3]，边滴边搅拌，并维持体系温度在 5℃左右。对氨基苯磺酸重氮盐在短时间内就呈细粉状的白色沉淀析出。滴加完后用淀粉-碘化钾试纸检验[4]。然后在冰水浴中放置 15min，以保证反应完全[5]。

（2）偶合

将 1.3mL N,N-二甲基苯胺和 1.0mL 冰醋酸放在试管内混合均匀。将此溶液慢慢地滴入冷却的重氮盐悬乳液中，边滴边搅拌，以保证偶合反应完全。最后在冷却下，边搅拌边滴入 10%氢氧化钠溶液约 15.0mL，直至石蕊试纸或 pH 试纸呈碱性[6]。将反应混合物加热[7]使形成的甲基橙基本溶解。加入 5.0g 氯化钠，冷却至室温后，再在冰水浴中冷却，使甲基橙晶体析出完全。抽滤，收集结晶，依次用少量水，乙醇洗涤，压干。约得粗甲基橙 3.5g。粗产物可用水进行重结晶（每克粗产物约需水 30mL）[8]，可得橙红色片状晶体 2.0~2.5g。

产品是一种盐，没有明确的熔点。

2. 棉布染色

取 1.0mL 苯胺，放在小烧杯中，加 3.0mL 浓盐酸和 5.0mL 水，把烧杯浸在冰水中，冷至 0℃。另取 1.0g 亚硝酸钠溶在 5.0mL 水中，搅拌下，慢慢加到烧杯里，直至混合液使淀粉-碘化钾试纸显蓝色为止。将此重氮盐溶液保存在冰水中待用。

将 0.2g 的 β-萘酚、4.0mL 10%氢氧化钠溶液加入小烧杯中，充分振荡使之溶解，再加入 10.0mL 水稀释。

将一小条洁净的白棉布浸入此溶液中，用玻璃棒搅动使之浸渍充分均匀，10min 后取出棉布，并沥去大部分溶液。

取前面制得的重氮盐溶液 5.0mL，加入 2.0mL 饱和醋酸钠溶液，1~2 块碎冰，再将棉布放入溶液中。棉布立即染成鲜橙色，继续保持在 0~5℃ 10min，并不断翻动棉布使染色完全，取出棉布，用水充分漂洗后晾干。染料固着在布上，再漂洗时几乎不被洗去。

实验时间 5h。

【结果与讨论】

溶解少许上述制备的甲基橙于水中,加几滴稀盐酸,然后用稀氢氧化钠溶液中和,观察溶液的颜色有何变化?

【注意事项】

1. N,N-二甲基苯胺有毒,处理时要特别小心,不要接触皮肤,避免吸入蒸气。如接触皮肤,立即用2%醋酸洗,再用肥皂水洗。

2. 对氨基苯磺酸是两性化合物,酸性比碱性强,以酸性内盐存在。它与碳酸钠作用时有二氧化碳气体放出,因此需慢慢加入,加热溶解时可能仍有极少量固体不溶,可以让其留在溶液中。

3. 重氮化一般应严格控制在0~5℃,如果温度高极易分解,因此制备好以后仍要保存在冰水浴中备用。本实验中制备的对氨基苯磺酸重氮盐,由于重氮盐的对位有强吸电子的磺酸基,因而比较稳定。重氮化温度可控制在10℃以下也不至于影响产率。此重氮盐在水中可以电离,形成中性内盐 $^{\ominus}O_3S$—⟨⟩—$\overset{\oplus}{N}\equiv N$,在低温时难溶于水而形成细小晶体析出。

4. 若试纸不显示蓝色,需补充亚硝酸钠。

5. 重氮盐自始至终放于冰水浴中,在放置过程中也应经常搅拌。

6. 此时反应物变成橙色,反应液黏稠度降低,碱一直滴加到当它接触到混合物的表面时,不再产生黄色为止。加碱期间反应混合物的温度始终保持在0~5℃。一定要用试纸测定反应物是否呈碱性,否则粗甲基橙的色泽不佳。

7. 加热温度不宜过高,加热时间不宜过长,一般约在60℃,否则颜色变深影响质量。

8. 重结晶时,可根据粗品的颜色加入10.0~20.0mL 10%氢氧化钠溶液。

【思考题】

1. 在本实验中,制备重氮盐时为什么要把对氨基苯磺酸转化为钠盐?如把实验步骤改成先将对氨基苯磺酸与盐酸混合,再滴加亚硝酸钠溶液进行重氮化反应,可以吗?为什么?

2. 什么是重氮化反应?什么是偶联反应?结合本实验讨论偶联反应的条件?

3. 用化学反应方程式表示甲基橙在酸碱介质中变色的原因?

实验 1.8　5-硝基-2-噻吩甲酸的制备

【实验目的】

1. 掌握多步骤合成复杂化合物的操作要点。

2. 掌握易挥发、易水解化学品的量取操作要领。

3. 掌握低温操作、使用薄层色谱检测跟踪反应进程的技能。

4. 培养常压蒸馏、减压蒸馏及重结晶等实验技能的综合使用能力。

【实验原理】

雷替曲塞,是由英国Zeneca公司开发的一种特异性胸苷酸合成酶抑制剂。1996年首次以商品名拓优得(Tomudex)在英国上市,后又在法国、澳大利亚、西班牙和加拿大等国上市,用于治疗晚期结肠直肠癌。

5-硝基-2-噻吩甲酸是抗癌药物雷替曲塞的重要中间体，其合成过程中间体 2-噻吩甲醛是合成替尼酮、噻嘧啶、替尼泊苷、噻吩乙胺等药物的中间体，同时也可用于广谱驱虫药先锋霉素等的中间体，有着广泛的应用价值。其合成步骤包含以下三个步骤：采用 Vilsmeier 甲酰化反应合成噻吩-2-甲醛，然后在 5 位引入硝基；再用双氧水氧化醛基使其转变为羧基：

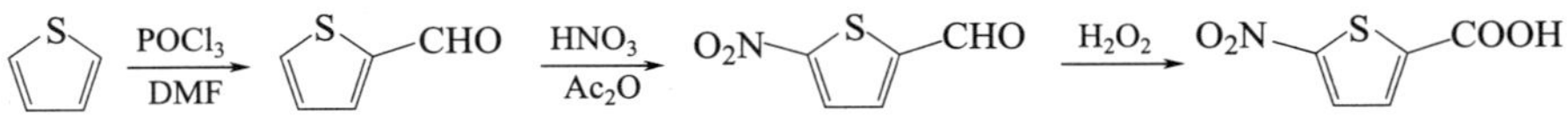

【仪器及试剂】

仪器：真空泵，循环水泵，冰箱，温度计，三口烧瓶，单口烧瓶，分液漏斗，球形冷凝管，直形冷凝管，一次性针管。

试剂：40%氢氧化钠溶液，噻吩，N,N-二甲基甲酰胺，三氯氧磷[1]，乙酸乙酯，碳酸氢钠，无水乙醇，双氧水，氯化亚砜，盐酸，发烟硝酸，乙酸酐。

【实验步骤】

1. 将 20.0mL（0.26mol）N,N-二甲基甲酰胺和 8.0mL（0.11mol）噻吩加入 100mL 三口烧瓶中混合搅拌，在 20℃下缓慢加入 12.0mL（0.13mol）三氯氧磷[2]，滴加完毕后，搅拌反应 1h，再升温至 80～95℃搅拌反应 4h（此时溶液变为黑色）。停止加热，冷至室温，缓慢加入 15.0mL 冰水水解（放热剧烈）[3]，再经 40%的氢氧化钠溶液调节 pH 为 5～6。静置分层，分出上层有机层，水层用乙酸乙酯萃取，合并有机层与萃取层后用 50.0mL 的饱和碳酸铜溶液洗涤两次，再用 50.0mL 的水洗涤两次，常压蒸馏除去乙酸乙酯，改为减压蒸馏收集 85～88℃/15mmHg 的馏分，即为 2-噻吩甲醛[4]，约 22.3g，收率 89.9%。

2. 量取 2-噻吩甲醛 5.0mL（6.1g，0.054mol）放入 50mL 的三口烧瓶中，冰浴下滴入 11.0mL（11.88g，0.11mol）乙酸酐[5]，冷却至 10℃以下后，再向混合液中缓慢滴加 2.5mL（3.60g，0.06mol）发烟硝酸，撤去冰浴，常温搅拌过夜。向三口烧瓶中滴加冰水 15.0mL 后，再搅拌 2h，抽滤，并用少量水洗涤滤饼。将滤饼转移到 50mL 单口烧瓶中，加入 10.0mL 无水乙醇，缓慢加热至回流并保温 30min。自然降至室温后，再用冰浴冷却至 5℃后过滤，得到黄色固体。再将滤饼移入 50mL 单口烧瓶中，加入 1mol·L^{-1}盐酸 30.0mL，加热回流 2h，冷却至室温后过滤，滤饼用 3.0mL 无水乙醇洗涤后干燥[6]，得到淡黄色固体 5-硝基-2-噻吩甲醛，约 6.8g，收率 80.5%。

3. 称取 5-硝基-2-噻吩甲醛 3.0g（0.02mol）放置于 100mL 烧杯中，然后向烧杯中加入 25.0mL 水，得到悬浮液。向此混合液中加入 1.6g（0.02mol）碳酸氢钠，然后冷水浴下加入 10mL 30%过氧化氢，常温搅拌过夜。冰浴下，不断搅拌，缓慢滴加浓盐酸调节 pH 至 1 后，搅拌 30min。过滤，滤饼依次用少量水和少量乙酸乙酯洗涤，干燥，得黄色固体 5-硝基-2-噻吩甲酸约 2.5g，收率 76.0%。

【结果与讨论】

1 2-噻吩甲醛为油状液体，有类似杏仁味。沸点 198℃，相对密度 1.215。

2 5-硝基-2-噻吩甲醛，淡黄色固体，熔点 74～76℃。

3 5-硝基-2-噻吩甲酸，黄色固体，熔点 157～160℃。

【注意事项】

1. 反应过程中，对于乙酸酐、发烟硝酸、三氯氧磷等试剂的取放，要保持各种容器的干燥。

2. 发烟硝酸、三氯氧磷等试剂可换算成体积后用一次性针管量取。

3. 制备 2-噻吩甲醛过程中加冰水水解时放热剧烈，开始滴速要慢，三口烧瓶底部可用冰水浴冷却。

4. 2-噻吩甲醛的提纯也可用常压蒸馏，收集 195～200℃的馏分。注意要更换空气冷凝管。

5. 加入乙酸酐的目的是使 2-噻吩甲醛与乙酸酐反应生成 2-噻吩甲醛二乙酸酯$\underset{S}{\bigcirc}$—CH(OCOCH$_3$)$_2$，以免在硝化过程中醛基被氧化为羧基（如果生成羧基，则在此反应条件下，噻吩环上别的位置也可能引入硝基，给分离提纯带来困难）。

6. 在用无水乙醇洗涤 5-硝基-2-噻吩甲醛粗产物及用乙酸乙酯洗涤 5-硝基-2-噻吩甲酸粗产物时，所用溶剂不可过多，否则造成产品减少，收率降低。

【思考题】

1. 在硝化过程当中，为什么要控制温度，温度过高会导致什么后果？

2. 实验当中应该如何操作，才能得到较高的收率？

实验 1.9　植物生长调节剂——二乙氨基乙醇己酸酯的制备

【实验目的】

1. 熟悉酯化反应的基本原理和制备方法，掌握可逆反应提高产率的措施。

2. 了解酸性阳离子交换树脂作酯化反应催化剂的优点。

3. 掌握减压蒸馏原理，学会减压蒸馏规范操作和应用范围。

【实验原理】

二乙氨基乙醇己酸酯是一种植物生长调节剂，用低浓度的二乙氨基乙醇己酸酯处理水稻、小麦、玉米等粮食作物，油菜、萝卜、番茄、花生、大豆、菠菜、苜蓿等蔬菜，紫罗兰、瓜叶菊、甜菊、圆柏等花卉果树，可显著地提高产量，并能改善其品质。

目前，二乙氨基乙醇己酸酯的合成方法主要有酸催化法、酰氯法和非酸催化剂催化法，最传统的是用相应的酸、醇为原料，以硫酸为催化剂直接催化酯化，但浓硫酸有脱水、磺化、氧化等作用，导致众多副反应发生，降低了酯化反应的选择性及收率，并且有酸腐蚀设备、产物后处理工序复杂、产生大量的废液、环境污染严重等缺点。中国发明专利 ZL-92112507.0 报道了另一种制备的方法，采用甲苯作溶剂，固体酸或杂多酸作催化剂，将羧酸用二烷基氨基乙醇酯化。其缺点是固体酸或杂多酸生产工艺复杂、性能不稳定、价格昂贵，同时反应温度高、反应时间长、导致副反应多、收率下降。日本专利 JP-1-290606 报道的合成方法：用脂肪酰氯和过量的二乙基乙醇在大量的氯仿溶剂中进行制备，该方法的缺点是使用极易水解和贮运都不方便的酰氯，必须进行无水操作，对设备的腐蚀性较强；且产生等摩尔的氯化氢，在后处理中需要大量的碱来中和及水洗。此外，用了大量的氯仿，毒性大，回收率低。非酸催化剂催化法报道中用到的酞酸四丁酯价格较贵，成本较高。

本实验制备二乙氨基乙醇己酸酯的方法旨在克服上述现有技术中存在的缺点，采用酸性阳离子交换树脂做催化剂，树脂具有良好的化学稳定性、不腐蚀设备、无污染、用量少、易于分离、可再生重复利用等优点，已广泛应用于酯化、水合、水解等反应中。酯化反应是一个可逆反应。为使平衡向生成酯的方向移动，常常使其中一种反应物过量，或将生成物从反应体系中及时除去，或者两者兼用。

$$CH_3(CH_2)_4COOH + HOCH_2CH_2N(C_2H_5)_2 \xrightleftharpoons[80\sim90℃]{酸性阳离子树脂} CH_3(CH_2)_4COOCH_2CH_2N(C_2H_5)_2 + H_2O$$

【仪器与试剂】

仪器：三口烧瓶（100mL），单口烧瓶（100mL），电热套磁力搅拌器，油水分水器，直形冷凝管，球形冷凝管，温度计，烧杯，烘箱，量筒（10mL，25mL），常压蒸馏装置，抽滤装置。

试剂：己酸，N,N-二乙氨基乙醇，强酸性阳离子交换树脂（氢型）[1]，环己烷，去离子水，碳酸氢钠饱和溶液。

【实验步骤】

实验装置见图 1.9-1，在装有磁力搅拌器、温度计、分水器和冷凝管的三口烧瓶中加入己酸 12.5mL（11.6g，0.1mol），N,N-二乙氨基乙醇 13.3mL（11.7g，0.1mol），树脂 1.2g（约为己酸质量百分数 10%），带水剂环己烷 10.0mL，开动搅拌，加热回流，回流分水至无水珠生成（大约回流 4h 结束酯化反应）。蒸馏回收带水剂，反应液冷却到室温后，抽滤除去树脂，滤液用每次 20mL 饱和碳酸

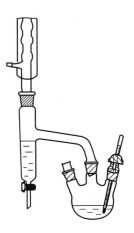

图 1.9-1 分水回流
反应装置

氢钠溶液洗涤 3 次[2]，再用每次 20mL 蒸馏水洗涤 3 次，洗涤后的有机层用无水硫酸镁干燥[3]，再减压蒸馏收集 160～163℃/0.095MPa 下的馏分，产物为浅黄色油状液体[4]。

【结果与讨论】

1. 在减压蒸馏前，应尽量除去未反应的原料、水等杂质，以免与产物形成共沸化合物，影响产物的收集。

2. 使用的催化剂树脂用量少，可回收再生，重复利用，不影响催化性能。

3. 本实验的合成工艺克服了原生产工艺中存在的诸多问题，具有价格低廉、重复性好、反应条件温和、生产能耗低且过程无污染、易于工业化等优点。

【注意事项】

1. 氢型强酸性阳离子交换树脂可以直接用，钠型强酸性阳离子交换树脂在使用前要转化成氢型强酸性阳离子交换树脂，具体方法为：取 30g 树脂放入烧杯中，用蒸馏水反复洗涤几次，至水清澈为止，沥干后放入烧杯中，加入 15%盐酸至浸过树脂，搅拌，静置 48h，过滤后将其转至表面皿中，在烘箱中于 45℃烘 12h 待用。

2. 洗涤产品时要仔细认真，分清产品在哪层，注意分液漏斗的使用方法。

3. 干燥剂无水硫酸镁的用量不应太多，一般每 10mL 待干燥液体应加 0.5～1.0g。

4. 本实验根据理论计算失水体积为 1.8mL，但实际分出水的体积略大于计算量，故分水器放满水后先放掉约 2.0mL 水。

【思考题】

1. 酸、醇的酯化反应有什么特点，本实验如何创造条件促使酯化反应尽量向生成物方

向进行?

2. 了解酰氯与醇的酯化反应、用固体酸或杂多酸催化酯化反应的特点。并与此反应比较有何不同?

实验 1.10　Sonogashira 偶联反应

【实验目的】

1. 学习、掌握 Sonogashira 偶联反应的原理及方法。
2. 掌握无水无氧的实验操作。
3. 练习并掌握蒸馏、分液、干燥等实验操作方法。

【实验原理】

由 Pd/Cu 混合催化剂催化的末端炔烃与 sp^2 型碳的卤化物之间的交叉偶联反应通常称为 Sonogashira 反应(其反应机理如图 1.10-1 所示)。这一反应最早在 1975 年由 Heck、Cassar 以及 Sonogashira 等独立发现。经过近四十年的发展,它已逐渐为人们所熟知,并成为一个重要的人名反应。目前,Sonogashira 反应在取代炔烃以及大共轭炔烃的合成中得到了广泛的应用,从而在很多天然化合物、农药医药、新兴材料以及纳米分子器件的合成中起着关键的作用。在通常条件下,Sonogashira 反应对于活泼卤代烃(如碘代烃和溴代烃)具有较好的反应活性。其次,Sonogashira 反

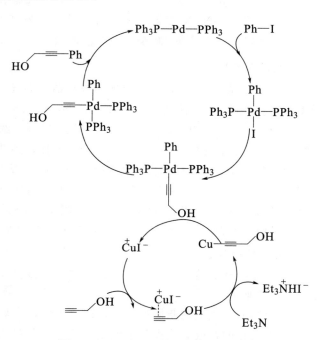

图 1.10-1　Sonogashira 偶合反应机理

应通常要求严格除氧,以防止炔烃化合物自身氧化偶联反应的发生,从而有利于反应向所期待的方向进行。Sonogashira 反应复合催化剂的使用对于许多实验室乃至工业合成有着重要的科学和经济价值。

钯与碘苯发生氧化加成反应,生成苯基碘化钯;碘化亚铜在碱性条件下与炔生产炔化铜,后者与苯基碘化钯发生金属交换反应,生成苯基炔化钯,然后发生还原消除反应生成零价钯和苯炔,完成一个催化循环。

1. $PdCl_2(PPh_3)_2$ 的制备

$$PdCl_2 \xrightarrow[\text{回流}]{PhCN} PdCl_2(PhCN)_2 \xrightarrow[\text{回流}]{PPh_3} PdCl_2(PPh_3)_2$$

2. Sonogashira 偶联反应

【仪器与试剂】

仪器：机械搅拌器，电热套，布氏漏斗，100mL 圆底烧瓶，100mL 三口烧瓶，回流冷凝管，分液漏斗，色谱柱，电子天平。

试剂：氯化钯，三苯基膦，碘苯，丙炔醇，石油醚，乙醚，乙酸乙酯，无水硫酸镁，苯甲腈，三乙胺，碘化铜，高纯氮气，饱和氯化钠溶液，干冰-丙酮。

【实验步骤】

1. $PdCl_2(PPh_3)_2$ 的制备

称取 0.070g $PdCl_2$（0.40mmol），溶于 2mL 苯甲腈中[1]，在 100℃下加热搅拌 2～3h，至 $PdCl_2$ 完全溶解后趁热过滤，用少量石油醚洗涤，冷却至室温，析出黄色固体，过滤，再将滤液用少量石油醚稀释，再过滤，合并后抽干得 0.13g $PdCl_2(PhCN)_2$。将它和 0.18g（0.68mmol）PPh_3 溶在 2.0mL 苯中，室温搅拌 1.5h，再加热回流 3h，冷却至室温，有固体析出，过滤，抽干得 0.21g $PdCl_2(PPh_3)_2$，总产率 88.0%。

2. Sonogashira 偶联反应

在三口烧瓶中加入碘苯（1.82g，8.90mmol）、丙炔醇（0.50g，8.93mmol）和三乙胺（20.0mL），在干冰-丙酮[2] 冷却下加入 CuI（0.017g，摩尔分数 1%）和 $PdCl_2(PPh_3)_2$（0.062g，摩尔分数 1%），抽真空和充氮气三次后，撤去冷浴[3]，在氮气保护下让其自然回到室温后，再加热至 50℃下反应 6h，停止反应，加水使反应液变为澄清，用乙醚萃取三次，合并乙醚层，用饱和 NaCl 水溶液洗一次后，无水 $MgSO_4$ 干燥过夜，过滤，浓缩，用柱色谱法分离（淋洗剂为：乙酸乙酯：石油醚=1:5）得产物 1.06g[4]，产率为 90.0%。

【注意事项】

1. 氯化钯在苯甲腈中不溶解，只有形成苯甲腈合氯化钯配合物才能溶解于苯甲腈中。
2. 干冰-丙酮冷却体系可以达到 -78℃。
3. 在 Sonogashira 偶联反应中，催化剂要在低温下加入，以防止其他副反应的发生。
4. 所有使用的溶剂和试剂都需要经过无水处理。

实验 1.11　二氯二茂钛的制备

【实验目的】

1. 学习无水无氧实验操作技术并掌握 Schlenk 基本操作。
2. 掌握索氏抽提器使用方法。
3. 了解配合物结构表征方法。

【实验原理】

二卤二茂钛 $(C_5H_5)_2TiX_2$（X=F、Cl、Br、I）是继顺铂之后又一类新型有效有机金属抗癌剂，由于钛的低毒性，引起了人们的广泛重视。研究表明，二卤二茂钛对艾氏腹水癌（EAT）、淋巴血癌 L21210、淋巴细胞白血病 P388、异种移植到无胸腺小鼠体内的人体结肠癌等有显著的抑制作用。

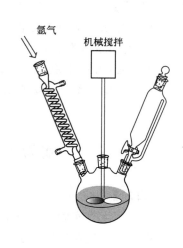

1[M_r 132.2]　　　　**2**[M_r 66.1]　　　　**3**[M_r 89.7]　　　　　　**4**[M_r 249.0]

环戊二烯不稳定，在室温下长时间放置会发生二聚。同时，环戊二烯二聚物在高温下会热解为环戊二烯。环戊二烯与钠反应可以产生高活性的环戊二烯基钠，在四氯化钛的存在下可以生成二氯二茂钛。

【仪器与试剂】

仪器：机械搅拌器，电热套，布氏漏斗，100mL 圆底烧瓶，100mL 三口烧瓶 2 个，回流冷凝管，直形冷凝管，恒压滴液漏斗，索氏提取器，蒸馏头，尾接管，分馏柱，分液漏斗，锥形瓶，电子天平，薄膜旋转蒸发仪。

试剂：环戊二烯，钠，四氯化钛，无水氯化钙，氩气，氯仿，苯，甲苯，四氢呋喃，四氢萘。

【实验步骤】

1. 二聚体解聚反应

三口烧瓶上装有滴液漏斗、温度计、分馏柱的蒸馏装置[1]，收集瓶用干冰冷却，反应瓶中加适量的四氢萘[2]。加热到内温176℃时，滴入二聚体，滴入速度与流出速度相当。收集沸点40～42℃的无色液体。加少量无水氯化钙固体于瓶中进行干燥，待用（装置见图1.11-1）。

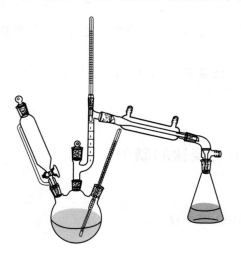

图1.11-1　反应装置（一）　　　　　　　　　图1.11-2　反应装置（二）

2. 钠砂的制备

装有回流冷凝管、机械搅拌器、滴液漏斗的三口烧瓶，加入 15.0mL 干甲苯和 1.1g (47.0mmol)钠（去皮）[3]，此反应系统用氩气饱和。加热，使钠块熔融后开动机械搅拌，迅速将钠打成很细的钠砂。停止加热，等不回流时停止搅拌，静置。用针筒抽去上层甲苯，然后用四氢呋喃洗涤一次。加 40.0mL 四氢呋喃待用（装置见图1.11-2）。

3. 环戊二烯基钠的合成

在氩气流下，取 7.5g（91.0mmol）环戊二烯置于滴液漏斗中，搅拌下滴入上述反应瓶中，此时反应液变为粉红色，并且颜色不断加深，加毕继续搅拌 1.5h，待用。

4. 二氯二茂钛的制备

三口烧瓶中分别装上滴液漏斗、回流冷凝管、电磁搅拌。滴液漏斗上装有氩气进口处。瓶中加 80.0mL 干苯、2.6mL（4.5g，23.4mmol）四氯化钛。将上述制得的环戊二烯基钠溶液在 0.5h 内加入反应瓶中，反应液先为黄色（烟雾状）[4]，然后变红，并且颜色逐渐加深。反应液持续搅拌 3h。封闭，放置过夜。次日在薄膜旋转蒸发仪上除去溶剂，将溶剂尽量抽干，得红色固体产物。此粗产物置于索氏提取器中，用氯仿提取纯化。提取后的溶液蒸馏除去大部分氯仿。剩下约 5mL 溶剂，过滤抽干得 4.0g 亮红色针状结晶，熔点 289～291℃，产率 69.0%（装置见图 1.11-3）。

图 1.11-3　反应装置（三）

【注意事项】

1. 所有使用的溶剂和试剂都需要经过无水处理。
2. 二聚体解聚反应中加入四氢萘可以加快解聚过程。
3. 使用的钠块要去掉外表层，主要是外表层被氧化为钠的氧化物。
4. 四氯化钛与空气中的水分极易发生反应形成酸雾。

实验 1.12　环己烯的制备及鉴别

【实验目的】

1. 学习、掌握由环己醇制备环己烯的原理及方法。
2. 了解分馏的原理及实验操作。
3. 练习并掌握蒸馏、分液、干燥等实验操作方法。
4. 掌握烯烃化学鉴别的一般方法。

【实验原理】

$$\text{环己醇-OH} \xrightleftharpoons{85\% \ H_3PO_4} \text{环己烯} + H_2O$$

机理：

$$\text{环己醇-OH} \xrightleftharpoons{H^+} \text{环己醇-OH}_2^+ \xrightarrow{-H_2O} \text{碳正离子} \longrightarrow \text{环己烯}$$

本反应为可逆反应。第一步，醇在酸的作用下质子化，这步反应快且可逆；第二步，慢步骤，失去一个水分子形成碳正离子；最后一步，一个质子从碳正离子中心的邻位碳上失去，形成烯烃。一般而言，中间体碳正离子越稳定，脱水反应速率越快。本实验采用的措施是：边反应边蒸出反应生成的环己烯和水形成的二元共沸物（沸点 70.8℃，含水 10%）。但是原料环己醇也能和水形成二元共沸物（沸点 97.8℃，含水 80％）。为了使产物以共沸物的形式蒸出反应体系，而又不夹带原料环己醇，本实验采用分馏装置，并控制柱顶温度不超过 90℃。

分馏的原理就是让上升的蒸气和下降的冷凝液在分馏柱中进行多次热交换，相当于在分馏柱中进行多次蒸馏，从而使低沸点的物质不断上升、被蒸出，高沸点的物质不断地被冷凝、下降、流回加热容器中，结果将沸点不同的物质分离。

反应采用 85％的磷酸为催化剂，而不用浓硫酸作催化剂，是因为硫酸的使用有两个限制，除了高腐蚀性外，由于其极强的反应性还能引起有机物的炭化。磷酸的腐蚀能力和氧化能力较硫酸弱得多，减少了氧化副反应。

随着绿色化学概念的提出，草酸作为催化剂时，虽然其用量较大，但因价格低廉，反应时间较短，且产率较高，产生的残渣较容易处理，故也是一种优秀的绿色催化剂。

【仪器与试剂】

仪器：电热套，分液漏斗，50mL 圆底烧瓶，直形冷凝管，梨形蒸馏瓶，刺形分馏柱，尾接管、控温磁力搅拌器。

试剂：环己醇，环己烯，85％磷酸，饱和食盐水，无水氯化钙，草酸，氯化钠，5％碳酸钠溶液，1％高锰酸钾溶液。

【实验步骤】

方法一：在 50mL 干燥的圆底烧瓶中放入 10.0mL 环己醇（9.6g，0.096mol）、2.5mL 85％磷酸，充分振摇[1]，混合均匀。投入几粒沸石，按图 1.12-1 安装反应装置，用锥形瓶作接收器。

将烧瓶在电热套上慢慢加热，控制加热速度使分馏柱上端的温度不要超过 90℃[2]，馏出液为带水的混合物。当烧瓶中只剩下很少量的残液并出现阵阵白雾时，即可停止蒸馏[3]。全部蒸馏时间约需 40min。

将蒸馏液分去水层，加入等体积的饱和食盐水，充分振摇后静置分层，分去水层[4]。将下层水溶液自漏斗下端活塞放出，上层的粗产物自漏斗的上口倒入干燥的小锥形瓶中，加入 1.0～2.0g 无水氯化钙干燥。

将干燥后的产物滤入干燥的梨形蒸馏瓶中，加入几粒沸石，用水浴加热蒸馏。收集

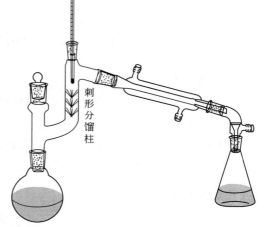

刺形分馏柱

图 1.12-1　反应装置

80～85℃的馏分于一已称量的干燥小锥形瓶中[5]。产量 4.0～5.0g。

本实验约需 4h。

方法二：在 50mL 干燥的圆底烧瓶中加入磁子和 10.0mL 环己醇和 8.0g 草酸，充分搅拌使之混合均匀，加热升温，控制分馏柱顶部的馏出温度不超过 90℃，直至瓶内有黑色固体出现，伴随阵阵白雾产生。将馏出液用少量氯化钠饱和，然后加入 3～4mL 5％的碳酸钠溶液，中和微量的酸。将液体转入分液漏斗中，振摇萃取，静置分层，打开上口玻璃塞，再将活塞缓缓旋开，下层液体水层从分液漏斗的活塞放出，产物从分液漏斗上口倒入干燥的小

锥形瓶中，用 1.0～2.0g 颗粒状无水氯化钙干燥。过滤，再蒸馏[6]，收集 80～85℃的馏分，称重。

取少量新制备的环己烯于试管中，加入两滴高锰酸钾溶液，观察体系颜色变化，记录实验现象。

【注意事项】

1. 环己醇与磷酸应充分混合，否则在加热过程中可能会局部炭化，使溶液变黑。

2. 由于反应中环己烯与水形成共沸物（沸点 70.8℃，含水 10%），环己醇也能与水形成共沸物（沸点 97.8℃，含水 80%），因此在加热时温度不可过高，蒸馏速率不宜太快，以减少未作用的环己醇蒸出。文献要求柱顶控制在 73℃左右，但反应速率太慢。本实验为了加快蒸出的速度，可控制在 90℃以下。

3. 反应终点的判断可参考以下几点：①反应进行 40min 左右。②分馏出的环己烯和水的共沸物达到理论计算量。③烧瓶中出现白雾。④柱顶温度下降后又升到 85℃以上。

4. 洗涤分水时，水层应尽可能分离完全，否则将增加无水氯化钙的用量，使产物更多地被干燥剂吸附而招致损失。这里用无水氯化钙干燥较适合，因为它还可除去少量环己醇。无水氯化钙的用量视粗产品中的含水量而定，一般干燥时间应在半个小时以上，最好干燥过夜。但由于时间关系，实际实验过程中可能干燥时间不够，这样在最后蒸馏时可能会有较多的前馏分（环己烯和水的共沸物）蒸出。

5. 在蒸馏已干燥的产物时，蒸馏所用仪器都应充分干燥。接收产品的锥形瓶应事先称量。

6. 一般蒸馏都要加沸石。

【思考题】

1. 在纯化环己烯时，用等体积的饱和食盐水洗涤，而不用水洗涤，目的何在？

2. 本实验提高产率的措施是什么？

3. 实验中，为什么要控制柱顶温度不超过 90℃？

4. 本实验用磷酸作催化剂比用硫酸作催化剂好在哪里？

实验 1.13　己二酸的制备和元素分析

【实验目的】

1. 掌握用氧化法制备己二酸的原理和操作方法。

2. 掌握搅拌、浓缩、脱色、热过滤、结晶等基本操作。

3. 掌握有机化合物的元素分析方法。

【实验原理】

己二酸作为一种基础有机化工原料，下游需求多元化，应用广泛，其主要用于生产尼龙66、聚氨酯（PU）、聚己二酸等各种高附加值衍生物，还可用于制造化妆品和食品添加剂等，故己二酸在汽车、建筑、家电、医药、日用品等多个行业起着重要的支撑作用，对我国国民经济有重要影响。己二酸在工业上主要以环己醇或环己酮为原料氧化得到。

制备羧酸最常用的方法是氧化法，可由烯烃、侧链芳烃、醇、醛、酮等氧化来制取羧酸，常用的氧化剂有重铬酸钾、高锰酸钾、硝酸和过氧酸等。在进行氧化时，只要选择适宜的氧化剂就能达到各种氧化目的。但高价重金属盐作为氧化剂，产生的无机物废液会对环境造成严重污染；硝酸氧化法会产生大量有毒的氮的氧化物，而选择绿色环保的氧化法是目前化工生产追求的目标，如采用过氧化氢氧化法，可以有效地减少环境污染。

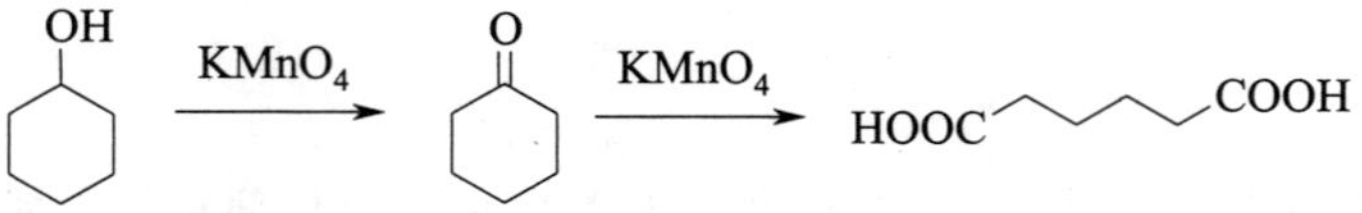

过氧化氢氧化法，其反应历程可能是：

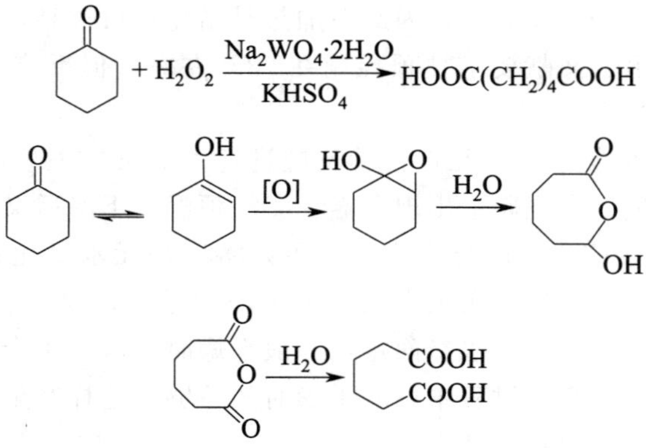

【仪器与试剂】

仪器：有机合成制备仪，可控温磁力搅拌器，可控温电热套，元素分析仪。

试剂：高锰酸钾，环己醇，环己酮，10％氢氧化钠溶液，活性炭，浓盐酸，30％过氧化氢溶液，钨酸钠（$Na_2WO_4 \cdot 2H_2O$），硫酸氢钾。

【实验步骤】

1. 高锰酸钾氧化法

向 250mL 烧杯中加入 50mL 水和 5mL 10％氢氧化钠溶液，置于可控温磁力搅拌器上，边搅拌边将 8.5g 高锰酸钾溶解到氢氧化钠溶液中[1]，体系呈现紫红色。控制反应物温度为 43～47℃[2]，用滴管滴加 2.1mL（1～2 滴/s）环己醇到上述溶液中[3]，体系由紫色转为土褐色，当醇滴加完毕，继续搅拌 2min，使二氧化锰凝聚。在一张平整的滤纸上点一小滴混合物以试验反应是否完成，保证水环无紫色[4]。趁热抽滤，滤渣二氧化锰用少量热水洗涤 3 次（每次 5mL），每次尽量挤压掉滤渣中的水分[5]。合并滤液和洗涤液，若溶液带黄色，加入少量活性炭，煮沸过滤，得无色溶液。小心地加热蒸发使溶液的体积减少到 20mL 左右，冷却，用 4mL 左右浓盐酸酸化至 pH≈2.0，分离析出的己二酸，抽滤、洗涤、烘干，得白色结晶[6]，产物约 1.5g，熔点 151～152℃。纯己二酸的熔点为 153℃。

用元素分析仪检测样品中 C、H 元素含量。

2. 过氧化氢氧化法

在 100mL 三口烧瓶中依次加入 0.25g 钨酸钠（$Na_2WO_4 \cdot 2H_2O$）、0.20g 硫酸氢钾[7]和 5.0mL（4.90g，0.05mol）环己酮，最后加入 20.0mL 30％过氧化氢溶液，将烧瓶装在可控温磁力搅拌器上，边搅拌边慢慢加热到 90～95℃，在此温度下搅拌反应 3h[8]。

反应完全后，趁热将反应物倒入 100mL 烧杯中，用冰水浴冷却，若固体析出不多，可将溶液小心加热浓缩至 10mL 左右，稍冷后，置于冰水浴中冷却[9]，待固体析出完全后，抽滤，白色晶体用少量乙醚淋洗，抽干后再用少量冰水洗涤[10]。干燥，得己二酸白色晶体1.2~1.5g，熔点 151~152℃。

用元素分析仪检测样品中 C、H 元素含量。

【结果与讨论】

1. 写出提高产率的实验注意事项。

2. 为使己二酸样品中 C、H 元素含量分析准确，过滤时应防止滤纸毛带入；将样品在红外灯下干燥好后，置干燥器中冷却至室温再测定。

己二酸的 C、H 元素理论计算值：_____。

样品的 C、H 元素实验测得值：_____。

【注意事项】

1. 为了 $KMnO_4$ 充分反应，可以研细 $KMnO_4$ 后使用。

2. 此反应是放热反应，为使反应温度不超过 45℃，除注意控制加料速度要慢外，发现反应液温度升高时，即刻用水浴及时适当冷却；否则容易引起爆炸。

3. 环己醇常温下为黏稠液体，可加入适量水搅拌，便于用滴管滴加。

4. 取一滴反应混合物放在滤纸上检查高锰酸钾是否还存在，若有未反应的高锰酸钾存在，会在棕色二氧化锰周围出现紫色环，则可加少量的固体亚硫酸氢钠直至点滴试验呈阴性。

5. 洗涤滤饼时，在不松动滤纸的条件下轻微搅动；热溶剂用量要少，不要使滤液体积太大而使后处理麻烦。

6. 用少量冰水洗涤产品晶体，否则产品带微黄色。

7. 加入硫酸氢钾，用于调节 pH 值，使反应呈酸性，并增强 Na_2WO_4 的催化活性。pH 值在 2~3 时，过氧化氢较稳定。

8. 刚开始时反应较慢，直接加热会使过氧化氢分解。最好在室温下先搅拌半小时，然后再加热 3h。若先用超声波超声 3~5min，使反应物充分混合，此时溶液呈乳白色，然后再加热，可缩短反应时间。

9. 常温下己二酸在水中的溶解度较大（15℃时，$1.5g \cdot mL^{-1}$），故应将溶液浓缩后再用冰浴冷却结晶。

10. 为使自己制备产品的熔点接近文献报道的熔点，可用水-乙醇 9:1（体积比）混合溶剂重结晶。

【思考题】

1. 氧化法合成己二酸的方法有哪几种？各有什么优缺点？

2. 高锰酸钾氧化法洗涤滤饼和洗涤产品晶体时，为什么前者用热水而后者用冰水？

3. 试设计以环己醇为原料，用浓硝酸氧化法合成己二酸的实验操作步骤。

实验 1.14　掺杂聚吡咯纳米纤维的合成

【实验目的】

1. 了解聚吡咯作为导电聚合物新材料的优点和应用前景。

2. 制备掺杂聚吡咯纳米纤维。

3. 掌握 SEM、XRD 和 FT-IR 等表征聚吡咯纳米纤维的方法。

【实验原理】

聚吡咯作为导电聚合物新材料,与其他导电聚合物相比,具有环境稳定性好、电导率高、容易合成、形貌可控等优点。聚吡咯可用作导电材料、电致变色材料、二次电池阳极材料、防腐材料、医用材料、抗静电材料,用于制备传感器、固体电解质电容器等。聚吡咯纳米纤维是线形形貌的一维纳米材料,由于其电导率高,因而作为分子导线,在集成电路与光导纤维等方面具有理论研究价值和潜在的应用前景。

本实验通过化学合成法在表面活性剂体系合成聚吡咯纳米纤维,通过扫描电子显微镜(SEM)观察产物的形貌,X 射线衍射仪(XRD)、傅里叶变换红外光谱仪(FT-IR)等方法进行结构表征,有条件的实验室可测定其电导率。通过实验过程,要求学生仔细观察并记录实验现象,认真分析实验结果,基本掌握化学氧化法制备导电聚吡咯纳米纤维的方法。

吡咯聚合机制如下。

第一阶段:吡咯单体氧化,形成自由基。

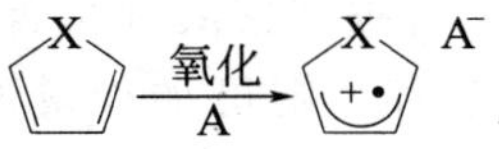

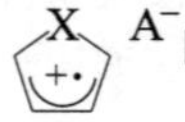

的共振形式:

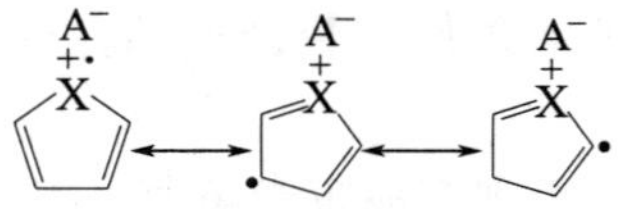

第二阶段:自由基-自由基偶合。

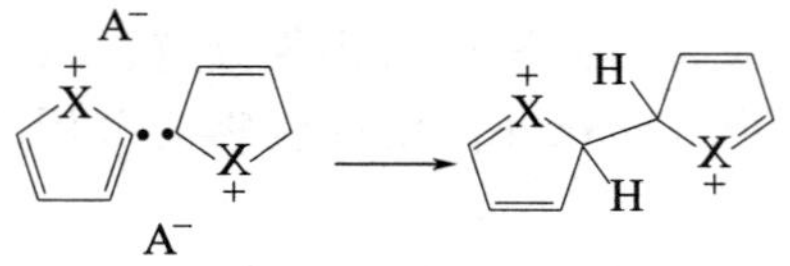

第三阶段:去质子化,再芳香化。

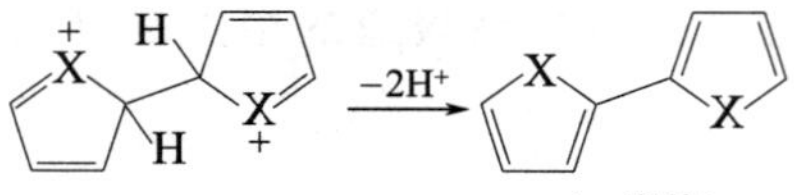

(二聚体)

第四阶段:链增长形成聚吡咯。

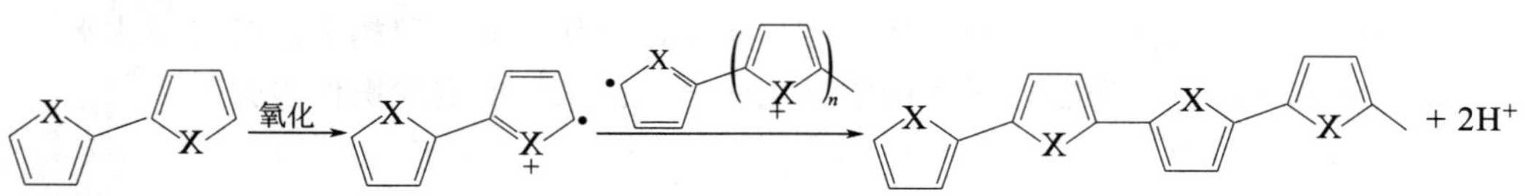

【仪器与试剂】

仪器:天平,抽滤瓶,布氏漏斗,锥形瓶,具塞小试管,离心机,离心管,真空干燥箱,自动加样器,扫描电子显微镜,红外光谱仪,X 射线衍射仪(XRD),四电极测电导率装置。

试剂:十六烷基三甲基溴化铵,十二烷基苯磺酸钠,无水乙醇,溴化钾,吡咯(用前减压蒸馏），过二硫酸铵（APS）或三氯化铁。

【实验步骤】

1. 制备

在 100mL 浓度为 10mmol·L^{-1} 的表面活性剂十六烷基三甲基溴化铵溶液中加入 20mmol 吡咯单体，磁力搅拌器上搅拌 30min，混合均匀，控制温度在 0℃，滴加氧化剂 20mmol APS 或三氯化铁溶液，30min 内加完。然后保持 0℃ 静置 4h，产物进行抽滤，用去离子水洗涤固体，无水乙醇洗涤至滤液无色，60℃ 真空干燥 12h，聚吡咯产物留作后续测定用。

2. 用无水乙醇为溶剂，在超声波分散器中超声分散样品，在扫描电子显微镜样品台上制样，干燥，抽真空喷金，再通过扫描电子显微镜进行观察、拍照。

3. 红外光谱测定（溴化钾压片）

将洗净并干燥后的聚吡咯样品与干燥的溴化钾按一定的比例混合均匀，在玛瑙研钵中研细、压片后测定红外光谱。

4. X 射线衍射图测定

将聚吡咯干燥、研细、装样，通过 X 射线衍射仪（选用铜靶）进行测定，选择 2θ 范围为 5°～60°，记录谱图。

5. 电导率测定

计算结果 $\sigma(\text{S·cm}^{-1})$。

【结果与讨论】

1. 给出扫描电子显微镜照片。

2. 聚合物的红外光谱图（溴化钾压片）结果归纳在下表中。

键型	特殊环境	振动频率 ν/cm^{-1}	键型	特殊环境	振动频率 ν/cm^{-1}
N—H			芳香类	α 位	
C—H	sp^2			β 位	
C=C					

3. 给出 X 射线衍射图，标明 2θ 衍射角位置。

4. 电导率测定值。

【注意事项】

十六烷基三甲基溴化铵保持干燥，溴化钾用前需烘干除水。吡咯极易氧化，取用后及时避光冷藏保存，以防变色。如发现颜色加深，则重新蒸馏后使用。APS 具有氧化性，取用时应及时盖好瓶盖。APS 取用时注意安全，不能直接与皮肤接触，如不慎碰到皮肤上要立即清洗。APS 溶液现配现用，最好不用储备液，引发时 APS 溶液的滴加速度要视具体情况而定。

【思考题】

1　改变反应体系的温度、酸度对产物形貌是否有影响？

2. 如果在合成过程中加入过渡金属离子或贵金属纳米粒子，形貌是否会发生改变？

3. 你认为不同形貌的聚吡咯，其主链的化学结构是否相同？

4. 本次实验你的成功体会是什么？有哪些需改进的问题？

5. 若改用十二烷基苯磺酸钠为表面活性剂，所制得的聚吡咯将是何形貌？

实验 1.15　水杨酸掺杂合成管状聚苯胺

【实验目的】

1. 了解酸掺杂制备聚苯胺管的方法。

2. 学会用水杨酸掺杂合成管状聚苯胺。

3. 通过 SEM、XRD、UV-vis 和 FT-IR 表征掺杂管状聚苯胺。

【实验原理】

聚苯胺作为导电聚合物，具有原料易得、价格低廉、环境友好、容易合成等优点。聚苯胺可用作导电材料、电致变色材料、二次电池阳极材料、防腐材料、抗静电材料，制备传感器等。聚苯胺管在集成电路与光导纤维等方面具有潜在的应用前景。

通过化学氧化、聚合制备聚苯胺，其基本结构如下：

$$\left[\left(\!\!\left\langle\!\!\!\bigcirc\!\!\!\right\rangle\!\!-\!\!\underset{H}{N}\!\!-\!\!\left\langle\!\!\!\bigcirc\!\!\!\right\rangle\!\!-\!\!\underset{H}{N}\!\!\right)_{\!y}\!\!\left(\!\!\left\langle\!\!\!\bigcirc\!\!\!\right\rangle\!\!-\!\!N\!\!=\!\!\left\langle\!\!\!\bigcirc\!\!\!\right\rangle\!\!=\!\!N\!\!\right)_{\!1-y}\right]_{\!x} \quad (0\leqslant y\leqslant 1)$$

其中 y 值用于表征聚苯胺的氧化还原程度，不同的 y 值对应于不同的结构、组分和颜色及电导率，完全还原型（$y=1$）和完全氧化型（$y=0$）都为绝缘体。在 $0<y<1$ 的任一状态都能通过质子酸掺杂，从绝缘体变为导体，仅当 $y=0.5$ 时，其电导率为最大。

水杨酸作为有机质子酸掺杂聚合到聚苯胺链上，容易形成管状聚苯胺产物，增加其共轭电子的流动性，有利于提高聚苯胺链的导电性，借助于所测定紫外吸收光谱的峰位移能区别出导电性聚苯胺翠绿亚胺盐和不导电的翠绿亚胺碱。酸掺杂有利于提高聚苯胺结构的规整性，从而提高其电导率。

【仪器与试剂】

仪器：电子天平，锥形瓶，旋转蒸发仪，布氏漏斗，抽滤瓶，离心管，离心机，具塞小试管，真空干燥箱，扫描电子显微镜，傅里叶变换红外光谱仪，紫外-可见光谱仪，粉末 X 射线衍射仪。

试剂：水杨酸，无水乙醇，苯胺（A.R.，用前减压蒸馏），溴化钾（A.R.），过二硫酸铵（APS，A.R.），二甲亚砜（DMSO），二甲基甲酰胺（DMF），去离子水。

【实验步骤】

1. 水杨酸掺杂聚苯胺的制备

在 100mL 锥形瓶中加入 20mmol 苯胺单体和 4mmol 水杨酸、40mL 去离子水，室温下用磁力搅拌器搅拌 30min，混合均匀，滴加氧化剂 20mmol APS，30min 内加完。然后保持室温静置 12h，抽滤，分别用去离子水、无水乙醇洗涤至滤液无色，抽干，于 60℃真空干燥 12h，聚苯胺产物留作测定用。

2. 扫描电子显微镜（SEM）观察形貌

在小试管中以无水乙醇为溶剂分散适量的聚苯胺样品，样品管需要置超声仪中超声分散20min，将样品溶液滴在扫描电子显微镜的专用样品台上，干燥，抽真空喷金，置扫描电子显微镜中再进行观察拍照。

3. 傅里叶变换红外光谱（FT-IR）测定（溴化钾压片）

制样时保持溴化钾、水杨酸掺杂聚苯胺干燥，将样品与溴化钾以一定比例混合均匀并研细，压片，测定红外光谱。

4. 紫外-可见光谱（UV-vis）测定

用二甲亚砜或者二甲基甲酰胺作溶剂，以所选溶剂作参比，样品溶解后，取上层澄清液测定紫外光谱，波长 λ 范围为 $300\sim1000nm$。

5. 粉末 X 射线衍射仪（XRD）测定

取水杨酸掺杂聚苯胺干燥、研细，装样，通过 X 射线衍射仪（选用铜靶）进行测定，2θ 范围为 $10°\sim70°$。

【结果与讨论】

1. 给出扫描电镜图。

2. 给出水杨酸掺杂聚苯胺的紫外光谱图（选用 DMF、DMSO 作溶剂），标明吸收峰位置，根据文献获得的知识，比较分析谱图，并预测聚苯胺的主链结构类型（翠绿亚胺碱或翠绿亚胺盐），同时，从 UV-vis 峰位置推测其是否具有导电性能。

3. 给出聚合物的红外光谱图（溴化钾压片）。

键型	特殊环境	振动频率 ν/cm^{-1}	键型	特殊环境	振动频率 ν/cm^{-1}
N—H			芳香类	单取代	
C—H	sp^2			对位	
C=C	苯环			邻位	
	醌环			1,2,4-	

4. 给出 X 射线衍射图。

【注意事项】

苯胺与 APS 取用时注意安全，均不能直接与皮肤接触，如不慎碰到皮肤应立即用水冲洗。苯胺容易氧化，注意冷藏，取用时需在通风橱中进行。APS 溶液现配现用，不用储备液，滴加速度根据具体情况而定。APS 具有氧化性，注意取用固体时及时盖好瓶盖。为了保证红外光谱实验测定效果，压片前所用溴化钾需干燥。样品要干燥并研细压实。

制备水杨酸掺杂聚苯胺的实验过程中应避免与三价铁离子接触。

【思考题】

1. 你所做谱图特征峰位置与文献值比较有何区别？为什么？

2. 不同形貌聚苯胺，XRD 图形是否相同？

3. 在碱性条件下可以合成聚苯胺吗？

4. 请用简单的化学方法检验反应完成后的滤液中是否存在水杨酸。

实验 1.16　乙酰水杨酸的合成和红外光谱的测定

【实验目的】

1. 掌握抽滤的基本操作。
2. 掌握重结晶的基本操作。
3. 掌握有机实验中水浴加热的操作方法。
4. 掌握微波促进合成反应的方法。
5. 掌握红外光谱仪使用方法及图谱分析方法。
6. 了解高效液相色谱测定乙酰水杨酸纯度的方法。

【实验原理】

乙酰水杨酸是由水杨酸（邻羟基苯甲酸）和乙酸酐反应合成的。早在 18 世纪，人们已从柳树皮中提取了水杨酸，并注意到它可以作为止痛、退热和抗炎药，不过对肠胃刺激作用较大。19 世纪末，人们终于成功地合成了可以替代水杨酸的有效药物——乙酰水杨酸（阿司匹林），直到目前，阿司匹林仍然是一个广泛使用的具有解热止痛作用，治疗感冒的药物。

水杨酸是一个具有酚羟基和羧基双官能团的化合物，能进行两种不同的酯化反应。当与乙酸酐作用时，可以得到乙酰水杨酸，即阿司匹林；如与过量的甲醇反应，生成水杨酸甲酯，它是第一个作为冬青树的香味成分被发现的，因此通常称为冬青油。本实验仅进行前一个反应。

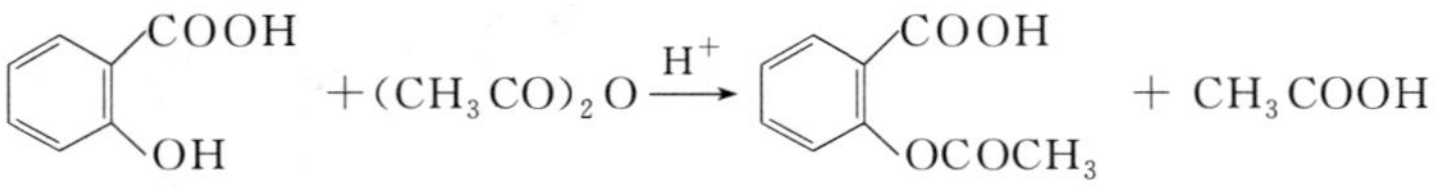

在生成乙酰水杨酸的同时，水杨酸分子之间可以发生缩合反应，生成少量的聚合物：

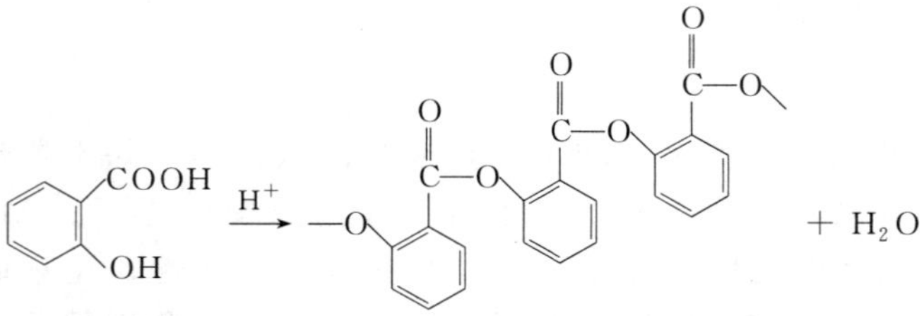

乙酰水杨酸能与碳酸氢钠反应生成水溶性钠盐，而副产物聚合物不能溶于碳酸氢钠，这种性质上的差别可用于阿司匹林的纯化。

存在于最终产物中的杂质可能是水杨酸本身，这是由于乙酰化反应不完全或由于产物在分离步骤中发生水解造成的。它可以在各步纯化过程和产物的重结晶过程中被除去。与大多数酚类化合物一样，水杨酸可与三氯化铁形成深色配合物；阿司匹林因酚羟基已被酰化，不再与三氯化铁发生颜色反应，因此杂质很容易被检出。

微波是指电磁波谱中位于远红外与无线电波之间的电磁辐射，微波有很强的穿透力，能对被照射物质产生深层加热作用。对微波加热促进有机反应的机理，目前较为普遍的看法是极性有机分子接受微波辐射的能量后会发生每秒几十亿次的偶极振动，产生热效应，使分子间的相互碰撞及能量交换次数增加，因而使有机反应速率加快。另外，电磁波对反应分子间行为的直接作用而引起的所谓"非热效应"，也是促进有机反应的重要原因。与传统加热法相比。其反应速率可快几倍至上千倍。目前微波辐射已迅速发展成为一项新兴的合成技术。

乙酰水杨酸的合成涉及水杨酸酚羟基的乙酰化和产品重结晶等操作，该合成被作为基本反应和操作练习而编入大学有机合成实验教材中，现行教材中采用酸催化合成法，它存在着反应时间长、乙酸酐用量大和副产物多等缺点。本实验将微波辐射技术用于合成和水解乙酰水杨酸并加以回收利用。和传统方法相比，新型实验具有反应时间短、产率高和物耗低及污染少等特点，体现了新兴技术的运用和大学化学实验绿色化的改革目标。

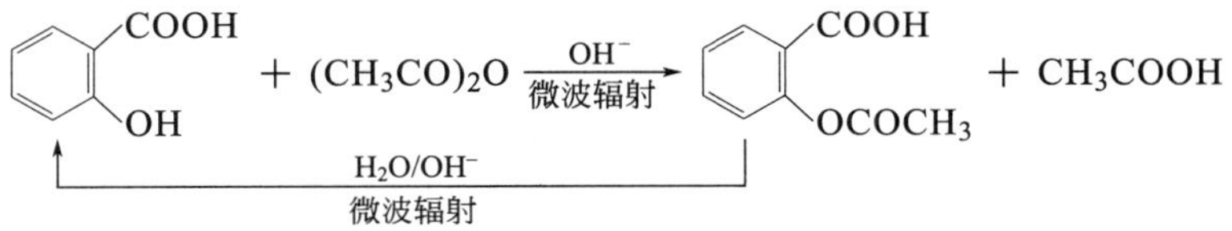

【仪器与试剂】

仪器：WP750格兰仕微波炉，电子天平，圆底烧瓶（100mL），烧杯（250mL），锥形瓶（100mL），移液管（5mL），减压抽滤装置，红外光谱仪。

试剂：水杨酸，乙酸酐，饱和碳酸氢钠水溶液，1%三氯化铁溶液，乙酸乙酯，浓硫酸，浓盐酸，碳酸钠，95%乙醇，2% $FeCl_3$ 溶液，活性炭。

【实验步骤】

1. 乙酰水杨酸的合成

（1）普通合成方法　在125mL锥形瓶中加入2.0g水杨酸、5.0mL乙酸酐和5滴浓硫酸，旋摇锥形瓶使水杨酸全部溶解后，在水浴上加热5～10min，控制浴温在85～90℃，冷至室温，即有乙酰水杨酸结晶析出。如不结晶，可用玻璃棒摩擦瓶壁并将反应物置于冰水中冷却使结晶产生。加入50.0mL水，将混合物继续在冰水浴中冷却使结晶完全。减压过滤，用滤液反复淋洗锥形瓶，直至所有晶体被收集到布氏漏斗中。每次用少量冷水洗涤结晶几次，继续抽吸将溶剂尽量抽干。粗产物转移至表面皿上，在空气中风干，称量，粗产物约1.8g。

将粗产物转移至150mL烧杯中，在搅拌下加入25.0mL饱和碳酸氢钠溶液，加完后继续搅拌几分钟，直至无二氧化碳气泡产生。减压过滤，副产物聚合物应被滤出，用5.0～10.0mL水冲洗漏斗，合并滤液，倒入预先盛有4.0～5.0mL浓盐酸和10.0mL水配成溶液的烧杯中，搅拌均匀，即有乙酰水杨酸析出。将烧杯置于冰浴中冷却，使结晶完全。减压过滤，用洁净的玻璃塞挤压滤饼，尽量抽去滤液，再用冷水洗涤2～3次，抽干水分。将结晶移至表面皿上，干燥后约1.5g。取几粒结晶加入盛有5.0mL水的试管中，加入1～2滴1%三氯化铁溶液，观察有无颜色反应。

为了得到更纯的产品，可将上述结晶的一半溶于最少量的乙酸乙酯中（约需2.0～3.0mL），溶解时应在水浴上小心地加热。如有不溶物出现，可用预热过的玻璃漏斗趁热过滤。将滤液冷至室温，晶体析出。如不析出结晶，可在水浴上稍加浓缩，并将溶液置于冰水中冷却，或用玻璃棒摩擦瓶壁，抽滤收集产物，干燥后测熔点。

乙酰水杨酸为白色针状晶体,熔点 135～136℃。

(2) 微波辐射合成法　在 100mL 干燥的圆底烧瓶中加入 2.0g(0.014mol) 水杨酸和约 0.1g 碳酸钠,再用移液管加入 2.8mL(3.0g, 0.029mol) 乙酸酐,振荡,放入微波炉中,在辐射输出功率 495W (中挡) 下,微波辐射 20～40s。稍冷,加入 20.0mL pH=3～4 的盐酸水溶液,抽滤,用少量冷水洗涤结晶 2～3 次,抽干,得乙酰水杨酸粗产品。粗产品用乙醇水混合溶剂 (1 体积 95% 的乙醇+2 体积的水) 约 16.0mL 重结晶,干燥,得白色晶状乙酰水杨酸 2.4g (收率 92%),测熔点。产品结构还可用 2% $FeCl_3$ 水溶液检验或用红外光谱测试。

2. 乙酰水杨酸的红外光谱测定

(1) 纯 KBr 薄片扫描本底　取少量 KBr 固体,在玛瑙研钵中充分磨细,并将其在红外灯下烘烤 10min 左右。取出约 0.1g 装于干净的压片模具内 (均匀铺撒并使中心凸起),在压片机上于 29.4MPa 压力下压 1min,制成透明薄片。将此片装于样品架上,插入红外光谱仪的试样安放处,从 4000～600cm^{-1} 进行波数扫描。

(2) 扫描固体样品　取 1.0～2.0mg 乙酰水杨酸产品 (已经经过干燥处理),在玛瑙研钵中充分研磨后,再加入 0.4g 干燥的 KBr 粉末,继续研磨到完全混合均匀,并将其在红外灯下烘烤 10min 左右。取出 0.1g 按照步骤 1 同样方法操作,得到吸收光谱,并和标准光谱图比较。

最后取下样品架,取出薄片,将模具、样品架擦净收好。

3. 乙酰水杨酸含量测定

参照《中国药典》(2020 年版) 二部标准附录高效液相色谱法测定。

(1) 色谱条件与系统适用性试验　用十八烷基硅烷键合硅胶为填充剂,以 1% 冰醋酸溶液-甲醇 (50:50) 为流动相,检测波长为 280nm。理论板数按阿司匹林峰不低于 1500,阿司匹林峰与水杨酸峰的分离度应符合要求。

(2) 测定方法　取装量差异项下的内容物,研细,精密称取适量样品 (约相当于阿司匹林 0.1g) 置 100mL 容量瓶中,用 1% 冰醋酸-无水甲醇溶液溶解并稀释至刻度,摇匀,过滤,精密量取滤液 5.0mL,置 100mL 容量瓶中,用 1% 冰醋酸-无水甲醇溶液稀释至刻度,摇匀,精密量取 20μL,注入液相色谱仪,记录色谱图,另取阿司匹林对照品适量,精密测定,用 1% 冰醋酸-无水甲醇溶液溶解并定量稀释制成每 1mL 中约含 50μg 的溶液,同法测定。按外标法以峰面积计算,即可求得乙酰水杨酸含量。

【结果与讨论】

将所得到的红外光谱和标准谱图对比,并对各个吸收峰进行归属。

本实验约需 6h。

【注意事项】

1. 乙酸酐应是新蒸的,收集 139～140℃馏分。

2. 乙酰水杨酸受热易分解,因此熔点不很明显,它的分解温度为 128～135℃。测定熔点时,应先将热载体加热至 120℃左右,然后放入样品测定。

3. 通过正交试验,确定了微波辐射碱催化合成乙酰水杨酸的较优条件,以较优条件合成法与传统酸催化法进行比较,结果见表 1.16-1。

表 1.16-1　微波辐射碱催化法与传统酸催化法的比较

合成方法	水杨酸/g	乙酸酐/mL	催化剂	反应时间	产量/g	合成收率/%
传统酸催化法	2	5.0	H_2SO_4（5 滴）	10min	1.5	57.5
微波辐射碱催化法	2	2.8	Na_2CO_3（0.1g）	40s	2.4	92.0

从表 1.16-1 可知，微波辐射碱催化具有明显的优点：反应时间缩短，酸酐用量减少，合成收率提高。获得较好结果的原因是采用了较好的合成途径和微波辐射技术，碱催化方法可避免副产物（主要是聚水杨酸）的生成，微波辐射技术则大大提高了反应速率。若增大微波辐射功率，则反应时间更短，但从安全角度考虑，我们仅选择中等功率的微波辐射进行实验。

4. 合成乙酰水杨酸的原料水杨酸应当是干燥的，乙酸酐应是新开瓶的。如果打开使用过且已放置较长时间，使用时应重新蒸馏，收集 139～140℃的馏分。

5. 不同品牌的家用微波炉所用微波条件略有不同，微波条件的选定以使反应温度达 80～90℃为原则。使用的微波功率一般选择 450～500W 之间，微波辐射时间为 20s。此外，微波炉不能长时间空载或近似空载操作，否则可能损坏磁控管。

【思考题】

1. 制备阿司匹林时，加入浓硫酸的目的何在？

2. 反应中有哪些副产物？如何除去？

3. 阿司匹林在沸水中受热时，分解而得到一种溶液，后者对三氯化铁呈阳性试验，试解释之，并写出反应方程式。

【附录】

1. 乙酰水杨酸的 ^1H NMR 谱

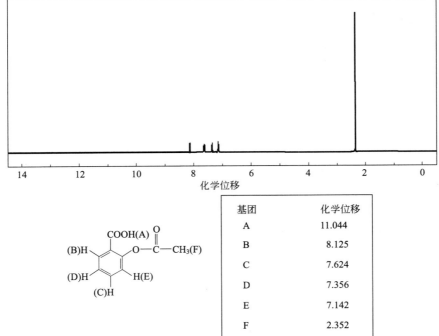

基团	化学位移
A	11.044
B	8.125
C	7.624
D	7.356
E	7.142
F	2.352

2. 乙酰水杨酸的 IR 谱

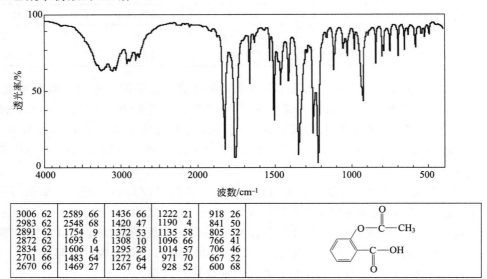

3006 62	2589 66	1436 66	1222 21	918 26
2983 62	2548 68	1420 47	1190 4	841 50
2891 62	1754 9	1372 53	1135 58	805 52
2872 62	1693 6	1308 10	1096 66	766 41
2834 62	1606 14	1295 28	1014 57	706 46
2701 66	1483 64	1272 64	971 70	667 52
2670 66	1469 27	1267 64	928 52	600 68

实验 1.17　外消旋 α-苯乙胺的合成和拆分

【实验目的】

1. 掌握外消旋 α-苯乙胺的合成方法。
2. 掌握外消旋体拆分的基本原理和方法。
3. 掌握旋光度的测定方法。

【实验原理】

在非手性条件下，由一般合成反应所得的手性化合物为等量的对映体组成的外消旋体，故无旋光性。利用拆分的方法，把外消旋体的一对对映体分成纯净的左旋体和右旋体，即所谓的消旋体的拆分。

拆分外消旋体最常用的方法是利用化学反应把对映体变为非对映体。如果手性化合物分子中含有一个易于反应的极性基团，如羧基、氨基等，就可以使它与一个纯的旋光化合物（拆解剂）反应，从而把一对对映体变成两种非对映体。由于非对映体具有不同的物理性质，如溶解性、结晶性等，利用结晶等方法将它们分离、精制，然后再去掉拆解剂，就可以得到纯的旋光化合物，达到拆分目的。

常用的拆解剂有马钱子碱、奎宁和麻黄素等旋光纯的生物碱（拆分外消旋的有机酸）以及酒石酸、樟脑磺酸等旋光纯的有机酸（拆分外消旋的有机碱）。

外消旋的醇通常先与丁二酸酐或邻苯二甲酸酐形成单酯，用旋光醇的碱把酸拆分，再经碱性水解得到单个的旋光性的醇。

对映体的完全分离当然是最理想的，但是实际工作中很难做到这一点，常用光学纯度表示被拆分后对映体的纯净程度，它等于样品的比旋光度除以纯对映体的比旋光度。

$$光学纯度（op）＝样品的[α]/纯物质的[α]×100\%$$

旋光纯的酒石酸在自然界颇为丰富，它是酿酒过程中的副产物。由于（－）-胺-（＋）-酸非对映体的盐比另一种非对映体的盐在甲醇中的溶解度小，故易从溶液中结晶析出，经稀碱处理，使（－）-α-苯乙胺游离出来。母液中含有（＋）-胺-（＋）-酸盐，原则上经提纯后可以得到另一个非对映体的盐，经稀碱处理后得到（＋）-胺。本实验只分离对映异构体之一，即左旋异构体，因右旋异构体的分离对学生来说显得困难。

本实验用（＋）-酒石酸为拆解剂，它与外消旋 α-苯乙胺形成非对映异构体的盐。

$$C_6H_5\overset{O}{\overset{\|}{C}}CH_3 + 2HCOONH_4 \longrightarrow C_6H_5\overset{CH_3}{\overset{|}{C}H}-NHCHO + NH_3\uparrow + CO_2\uparrow + 2H_2O$$

$$C_6H_5\overset{CH_3}{\overset{|}{C}H}-NHCHO + HCl + H_2O \longrightarrow C_6H_5\overset{CH_3}{\overset{|}{C}H}\overset{+}{N}H_3Cl^- + HCOOH$$

$$C_6H_5\overset{CH_3}{\overset{|}{C}H}\overset{+}{N}H_3Cl^- + NaOH \longrightarrow C_6H_5\overset{CH_3}{\overset{|}{C}H}NH_2 + NaCl + H_2O$$

$$（\pm）\text{-苯乙胺}$$

【仪器与试剂】

仪器：有机合成制备仪。

试剂：（＋）-酒石酸，甲醇，乙醚，50％氢氧化钠溶液，苯乙酮，甲酸铵，氯仿，浓盐酸，固体氢氧化钠，甲苯，无水硫酸钠。

【实验步骤】

1. α-苯乙胺的制备

在 100mL 圆底烧瓶中加入 11.8mL 苯乙酮、20.0g 甲酸铵和沸石，蒸馏头上插入接近瓶底的温度计，侧口连接冷凝管配成简单的蒸馏装置。加热反应混合物至 150～155℃，甲酸铵开始熔化并分为两相，并逐渐变为均相。反应物剧烈沸腾，并有水和苯乙酮蒸出，同时不断产生泡沫放出氨气。继续缓缓加热至温度达到 185℃，停止加热，通常约需要 1.5h。反应过程中可能会在冷凝管上生成一些固体碳酸铵，需暂时关闭冷凝水使固体溶解，避免堵塞冷凝管。将馏出物转入分液漏斗，分出苯乙酮层，重新倒回反应瓶，再继续加热 1.5h，控制反应温度不超过 185℃。

将反应物冷至室温，转入分液漏斗中，用 15.0mL 水洗涤，除去甲酸铵和甲酰胺，分出 N-甲酰-α-苯乙胺粗品，将其倒回原反应瓶。水层每次用 6.0mL 氯仿萃取两次，合并萃取液也倒回反应瓶，弃去水层。向反应瓶中加入 12.0mL 浓盐酸和沸石，蒸出所有氯仿，再继续保持微沸回流 30～45min，使 N-甲酰-α-苯乙胺水解。将反应物冷至室温，如有结晶析出，加入最少量的水让其溶解。然后每次用 6.0mL 氯仿萃取 3 次，合并萃取液倒入指定容器回收氯仿，水层转入 100mL 三口烧瓶。

将三口烧瓶置于冰浴中冷却，慢慢加入 10.0g 氢氧化钠溶于 20.0mL 水的溶液并加以摇振，然后进行水蒸气蒸馏。用 pH 试纸检验馏出液，开始为碱性，至馏出液 pH＝7 为止。约收集馏出液 65～80mL。

将含有游离胺的馏出液每次用 10.0mL 甲苯萃取 3 次，合并甲苯萃取液，加入粒状氢氧化钠干燥并塞住瓶口。将干燥后的甲苯溶液用滴液漏斗分批加入 25mL 蒸馏瓶，先蒸去甲苯，然后改用空气冷凝管蒸馏，收集 180～190℃馏分，产量 5.0～6.0g，塞好瓶口准备进行拆分实验。

纯的 α-苯乙胺沸点 187.4℃。

此阶段实验约需 8h。

2. S-(—)-α-苯乙胺的分离

在 250mL 锥形瓶中加入 6.3g(＋)-酒石酸和 90.0mL 甲醇，在水浴上加热至接近沸腾 (60℃)，搅拌使酒石酸溶解。然后在搅拌下慢慢加入 5.0g α-苯乙胺。须小心操作，以免混合物沸腾或起泡溢出。冷至室温后，将烧瓶塞住，放置 24h 以上，应析出白色棱状晶体。假如析出针状晶体，应重新加热溶解并冷却至完全析出棱状晶体。抽气过滤，并用少许冷甲醇洗涤，干燥后得 （—)-胺-(＋)-酒石酸盐约 4.0g。以下步骤为减少操作的困难，可由两个学生将各自的产品合并起来，约为 8.0g 盐的晶体。将 8.0g(—)-胺-(＋)-酒石酸盐置于 250mL 锥形瓶中，加入 30.0mL 水，搅拌使部分结晶溶解，接着加入 5.0mL 50%氢氧化钠溶液，搅拌混合物至固体完全溶解。将溶液转入分液漏斗，每次用 15.0mL 乙醚萃取两次。合并醚萃取液，用无水硫酸钠干燥。水层倒入指定容器中，回收 （＋)-酒石酸。

将干燥后的乙醚溶液用滴液漏斗分批转入 25mL 圆底烧瓶，在水浴上蒸去乙醚，然后蒸馏收集 180~190℃馏分于一已称量的锥形瓶中，产量约 2.0~2.5g，用塞子塞住锥形瓶准备测定比旋光度。

3. 比旋光度的测定

因制备规模限制，产生的纯胺数量不足以充满旋光管，故必须用甲醇加以稀释。用移液管量取 10.0mL 甲醇置于盛胺的锥形瓶中，摇振使胺溶解。溶液的总体积非常接近 10mL [加上胺的体积，或者是后者的质量除以其相对密度 （$d=0.9395$），两个体积的加和值在本步骤中引起的误差可以不计]。根据胺的质量和总体积，计算出胺的浓度 （g·mL^{-1}）。将溶液置于 2cm 的样品管中，测定旋光度及比旋光度，并计算拆分后胺的光学纯度。纯 S-(—)-α-苯乙胺的 $[\alpha]_D^{15}=-39.5$。

此阶段实验需要 6h。

【结果与讨论】

根据所得到的比旋光度计算产物的纯度。

【注意事项】

1. 必须得到棱状晶体，这是实验成功的关键。如溶液中析出针状晶体，可采取如下步骤。

（1）由于针状晶体易溶解，可加热反应混合物至针状晶体已恰好完全溶解而棱状晶体未开始溶解为止，重新放置过夜。

（2）分出少量棱状晶体，加热反应混合物至其余晶体全部溶解，稍冷却后用取出的棱状晶体作种晶。如析出的针状晶体较多时，此方法更为适宜。如有现成的棱状晶体，在放置过夜前接种更好。

2. 蒸馏 α-苯乙胺时容易起泡，可加入 1~2 滴消泡剂（聚二甲基硅氧烷 0.001%的己烷溶液）。

作为一种简化处理，可将干燥后的醚溶液直接过滤到一已事先称量的圆底烧瓶中，先在水浴上尽可能蒸去乙醚，再用水泵抽去残余的乙醚。称量烧瓶即可计算出 （—)-α-苯乙胺的质量，省去了进一步的蒸馏操作。

【思考题】

你认为本实验中的关键步骤是什么？如何控制反应条件才能分离出纯的旋光异构体？

【附录】

1. （＋）-α-苯乙胺的^{1}H NMR 谱

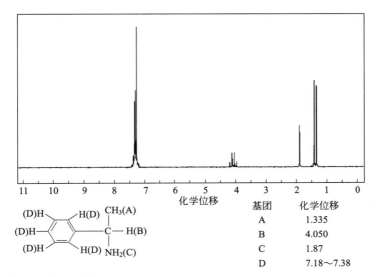

基团	化学位移
A	1.335
B	4.050
C	1.87
D	7.18～7.38

2. （＋）-α-苯乙胺的 IR 谱

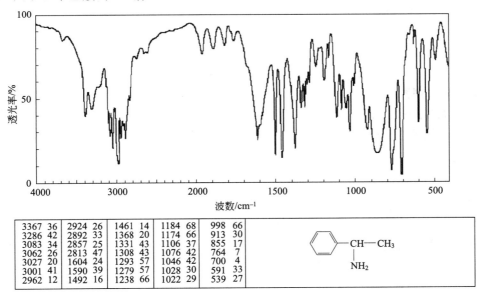

3367 36	2924 26	1461 14	1184 68	998 66
3286 42	2892 33	1368 20	1174 66	913 30
3083 34	2857 25	1331 43	1106 37	855 17
3062 26	2813 47	1308 43	1076 42	764 7
3027 20	1604 24	1293 57	1046 42	700 4
3001 41	1590 39	1279 57	1028 30	591 33
2962 12	1492 16	1238 66	1022 29	539 27

实验 1.18　水杨酸甲酯（冬青油）的合成和红外光谱测定

【实验目的】

1. 掌握酯化反应的基本原理和基本操作。
2. 掌握有机回流装置的原理和操作。
3. 掌握分液的原理和操作。
4. 掌握减压蒸馏的原理和操作。

5. 掌握红外光谱仪使用方法及图谱分析方法。

【实验原理】

酯是醇和酸失水的产物，大体可分为无机酸酯和有机酸酯，如硫酸二甲酯就是无机酸酯，它是硫酸和甲醇的失水产物。

酯的制备方法很多，可以用羧酸盐与活泼卤代烷反应合成；羧酸和重氮甲烷反应可以形成羧酸甲酯；酰氯或者酸酐和醇反应也可以生成酯；酯与醇可以发生酯交换反应生成另一个酯；腈与醇在酸催化下也可以反应得到酯。

有机羧酸在酸催化下反应也能生成酯，这种直接利用酸和醇进行的反应称为酯化反应。常用的催化剂是硫酸、氯化氢或苯磺酸等，这个反应进行得很慢，并且是可逆反应，反应到一定程度时即自行停止。为提高产率，必须使反应尽量地向右方进行，一个方法是用共沸法形成共沸混合物，将水带走，或加合适的去水剂把反应中产生的水除去。另一方法是反应时加入过量的醇或者酸，以改变反应达到平衡时反应物和产物的组成。根据平衡原理，用过量的醇可以把酸完全转化为酯，反过来，用过量的酸也可以把醇完全酯化。在有机合成中，常常选择最合适的原料比例，以最经济的价格来得到最好的产率。

水杨酸甲酯的制备一般是将水杨酸在酸催化下和过量的甲醇反应生成。因水杨酸的价格和甲醇相比相对昂贵一点，所以在反应中可以加入过量甲醇以提高水杨酸甲酯的产率，在这个反应中，甲醇既作为反应原料，又作为溶剂存在。

【仪器与试剂】

仪器：有机合成制备仪。

试剂：水杨酸，甲醇，浓硫酸，5%碳酸氢钠溶液，饱和食盐水溶液，无水氯化钙。

【实验步骤】

1. 水杨酸甲酯的合成

在 100mL 圆底烧瓶中依次加入 7.0g 水杨酸和 30.0mL 甲醇，轻轻振摇烧瓶，使水杨酸溶于甲醇中，然后再在振摇下慢慢滴入 8.0mL 浓硫酸，使混合均匀。加入 1～2 粒沸石，装上带有干燥管的回流冷凝管，用电热套加热回流 2h。稍冷后将盛有混合物的烧瓶浸入冷水浴中，使反应瓶内的溶液冷却，然后在振摇下加入 40.0mL 饱和食盐水。将反应混合物倾至分液漏斗中，将有机层分开（在哪一层？）。用 50.0mL 5% 的碳酸氢钠洗涤粗酯，再用 15.0mL 水分两次洗涤有机层，分出有机层，将其转入 25mL 的锥形瓶中，用无水氯化钙干燥，将干燥后的粗产物先在水泵减压下蒸去可能存在的低沸点物，然后用机械泵（油泵）减压。收集 $100\sim110℃/14mmHg(1mmHg=133.322Pa)$ 的馏分，产量 4.0～5.0g。纯水杨酸甲酯的沸点为 $222.2℃/760mmHg$、$105℃/14mmHg$，$d_{25}^{20}=1.182$。

2. 水杨酸甲酯的红外光谱测定

（1）纯 KBr 薄片扫描本底　取少量 KBr 固体，在玛瑙研钵中充分磨细，并将其在红外灯下烘烤 10min 左右。取出约 100mg 装于干净的压片模具内（均匀铺撒并使中心凸起），在压片机上于 29.4MPa 压力下压 1min，制成透明薄片。将此片装于样品架上，插入红外光谱仪的试样安放处，从 $4000\sim600cm^{-1}$ 进行波数扫描。

（2）扫描固体样品　取1~2mg水杨酸甲酯产品（已经经过干燥处理），在玛瑙研钵中充分研磨后，再加入400mg干燥的KBr粉末，继续研磨到完全混合均匀，并将其在红外灯下烘烤10min左右。取出100mg按照步骤1同样方法操作，得到吸收光谱，并和标准光谱图比较。

最后，取下样品架，取出薄片，将模具、样品架擦净收好。

实验时间6h。

【结果与讨论】

将所得到的红外光谱和标准谱对比，并判断各个吸收峰所对应的官能团。

【注意事项】

1. 水杨酸甲酯于1843年首次从冬青植物中被提取，有止痛和退热特征，可以内服和通过皮肤吸收，在小范围内被用作调味素。

2. 本反应所有仪器必须干燥，任何水的存在将降低收率。

3. 避免明火加热，因为甲醇为低沸点的易燃液体。

4. 因两者密度相近，很难分层，易呈悬浊液，若遇此现象可加入5mL环己烷一起振摇后静置。

5. 分几次加入碳酸氢钠溶液，并轻轻振摇分液漏斗，使生成的二氧化碳气体及时逸出。最后塞上塞子，振摇几次，并注意随时打开下面的活塞放气，以免漏斗集聚的二氧化碳气体将上口活塞冲开，造成损失。

6. 第一次减压蒸馏应在教师指导下进行。若产物量较少，可以合并几次产物进行蒸馏。

【思考题】

1. 怎样避免回流过程中溶液变黑？

2. 解释每一步洗涤的原理和目的。

【附录】

1. 水杨酸甲酯的^{1}H NMR谱

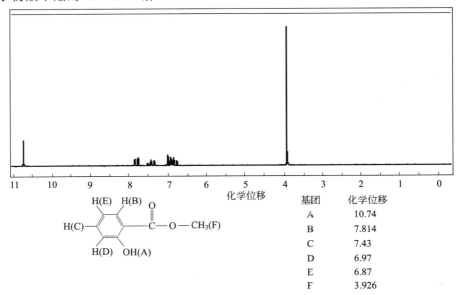

基团	化学位移
A	10.74
B	7.814
C	7.43
D	6.97
E	6.87
F	3.926

2. 水杨酸甲酯的 IR 谱

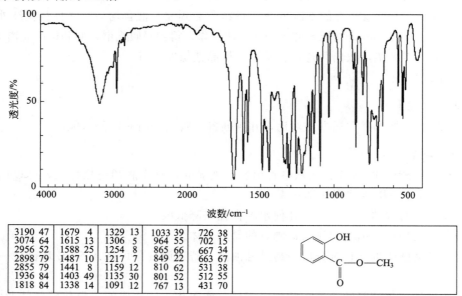

3190 47	1679 4	1329 13	1033 39	726 38
3074 64	1615 13	1306 5	964 55	702 15
2956 52	1588 25	1254 8	865 66	667 34
2898 79	1487 10	1217 7	849 22	663 67
2855 79	1441 8	1159 12	810 62	531 38
1936 84	1403 49	1135 30	801 52	512 55
1818 84	1338 14	1091 12	767 13	431 70

实验 1.19　从茶叶中提取咖啡因

【实验目的】

1. 掌握天然药物中有机物质的提取分离方法。
2. 掌握脂肪提取器的原理和使用方法。
3. 掌握有机化合物升华的基本原理和方法。
4. 掌握紫外光谱仪使用方法及图谱分析方法。
5. 了解咖啡因的红外光谱图和核磁共振氢谱图。

【实验原理】

茶叶中含有多种生物碱，其中以咖啡因（又称咖啡碱）为主，约占 1%～5%。另外还含有 11%～12% 的单宁酸（鞣酸），0.6% 的色素、纤维素、蛋白质等。

咖啡因是弱碱性化合物，易溶于氯仿（12.5%）、水（2%）及乙醇（2%）等，在苯中溶解度为 1%（热苯为 5%）。单宁酸易溶于水和乙醇，但不溶于苯。

咖啡因的化学名称为 1,3,7-三甲基-2,6-二氧代嘌呤，结构式为：

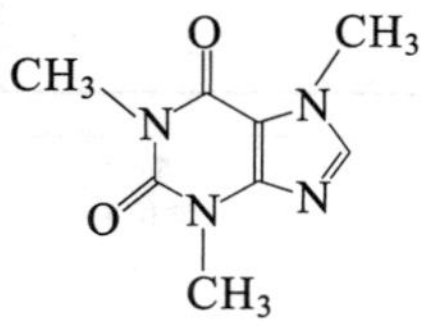

含结晶水的咖啡因系无色针状结晶，味苦，能溶于水、乙醇、氯仿等。100℃失去结晶水，并开始升华，120℃升华相当显著，170℃升华很快。无水咖啡因熔点为 234.5℃。

咖啡因工业上靠人工合成。它具有刺激心脏、兴奋大脑神经和利尿等作用，因此可以作为中枢神经兴奋药。

咖啡因可以通过测定熔点和光谱法加以鉴别。

脂肪提取器是利用溶剂回流和虹吸原理，使固体物质连续不断地为纯溶剂所萃取的仪器。溶剂沸腾时，其蒸气通过侧管上升，被冷凝管冷凝成液体，滴入套筒中，浸润固体物质，使之溶于溶剂中，当套筒内溶剂液面超过虹吸管的最高处时，即发生虹吸，回入烧瓶中。通过反复的回流和虹吸，可将可溶性物质富集在烧瓶中。脂肪提取器为配套仪器，其任一部件损坏将会导致整套仪器的报废，特别是虹吸管极易折断，所以在安装仪器和实验过程中须特别小心。

脂肪提取器可以将固体物质中所含有的可溶性物质富集，根据其原理，固体物质每一次都能被纯的溶剂所萃取，因而效率较高，为增加液体浸溶的面积，萃取前应先将固体物质研细，用滤纸套包好置于提取器中，通过不断萃取虹吸，固体中的可溶物质富集到烧瓶中，将提取液浓缩后，得到目标物质。

为了提取茶叶中的咖啡碱，往往利用适当的溶剂（氯仿、苯、乙醇等）在脂肪提取器中连续抽提茶叶，然后蒸去溶剂，即得到粗咖啡因。

粗咖啡因还含有其他一些生物碱和杂质，利用升华法可进一步提纯。

【仪器与试剂】

仪器：脂肪提取器，紫外分光光度计。

试剂：茶叶，95％乙醇，生石灰，无水乙醇，二氯甲烷。

【实验步骤】

1. 咖啡因的提取

（1）方法1 装好提取装置[1]。称取10g茶叶，放入脂肪提取器的滤纸套筒中[2]，在250mL圆底烧瓶中加入175mL 95％乙醇，用水浴加热，连续提取2h[3]。待冷凝液刚刚虹吸下去时，立即停止加热。稍冷后，改为蒸馏装置，回收提取液中的大部分乙醇[4]。趁热将烧瓶中的残液倾入蒸发皿中，拌入3g生石灰粉[5]，使成糊状，在蒸汽浴上蒸干，其间应不断搅拌，并尽可能压碎块状物，待干燥后将固体在研钵中研碎。最后将蒸发皿放在石棉网上，用小火烘炒片刻，使水分全部除去。冷却后，擦去沾在边上的粉末，以免在升华时污染产物。取一支口径合适的玻璃漏斗，罩在隔以刺有许多小孔滤纸的蒸发皿上，在沙浴中小心加热升华[6]。第一次控制沙浴温度在120℃左右。保持温度10min，此时滤纸上出现许多白色毛状晶体，暂停加热，让其自然冷却至90℃左右。小心取下漏斗，揭开滤纸，用刮刀将纸上和器皿周围的咖啡因刮下。然后重新装好升华装置，调高温度到220℃，保持温度10min，重复第一次升华过程，合并两次收集的咖啡因，称量并测定熔点。

（2）方法2 在600mL烧杯中，配制20g碳酸钠溶于250mL蒸馏水的溶液。称取25g茶叶，用纱布包好后放入烧杯中，在石棉网上用小火加热煮沸0.5h。注意勿使溶液起泡溢出。稍冷后（约50℃），将黑色提取液小心倾至另一烧杯中。冷却到室温后，转入500mL分液漏斗。加入50mL二氯甲烷摇振1min，静置分层，此时在两界面处出现乳化层[7]。在一小玻璃漏斗的颈口放置一小团棉花，棉花上放置约1cm厚的无水硫酸镁，从分液漏斗直接将下层的有机相滤入一干燥锥形瓶，并用2～3mL二氯甲烷涮洗干燥剂，水相再用50mL二氯甲烷萃取一次，收集于锥形瓶中的有机相应是清亮透明的。

将干燥后的萃取液分批转入 50mL 圆底烧瓶,加入几粒沸石,在水浴上蒸馏回收二氯甲烷,并用水泵将溶剂抽干。含咖啡因的残渣用丙酮-石油醚重结晶。将蒸去二氯甲烷的残渣溶于最少量的丙酮[8],慢慢向其中加入石油醚(60~90℃),到溶液恰好浑浊为止,冷却结晶,抽滤收集产物,干燥后称量并计算收率。

2. 咖啡因的紫外光谱测定

(1) 溶液的配制　在分析天平上称取 194mg 自制的咖啡因(经过干燥后的),放入 10mL 容量瓶中,加入无水乙醇溶解,得到 $0.1mol \cdot L^{-1}$ 的咖啡因溶液,用 0.1mL 的移液管取出 0.1mL 的该溶液,放入另一干燥的 10mL 容量瓶中,用无水乙醇稀释到刻度,混合均匀后重复稀释一次,得到 $10^{-5}mol \cdot L^{-1}$ 的咖啡因乙醇溶液。

(2) 紫外光谱的测定　将配制好的溶液转移到干净的 1cm 石英比色皿中,将比色皿放入紫外分光光度计的样品槽中,用无水乙醇做参比,在 200~300nm 范围内测定吸收光谱曲线。

实验时间约需 8h。

【结果与讨论】

根据测定所得的咖啡因的紫外光谱,分析其结构和纯度。

【注意事项】

1. 脂肪提取器的虹吸管极易折断,装置仪器和取拿时须特别小心。

2. 滤纸套大小既要紧贴器壁,又能方便取放,其高度不得超过虹吸管;滤纸包茶叶时要严谨,防止漏出堵塞虹吸管;纸套上面折成凹形,以保证回流液均匀浸润被萃取物。

3. 若提取液颜色很淡时,即可停止提取。

4. 瓶中乙醇不可蒸得太干,否则残液很黏,转移时损失太大。

5. 生石灰起吸水和中和作用,以除去部分酸性杂质。

6. 在萃取回流充分的情况下,升华操作是实验成败的关键。升华过程中,始终都需用小火间接加热。如温度太高,会使产物发黄。注意温度计应放在合适的位置,使之正确反映出升华的温度。如无沙浴,也可以用简易空气浴加热升华,即将蒸发皿底部稍离开石棉网进行加热,并在附近悬挂温度计指示升华温度。

7. 乳化层通过干燥剂无水硫酸镁时可被破坏。

8. 如残渣中加入 6mL 丙酮温热后仍不溶解,说明其中带入了无水硫酸镁,应补加丙酮至 20mL,用折叠滤纸除去无机盐,然后将丙酮溶液蒸发至 5mL,再滴加石油醚。

【思考题】

1. 方法 1 中用到的生石灰起什么作用?

2. 从茶叶中提取得到的咖啡因有绿色光泽,为什么?

3. 茶叶放入脂肪提取器中时为何要用滤纸包裹?

【附录】

1. 咖啡因的 IR 谱

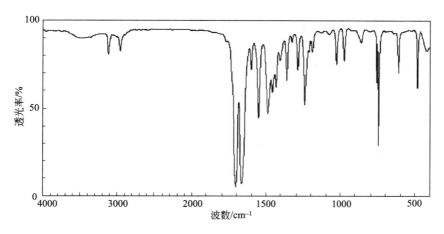

3114	77	1456	57	1213	79	610	66
2955	79	1431	58	1190	79	482	58
1702	4	1405	74	1026	72		
1662	6	1360	64	974	74		
1600	68	1327	84	861	84		
1551	42	1267	66	759	62		
1487	44	1241	60	746	27		

2. 咖啡因的 ^{1}H NMR 谱

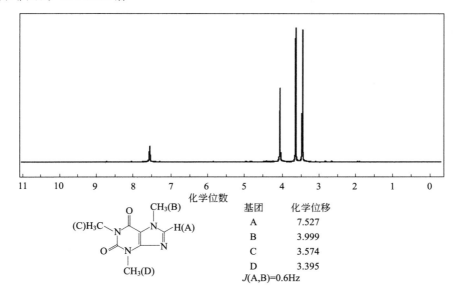

基团	化学位移
A	7.527
B	3.999
C	3.574
D	3.395
$J(A,B)=0.6$Hz	

实验 1.20　苯并咪唑类卡宾的合成及其在苯偶酰合成中的催化应用

【实验目的】

1. 学习有机小分子催化有机反应的原理和操作。
2. 学习咪唑类卡宾的制备方法。
3. 掌握苯偶酰合成方法。

【实验原理】

卡宾在有机反应中是一类较活泼、易参与反应的化合物。和一般类型的卡宾结构特点相似，N-杂环卡宾（NHC）也是一种电中性的化合物，卡宾碳原子是二价的，其最外层具有六个电子。N-杂环卡宾性质比较独特，一直是化学家们研究的热点。很多金属有机化学家们把 N-杂环卡宾用作和金属配位的配体，早在 1968 年 Öfele 和 Wanzlick 等人就成功合成了 N-杂环卡宾的金属配合物。后来科学家们又发现 N-杂环卡宾的性质和富电子的膦配体比较相似，与叔膦配体一样，N-杂环卡宾也是优良的电子给体，能与金属形成反馈键，据文献报道，由它们形成的金属络合物甚至比膦配体的金属络合物具有更好的催化性能。另外，N-杂环卡宾配体还具有成本低、制备简单、毒性小、稳定性高等优点，在一定程度上甚至可以取代叔膦配体，被称为"仿膦配体"而广泛应用于均相催化反应中。而把 N-杂环卡宾作为有机小分子催化剂来催化有机反应的研究近年来才成为有机化学家们所关注和研究的热点。自从人们认识到天然噻唑盐辅酶维生素 B_1 参与的众多酶催化反应是由亲核性卡宾催化来实现的之后，化学家们已成功合成了一系列酶拟合物——卡宾前体盐。1991 年 Arduengo 等首次成功分离得到了第一个稳定的 N-杂环卡宾——咪唑-2-碳烯，推动了 N-杂环卡宾化学的迅速发展。N-杂环卡宾已不再只是作为金属的配体而受到金属有机化学家们的青睐，它将成为有机合成化学家们手中的优良催化剂，在诸多有机小分子催化的反应中扮演着越来越重要的角色，其独特的催化性能也为人们寻找新型的性能良好的催化剂开辟了崭新视野。

苯偶酰（Benzil）又叫二苯基乙二酮，是有机合成、药物合成的重要原料，如抗癫痫药物苯妥英钠的前体二苯基乙内酰脲就是以苯偶酰为原料合成得到的。

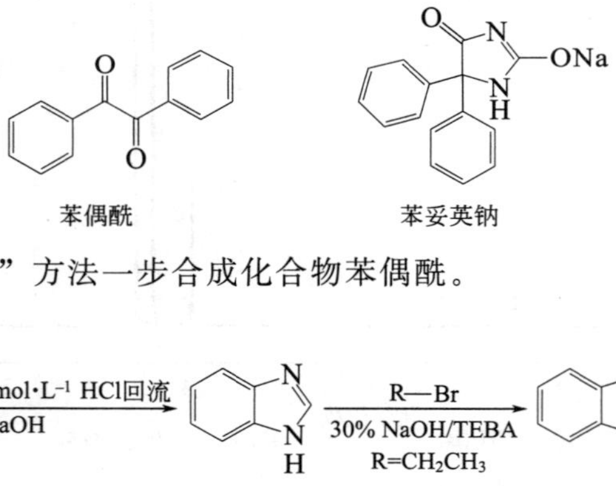

苯偶酰　　　　　　苯妥英钠

本实验采用"一锅煮"方法一步合成化合物苯偶酰。

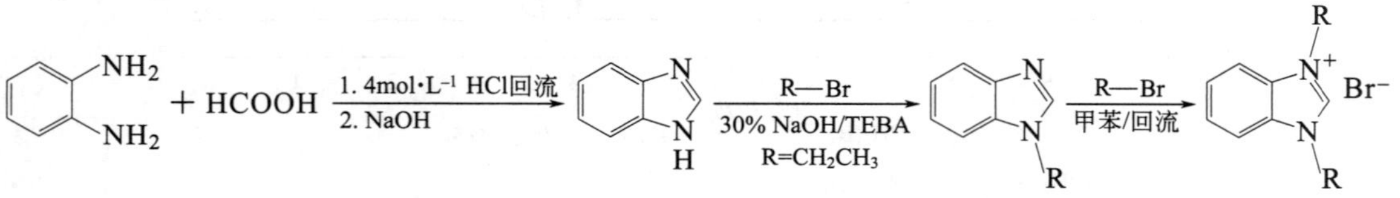

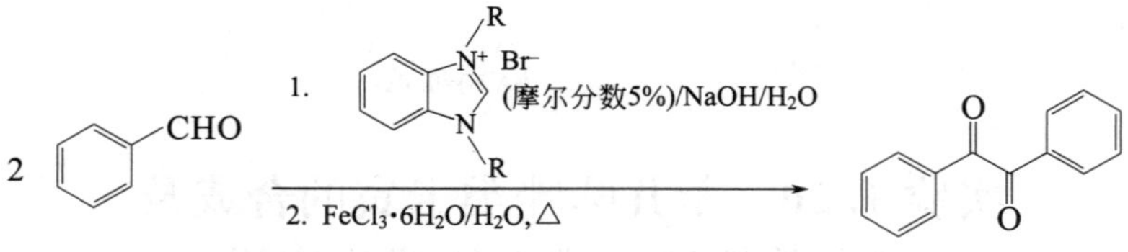

【仪器与试剂】

仪器：有机合成制备仪。

试剂：邻苯二胺，甲酸，10％、30％氢氧化钠溶液，盐酸，三乙基苄基氯化铵（TE-BA），无水乙醇，冰醋酸，苯甲醛，溴乙烷，无水硫酸镁，乙酸乙酯，氯仿。

【实验步骤】

1. 苯并咪唑的合成

在 50mL 圆底烧瓶中加入 2.2g 邻苯二胺和 2.0g 甲酸，加入 20.0mL 4mol·L^{-1}盐酸溶液，加热回流 2h，冷却后用稀 NaOH 水溶液中和至中性[1]，抽滤干燥得白色固体，用乙醇重结晶得白色晶体，产率约 64.0%，熔点 170~173℃。

2. N-烷基苯并咪唑的制备

在 50mL 圆底烧瓶中加入 3.5g(30mmol) 苯并咪唑、0.2g TEBA 和 20.0mL 30% 氢氧化钠溶液，先微热使固体溶解，再在强烈搅拌下滴入 1.0mL 溴乙烷，控制反应温度不超过 70℃，反应 2h 完毕。冷却，分出上层有机层，水层用甲苯萃取两次，合并有机层，用无水硫酸镁干燥，过滤，滤液不经处理直接作为下步反应原料。

3. N-烷基苯并咪唑溴盐的制备

在 50mL 圆底烧瓶中加入自制的烷基苯并咪唑甲苯溶液，再加入 1.0mL 不同的溴代烷烃（溴乙烷或正溴戊烷），再补加 10.0mL 干燥的甲苯作溶剂，加热回流 4h。反应完毕冷却，析出固体，抽滤干燥得白色固体，用无水乙醇重结晶得白色晶体，产率约 62.0%~69.0%[2]。

4. 苯偶酰化合物的合成

在 50mL 圆底烧瓶中加入 0.5mmol N-烷基苯并咪唑溴盐和 10.0mL 水，常温搅拌 5min，加入 10.0mmol 苯甲醛后，继续加热搅拌 5min，然后滴入 2.5mL 10% 氢氧化钠溶液，加热搅拌一定时间后出现黄色的固体（其间用 TLC 检测反应终点）[3]，用醋酸中和体系至 pH=6~7，再加入 12mmol FeCl$_3$·6H$_2$O 固体，继续加热回流，TLC 检测反应终点（约 0.5h）。反应结束后将反应液倒入冰水中，用乙酸乙酯萃取，饱和食盐水洗涤，无水硫酸镁干燥，真空旋干溶剂，用氯仿-乙醇（1:1）重结晶。

【结果与讨论】

此反应可以对比咪唑化合物上的烷基取代基对催化效果的影响。采用溴乙烷和溴戊烷为原料同时制备催化剂，对比哪种催化剂催化性能好，有条件的实验室可以开展该方面的探索性研究。

【注意事项】

1. 此时的 pH 值范围在 6.5~7.5 之间。

2. 该步应该剧烈回流 4h，如果温度不够，则不容易生成产物。

3. 时间大约为 1h。

【思考题】

1. 该反应中氯化铁起到什么作用？是否有别的化合物能起到相似的作用？

2. 试画出咪唑卡宾的分子结构。

实验 1.21　Biginelli 反应——多组分一锅煮反应

【实验目的】

1. 学习 Biginelli 反应的原理。

2. 学习并掌握多组分反应的实验操作。

3. 掌握 3,4-二氢嘧啶-2(1H)-酮的实验室合成方法。

4. 掌握红外光谱仪和核磁共振仪使用方法及图谱分析。

【实验原理】

1893 年，意大利化学家 Pietro Biginelli 首次报道了乙酰乙酸乙酯（**1**）、苯甲醛（**2**）和尿素（**3**）在酸催化作用下的环缩合反应。将此三组分混合物在浓盐酸催化下于乙醇中加热回流 18h，冷却反应混合物，经鉴定产物为 3,4-二氢嘧啶-2(1H)-酮（**4**）（具有这一杂环骨架的分子又称作 DHPM），这种新型的"一锅煮"反应被人们称为"Biginelli 反应"或"Biginelli 二氢嘧啶合成反应"。

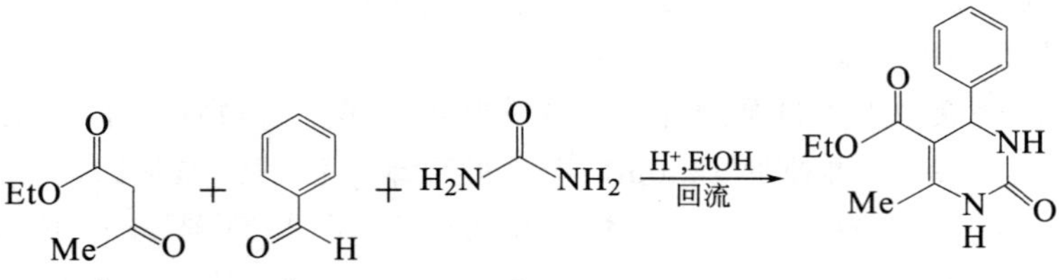

绿色化学作为有机化学的驱动力，通过环境友好的过程完成了无数化合物的合成与转化。环境友好、原子经济性、反应高效性等是绿色化学的重要因素。同时由于没有溶剂，无溶剂反应作为一种非经典的方法有很多优点：反应所占体积相对较小，并且反应物的浓度提高，反应时间缩短，后处理简单，副产物减少，反应产率提高等。2009 年，扬州大学景崤壁课题组研究发现，$NaIO_4$ 在常温无溶剂条件下即可催化苯甲醛、尿素、乙酰乙酸乙酯为底物的 Biginelli 反应。

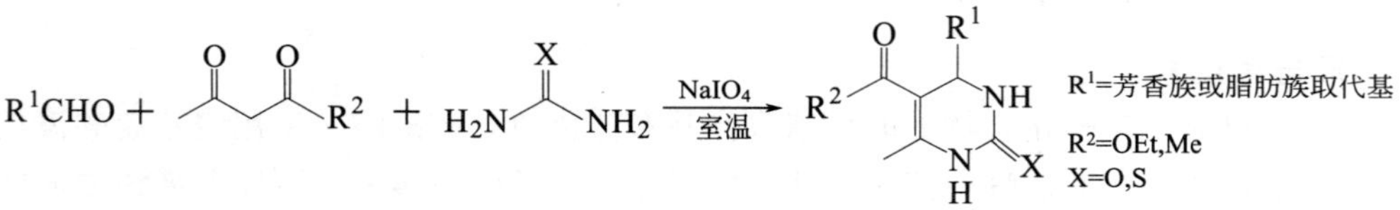

本实验在常温无溶剂条件下由 $NaIO_4$ 催化三组分的苯甲醛、尿素、乙酰乙酸乙酯缩合反应，合成 3,4-二氢嘧啶-2(1H)-酮。

【仪器与试剂】

仪器：有机合成制备仪。

试剂：高碘酸钠，苯甲醛，乙酰乙酸乙酯，尿素，硫脲，甲醇。

【实验步骤】

在 50mL 圆底烧瓶中加入苯甲醛 2.1g、乙酰乙酸乙酯 2.6g、尿素 1.2g、$NaIO_4$ 0.1g，室温搅拌，反应液逐渐变浑浊并析出固体，2h 后停止反应，将 10.0mL 甲醇直接加入反应液进行重结晶，抽滤得到产物。

【结果与讨论】

在相关大型仪器上扫描所制备出的产物的红外光谱和核磁谱图，将谱图与标准谱图对比，归属各峰。

【注意事项】

1. 加料次序对反应没有影响，乙酰乙酸乙酯是液体，同时起到溶剂的作用，如果实验因黏度过大而不容易搅拌，可适当增加乙酰乙酸乙酯的量。

2. 如果在冬天室温过低情况下进行该实验，可以适当延长反应时间，一般情况下 4h 以内该反应即可结束。

【思考题】

1 如果将乙酰乙酸乙酯替换为不同的 β-二酮，得到的产物有何变化？

2 如何用熔点判断重结晶的产物是否纯净？

【参考文献】

Jing Xiaobi, et al. Journal of the Iranian Chemical Society，2009，6（3）：514.

【附录】

产物谱图数据：

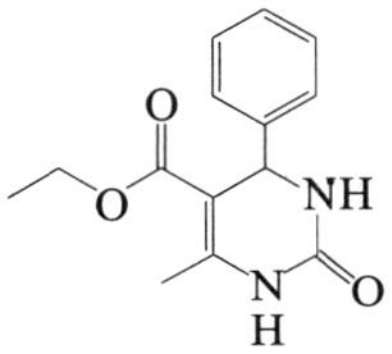

白色固体，熔点：202℃。^{1}H NMR（CDCl$_3$，600MHz）δ：1.14～1.16（t，$J=7.1$Hz，3H），2.34（s，3H），4.06～4.09（q，$J=7.0$Hz，2H），5.39～5.40（d，$J=2.4$Hz，1H），5.72（s，1H），7.25～7.31（m，5H），8.06（s，1H）；^{13}C NMR（CDCl$_3$，150MHz）δ：11.8，16.4，53.4，57.7，99.1，124.3，125.6，126.4，141.4，143.9，150.9，163.3；IR（KBr，cm^{-1}）：1092，1222，1291，1312，1339，1385，1420，1463，1646，1702，1724，2978，3117，5245。

实验 1.22 苯-1,3,5-三甲酰肼硫脲类化合物的合成及其对阴离子的萃取研究

【实验目的】

1. 了解多步有机合成的实验技巧。

2. 了解硫脲类有机化合物对阴离子萃取的性质。

3. 掌握使用紫外光谱仪研究阴离子识别的方法。

【实验原理】

可开关氧化还原受体是一类能与客体形成取决于受体氧化态的热力学稳定配合物的氧化物。为了开发更好的化学传感技术，化学家们把有机和过渡金属氧化还原活性中心与各种大环骨架相连。研究发现，越来越多的阴离子在生物体内的生物和化学过程中起着重要的作用，因此设计和合成新的阴离子受体，并且研究其对阴离子的萃取性能成为主客体化学的研究热点。阴离子感应剂是一个新兴的领域。由于阴离子比阳离子易于溶

剂化，受体受 pH 值和酸碱平衡影响大等原因，阴离子受体的设计和选择往往要求较高。常见的阴离子受体有 N—H 氢键、Lewis 酸、金属离子模板、过渡金属配合物等，它们能直接与阴离子连接。其中，氢键被证明是很有效的阴离子识别方式。硫脲基、氨基、酰胺基、吡咯基等都是常见的易形成氢键的官能团，已被广泛应用于阴离子受体的分子设计中。本实验合成得到的硫脲类有机分子是一种效果明显的阴离子识别分子，对氟离子有很好的识别性能。

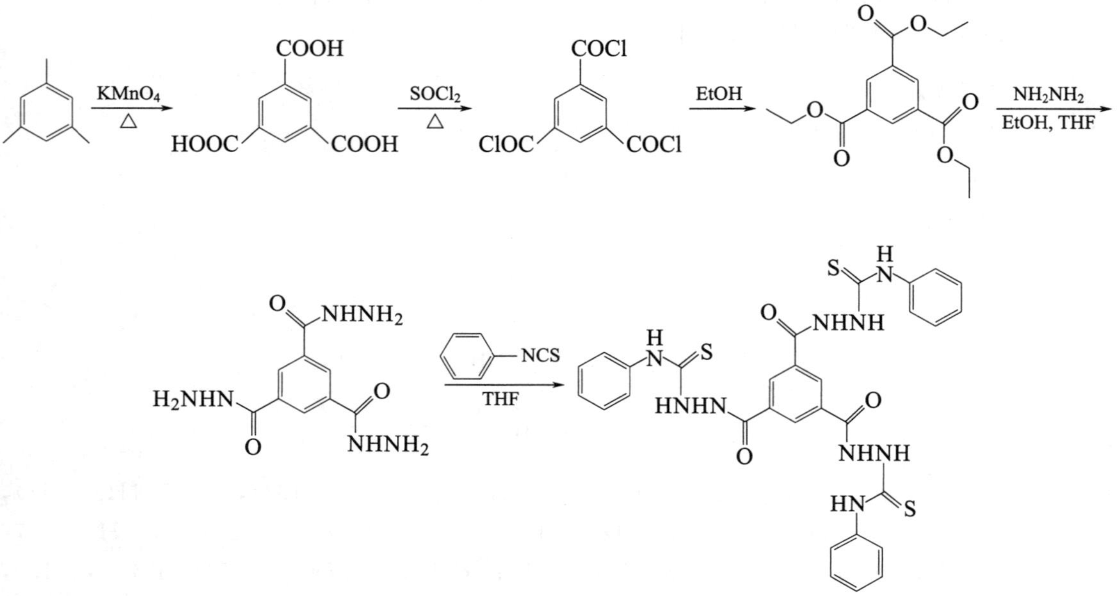

【仪器与试剂】

仪器：有机合成制备仪。

试剂：无水乙醇，95％乙醇，氯仿，高锰酸钾，1,3,5-三甲苯，氯化亚砜，水合肼，四氢呋喃（THF），异硫氰酸苯酯，四丁基氟化铵，二甲亚砜（DMSO）。

【实验步骤】

1. 苯-1,3,5-三甲酸的合成

在 250mL 三口烧瓶中加入 15.0mL 1,3,5-三甲苯、15.0mL 蒸馏水，电动搅拌，加热回流，将 80.0g KMnO$_4$ 分 10 次加入，反应约 3h，待溶液由紫色变为黑色时停止搅拌，趁热抽滤，以少量热水洗滤饼 2 次。滤液冷却，滴加浓盐酸并不断搅拌至 pH 为 2 左右，析出大量白色固体，静置，抽滤，无水乙醇重结晶，晾干，产率约 84.0％。

2. 苯-1,3,5-三甲酸三乙酯的合成

称取 2.1g 干燥的苯-1,3,5-三甲酸，加入 50mL 圆底烧瓶中，搅拌，缓慢滴入 10.0mL SOCl$_2$。缓慢加热回流，直至瓶中白色固体全部溶解。将回流装置改为蒸馏装置，蒸出过量的 SOCl$_2$。冰浴冷却，缓慢滴入过量的无水乙醇，继续搅拌约 8h，静置，抽滤，无水乙醇重结晶，晾干，得白色固体 2.5g，产率约 84％。熔点：122～123℃。IR (KBr)；^{1}H NMR(CDCl$_3$)：$\delta=1.43$(t, 9H, CH$_3$), 4.43(m, 6H, CH$_2$), 8.84(s, 3H, Ar—H)。

3. 苯-1,3,5-三甲酰肼的合成

在 100mL 圆底烧瓶中加入 1.5g 苯-1,3,5-三甲酸三乙酯、30.0mL 无水乙醇、30.0mL THF、20.0mL 水合肼，搅拌，加热回流，薄层色谱（TLC）跟踪反应。反应结束后，冷却静置。减压浓缩，析出大量白色固体，静置，抽滤，大量水洗以洗去未反应的水合肼，无水乙醇重结晶，晾干。产率＞99.0%，熔点＞300℃。

4. 苯-1,3,5-三甲酰肼硫脲类衍生物（化合物 A）的合成

向 50mL 圆底烧瓶中加入 0.3g(1mmol)苯-1,3,5-三甲酰肼、0.5g(3.5mmoL)异硫氰酸苯酯、30.0mL THF，室温搅拌 2h。抽滤，乙醇重结晶，得淡黄色固体 0.6g，产率约 91.0%，IR(KBr)；^{1}H NMR(DMSO-d$_6$)：δ＝7.03(m，3H，Ar—H)，7.20(d，6H，Ar—H)，7.29(m，6H，Ar—H)，8.55(s，3H，Ar—H)，9.71(s，3H，N—H)，9.78(s，3H，N—H)，10.64(s，3H，N—H)。

5. 化合物 A 对氟离子的识别研究

将不同浓度的 F$^-$（分别为 1×10^{-5}mol·L^{-1}、2×10^{-5}mol·L^{-1}、3×10^{-5}mol·L^{-1}、4×10^{-5}mol·L^{-1}）溶液加入到化合物 A 的 DMSO 溶液中（1×10^{-4}mol·L^{-1}）。以化合物 A 的 DMSO 溶液为参比，用 1cm 的石英比色皿测定上述溶液的紫外光谱。观察随着氟离子浓度的增加化合物紫外光谱的最大吸收峰的变化。

用紫外光谱检测化合物 A 对 F$^-$ 的识别性能。化合物 A 的 DMSO 溶液的特征吸收在 266nm 左右。随着体系中 F$^-$ 浓度的逐渐增大，化合物 A 在 266nm 的特征吸收发生红移，而且溶液体系的颜色也逐渐从无色转变到黄绿色。如果加入少量的甲醇，则体系的颜色立刻消失。因为甲醇为强极性溶剂，随着甲醇的加入，体系中硫脲官能团与 F$^-$ 间的氢键被削弱或完全破坏，导致体系呈无色。350nm 处为 F$^-$ 的特征吸收。

【结果与讨论】
根据最终得到的化合物的量计算总产率。

【注意事项】
1. 在 1,3,5-三甲苯向苯-1,3,5-均三甲酸转化的反应中，加热时间不可过长（防止产物脱羧），KMnO$_4$ 氧化时应分多次加料，以防反应过于剧烈。滴加浓盐酸时不可过快，防止反应过于剧烈。

2. 酯的肼解反应中，后处理时，产品抽滤完毕，需用蒸馏水洗涤滤饼多次，并用无水乙醇重结晶，以除去过量的水合肼，否则在接下来的反应中，会增加副产物，难以提纯。

【思考题】
1. 硫脲官能团对阴离子的识别主要是靠氢键，尝试画出该氢键的位置。
2. 如何判别高锰酸钾氧化过程中得到的是单羧基、双羧基还是三羧基化合物？
3. 如果第一步得到的是单羧基化合物，对于后续的合成步骤有无影响？

【附录】

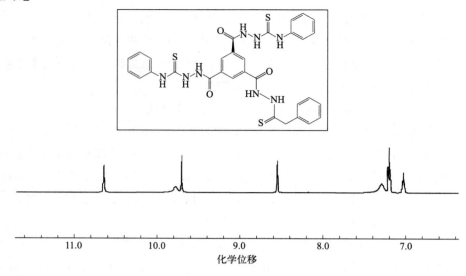

化学位移

实验 1.23 2-(α-羟基)乙基苯并咪唑的合成及 其配位能力的研究

【实验目的】

1. 掌握苯并咪唑类杂环化合物的合成方法。
2. 初步掌握氮杂环化合物的合成原理。
3. 了解有机配合物的合成方法。
4. 掌握用红外光谱等现代测试技术研究配合物的性质。

【实验原理】

苯并咪唑类化合物是一种含有两个氮原子的杂环化合物，可作为药物中间体、人畜的驱虫药物和柑橘属果类的杀虫剂以及果品保鲜剂。它的某些金属配合物具有杀菌、抗癌等活性。而且其铜锌等金属配合物具有特殊的催化性质，在金属酶的模拟方面具有重要的作用。

该类化合物有两种主要的合成途径：第一种是利用邻苯二胺和有机酸及其衍生物在无机酸作为催化剂的条件下，经过环化、脱水反应生成；第二种是在氧化剂存在下邻苯二胺和醛反应制备苯并咪唑类化合物。本实验将通过第一种方法由乳酸和邻苯二胺反应制备 2-(α-羟基)乙基苯并咪唑。反应方程式如下：

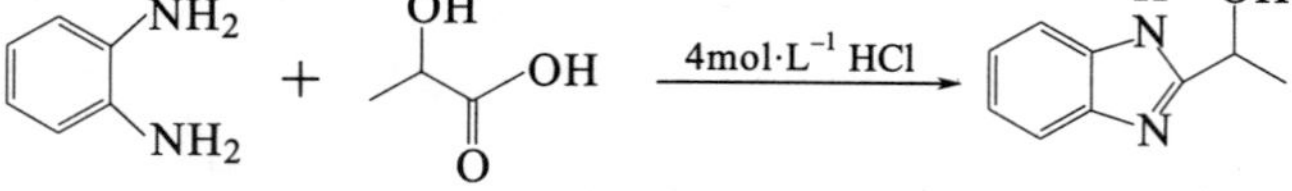

由于产物 2-(α-羟基)乙基苯并咪唑分子的羟基和咪唑环上的氮原子空间距离比较近而且都具有孤对电子，所以该分子是配位能力很好的二齿配体。当 2-(α-羟基)乙基苯并咪唑遇到具有空轨道的过渡金属离子时能够反应生成配合物。我们可以对配合物生成前后的分子进行红外光谱扫描，对比配位键生成前后 2-(α-羟基)乙基苯并咪唑分子的红外光谱的异同点，进一步了解杂原子生成配位键后红外光谱的变化。

【仪器与试剂】

仪器：有机合成制备仪。

试剂：盐酸（4mol·L^{-1}），氯化铁，邻苯二胺，乳酸，无水乙醇，氯仿。

【实验步骤】

1. 2-(α-羟基)乙基苯并咪唑的合成

在 50mL 圆底烧瓶中加入 5.4g 邻苯二胺[1]、4.5g 乳酸以及 4mol·L^{-1} 盐酸 20.0mL，装上冷凝管加热回流 1.5h 后冷却至室温。将反应液用浓氨水中和至紫色石蕊试纸变红[2]，抽滤出固体，粗产品用水重结晶，得到大约 4.5g 固体。熔点 177～179℃。

2. 2-(α-羟基)乙基苯并咪唑合铁的合成

将 1.0g 2-(α-羟基)乙基苯并咪唑溶于 10.0mL 无水乙醇中，另将 0.9g 氯化铁溶于 10.0mL 水中。在磁力搅拌下，将盐的水溶液滴加到 2-(α-羟基)乙基苯并咪唑的乙醇溶液中，室温搅拌 15min，出现大量固体后再加入 10.0mL 水[3]。抽滤出固体产物，少量水洗涤，烘干，称量。

3. 红外光谱的测定

在红外光谱仪上分别测试出 2-(α-羟基)乙基苯并咪唑和其配合物的红外光谱图，对比配位前后红外光谱图的异同并尝试用相关基础知识解释。

本实验约需 6h。

【结果与讨论】

将所得到的红外光谱和标准谱图对比，并对各个吸收峰进行归属。

【注意事项】

1. 邻苯二胺可以用邻苯二胺的盐酸盐代替。
2. pH 值大约在 9～10 之间。
3. 根据具体情况（如果体系过于黏稠），加水量可以适当多一点，最多不超过 50mL。

【思考题】

1. 2-(α-羟基)乙基苯并咪唑是几齿配体？该化合物分别用哪些原子进行配位？
2. 如果将该反应的乳酸用醋酸代替，产物是什么结构？

实验 1.24 聚苯胺的化学合成与表征

【实验目的】

1. 了解导电聚合物的基本特点和性能。
2. 掌握聚苯胺的化学合成方法。
3. 掌握电导率、红外光谱、紫外-可见光谱的测定方法。
4. 比较掺杂态聚苯胺和去掺杂态聚苯胺的性能。

【实验原理】

导电聚合物（conducting polymer）又称导电高分子，是指通过掺杂等手段，使电导率在半导体和导体范围内的聚合物，通常指本征导电聚合物（intrinsic conducting polymer），这一类聚合物主链上含有交替的单键和双键,从而形成了大的共轭 π 体系。π 电子的流动产生了导电的可能性。没有经过掺杂处理的导电聚合物电导率很低,属于绝缘体,原因在于没有经过掺杂处理的导电聚合物的能隙很宽,室温下反键轨道(空带)基本没有电子。但经过氧化掺杂(使主链失去电子)或还原掺杂(使主链得到电子),在原来的能隙中产生新的极化子、双极化子或孤子能级,其电导率可上升到高达 $10^5 \text{S} \cdot \text{cm}^{-1}$,即从绝缘体转变成导体。大量的研究表明,各种共轭聚合物经掺杂后都能变为具有不同导电性能的导电聚合物,具有代表性的导电聚合物有聚乙炔、聚吡咯、聚苯胺、聚噻吩等。

　　1977 年由美国化学家黑格、马克迪尔米德和日本化学家白川英树等联合发表的题为《导电聚合物的合成》论文,被公认为是该领域的一个重大突破。瑞典皇家科学院高度评价了导电聚合物的发现在科学和技术上的重大意义,并将 2000 年的诺贝尔化学奖颁发给这三位化学家。

　　聚苯胺具有电导率高、电导率可调、质轻、原料廉价易得等优点,可由苯胺通过化学法或电化学法合成;结构多样化,不同氧化-还原态的聚苯胺对应于不同的结构,其颜色和电导率也相应不同;独特的掺杂机理、良好的环境稳定性。因此,聚苯胺被认为是最有工业化应用前景的导电高分子品种,也是导电聚合物科学研究的热点之一。在二次电池、电磁屏蔽、非线性光学器件等方面有着广泛的应用前景。

　　我国科学家王佛松等提出聚苯胺的掺杂反应如下:

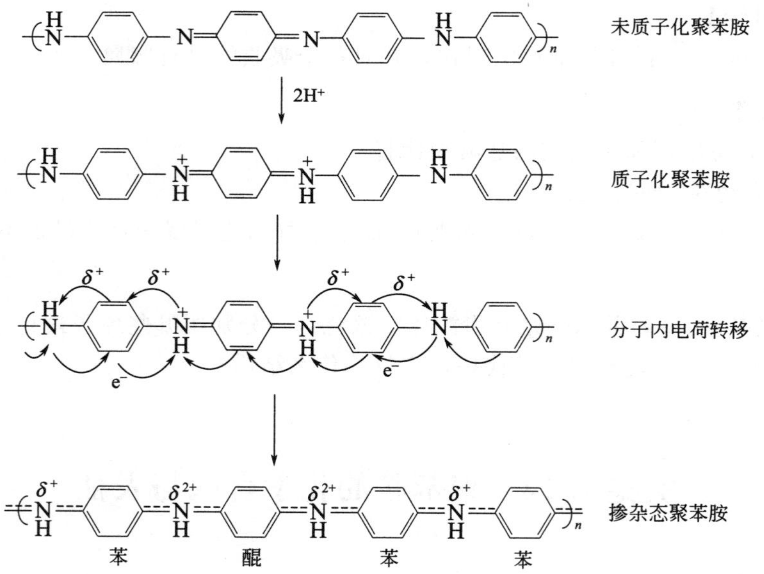

　　本实验采用过硫酸铵在盐酸水溶液中氧化苯胺单体制备聚苯胺,反应后得到的沉淀为盐酸掺杂态聚苯胺(PAN-HCl)粉末。用 $1.0 \text{mol} \cdot \text{L}^{-1}$ 氨水去掺杂 PAN-HCl,以获得本征态聚苯胺,分别测定产物的电导率、红外光谱、紫外-可见光谱等。

【仪器与试剂】

　　仪器:250mL 烧杯,温度计,搅拌器,抽滤装置,冰水浴,干燥箱,四探针测量电导率组件,红外光谱仪,紫外-可见光谱仪等。

　　试剂:苯胺,盐酸,过硫酸铵,氨水,N-甲基吡咯烷酮(NMP)。

【实验步骤】

1. 掺杂态聚苯胺的制备

在一定温度（0～5℃）和不断搅拌下，将减压蒸馏的分析纯苯胺加入一定量水中（浓度为 $0.1～0.2 mol \cdot L^{-1}$），调节盐酸浓度分别为 $0.25 mol \cdot L^{-1}$、$0.5 mol \cdot L^{-1}$、$1.0 mol \cdot L^{-1}$、$1.5 mol \cdot L^{-1}$ 和 $2.5 mol \cdot L^{-1}$，再缓慢加入与苯胺等物质的量的过硫酸铵，连续反应约 4h，用布氏漏斗抽滤，并用相应浓度的盐酸反复洗涤至滤液基本无色，在 60～80℃下将产物烘干，得到墨绿色掺杂态聚苯胺粉末状样品。

2. 去掺杂态聚苯胺的制备

将掺杂态聚苯胺在 $0.1 mol \cdot L^{-1}$ 氨水中搅拌 4h，用蒸馏水反复洗涤以除去其中的杂质，在温度为 45～65℃下干燥 24h，得到去掺杂态聚苯胺。

3. 性能测试

产率的测定：

$$产率 = \frac{聚苯胺的质量}{苯胺单体的质量} \times 100\%$$

电导率的测试：将不同条件下合成的聚苯胺粉末压片，用四探针法测量其电导率。

红外光谱的测定：用 KBr 压片，测定各聚苯胺样品的红外光谱。

紫外-可见光谱的测定：以 N-甲基吡咯烷酮为参比，测定各聚苯胺样品溶于 N-甲基吡咯烷酮溶液的紫外-可见光谱。

【结果与讨论】

1. 将不同条件下合成的聚苯胺的产率和电导率列表，讨论盐酸浓度对聚苯胺的产率和电导率的影响。

2. 根据红外光谱图，说明掺杂态和去掺杂态聚苯胺红外光谱的主要差异及其理由。

3. 根据紫外-可见光谱图，讨论掺杂态聚苯胺与去掺杂态聚苯胺紫外-可见光谱的主要变化及其依据。

【思考题】

1. 盐酸浓度对聚苯胺的电导率和产率有何影响？

2. 除化学氧化法合成聚苯胺外，你还知道哪些制备聚苯胺的方法？

3. 简述掺杂态和去掺杂态聚苯胺的红外光谱的主要区别。

实验 1.25　相转移催化法合成 7,7-二氯双环[4.1.0]庚烷

【实验目的】

1. 了解相转移催化反应的原理和在有机合成中的应用。

2. 掌握季铵盐类化合物的合成方法。

3. 掌握液体有机化合物分离和提纯的实验操作技术。

4. 掌握核磁共振波谱仪的使用方法和图谱解析。

【实验原理】

在有机合成中常遇到有水相和有机相参加的非均相反应，这些反应速率慢，产率低，

条件苛刻,有些甚至不能发生。1965 年,Makosza 首先发现冠醚类和季铵盐类化合物具有使水相中的反应物转入有机相中的本领,从而使非均相反应转变为均相反应,加快了反应速率,提高了产率,简化了操作,并使一些不能进行的反应顺利完成,开辟了相转移催化(phase transfer catalysis)反应这一新的合成方法。近几十年来,PTC 法在有机合成中的应用日趋广泛。相转移催化反应具有许多优点,如反应速率快,温度低,操作简单,选择性好,产率高等,而且不需要价格高的无水体系或非质子极性溶剂。

季铵盐类是应用最多的相转移催化剂,因为合成比较方便,价格也比较便宜,具有同时在水相和有机相溶解的能力。其中烃基是油性基团,带正电的铵是水溶性基团,季铵盐的正负离子在水相形成离子对,可以将负离子从水相转移到有机相,而在有机相中,负离子无溶剂化作用,反应活性大大增加。如三乙基苄基氯化铵(TEBA)是一种季铵盐,常用作多相反应中的相转移催化剂(PTC)。它具有盐类的特性,是结晶形的固体,能溶于水,在空气中极易吸湿分解。TEBA 可由三乙胺和氯化苄直接作用制得,反应为:

$$\text{C}_6\text{H}_5-\text{CH}_2\text{Cl} + \text{N(C}_2\text{H}_5)_3 \longrightarrow \left[\text{C}_6\text{H}_5-\text{CH}_2\overset{+}{\text{N}}\text{(C}_2\text{H}_5)_3\right]\text{Cl}^-$$

一般反应可在二氯乙烷、苯、甲苯等溶剂中进行。生成的产物 TEBA 不溶于有机溶剂而以晶体析出,过滤即得产品。

卡宾($\text{H}_2\text{C:}$)是非常活泼的反应中间体,价电子层只有六个电子,是一种强的亲电试剂。卡宾的特征反应有碳氢键间的插入反应及对 C=C 和 C≡C 键的加成反应,形成三元环状化合物,二氯卡宾($\text{Cl}_2\text{C:}$)也可对碳氧双键加成。产生二卤代卡宾的经典方法之一是由强碱如叔丁醇钾与卤仿反应,这种方法要求严格的无水操作,因而不是一种方便的方法。在相转移催化剂存在下,水相-有机相体系中可以方便地产生二卤代卡宾,并进行烯烃的环丙烷化反应。这种方法不需要使用强碱和无水条件,给实验操作带来很大方便,同时还缩短反应时间,提高产率。

本实验采用三乙基苄基氯化铵作为相转移催化剂,在氢氧化钠水溶液中进行二氯卡宾对环己烯的加成反应,合成二氯双环[4.1.0]庚烷,所涉及的 PTC 反应如下:

$$\text{环己烯} \xrightarrow[\text{CHCl}_3/\text{TEBA}]{\text{50\% NaOH}} \text{二氯双环庚烷}$$

$$\text{CHCl}_3 + \text{NaOH} \xrightarrow{\text{H}_2\text{O}} \text{Cl}_3\text{C}^-\text{Na}^+ \xrightarrow{\text{NaCl}} \text{Cl}_2\text{C:}$$

$$\text{环己烯} + \text{Cl}_2\text{C:} \longrightarrow \text{二氯双环庚烷}$$

水相反应 $\text{R}_4\text{N}^+\text{Cl}^- + \text{NaOH} \rightleftharpoons \text{R}_4\text{N}^+\text{OH}^- + \text{NaCl}$

$$\text{R}_4\text{N}^+\text{OH}^- + \text{CHCl}_3$$

有机相反应 $\text{R}_4\text{N}^+\text{Cl}^- + \text{Cl}_2\text{C:} \rightleftharpoons \text{R}_4\text{N}^+\text{C}^-\text{Cl}_3 + \text{H}_2\text{O}$

【仪器与试剂】

仪器：有机合成制备仪，核磁共振波谱仪，ϕ5mm 核磁共振样品管。

试剂：氯化苄，三乙胺，1,2-二氯乙烷，环己醇，5％碳酸钠溶液，无水氯化钙，氯仿，50％氢氧化钠溶液，无水硫酸钠，重水，氘代氯仿等。

【实验步骤】

1. 三乙基苄基氯化铵（TEBA）的制备

在干燥的 100mL 圆底烧瓶上装上球形冷凝管和氯化钙干燥管[1]。依次加入 2.8mL（0.025mol）氯化苄[2]、3.5mL（0.025mol）三乙胺和 10.0mL 1,2-二氯乙烷。在电热套中加热，回流 1.5h，其间间歇振荡反应瓶。反应完毕，将反应液冷却，即析出白色结晶。抽滤，将固体滤饼压干，得到白色固体（产量约 5.0g）[3]。滤液倒入指定的回收瓶中。

2. 环己烯的合成

在 50mL 干燥的圆底烧瓶中加入 15.0g 环己醇、1.0mL 浓硫酸[4]和几粒沸石，充分摇振使之混合均匀[5]。烧瓶上装一短的分馏柱，接上蒸馏头和冷凝管，接收瓶浸在冷水中冷却。将烧瓶在电热套中用小火加热至沸，控制分馏柱顶部的馏出温度不超过 90℃[6]，馏出液为带水的浑浊液。全部蒸馏时间约需 1h。

馏出液用食盐饱和，然后加 3~4mL 5％碳酸钠溶液中和微量的酸。将液体转入分液漏斗中，摇振后静置分层，分出有机相（哪一层？如何取出？），用 1~2g 无水氯化钙干燥[7]。待溶液清亮透明后，滤入蒸馏瓶中，加入几粒沸石后用水浴加热蒸馏[8]，收集 80~85℃的馏分于一已称量的小锥形瓶中。若蒸出产物浑浊，必须重新干燥后再蒸馏，产量 7.0~8.0g。

纯环己烯的沸点为 82.98℃，折射率 $n_D^{20}=1.4465$。

3. 7,7-二氯双环[4.1.0]庚烷的制备

在 100mL 四口烧瓶上分别装上搅拌器、冷凝管、滴液漏斗和温度计。

在瓶烧中加入 4.1g 环己烯、15.0mL 氯仿和 0.3g TEBA。在剧烈搅拌下[9]，将 12.5mL 50％氢氧化钠溶液自滴液漏斗中以较快速度加入（约 8~10min）。温度逐渐上升到 60℃左右。反应液的颜色逐渐变为橙黄色并有固体析出。当温度开始下降后，用水浴加热回流 1h。

冷至室温后，加水到固体全部溶解。将混合液转移至分液漏斗中，分出有机层[10]（哪一层？）。用等体积水洗 2 次使呈中性，用无水硫酸钠干燥。

水浴蒸除氯仿后，在用油泵减压蒸馏前，先用水泵减压除去低沸点物。收集 80~82℃/16mmHg 或 95~97℃/35mmHg 的馏分[11]。产量 5.0~6.0g。

纯 7,7-二氯双环[4.2.0]庚烷沸点 195~200℃，78~79℃/15mmHg 或 96℃/35mmHg。

4. **核磁共振波谱法测定结构**

氢核磁共振波谱法[12-14]是有机化合物结构鉴定的重要方法之一，它能提供化学位移、偶合常数和裂分峰个数以及积分曲线高度比等三方面的信息。通过对这些信息的综合解析，可以推测被测化合物有何种含氢基团、基团的个数、基团所处的环境、基团之间的连接次序等，从而推测出被测物的结构。有机化合物中的—OH、—NH$_2$ 等是常见的活泼氢基团，在溶液中能发生氢的交换反应。如果在一个含有—OH 基团的样品溶液中滴加一滴重水（D$_2$O），那么就会发生下列交换反应：

$$ROH + D_2O \rightleftharpoons ROD + DOH$$

使原来—OH 产生的信号消失。利用这一性质，我们很容易将活泼氢与一般碳氢基团产生的核磁共振信号区别开来。另外，—OH、—NH$_2$ 等基团还能形成氢键，随着测定条件，如温度、浓度等的不同，—OH、—NH$_2$ 等基团的化学位移在一个比较大的范围内变动。

5. 配制样品溶液

用 CDCl$_3$ 为溶剂，将待测样品配制成浓度为 5%～10% 的溶液。

6. 按所用仪器的操作说明将混合标样管放入探头内，检查仪器状态。记录其波谱图并扫描积分曲线。在谱图上标明样品名称、实验条件、日期、操作者姓名等。

【结果与讨论】

见表 1.25-1。

表 1. 25-1　样品的 ^{1}H NMR 数据

峰号	δ	积分高度	质子数	峰裂分数及特征
1				
2				
3				
4				
5				

【注意事项】

1. 本实验若有条件用机械搅拌装置进行，则反应效果更好。

2. 久置的氯化苄常伴有苄醇和水，因此在使用前应当采用新蒸馏过的氯化苄。

3. TEBA 为季铵盐类化合物，极易在空气中受潮分解，需隔绝空气保存。

4. 本实验也可以用 3.0mL 85% 的磷酸代替浓硫酸作脱水剂，其余步骤相同。

5. 环己醇在常温下属黏稠液体（熔点 24℃），若用量筒量取时，应注意转移中的损失。环己醇与浓硫酸应充分混合，否则在加热过程中会局部炭化。

6. 最好用简易的空气浴，即将烧瓶底部向上移动，稍微离开石棉网进行加热，使烧瓶受热均匀。因反应中环己烯与水形成共沸物（沸点 70.8℃，含水 10%），环己醇与环己烯形成共沸物（沸点 64.9℃，含环己醇 30.5%），环己醇与水形成共沸物（沸点 97.8℃，含水 80%），因此，在加热时温度不可过高，蒸馏速度不宜太快，以减少未作用的环己醇蒸出。

7. 水层应尽可能分离完全，否则将增加无水氯化钙的用量，使产物更多地被干燥剂吸附而导致损失。这里用无水氯化钙干燥较合适，因为它可除去少量环己醇（生成醇与氯化钙的配合物）。

8. 产品是否清亮透明，是衡量产品是否合格的外观标准，因此在蒸馏已干燥的产物时，所用蒸馏仪器应充分干燥。

9. 此反应是在两相中进行的，因此在反应过程中，必须剧烈搅拌反应混合物，否则将影响产率。

10. 反应液在分层时，若两层中间有絮状物，可用漏斗过滤处理。

11. 粗产品可以用循环水泵减压蒸馏，收集的沸点范围约在 90～100℃ 之间；也可以常压蒸馏，但有轻微分解。

12. 核磁共振谱仪是大型精密仪器，使用时必须严格遵照操作说明，出现异常情况及时报告指导教师，切勿擅自处理，以防损坏仪器。

13. 核磁共振仪器状态的调试是测得高质量谱图的关键。通常核磁共振仪器处于较好的工作状态，但因环境（如实验室的温度）的变化或样品所用的溶剂不同等原因，仪器会偏离最佳工作状态，此时只需在原有基础上对仪器作一些微调。

14. 测定完毕，样品溶液倒入废液瓶。用乙醇少量多次洗涤样品管，直至残留样品完全除去，然后用小试管刷蘸洗涤液清洗，再依次用自来水、蒸馏水各洗三次，放入烘箱内烘干，样品管盖子集中放入小烧杯内，用乙醇浸泡洗涤后，晾干。

样品管十分脆弱，配样、洗涤时应轻拿轻放。

【思考题】

1. 什么季铵盐能作为相转移催化剂？
2. 反应器是否需要干燥？
3. 核磁共振波谱仪中磁铁起什么作用？
4. 自旋裂分是什么原因引起的？它在结构解析中有什么作用？
5. 在粗制环己烯中加入食盐使水层饱和的目的何在？
6. 在蒸馏终止前出现的阵阵白雾是什么？
7. 写出无水氯化钙吸水后的化学变化方程式。为什么蒸馏前一定要将它过滤掉？

【附录】

三乙基苄基氯化铵的 ^{1}H NMR 谱

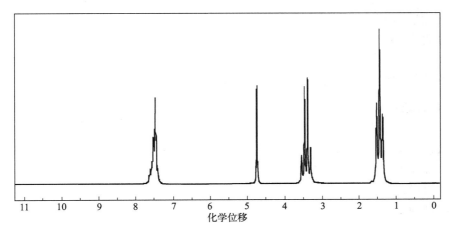

化学位移

实验 1.26　浊点萃取分离分析环境样中的苯酚

【实验目的】

1. 了解浊点萃取分离的原理，掌握其基本操作。
2. 掌握紫外分光光度计的使用方法。
3. 实现环境水样中苯酚的分离分析。

【实验原理】

与传统的萃取法相比，浊点萃取是一种新兴的环保分离方法。它以非离子表面活性剂增溶作用和浊点现象为基础，通过改变实验参数引发相分离，将疏水性物质和亲水性物质分离。即非离子表面活性剂水溶液在一定温度下会发生相分离而出现浑浊，静置一段时间（或离心）会形成两个透明液相，一为水相，另一为富胶束相。非离子表面活性剂具有很好的增溶能力，溶解在溶液中的疏水性物质在浊点萃取分相时，被萃取进富胶束相，亲水性物质留在水相。

利用非离子表面活性剂 Triton X-100 的浊点现象，以苯酚等酚类化合物为浊点萃取对象，在优化的试验条件下，浊点萃取能定量分离出苯酚，与紫外光谱法联用，实现了环境样中苯酚的分离分析，对水样进行测定，结果满意。

【仪器与试剂】

仪器：岛津 UV2550 分光光度计，80-2 离心机（上海物理光化学仪器厂），pH 计。

试剂：Triton X-100（配成 $60.0 g \cdot L^{-1}$ 的溶液），苯酚（配成 $3 \times 10^{-3} mol \cdot L^{-1}$ 的苯酚溶液），pH 缓冲液（醋酸体系）。

【实验步骤】

1. 做苯酚的紫外吸收光谱图
2. 浊点萃取条件优化

取一定量的苯酚溶液于 5.0mL 离心管中，加入浓度为 $60.0 g \cdot L^{-1}$ 的 Triton X-100 溶液 1.0mL，用一次蒸馏水稀释至 5.0mL，置于 95℃ 水浴加热 20min 后，以 $4000 r \cdot min^{-1}$ 离心 5min 使分相，弃去水相，用一次蒸馏水将胶束相稀释至 5.0mL，以试剂空白，用 UV-2550 分光光度计测定其吸光度。

3. 工作曲线
4. 样品测定

用移液管移取适量水样（pH 2.5），按操作步骤完成。

【结果与讨论】

1. 获取苯酚紫外光谱图，选择其测量波长。
2. 获取优化条件下的萃取率。
3. 获取经浊点萃取分离后的工作曲线。
4. 测定水样，得出结果。
5. 数据处理。

【思考题】

1. 什么是浊点与浊点萃取？
2. 讨论影响浊点萃取的主要因素。

实验 1.27　β-环糊精交联树脂合成及分离分析微量铜

【实验目的】

1. 学会 β-环糊精交联树脂的合成方法。
2. 掌握原子吸收光谱仪的使用方法。
3. 掌握固相萃取原理及 β-环糊精交联树脂分析应用。

【实验原理】

β-环糊精（β-CD）能与环氧氯丙烷形成交联聚合物 β-环糊精交联树脂（β-CDCP），基本结构见图 1.27-1。该树脂保留了 β-CD 的"分子囊"空腔，可作为高吸水树脂，具有吸水性、保水性以及对药物、香料的吸附、包合等性能，而且树脂本身是球状或颗粒状固体，不溶于水，可反复使用，降低成本。

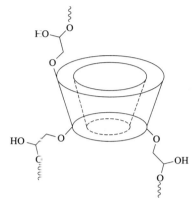

图 1.27-1　β-CDCP 结构

β-CDCP 作为固相吸附材料，可以用来分离富集痕量金属离子，例如：①直接吸附游离的 Pt（Ⅳ）；②负载疏水性的配位剂形成螯合树脂分离富集痕量金属 Cu^{2+}、Ni^{2+}、Cd^{2+}、Mn^{2+}。

【仪器与试剂】

仪器：WFX-210 原子吸收光谱仪（仪器条件见表 1.27-1），振荡器，KQ-50E 型超声波清洗器，恒温水浴锅，JJ-1 定时型电动搅拌器，索氏提取器，电热套，干燥箱，循环水真空泵。

试剂：铜标准溶液（$0.1\mu g\cdot mL^{-1}$），β-CD，环氧氯丙烷，固体氢氧化钠，丙酮，络合剂 PAN（0.1%），水质标准样品 00486。

表 1.27-1　GFAAS 操作条件参数

参数	参数
波长：324.7nm	灰化温度：400℃（ramp 10s, hold 10s）
灯电流：3mA	原子化温度：2400℃（ramp 0s, hold 5s）
元素：Cu	清洗温度：2600℃（ramp 2s, hold 3s）
狭缝：1.3nm	载气流速（Ar）：200mL·min^{-1}
干燥温度：120℃（ramp 15s, hold 15s）	进样体积：20μL

【实验步骤】

1. β-环糊精交联树脂（β-CDCP）的制备

在装有回流冷凝管、电动搅拌器、恒压滴液漏斗的三口烧瓶中，将 5.0g β-CD、4.0g NaOH 固体加入 8.0mL 左右的水调成糊状，搅拌均匀，然后升温至 65℃，在搅拌下逐滴加入 15.0mL 环氧氯丙烷，保持 65℃回流 1h，停止搅拌，得淡黄色或白色颗粒状共聚物，趁热抽滤，固体依次用丙酮和水洗数次至中性，抽干，用丙酮抽提 24h，在 90℃下干燥 10h，得白色颗粒状固体，研细备用。

2. 静态吸附 Cu（Ⅱ）

准确称取 β-CDCP 0.3g 于离心管中，络合剂 PAN 进行负载后，加入含铜水样 0.50mL，再用蒸馏水定容至 4.0mL，室温振荡 1h，离心分离，取上层清液，用石墨炉原子吸收光谱仪进行测定。

3. 洗脱方法

将使用过的 β-CDCP 用 $0.40mol\cdot L^{-1}$ 的稀盐酸浸泡后洗涤至中性，烘干可重复利用。

4. 绘制工作曲线

5. 样品测定

【结果与讨论】

1. 控制 β-CDCP 合成条件。
2. β-CDCP 需研细使用。
3. 获取工作曲线。
4. 获取样品测定数据。
5. 数据处理。

【思考题】

1. 比较 β-CD 及 β-CDCP 的性质。
2. 简述静态吸附基本原理。

实验 1.28　　手性氨基酚 Betti 碱的合成和拆分

【实验目的】

1. 掌握手性氨基酚 Betti 碱的常规合成方法。
2. 了解和掌握使用手性酸拆分外消旋碱的基本原理。
3. 掌握手性化合物比旋光度的测定方法。
4. 掌握有机化合物的红外、核磁、质谱测试技术。

【实验原理】

Betti 碱是一类重要的氨基酚化合物。早在 20 世纪初，意大利科学家 Betti 首次使用 2-萘酚、苯甲醛和氨水合成得到 1-(α-氨基苄基)-2-萘酚，后来人们称该化合物为 Betti 碱。Betti 碱常用于合成多取代嘧嗪化合物，但更多地被用于手性拆分或有机不对称反应的手性配体。近年来，手性 Betti 碱已成为合成手性生物碱的高效合成子。

目前 Betti 碱的常用制备方法仍然是建立在 Betti 首次使用的方法基础之上的，但在反应后处理方面有所改进。一般将苯甲醛和 2-萘酚在氨饱和的乙醇溶液中放置后，得到相应的 Betti 碱的苯甲醛席夫碱。所得席夫碱在盐酸水溶液中水解后，经水蒸气蒸馏除去苯甲醛，得到 Betti 碱的盐酸盐。Betti 碱的盐酸盐经中和就给出游离 Betti 碱。

Betti 碱的拆分早期使用 L-酒石酸作为拆分剂，95％乙醇作为拆分溶剂，获得(S)-Betti 碱-L-酒石酸复盐后，用 10％氢氧化钾分解复盐获得(S)-Betti 碱，由于使用了强碱氢氧化钾，产物的化学收率和光学产率都不理想；后来改用乙醇和甲醇混合溶剂作为拆分溶剂，碳酸钠代替强碱氢氧化钾分解复盐能够给出较为理想的拆分效果。对于 Betti 碱的拆分研究最新结果显示，外消旋 Betti 碱在拆分溶剂丙酮中能够被高效地动力学拆分。在温和条件下，(S)-Betti 碱作为 L-酒石酸复盐定量从反应体系中沉淀出来，(R)-Betti 碱同时被转化成为相应的缩酮衍生物。(S)-Betti 碱-L-酒石酸复盐经碳酸钠中和容易得到游离的(S)-Betti 碱；(R)-Betti 碱缩丙酮化合物先用 D-酒石酸处理得到(R)-Betti 碱-D-酒石酸复盐，再经碳酸钠中和给出游离的(R)-Betti 碱。

反应方程式：

1. 消旋 Betti 碱的合成

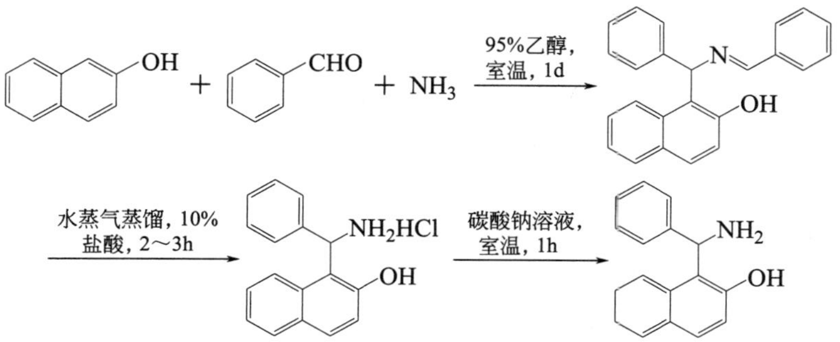

2. 消旋 Betti 碱的动力学拆分

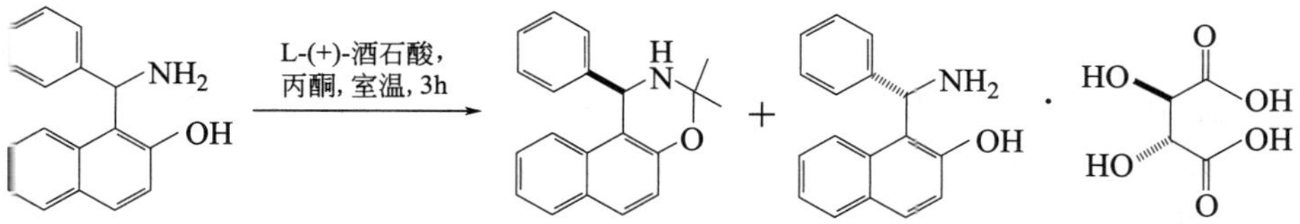

消旋Betti碱　(*R*)-Betti碱缩丙酮　(*S*)-Betti碱-L-(+)-酒石酸盐

3. (*S*)-Betti 碱的制备

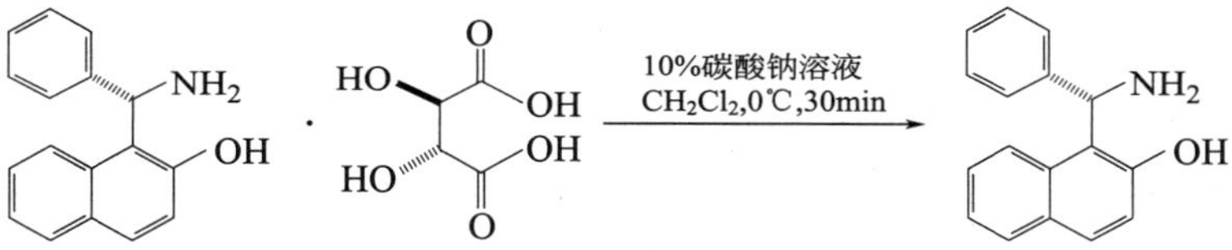

(*S*)-Betti碱-L-(+)-酒石酸盐　(*S*)-Betti碱

4. (*R*)-Betti 碱的制备

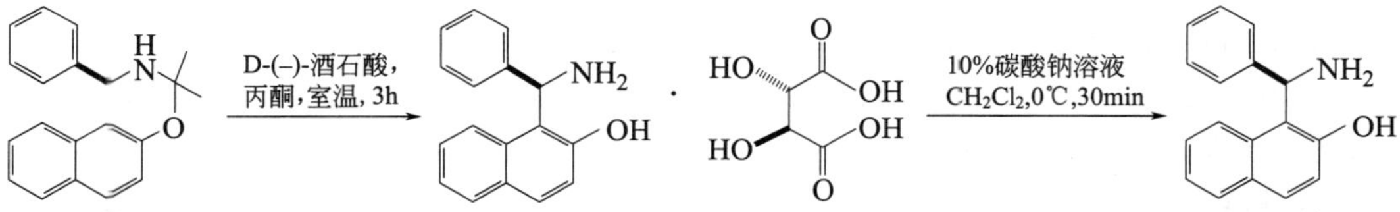

(*R*)-Betti碱缩丙酮　(*R*)-Betti碱-D-(−)-酒石酸盐　(*R*)-Betti碱

【仪器与试剂】

仪器：有机合成制备仪，熔点测定仪，比旋光度测定仪，红外光谱测定仪。

试剂：苯甲醛，2-萘酚，氨水，L-酒石酸，D-酒石酸，乙醇，10%碳酸钠溶液，95%乙醇，18%盐酸溶液，乙醚，饱和碳酸钠溶液，无水硫酸钠，丙酮，二氯甲烷，饱和食盐水溶液，乙酸乙酯。

【实验步骤】

1. 消旋 Betti 碱的合成

(1) 中间体席夫碱-Betti 碱缩苯甲醛的制备　在 100mL 圆底烧瓶中，先配制 20.0mL 氨的乙醇溶液（5.0mL 浓氨水用无水乙醇配到 20.0mL），然后滴加由 2-萘酚（14.4g，0.1mol）和苯甲醛[1]（21.2g，0.2mol）溶于 20.0mL 乙醇组成的溶液。加完后反应混合物静置一天，过滤收集生成的固体，用冷的 95%乙醇洗涤，烘干后得到席夫碱-Betti 碱缩苯甲醛（约 25g，74.0%），熔点 145～148℃。

(2) Betti 碱盐酸盐的制备 在 250mL 三口圆底烧瓶中,将上述步骤所得席夫碱-Betti 碱缩苯甲醛 (15.6g, 46.0mmol) 溶于 150.0mL 的 18%盐酸中,然后进行水蒸气蒸馏,蒸到馏出液无苯甲醛为止,大约需要 2~3h[2]。趁热过滤,滤出物依次用蒸馏水 (40.0mL) 和乙醚 (40.0mL) 洗涤。固体经真空干燥,得到 Betti 碱盐酸盐 (约 12.0g, 92.0%),熔点 190~207℃(分解)。

(3) 消旋 Betti 碱的制备 在 250mL 锥形瓶中,将 Betti 碱盐酸盐 (10.0g, 35.0mmol) 溶于由 50.0mL 水和 50.0mL 饱和碳酸钠组成的溶液中,室温搅拌 1h 后用乙醚 (3× 50.0mL) 萃取,乙醚萃取液经蒸馏水洗涤后用无水硫酸钠干燥。浓缩乙醚溶液至 35mL,冰水冷却析晶,过滤收集晶体,真空干燥得到消旋 Betti 碱[3](约 7.8g, 89.0%),熔点 121~122℃。

2. 消旋 Betti 碱的拆分

(1) 消旋 Betti 碱的动力学拆分 在 250mL 锥形瓶中,将消旋 Betti 碱 (5.0g, 20.0mmol) 溶于 30.0mL 的丙酮中,然后将 L-酒石酸 (2.3g, 15.0mmol) 的 40.0mL 丙酮溶液慢慢地滴入。所得反应混合物在室温下搅拌 2~3h。生成的白色固体经过滤收集,固体用丙酮洗涤[4],真空干燥,获得 (S)-Betti 碱-L-酒石酸盐 (约 3.8g, 48.0%),熔点 186~188℃。$[\alpha]_D^{25} = +44.1$ (c1.0, DMSO);IR:3489cm^{-1}, 3264cm^{-1}, 3139cm^{-1}, 3040cm^{-1}, 2936cm^{-1}, 1618cm^{-1}, 1522cm^{-1}, 1507cm^{-1}, 1438cm^{-1};^{1}H NMR(DMSO-d$_6$):δ7.95~7.99(d,1H), 7.78~7.80(m,2H), 7.15~7.48(m,9H), 6.18(s,1H), 4.05(s,2H);^{13}C NMR(DMSO-d$_6$):δ174.3(2C), 155.1, 139.3, 131.9, 130.1, 128.7(2C), 128.5, 127.9, 127.8, 127.3(2C), 126.9, 122.6, 121.7, 119.5, 114.7, 72.0(2C), 52.1;MS m/z(%):249(1.5), 232(37), 231(100), 144(89), 105(39), 104(61)。

滤液中加入 2.5mL 饱和碳酸钠溶液,然后蒸去大部分丙酮,残留物加 20.0mL 蒸馏水溶解,再用二氯甲烷 (3×15.0mL) 萃取,二氯甲烷萃取液经蒸馏水和饱和食盐水洗涤,无水硫酸钠干燥,蒸去溶剂后经乙酸乙酯重结晶,获得无色晶体(R)-Betti 碱缩丙酮 (2.7g, 47.0%),熔点:148~150℃。$[\alpha]_D^{25} = +33.7$ (c1.0, CHCl$_3$),$[\alpha]_D^{25} = +63.5$(c4.0, C$_6$H$_6$)。

(2)(S)-Betti 碱的制备 在 250mL 锥形瓶中将 (S)-Betti 碱-L-酒石酸盐 (3.0g, 7.5mmol) 悬浮于 20.0mL 二氯甲烷中,用冰盐浴冷到 0℃,滴入 15.0mL 10%碳酸钠水溶液。所得反应混合物搅拌至澄净 (大约 30min)。然后静置分层,分出有机相,水相用二氯甲烷 (2×10.0mL) 萃取,合并二氯甲烷有机相,有机相经蒸馏水和饱和食盐水洗涤,无水硫酸钠干燥,蒸去溶剂后经乙酸乙酯重结晶,获得无色晶体(S)-Betti 碱 (1.8g, 99.0%),熔点:136~137℃。$[\alpha]_D^{25} = +94.1$(c1.0, CHCl$_3$),$[\alpha]_D^{25} = +56.6$(c4.0, C$_6$H$_6$)。IR:3360cm^{-1}, 3290cm^{-1}, 3010cm^{-1}, 1620cm^{-1}, 1600cm^{-1}, 1462cm^{-1}, 1450cm^{-1};^{1}H NMR(CDCl$_3$):δ7.60~7.70(m,3H), 7.10~7.40(m,8H), 5.95(s,1H), 2.39(br. s,2H);^{13}C NMR(CDCl$_3$):δ156.9, 142.3, 131.9, 129.6, 128.9(2C), 128.7, 128.4, 127.8, 127.2(2C), 126.4, 122.4, 121.2, 120.4, 115.1, 55.8;MS m/z(%):249(M$^+$·, 0.05), 232(37), 231(100)。

(3)(R)-Betti 碱的制备 将(R)-Betti 碱缩丙酮 (2.5g, 8.6mmol) 溶于 15mL 丙酮

中，然后滴加 D-酒石酸溶液［2.3g D-酒石酸（15mmol）、0.18g 水（10mmol）溶于 10mL 丙酮中］。所得反应混合物室温搅拌 3h，生成的固体经过滤收集，固体用少量丙酮洗涤，获得 (R)-Betti 碱-D-酒石酸盐（3.3g，98%），熔点 186～189℃。$[\alpha]_D^{25}=-44.5$（c 1.0，DMSO）；IR：3489cm^{-1}，3264cm^{-1}，3139cm^{-1}，3040cm^{-1}，2936cm^{-1}，1618cm^{-1}，1522cm^{-1}，1507cm^{-1}，1438cm^{-1}；^{1}H NMR（DMSO-d$_6$）：δ7.95～7.99（d，1H），7.78～7.80（m，2H），7.15～7.48（m，9H），6.18（s，1H），4.05（s，2H）；^{13}C NMR（DMSO-d$_6$）：δ174.3（2C），155.1，139.3，131.9，130.1，128.7（2C），128.5，127.9，127.8，127.3（2C），126.9，122.6，121.7，119.5，114.7，72.0（2C），52.1；MS m/z（%）：249（1.5），232（37），231（100），144（89），105（39），104（61）。

在 100mL 锥形瓶中将 (R)-Betti 碱-D-酒石酸盐（2.0g，5mmol）悬浮于 15mL 二氯甲烷中，用冰盐浴冷到 0℃，滴入 15mL 10%碳酸钠水溶液。所得反应混合物搅拌至澄清（约 30min）。静置分层，分出有机相，水相用二氯甲烷（2×10mL）萃取，合并有机相，有机相经蒸馏水与饱和食盐水洗涤，无水硫酸钠干燥，蒸去溶剂后经乙酸乙酯重结晶，获得无色晶体 (R)-Betti 碱（1.23g，99.0%），熔点：133～135℃。$[\alpha]_D^{25}=-94.3$（c 1.0，CHCl$_3$），$[\alpha]_D^{25}=-56.6$（c4.0，C$_6$H$_6$）。IR：3360cm^{-1}，3290cm^{-1}，3010cm^{-1}，1620cm^{-1}，1600cm^{-1}，1462cm^{-1}，1450cm^{-1}；^{1}H NMR（CDCl$_3$）：δ7.60～7.70（m，3H），7.10～7.40（m，8H），5.95（s，1H），2.39（br. s，2H）；^{13}C NMR（CDCl$_3$）：δ156.9，142.3，131.9，129.6，128.9（2C），128.7，128.4，127.8，127.2（2C），126.4，122.4，121.2，120.4，115.1，55.8；MS m/z（%）：249（M$^+$·，0.05），232（37），231（100）。

【注意事项】

1. 苯甲醛经蒸馏纯化，去除含有的少量苯甲酸。
2. 水蒸气蒸馏开始时要缓慢进行，待馏出液无油状物后，10min 结束水蒸气蒸馏。
3. 外消旋 Betti 碱不稳定，不宜久放。要尽快拆分，或以盐酸盐形式能够稳定保存。
4. 固体需用少量丙酮充分洗涤。

【思考题】

1. 写出在外消旋 Betti 碱的制备过程中，除生成 Betti 碱苯甲醛席夫碱外，另外可能的产物。
2. 写出外消旋 Betti 碱的制备反应的机理。
3. 试写出动力学拆分外消旋 Betti 碱的优缺点。

实验 1.29　1,2,3,4-四氢咔唑的合成

【实验目的】

1. 了解和掌握吲哚环的基本化学合成方法。
2. 理解 Fischer 吲哚合成的反应原理。
3. 了解和掌握苯并五元含氮芳环红外谱图特征峰和核磁共振氢谱特征峰。

【实验原理】

许多含有吲哚环结构的天然和合成化合物具有重要的生理活性，因而被广泛应用于农药和医药等领域。Fischer 吲哚合成法是构建吲哚环最简单、最基础的方法。它是由 20 世纪初

杰出的有机化学家 Emil Fischer 于 1883 年发现的,通过 1-甲基苯腙丙酮酸在氯化氢的醇溶液中反应,首次实现了芳腙的吲哚化,后来就用 Fischer 命名了该反应。1902 年,Emil Fischer 获得了诺贝尔化学奖。

Fischer 吲哚合成法:醛和酮的芳腙类化合物在酸催化或加热条件下环合形成相应的吲哚化合物。通常该反应是将等物质的量苯肼与醛或酮混合,在酸性条件下一锅煮反应直接得到吲哚产物。

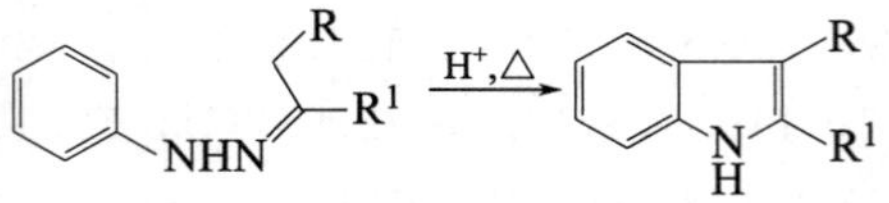

关于 Fischer 吲哚合成反应机理的解释,人们曾经提出许多历程。目前比较合理也是容易被接受的机理认为:在酸性条件下,第一步反应首先是腙氮原子的质子化,同时发生互变异构形成烯基肼中间体;然后发生[3,3]-σ 迁移重排和质子迁移生成亚胺,环合后形成五元氮环;最后,放出氨气得到吲哚环。

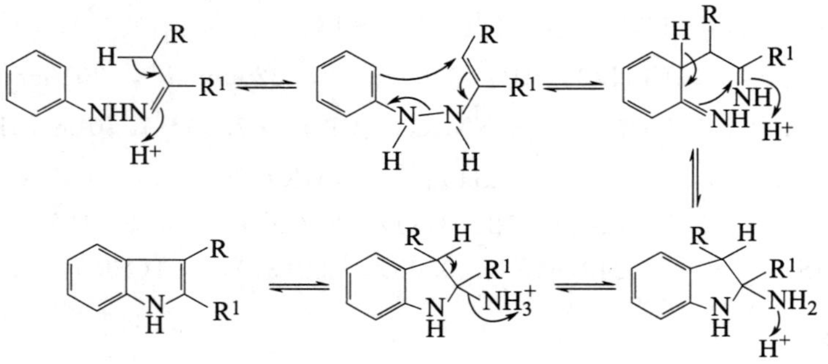

反应方程式:

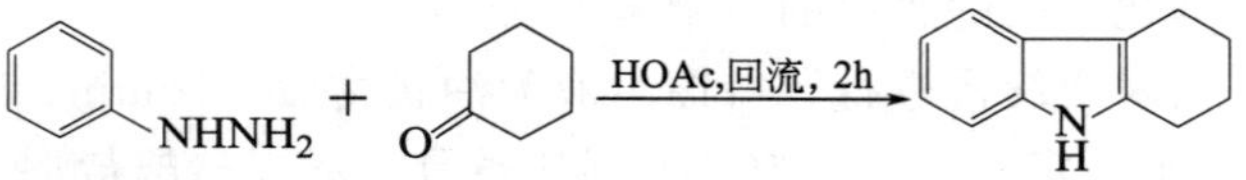

【仪器与试剂】

仪器:有机合成制备仪,熔点测定仪,红外光谱仪,核磁共振波谱仪。

试剂:环己酮,苯肼,冰醋酸,乙醇,甲醇。

【实验步骤】

在 100mL 三口烧瓶中加入 2.0g(0.02mol) 环己酮和 7.2g(0.12mol) 冰醋酸,2.2g(0.02mol) 苯肼置于筒形滴液漏斗中。在回流的条件下 45min 内滴加完苯肼[1],再继续加热回流 1h,然后小心地将反应混合物转移到烧杯中,搅拌至室温后,用冰水冷到 5℃抽滤。粗产品依次用水和乙醇洗涤,抽干。粗产品经甲醇重结晶[2],得到 1,2,3,4-四氢咔唑 (2.4~2.7g),产率为 76.0%~85.0%,熔点 115~116℃。

用所得产品做红外光谱和核磁共振氢谱,与标准谱图[3]对比。

【注意事项】

1. 苯肼有毒,对皮肤有腐蚀性,使用时不要碰到皮肤。

2. 粗产品甲醇重结晶时,可加一粒晶种或用玻璃棒在烧瓶内壁轻微摩擦来加快晶体析出。

3. 产品的标准红外谱图见图 1.29-1,标准核磁共振谱见图 1.29-2。

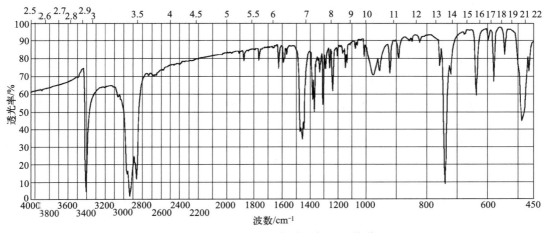

图 1.29-1 1,2,3,4-四氢咔唑标准红外谱图

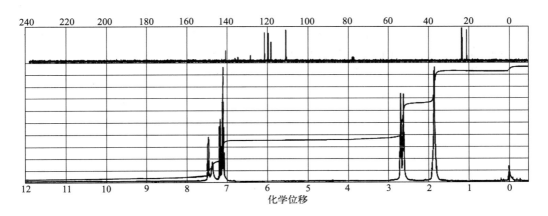

图 1.29-2 1,2,3,4-四氢咔唑标准核磁共振谱图

【思考题】

1. 根据本实验反应判断,使用1,3-环己二酮替代环己酮得到的主要产物是什么?

2. 根据本实验反应的机理,如何判断反应结束?

实验 1.30 Jones 试剂氧化胆固醇反应

【实验目的】

1. 了解和掌握 Jones 试剂配制方法。

2. 掌握使用 Jones 试剂氧化仲醇成酮的通用方法。

3. 测试胆甾-5-烯-3-酮和胆甾-4-烯-3-酮的红外光谱,比较两者酮羰基吸收峰的位置。

【实验原理】

氧化反应是现代有机合成中极其重要的官能团转化反应之一。其中醇羟基氧化成相应的羰基化合物是有机合成中最基础的官能团转化反应。而实现这类转化反应往往使用铬或锰的无机盐或配合物作为氧化剂。实验常用重铬酸钾、高锰酸钾或钠盐,重铬酸盐在酸性条件下具有良好的氧化能力,所以早期的氧化反应常常使用硫酸水溶液作为反应介质。有时为了增加有机反应底物的溶解度,常使用乙酸或丙酸作为反应溶剂和介质。

而重铬酸钾或钠盐的高度氧化能力引起的过度氧化和酸性反应介质对酸敏感官能团不兼容问题是重铬酸钾或钠盐作为氧化剂氧化醇羟基成相应的羰基化合物反应中存在的缺点。将铬酸酐的浓硫酸溶液在丙酮中使用被称为 Jones 试剂,Jones 试剂为选择性氧化有机化合物的试剂,能氧化仲醇成相应的酮,而不影响分子中存在的双键或三键,也可氧化烯丙醇(伯醇)成醛。一般把仲醇和烯丙醇溶于丙酮或二氯甲烷中,然后在低于室温下滴入试剂进行氧化反应,氧化反应在很短时间内就能够完成。因此直到现在 Jones 试剂仍是将仲醇氧化成酮的首选试剂之一。本实验使用丙酮为溶剂,Jones 试剂选择性氧化胆固醇3-位醇羟基为羰基,而甾体 B 环双键不受影响。此外,也可以使用 PCC 作为温和氧化剂,氧化胆固醇 3-位醇羟基为羰基。

胆固醇是一类参与生命活动的重要天然有机化合物,在多种生物酶的作用下,胆固醇可以转化成对生命活动具有重要影响作用的各类激素。研究表明,动物体内胆固醇是由乙酸经过几十步生化反应才转化而成的,大致可划分为四个阶段:第一阶段为三个分子的乙酰辅酶A(乙酸在细胞内的存在形式)经缩合和还原为甲羟戊酸;第二阶段为甲羟戊酸合成鲨烯;第三阶段为鲨烯环化产生羊毛固醇;第四阶段为羊毛固醇合成胆固醇。在生命活动中,胆固醇通过官能团转化和官能团再生可获得各类甾体化合物,因而研究胆固醇的官能团转化和官能团形成对揭示生命活动中的化学现象有着重要的意义。

反应方程式:

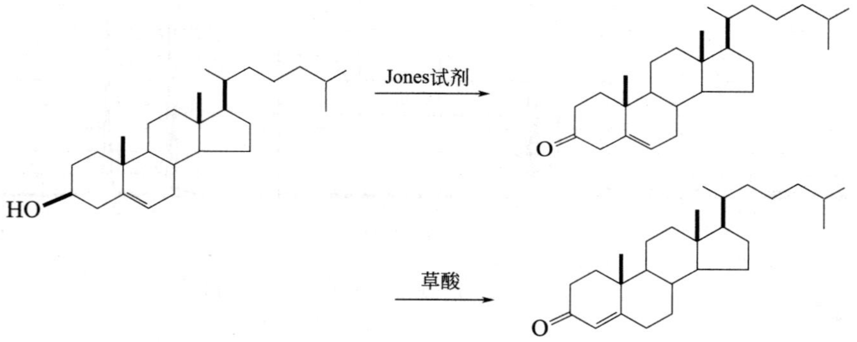

【仪器与试剂】

仪器:有机合成制备仪,熔点测定仪,红外光谱测定仪。

试剂:铬酸酐,硫酸,胆固醇,草酸,丙酮,10%碳酸钠溶液,乙酸乙酯,饱和食盐水溶液,无水硫酸钠,甲醇。

【实验步骤】

1. Jones 试剂的配制

在 50mL 烧杯中,将 2.7g 铬酸酐溶于 2.3mL 浓硫酸中,然后以水稀释至 10.0mL,在冰水冷却下搅拌溶解即得 Jones 试剂[1]。

2. Jones 试剂氧化胆固醇反应

在 125mL 锥形瓶中,将 0.8g 胆固醇(2mmol)溶于 70.0mL 丙酮,然后在 15min 之内滴加 2.0mL Jones 试剂。加完后在冰水冷却下,继续搅拌反应 20min,然后用 10%碳酸钠水溶液中和至中性[2,3]。蒸去大部分丙酮,剩余物用乙酸乙酯(15.0mL)萃取三次,萃取液用水和饱和食盐水洗涤,再用无水硫酸钠干燥,蒸去溶剂后得到粗产物胆甾-5-烯-3-酮,粗产物经甲醇重结晶给出白色纯净产物胆甾-5-烯-3-酮,留样用于测试红外光谱;剩余产品转移到 50mL 圆底烧瓶中,加入 8.0mL 95%乙醇和 0.1g 草酸,加热溶解后慢慢冷却析出晶体[4]，过滤得到淡黄色晶体胆甾-4-烯-3-酮 0.7g，收率为 90.0%，熔点：84～85℃。

【注意事项】

1. 小心使用铬化合物，含铬废水要统一回收处理。
2. 反应结束后，要小心中和到中性，否则在酸性条件下，加热会使部分产物双键移位。
3. 反应结束后，有时候过量的 Jones 试剂可以使用异丙醇处理。
4. 加热到所有固体都溶解，溶液呈澄清透明。

【思考题】

1. 使用 Jones 试剂氧化，一般如何判断反应结束？
2. 解释在酸性条件下，胆甾-5-烯-3-酮异构化成胆甾-4-烯-3-酮的原因。

【附录】

几种化合物的标准核磁共振谱图与红外谱图见图 1.30-1～图 1.30-3。

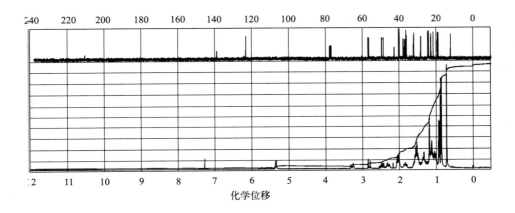

图 1.30-1　胆甾-5-烯-3-酮的标准核磁共振谱图

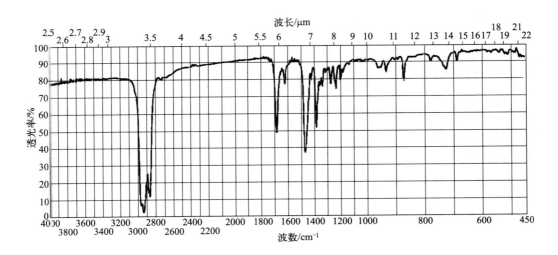

图 1.30-2　胆甾-4-烯-3-酮的标准红外谱图

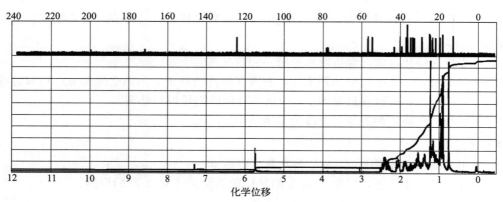

图 1.30-3　胆甾-4-烯-3-酮的标准核磁共振谱图

实验 1.31　联苯甲酸的合成

【实验目的】

1. 掌握芳胺重氮化反应。
2. 掌握使用活性亚铜对芳基重氮盐还原偶联。

【实验原理】

多元酸是一类重要的有机合成中间体，常用于合成特种香料、高分子材料增塑剂、农药和医药等，也是合成金属螯合物的常用螯合剂。对于同环多元芳酸，通常由多取代芳香化合物转化得到，而异环多元芳酸，一般根据羧基的位置关系，可利用多取代芳香化合物转化或羧基芳香重氮盐还原偶联得到对称的异环多元芳酸等多种方法制得。

反应方程式：

$$\text{（反应方程式）}$$

【仪器与试剂】

仪器：有机合成制备仪，熔点测定仪，红外光谱测定仪。

试剂：邻氨基苯甲酸，浓盐酸，亚硝酸钠，结晶硫酸铜，浓氨水，盐酸羟胺，氢氧化钠，碳酸氢钠，活性炭。

【实验步骤】

1. 邻氨基苯甲酸的重氮化

在 125mL 锥形瓶中，将 5.0g（36.0mmol）邻氨基苯甲酸悬浮于 10.0mL 浓盐酸和 15.0mL 水组成的溶液中。在冰水浴冷却下，维持体系温度在 0～5℃，慢慢滴加预先配好的亚硝酸钠水溶液［2.7g 亚硝酸钠（38.0mmol）和 30.0mL 水］，大概 20min 内加完，维持体系温度在 0～5℃，得到透明的重氮盐溶液[1,2]。

2. 还原剂溶液

在 250mL 烧杯中，将 12.6g（51.0mmol）五水结晶硫酸铜溶于 50.0mL 水中，然后加入

21.0mL 浓氨水，所得溶液冷却到 10℃以下，再慢慢加入预冷到 10℃的盐酸羟胺的碱溶液（3.6g 盐酸羟胺和 23.0mL 2mol·L^{-1}氢氧化钠溶液），搅拌到溶液从深褐色转变成淡青绿色为止，留待备用。

3. 重氮盐还原偶联

温度控制在 10℃以下，在搅拌下将置于长颈滴液漏斗中的还原剂溶液慢慢滴入重氮盐溶液中，滴液漏斗的下口要保持在反应体系的液面之下，加完后在室温搅拌 1h，等氮气不再放出时，再加热回流 10min。然后将反应体系用冰水冷却到 0℃，滴加浓盐酸大概 25.0mL，析出联苯甲酸固体。室温静置后抽滤，用冰水洗涤，抽干得粗产物[3]。

4. 粗联苯甲酸的纯化

将二述粗产物悬浮于 25.0mL 去离子水中，在强烈搅拌下慢慢加入 5.0g 碳酸氢钠，然后将所得溶液过滤，滤液用少量活性炭煮沸，趁热过滤[4]。在冰水冷却下，滴加 6mol·L^{-1}盐酸溶液至 pH＝2～3，析出的固体冷却静置，抽滤并用水洗涤，干燥，获得 3.5g 纯联苯甲酸，收率为 83.0%。熔点：225～228℃。

【注意事项】

1. 邻氨基苯甲酸的重氮化时，必须控制反应体系的温度。温度低于 0℃，反应速率慢，不利于反应完成；温度高于 5℃，重氮产物易分解。

2. 小心使用亚硝酸钠，有研究表明，亚硝酸钠具有致癌危险。

3. 为了使联苯甲酸固体完全析出，抽滤之前可以用冰水充分冷却。

4. 联苯甲酸纯化时，活性炭要用适量，趁热过滤后，用热水洗涤。

【思考题】

1. 查文献，写出其他合成联苯甲酸的反应方程式。

2. 简述有机酸纯化的常用方法。

【附录】

联苯甲酸的标准红外谱图见图 1.31-1。

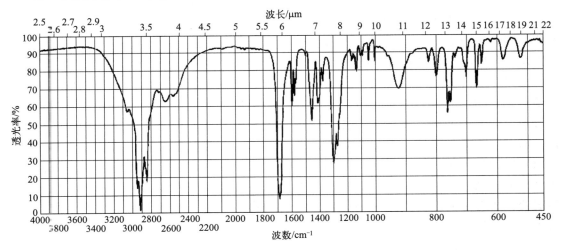

图 1.31-1　联苯甲酸的标准红外谱图

实验 1.32　7-二乙氨基-2-乙酰基香豆素的微波合成及其光谱性能研究

【实验目的】

1. 了解并掌握 7-二乙氨基-3-乙酰基香豆素的微波合成的原理与方法。
2. 巩固混合溶剂重结晶、薄层色谱等实验操作。
3. 了解微波合成技术在有机合成上的应用及其特点。
4. 了解并掌握溶剂对化合物紫外-可见光谱和荧光光谱性能的影响的原理。
5. 掌握红外光谱测定及图谱解析方法。

【实验原理】

微波技术在通信、食品加工等领域中的应用已有很长的历史。自 1986 年 Gedye 等首次用微波合成有机化合物获得成功后，在短短的几十年间，微波合成技术得到迅猛发展。微波辐射同传统的加热方法相比，具有反应时间短、收率高、副反应少、操作简便、环境友好等优点，因此受到有机合成工作者的关注。

传统的香豆素类荧光化合物的合成存在反应时间长、副反应多等缺点。采用微波辐射技术(microwave，MW) 合成 7-二乙氨基-3-乙酰基香豆素，具有时间短、收率高、副反应少等优点。

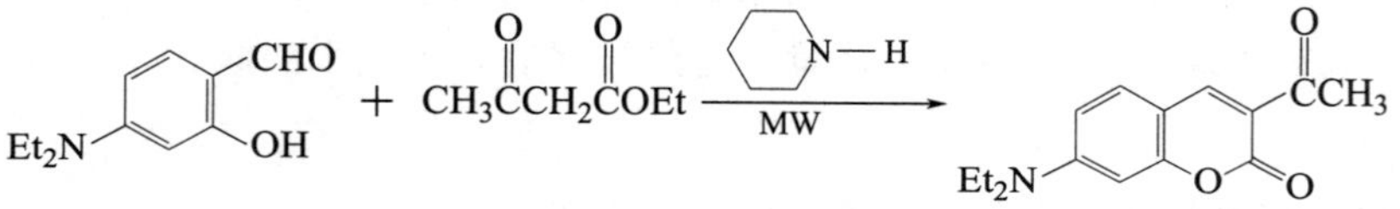

香豆素类化合物具有光稳定性好、荧光量子产率高、Stocks 位移大等优点，可广泛用作荧光染料、激光染料、新型光电材料，近年来在荧光探针的研究方面也备受人们关注。香豆素衍生物作为一种分子内共轭的电荷转移化合物，其 7-位取代基团的推电子能力以及 3,4-位双键的电荷密度大小与化合物发光能力有密切关系。从分子结构中可以看出，香豆素类化合物实质上是一类肉桂酸内酯，双键被固定为反式，使得双键的旋转受阻的化合物，从而可以提高其光稳定性。7-二乙氨基-3-乙酰基香豆素分子内7-位处连有推电子的二乙氨基后，可以提高化合物的分子内电荷转移能力，3-位处的乙酰基使得 3,4-位双键电荷密度的降低也有利于分子的极化。人们除了研究化合物结构因子对化合物的发光行为影响外，还会对一系列的环境效应进行研究，研究得较多的是溶剂效应。不同极性的溶剂对化合物的基态和激发态有着不同的作用能力，化合物在不同溶剂中的最大吸收和最大发射波长就会有所不同，即会产生溶致变色效应。对溶剂效应的研究不仅在方法上简单易行，而且还能提供许多重要的结构信息及溶剂和化合物分子间相互作用的信息。香豆素类化合物常被用作重要的荧光探针物质，弄清溶剂的性质对不同取代香豆素的光物理行为的影响，对更好地利用这一类激光染料及荧光探针物质具有重要意义。

【仪器与试剂】

仪器：有机合成制备仪，格兰仕 WP750 家用微波炉，25mL 容量瓶，5mL 容量瓶。

试剂：4-(N,N-二乙氨基)水杨醛，乙酰乙酸乙酯，六氢吡啶，乙醇，乙腈，二氯甲烷，正己烷，丙酮，四氢呋喃等。

【实验步骤】

1. 7-二乙氨基-3-乙酰基香豆素的微波合成

在 100mL 圆底烧瓶中依次加入 2.1g 4-(N,N-二乙氨基)水杨醛、1.4g 乙酰乙酸乙酯、20.0mg 六氢吡啶、15.0mL 无水甲醇，摇匀后放入微波炉，装上回流装置，在氮气保护下反应，微波功率 300W 下[1]，辐射 3min[2]，薄层色谱跟踪测试反应终点。冷却，抽滤得到黄色粉末，再用乙醇/乙腈（1:1，体积比）进行重结晶后，得到金黄色晶体 1.9g，即为化合物 7-二乙氨基-3-乙酰基香豆素。产率 74.0%，熔点：152～153℃。

2. 7-二乙氨基-3-乙酰基香豆素光谱性能测试

（1）7-二乙氨基-3-乙酰基香豆素红外光谱的测定

① 纯 KBr 薄片扫描本底。取少量 KBr 固体，在玛瑙研钵中充分磨细，并将其在红外灯下烘烤 10min 左右。取出约 100mg 装于干净的压片模具内（均匀铺撒并使中心凸起），在压片机上于 29.4MPa 压力下压 1min，制成透明薄片。将此片装于样品架上，插入红外光谱仪的试样安放处，从 4000～600cm^{-1} 进行波数扫描。

② 扫描固体样品 取 1～2mg 7-二乙氨基-3-乙酰基香豆素产品（已经经过干燥处理），在玛瑙研钵中充分研磨后，再加入 400mg 干燥的 KBr 粉末，继续研磨到完全混合均匀，并将其在红外灯下烘烤 10min 左右。取出 100mg 按照步骤 1 同样方法操作，得到吸收光谱，并和标准光谱图比较。

最后，取下样品架，取出薄片，将模具、样品架擦净收好。

（2）7-二乙氨基-3-乙酰基香豆素溶液的配制 准确称取 25.9g 7-二乙氨基-3-乙酰基香豆素，将其移入 100mL 容量瓶中，用二氯甲烷定容，配成浓度 1.0×10^{-3} mol·L^{-1} 溶液；移取 10.0mL 该溶液于 100mL 容量瓶中，用二氯甲烷定容，配成浓度 1.0×10^{-4} mol·L^{-1} 溶液。分别移取 0.5mL 浓度为 1.0×10^{-4} mol·L^{-1} 溶液于 5mL 容量瓶中，用洗耳球吹干二氯甲烷后[3]，再分别用正己烷、四氢呋喃、丙酮、甲醇溶解，待样品完全溶解后配成浓度 1.0×10^{-5} mol·L^{-1} 溶液，测定其紫外-可见光谱。

（3）7-二乙氨基-3-乙酰基香豆素紫外光谱的测定 以相应的溶剂作为参比，分别测定 7-二乙氨基-3-乙酰基香豆素的正己烷溶液、四氢呋喃溶液、丙酮溶液、甲醇溶液在 350～600nm 范围内的紫外光谱，确定最大吸收波长（λ_{max}），填入表 1.32-1。7-二乙氨基-3-乙酰基香豆素在不同的溶剂中 λ_{max} 有一定的变化，应在 410～440nm 之间。

表 1.32-1 7-二乙氨基-3-乙酰基香豆素在不同溶剂中的 λ_{max}

项 目	正 己 烷	四氢呋喃	丙 酮	甲 醇
λ_{max}/nm				
吸光度 A				

（4）7-二乙氨基-3-乙酰基香豆素荧光光谱的测定 利用不同溶剂中的紫外光谱的最大吸收波长作为荧光光谱的激发波长，分别测定 7-二乙氨基-3-乙酰基香豆素的正己烷溶液、四氢呋喃溶液、丙酮溶液、甲醇溶液的荧光光谱数据，填入表 1.32-2。

表 1.32-2　7-二乙氨基-3-乙酰基香豆素在不同溶剂中的荧光光谱

项　目	正己烷	四氢呋喃	丙　酮	甲　醇
激发波长 λ_{max}/nm				
荧光强度 I				

【结果与讨论】

1. 用反应方程式表示合成 3-乙酰基香豆素需要哪些原料。

2. 将所得到的红外谱图和标准谱图对比，并判断各个吸收峰所对应的官能团。

3. 依据实验数据得出，在不同的极性溶剂中，7-二乙氨基-3-乙酰基香豆素的最大吸收波长有什么变化规律？最大发射波长又有什么变化规律？荧光强度呢？

【注意事项】

1. 功率太小，反应不完全，收率低；功率太大，则反应太激烈，副反应增加，也造成收率降低。

2. 延长时间收率反而下降，这是因为辐射时间过长，易发生副反应或炭化。

3. 二氯甲烷必须吹干，否则影响溶剂的极性。

【思考题】

1. 如何合成下列化合物：3-氰基香豆素、7-二乙氨基-3-氰基香豆素、7-二乙氨基-2-溴甲基香豆素、7-二乙氨基-3-(4-溴苯基)香豆素？

2. 解释在不同的极性溶剂中，7-二乙氨基-3-乙酰基香豆素的最大吸收波长、最大发射波长、荧光强度。

实验 1.33　肉桂酸乙酯的微波辐射合成与分析

【实验目的】

1. 掌握肉桂酸及肉桂酸乙酯的制备原理和方法。

2. 进一步巩固回流、水蒸气蒸馏、重结晶、减压蒸馏等实验操作。

3. 了解微波合成技术在有机合成上的应用及特点。

4. 掌握红外光谱仪、核磁共振波谱仪的使用方法和图谱解析。

【实验原理】

肉桂酸是生产冠心病药物"心可安"的重要中间体。肉桂酸酯是一类重要的香料，具有水果或花的特殊香味，广泛应用于食用香精和日化香精的配料中，合成的肉桂酸酯主要用作食品和化妆品的香料，它在农用塑料和感光树脂等精细化工产品的生产中也有着广泛的应用。天然肉桂酸乙酯存在于沙枣花、天然苏合香中，具有似水果的香气，气息清而甜润。肉桂酸乙酯可用于香精的定香剂和增稠剂，同时也可添加到香烟烟丝中，用作增香剂和香味补偿剂。

芳香醛和酸酐在碱性催化剂（碳酸钾、羧酸钾、叔胺）的存在下，可以发生类似羟醛缩合的反应，生成 α、β-不饱和芳香酸，此反应也称为 Perkin 反应。

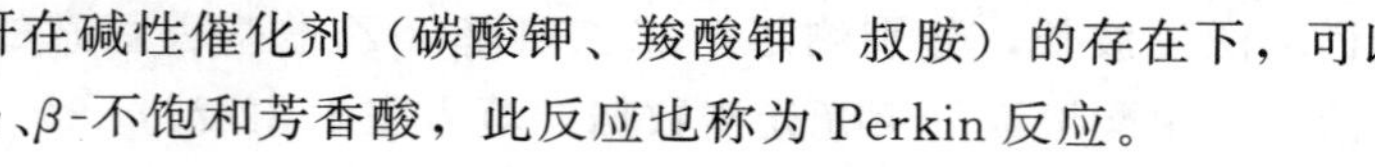

$$\text{〇—CHO} + (CH_3CO)_2O \xrightarrow{K_2CO_3} \text{〇—CH=CHCOOH}$$

肉桂酸酯一般是用肉桂酸和醇在浓硫酸催化下直接酯化而成的，但该方法反应时间长、收率低。本实验采用在常压条件下用微波辐射法合成肉桂酸乙酯，可大大缩短反应时间，收率高，操作简便。

$$\langle\!\!\!\!\!\!\!\bigcirc\!\!\!\!\rangle\!\!-CH\!=\!CHCOOH + C_2H_5OH \xrightarrow[MW]{H_2SO_4} \langle\!\!\!\!\!\!\!\bigcirc\!\!\!\!\rangle\!\!-CH\!=\!CHCOOC_2H_5$$

【仪器与试剂】

仪器：有机合成制备仪，格兰仕 WP750 家用微波炉。

试剂：苯甲醛（新蒸馏），乙酸酐，无水碳酸钾，10% 氢氧化钠溶液，浓盐酸，肉桂酸（自制），乙醇，浓硫酸，无水碳酸钠，无水硫酸镁，乙醚，饱和食盐水，活性炭，pH 试纸。

【实验步骤】

1. 肉桂酸的制备

在 100mL 三口烧瓶中[1]，加入 3.0mL 新蒸馏的苯甲醛[2]、8.0mL 乙酸酐[3] 和 4.2g 无水碳酸钾，装上回流冷凝管（可用空气冷凝管），在 165～175℃ 的油浴中加热回流 40min（可用电热套替代[4]）。

冷却反应混合物[5]，加入 10.0mL 的水，用不锈钢刮刀将固体捣碎，安装好蒸馏装置，进行水蒸气蒸馏，蒸除未反应的苯甲醛，直至无油状物蒸出为止。将残留液稍冷后，加入 20.0mL 的 10% 氢氧化钠溶液，使肉桂酸转化成钠盐，再加入 20.0mL 的水以保证钠盐完全溶解，加入少量的活性炭，煮沸数分钟后，趁热过滤。滤液冷却至室温后，搅拌下加入浓盐酸(10.0mL 或已配制的 1:1 盐酸溶液)，酸化至刚果红试纸变蓝色。冷却抽滤得到白色晶体，并用少量水洗涤滤液。干燥粗产品，质量 2.0～2.4g，熔点 132～133℃。粗产品可用乙醇/水进行重结晶（也可用热水重结晶）[6]。

2. 肉桂酸乙酯的制备

在 25mL 圆底烧瓶中依次加入 3.0g 肉桂酸、12.0mL 无水乙醇、1.0mL 浓硫酸[7]，摇匀后放入微波炉，装上回流装置，在微波功率 637W 下，辐射 6min，蒸出过量乙醇，将粗产物倒入分液漏斗中，加入 20.0mL 乙醚溶解粗产物，依次用水、饱和碳酸钠溶液和饱和食盐水洗涤，有机层经无水硫酸镁干燥后，蒸出乙醚，减压蒸馏收集 130～132℃/1.2kPa 的馏分，得无色液体 3.4g，收率 95.2%，折射率 $n=1.5595$（文献值 $n=1.5590～1.5610$）。

3. 皂化值的测定

（1）测定操作步骤　精确称取 0.5～1.0g 样品于 250mL 锥形瓶中，用移液管吸取 25.0mL 0.5mol·L^{-1} 的 KOH 乙醇[8] 溶液放入锥形瓶中，装配回流冷凝管振荡并水浴加热回流半小时，冷却，用适量乙醇冲洗回流冷凝管，以酚酞作指示剂，用 0.5mol·L^{-1} HCl 标准溶液滴定，终点由红变无色。同时做一空白试验。

（2）皂化值的计算

$$皂化值 = \frac{(V_2-V_1)c\times56.1}{m}$$

式中，V_2 为空白试验耗用 0.5mol·L^{-1} HCl 体积，mL；V_1 为样品耗用 0.5mol·L^{-1} HCl 体积，mL；c 为 0.5mol·L^{-1} HCl 标准溶液的浓度；m 为样品质量，g。

【结果与讨论】

1. 理论上肉桂酸存在顺反异构体，但 Perkin 反应主要得到的是反式肉桂酸（熔点 133℃）。

顺式异构体（熔点 68℃）不稳定，在较高温度下很容易转变成热力学上更稳定的反式异构体。

2. 测定所得产物的熔点和折射率，检验其纯度，计算产率。

【注意事项】

1. 所用仪器、药品均需无水干燥，否则产率降低。

2. 苯甲醛极易氧化而使其中有苯甲酸存在，这样会大大影响产率，因此该实验必须使用几小时内刚蒸馏的苯甲醛。

3. 乙酸酐放久后会吸潮水解成乙酸，因此本实验所用的乙酸酐须在实验前重新蒸馏；加料要迅速，防止乙酸酐吸潮。

4. 电热套与三口烧瓶之间必须保持有空隙，以防反应液局部过热（瓶内装一温度计，控制反应混合物的温度）；加热回流时，开始速度要慢一点，到后期加热速度可快一点（因为会产生二氧化碳，从而会产生大量的泡沫）；加热回流，控制反应混合物的温度不超过165℃（一般在 148～160℃ 之间）；回流后期，必须不断振荡反应瓶，使瓶壁上的固体溶于反应混合物中。

5. 冷却反应混合物时，必须缓慢转动反应瓶，否则反应混合物将形成一硬块，难以捣碎。

6. 肉桂酸易形成过饱和溶液，有时需加少量的晶体到溶液中去。

7. 随催化剂浓硫酸用量的增加，收率逐渐升高，当达到 1.0mL 时收率最高，再增加催化剂用量，收率反而下降，这是因为浓硫酸过量亦会有副反应发生，原料和产物炭化。

8. 所用乙醇为无醛、酮的乙醇。

【思考题】

1. 若用苯甲醛与丙酸酐发生 Perkin 反应，其产物是什么？

2. 在实验中，如果原料苯甲醛中含有少量的苯甲酸，对实验结果会产生什么影响？应采取什么样的措施？

3. 水蒸气蒸馏的目的是什么？

4. 举例说明微波合成的优缺点。

【附录】

肉桂酸的红外谱图（KBr 压片）、核磁共振氢谱见图 1.33-1、图 1.33-2。

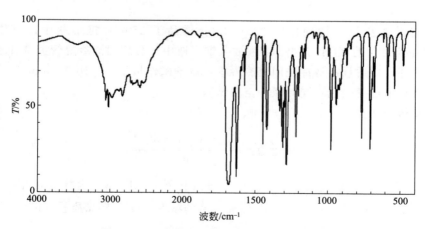

图 1.33-1　肉桂酸的红外谱图（KBr 压片）

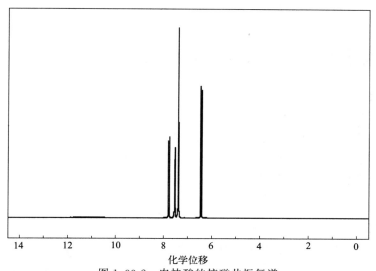

图 1.33-2 肉桂酸的核磁共振氢谱

肉桂酸乙酯的红外光谱图（液膜）、核磁共振氢谱图见图 1.33-3、图 1.33-4。

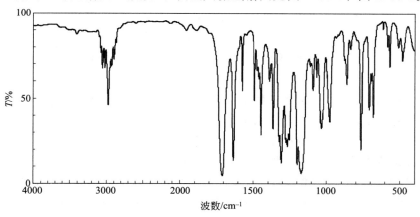

图 1.33-3 肉桂酸乙酯的红外谱图（液膜）

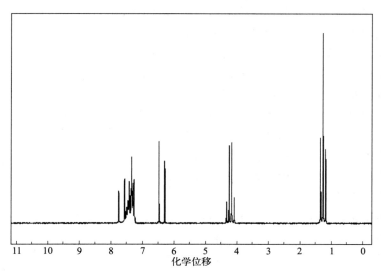

图 1.33-4 肉桂酸乙酯的核磁共振氢谱

实验 1.34 乙酰基二茂铁的合成、分离与表征

【实验目的】

1. 掌握乙酰基二茂铁的制备方法。
2. 掌握色谱分离法中薄层色谱和柱色谱的基本原理。
3. 掌握用色谱分离法从反应混合物中分离提纯化合物的操作方法。
4. 测定二茂铁和乙酰基二茂铁的核磁共振氢谱。
5. 测定乙酰基二茂铁的循环伏安图。

【实验原理】

二茂铁是一种新型的夹心过渡金属有机配合物，其茂环具有芳香性，能进行亲电取代反应，可以制得二茂铁的多种衍生物，二茂铁乙酰化形成乙酰二茂铁，根据反应条件，可以生成单乙酰基二茂铁 $[C_5H_5Fe(C_5H_4COCH_3)]$ 或双乙酰基二茂铁 $[Fe(C_5H_4COCH_3)_2]$。二茂铁的一种乙酰化反应如下：

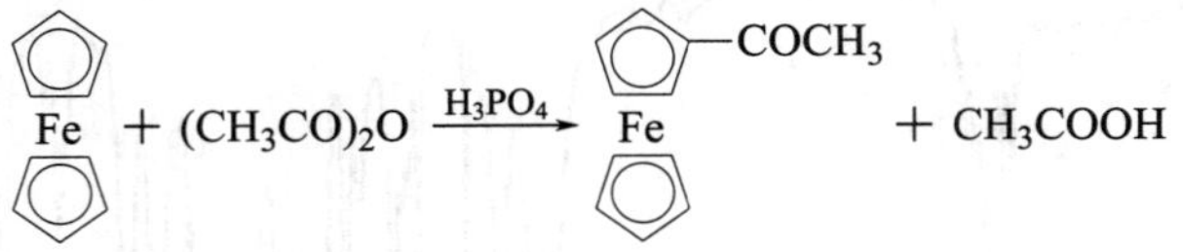

在此反应条件下，主要生成单乙酰基二茂铁，双乙酰基二茂铁很少，但同时有未反应的二茂铁，利用色谱分离法可以在混合物中分离这几种配合物，先使用薄层色谱探索分离这些配合物的色谱条件，然后利用这些条件在柱色谱中分离而得到纯的配合物。

薄层色谱法是将吸附剂均匀地铺在一块玻璃板表面形成薄层（其厚度一般为 0.1～2.0mm），在此薄层上进行色谱分离的方法。由于吸附剂对不同组分的吸附能力不同，对极性大的组分吸附力强，反之，则吸附力弱。因此当选择适当溶剂（称为洗脱剂或展开剂）流过吸附剂时，组分便在吸附剂和溶剂间发生连续的吸附和解吸，经过一定时间，各组分便达到相互分离。试样中各组分的分离效果可以用它们的比移值 R_f 的差来衡量。R_f 值是某组分斑点中心到原点的距离与溶剂前沿到原点距离的比值，R_f 值一般在 0～1 之间，其值大表示该组分的分配比大，易随溶剂流动，且两组分的 R_f 值相差越大，它们的分离效果越好。

薄层色谱所使用的吸附剂和溶剂的性质直接影响试样中各组分的分离效果，应根据试样中各组分的极性大小来选择合适的吸附剂。为了避免试样的组分在吸附剂上吸附过于牢固而不展开，致使保留时间过长，斑点扩散，对极性小的组分可选择吸附活性较大的吸附剂，反之，对极性大的组分可选择吸附活性较小的吸附剂。

最常用的吸附剂是硅胶和氧化铝，硅胶略带酸性，适合于分离酸性和中性物质；氧化铝略带碱性，适合于分离碱性和中性物质。若有必要可以将氧化铝转变成中性或酸性氧化铝，或把硅胶转变成中性或碱性硅胶再用。

吸附剂所吸附试样的组分由洗脱剂在薄层板中展开，当洗脱剂在薄层板上移动时，被溶解的组分也跟着向上移动，若组分上移过快，则应选择极性较小的溶剂；若组分上移过慢，则应选择极性较大的溶剂。通常使用的溶剂有石油醚、四氯化碳、甲苯、苯、二氯甲烷、氯仿、乙醚、乙酸乙酯、丙酮、乙醇、甲醇、水。其极性按顺序增大。

柱色谱法是在色谱柱中装入作为固定相的吸附剂，把试样流经固定相而被吸附，然后利用薄层色谱中探索到的能分离组分的溶剂流经色谱柱，试样中的各组分在固定相和溶剂间重新分配，分配比大的组分先流出，分配比小的组分后流出，对于不易流出的组分可另选择合适的溶剂再进行洗脱，这样就可以实现各组分的分离提纯。

循环伏安法（cyclic voltammetry）是测定配合物氧化-还原性质的一种重要方法。在电极上施加线性扫描电压，从起始电压 U_i 沿某一方向扫描到设定的终止电压 U_f 后，再以同样的速率反方向回扫至设定的起始电压 U_i，完成一次循环，故该法称为循环伏安法，其电流-电压曲线称为循环伏安图。当电势从正向负扫描时，若溶液中存在氧化态物质 O，电极上将发生还原反应，产生还原波，其峰电流为 i_{pc}，峰电势为 E_{pc}；当逆向扫描时，电极上的还原态物质 R 发生氧化反应，产生氧化波，其峰电流为 i_{pa}，峰电势为 E_{pa}。峰电流可表示为：

$$i_p = K n^{\frac{3}{2}} D^{\frac{1}{2}} v^{\frac{1}{2}} A c$$

式中，K 为常数；n 为电子转移数；D 为扩散系数；v 为电压扫描速率；A 为电极面积；c 为被测物质浓度。由此可见，峰电流与被测物质浓度、电压扫描速率等因素有关。如果满足如下判据：

$$\Delta E_p = E_{pa} - E_{pc} = \frac{59}{n} \text{（mV）}$$

$$\frac{i_{pa}}{i_{pc}} = 1$$

则电极反应是可逆的。

【仪器与试剂】

仪器：100mL 圆底烧瓶，干燥管，载玻片，色谱缸，色谱柱，CHI 电化学工作站，三电极系统（铂电极为对电极，Ag/AgCl 电极为参比电极，玻璃碳电极为工作电极），核磁共振波谱仪。

试剂：二茂铁，乙酸酐，85%磷酸，LiClO$_4$，无水氯化钙，碳酸氢钠，石油醚（60～90℃），二氯甲烷，苯，乙酸乙酯，硅胶 100～200 目，硅胶 300～400 目。

【实验步骤】

1. 乙酰基二茂铁的制备

在 100mL 圆底烧瓶中，加入 1.5g（8.1mmol）二茂铁和 5.0mL（5.3g，87.0mmol）乙酸酐，在摇荡下用滴管慢慢加入 2.0mL 85%磷酸。加完后，在沸水中加热 20min，并时加摇动。然后将反应混合物倾入盛有 40g 碎冰的 400mL 烧杯中，并用 10mL 冷水涮洗烧瓶，将涮洗液并入烧杯。在搅拌下，分批加入固体碳酸氢钠，到溶液呈中性为止，约需 20～25g 碳酸氢钠。将中和后的反应混合物置于冰浴中冷却 15min，抽滤收集析出的橙黄色固体，每次用 50mL 冰水洗涤两次，压干后在空气中晾干。用石油醚（60～90℃）重结晶，产物约 0.3g，熔点 84～85℃。

2. 薄层色谱法

（1）薄层板的制备　将洗净烘干的载玻片浸入涂布液（100mL 二氯甲烷含 4g 硅胶）中，立即平稳地从涂布液中拿出，使载玻片表面涂上厚度均匀、完整无损的硅胶层，在空气中晾干。

（2）点样　取少许干燥后的粗产物和二茂铁分别溶于二氯甲烷中，用细的毛细管分别吸取上述两种溶液,将其分别点在载玻片底边约 1cm 处的硅胶上,点要尽量圆而小,两点的高度要一致,点样时不要破坏硅胶层,晾干,同样点滴 5 块载玻片。

(3)薄层色谱的展开 在 5 个色谱缸中分别装入少量石油醚、甲苯、乙醚、乙酸乙酯、二氯甲烷,溶剂的高度约 0.5cm(不要超过载玻片上的点样高度),将 5 块载玻片分别放入 5 个色谱缸中,加盖,待溶剂上升到距上边约 1cm 时,取出载玻片,在空气中晾干。用铅笔记录各载玻片上溶剂到达的位置和各斑点中心的位置。

3. 柱色谱法

(1)装柱 将硅胶(100~200 目)与石油醚组成的悬浮液装入色谱柱中,硅胶的高度为 15cm,装柱时不要在柱中留有气泡,以免影响分离效果。

(2)柱色谱分离 在色谱柱中加入 3~5mL 约 0.2g 粗产物的二氯甲烷溶液,在加入时不要扰动硅胶,打开色谱柱活塞使柱内液体大约以每秒一滴的速度下滴,使硅胶充分吸附样品,当液面与硅胶相平时,再加入由薄层色谱中确定的仅能洗脱二茂铁的溶剂,以同样的速度淋洗,直到二茂铁全部洗出。更换接收瓶,再向柱内加入能洗脱乙酰基二茂铁的溶剂进行淋洗,直到乙酰基二茂铁全部洗出。

(3)检测 将两份接收液蒸除溶剂,分别得到二茂铁和乙酰基二茂铁,分别测定其熔点和 ^{1}H MNR 谱图。

4. 测定乙酰基二茂铁的循环伏安图

取适量的乙酰基二茂铁,用无水乙醇溶解,用去离子水稀释到 100mL。取 2.5mL 磷酸缓冲溶液(pH=7)于电解池中,加入 2.5mL $LiClO_4$ 溶液和 1.0mL 乙酰基二茂铁溶液。在电解池中置入三电极系统,通氮气除氧 10min,然后在氮气氛条件下进行测试。以扫描速率分别为 $40mV \cdot s^{-1}$、$60mV \cdot s^{-1}$、$80mV \cdot s^{-1}$、$100mV \cdot s^{-1}$、$120mV \cdot s^{-1}$、$140mV \cdot s^{-1}$ 从 0.0~1.0V 扫描记录循环伏安图。

【结果与讨论】

1. 载玻片上混合物的斑点数

由斑点数可知样品的组分数。

2. 载玻片上各斑点中心的位置与各溶剂前沿位置

高度/cm	石 油 醚	甲 苯	乙 醚	乙 酸 乙 酯	二 氯 甲 烷
二茂铁					
乙酰基二茂铁					

3. R_f 值的计算

R_f 值	石 油 醚	甲 苯	乙 醚	乙 酸 乙 酯	二 氯 甲 烷
二茂铁					
乙酰基二茂铁					

由 R_f 值可知,洗脱二茂铁的溶剂为:＿＿＿＿＿。

能快速洗脱乙酰基二茂铁的溶剂为:＿＿＿＿＿。

4. 样品检测结果

(1)熔点测定。

(2)由测定的熔点与文献值对照可确定其分离物。

(3)分析 ^{1}H NMR 谱图,确定其分离物。

5. 计算生成物的产率和二茂铁的回收率

6. 测定乙酰基二茂铁的循环伏安图

扫速/$mV \cdot s^{-1}$	$i_{pc}/10^{-6}A$	$i_{pa}/10^{-6}A$	E_{pc}/V	E_{pca}/V	i_{pc}/i_{pa}	$E_{pc}-E_{pa}$
40						
60						
80						
100						
120						
140						

（1）将不同扫描速率的循环伏安曲线叠加在一张图上。

（2）分别以 i_{pa} 和 i_{pc} 对扫描速率的平方根作图，说明峰电流与扫描速率的关系。

【思考题】

1. 沐洗吸附二茂铁和乙酰基二茂铁的硅胶，哪一个先被洗出？为什么？

2. 试用其他化学方法鉴别二茂铁和乙酰基二茂铁。

3. 根据记录的数据，判断乙酰基二茂铁电极反应的可逆性。

实验 1.35　二茂铁基甲酰丙酮的合成

【实验目的】

1. 学习 Claisen 反应的基本原理。

2. 掌握二茂铁基甲酰丙酮的合成操作方法。

3. 测定并分析二茂铁基甲酰丙酮的红外光谱图。

【实验原理】

$$C_5H_5FeC_5H_4COCH_3 + CH_3COOC_2H_5 \xrightarrow{NaOC_2H_5}$$

$$[C_5H_5FeC_5H_4COCHCOCH_3]^- Na^+ + C_2H_5OH$$

$$[C_5H_5FeC_5H_4COCHCOCH_3]^- Na^+ \xrightarrow{CH_3COOH}$$

$$C_5H_5FeC_5H_4COCH_2COCH_3 + CH_3COONa$$

【仪器与试剂】

仪器：250mL 三口烧瓶，恒压滴液漏斗，回流冷凝管，干燥管。

药品：乙酰基二茂铁，乙酸乙酯，钠，无水氯化钙，无水乙醇，无水乙醚，二甲苯，无水四氢呋喃，醋酸。

【实验步骤】

1. 乙醇钠的制备

将 3.0g 金属钠、25.0mL 干燥二甲苯和搅拌子加入 250mL 三口烧瓶中，加热回流，待钠完全熔化后停止加热，剧烈搅拌，将钠打成细珠，快速冷却后倾滗出二甲苯（回收）。用 10.0mL 干燥乙醚洗涤两次（每次 5.0mL）以除尽二甲苯，加入 50.0mL

干燥乙醚，装上恒压滴液漏斗、回流冷凝管和无水氯化钙的干燥管，向反应瓶中慢慢滴加 9.2g（0.2mol）绝对无水乙醇，待滴加完毕后加热回流至钠珠反应完全，快速蒸去乙醚得白色乙醇钠固体。

2. 二茂铁基甲酰丙酮的合成

向上述体系中加入 60.0mL 重蒸过的四氢呋喃、16.5g（72.0mmol）乙酰基二茂铁、12.7g（144.0mmol）乙酸乙酯加热回流，大约半小时后产生大量黄色沉淀，继续回流 2h 以使反应完全。冷却混合物，抽滤，用无水乙醚洗涤固体至滤液无色，空气中晾干得淡黄色固体即为 β-二酮的钠盐。将该固体溶于 70mL 水中（稍加热）过滤，向滤液中慢慢滴加醋酸至呈酸性（用 pH 试纸检验），抽滤得红色固体。熔点 97℃。

【结果与讨论】

1. 计算二茂铁基甲酰丙酮的产率。
2. 在测得的红外光谱图上标出主要特征峰，确定二茂铁基甲酰丙酮的存在方式。

【思考题】

1. 写出二茂铁基甲酰丙酮的两种烯醇式。
2. 预测二茂铁基甲酰丙酮的存在方式。

实验 1.36　烯胺酮的合成及其配位反应

【实验目的】

1. 学习烯胺酮的合成方法。
2. 掌握烯胺酮的配位反应。
3. 掌握通过红外光谱分析确定配合物中金属与配体的成键方式的方法。
4. 了解单晶 X 射线衍射确定配合物晶体结构的方法。

【实验原理】

烯胺酮（enaminone）是指含有—N—C＝C—C＝O 共轭体系的化合物。烯胺酮通常由 β-二酮和伯胺通过缩合脱水反应制备（如图 1.36-1 所示）。由于制备烯胺酮的原料不仅便宜易得从而可以灵活选择伯胺和 β-二酮，而且可以通过引入取代基、官能团和手性基团进而开拓出从链状到环状、从单齿到多齿、性能迥异、结构多变的烯胺酮化合物。

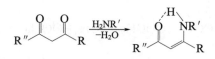

图 1.36-1　烯胺酮的合成方法

烯胺酮的反应化学主要由结构单元—N—C＝C—C＝O 中的三个亲核原子决定，因此烯胺酮是一类具有多位反应性的亲核试剂，能发生烷基化和酰基化等反应。由于含有不饱和的亲电羰基，烯胺酮能进行格氏反应和还原反应以及与伯胺反应生成烯胺亚胺（即 β-二亚胺）。在烯胺酮的结构单元—N—C＝C—C＝O 中可以认为存在双电子、四电子和六电子体系，因此烯胺酮可以进行环加成反应，用于杂环化合物的合成，在杂环化学中得到了广泛应用。

在配位化学中烯胺酮是一类极重要的配体。从理论上分析，骨架中氮氧原子与金属离子的配位方式有如图 1.36-2 所示的五种可能。

图 1.36-2　烯胺酮的五种配位方式

以二茂铁基甲酰丙酮（$FcCOCH_2COCH_3$，一种 β-二酮；$Fc=$ 二茂铁基，$C_5H_5FeC_5H_4$）和乙醇胺通过如下缩合脱水反应可以合成三齿烯胺酮（H_2L）：

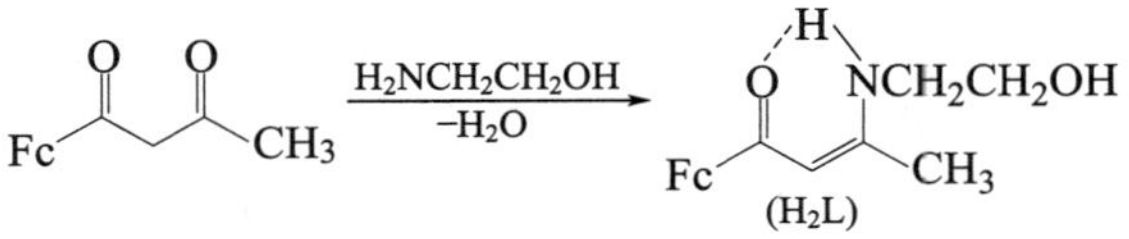

三齿烯胺酮（H_2L）与醋酸铜反应生成四核铜配合物 $[LCu]_4$。

$$H_2L + Cu(OAc)_2 \longrightarrow [LCu]_4 + HOAc$$

它的结构可通过单晶 X 射线衍射确定。

【仪器与试剂】

仪器：100mL 圆底烧瓶，50mL 圆底烧瓶，回流冷凝管，干燥管。

试剂：二茂铁基甲酰丙酮，乙醇胺，一水醋酸铜，无水乙醇，二氯甲烷，石油醚（60~90℃）。

【实验步骤】

1. 三齿烯胺酮（H_2L）的合成

向 100mL 圆底烧瓶中加入 1.350g 二茂铁基甲酰丙酮、0.324g 乙醇胺和 20mL 乙醇，加热回流 16h。旋转蒸发除去乙醇，用石油醚重结晶得红色晶体 1.466g，熔点 138℃。

2. 三齿烯胺酮（H_2L）与醋酸铜的配位反应

向 50mL 圆底烧瓶中加入 0.050g 一水醋酸铜、0.078g H_2L 和 15mL 乙醇，室温搅拌 2h。旋转蒸发除去溶剂，固体用二氯甲烷/石油醚（60~90℃）重结晶，得到亮黄绿色晶体。分解点 228~229℃。

【结果与讨论】

1. 计算烯胺酮及其铜配合物的产率。

2. 测定烯胺酮的 ^1H NMR 谱。

3. 测定烯胺酮及其铜配合物的红外光谱图，确定该烯胺酮的配位方式。

【思考题】

1. 根据波谱学写出二茂铁甲酰丙酮的两种烯醇式。

2. 根据 X 射线衍射研究，该铜配合物以四聚体形式存在，试写出铜配合物的结构式。

实验 1.37　（三羰基）·(1,3,5-三甲基苯)合钼的合成

【实验目的】

1. 学习芳烃配合物的合成方法。

2. 理解反馈 π 键理论。

3. 掌握无水无氧操作技术。

4. 掌握配合物的红外光谱、核磁共振谱的测定方法和图谱解析。

5. 了解单晶 X 射线衍射确定配合物晶体结构的方法。

【实验原理】

自 Mond 在 1890 年发现 $[Ni(CO)_4]$ 以来，已合成出几千种金属羰基化合物。除单核化合物外，还有双核和多核金属羰基化合物。有的只含有羰基配体，有的含混合配体。金属羰基化合物的结构、化学键以及它们在有机合成、材料科学和工业催化等方面的重要应用引起人们的极大关注和重视。CO 是金属有机化学中最常见的 σ 给予体和 π 接受体（π 酸配体），它通过 C 原子与金属成键。CO 的最高占有轨道（HOMO，3σ）具有 σ 对称性，它与金属空轨道重叠形成 σ 键；CO 的最低空轨道（LUMO，2π）为 π 轨道，它与金属具有 π 对称性的 d 轨道重叠，使金属 d 轨道上的电子离域到 CO 配体的空 π^* 轨道上形成反馈 π 键。

CO 与金属的这种成键方式称为 Dewar-Chatt-Duncanson 模型（简称 DCD 模型）。值得

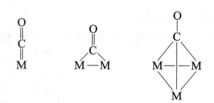

图 1.37-1　CO 与金属原子的
几种配位方式

注意的是：根据 DCD 模型，反馈 π 键将加强 M—C 键而削弱 C—O 键，氧化态越低，d 电子数越多的金属越容易形成稳定的羰基金属化合物。已有的实验证据支持了 DCD 模型。

除了前述的 CO 与金属以端基方式配位外，CO 还可以桥联方式与两个或三个金属原子同时成键（见图 1.37-1）。无论 CO 以端基方式还是以桥联方式与金属形成多核化合物，CO 总是二电子配体。

一般情况下，CO 仅通过碳原子与金属结合，当存在反馈 π 键时，π^* 轨道电子云密度随 CO 键和金属原子数的增加而增加，因而 CO 的伸缩振动频率一般遵循下列顺序：$CO>MCO>M_2CO>M_3CO$。通常羰基的伸缩振动是强峰或极强峰，因而含端基和桥基的金属羰基化合物可以通过 IR 光谱进行区分：$2100\sim1850cm^{-1}$（端基）$>1850\sim1700cm^{-1}$（μ_2-桥基）$>1700\sim1600cm^{-1}$（μ_3-桥基）。

除铪外，所有 IV-VIII 过渡金属都与苯形成夹心配合物，成键时苯作为 6 电子给体。通过芳烃取代 CO 或弱配位配体能合成芳烃配合物。

$$M(CO)_6 + 芳烃 \longrightarrow M(CO)_3(芳烃)$$
$$M(CO)_3(CH_3CN)_3 + 芳烃 \longrightarrow M(CO)_3(芳烃) + 3CH_3CN$$
$$(M=Cr,Mo,W)$$

芳烃配位在缺电子的过渡金属有机化合物上后，芳环上的电子云密度降低，使亲核性的苯环发生极性反转转变为亲电性的苯环，可合成难于用其他方法得到的化合物。另外，配位在缺电子过渡金属有机化合物上的芳烃，环上氢的酸性增强，易发生金属化反应，芳环侧链上的 α-氢更易金属化。金属化反应所得到的产物可以与一系列亲电试剂反应，得到芳香族的取代衍生物。这些芳烃配合物可以用 I_2 或光照下暴露于空气中氧化脱掉 $M(CO)_3$ 基团，从而释放出有机物芳烃。

由三六羰基钼和反应产物在高温下能与氧气反应，因此本反应需要在惰性气体中进行。

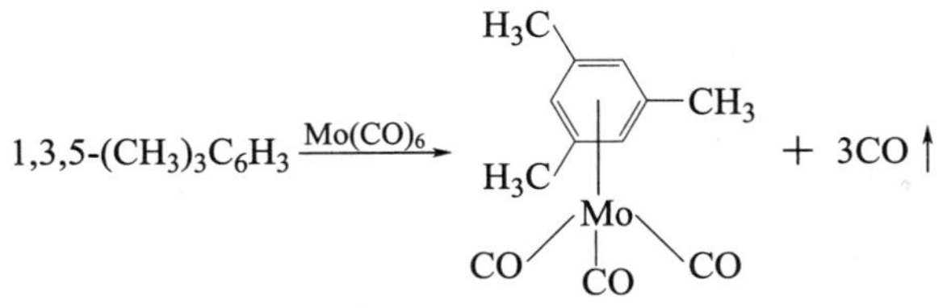

$$1,3,5\text{-}(CH_3)_3C_6H_3 \xrightarrow{Mo(CO)_6} \begin{array}{c} \text{H}_3\text{C} \quad \text{CH}_3 \\ \text{H}_3\text{C} \quad \text{Mo} \\ \text{CO} \quad \text{CO} \quad \text{CO} \end{array} + 3CO\uparrow$$

产物的结构通过单晶 X 射线衍射确定。

【仪器与试剂】

仪器：50mL 三口烧瓶，二通活塞，回流冷凝管，计泡器。

试剂：$Mo(CO)_6$，1,3,5-三甲基苯，二氯甲烷，石油醚（60～90℃），石蜡油。

【实验步骤】

1. 安装反应装置

将干燥的 50mL 三口烧瓶的一边口接二通活塞，另一边口加塞，中间口安装回流冷凝管，冷凝管的上端连接盛有石蜡油的计泡器。

2. 钼配合物的合成

打开加塞口，向三口烧瓶中加入 2.0g 六羰基钼和 10.0mL 1,3,5-三甲基苯。用橡胶管连接二通活塞和氮气瓶，用适中的氮气流冲洗反应装置系统大约 5min。关闭二通活塞，加热回流 30min。撤除热源，停止加热并打开氮气流。当溶液冷却到室温时，关闭氮气流，拆卸装置。向三口烧瓶中加入 15mL 石油醚，析出的沉淀通过抽滤收集并用 5mL 石油醚洗涤。固体用最少量的二氯甲烷溶解，过滤，在滤液层上沿器壁缓慢滴加 25mL 石油醚。静置，析出黄色固体，抽滤，固体用 4mL 石油醚洗涤两次，晾干，称量。

【结果与讨论】

1. 计算钼配合物的产率并讨论造成产率低的因素。
2. 测定钼配合物的 ^{1}H NMR 谱并与 1,3,5-三甲基苯的 ^{1}H NMR 谱比较。
3. 测定钼配合物的红外光谱并与六羰基钼的红外光谱比较，确定钼配合物的结构。

【思考题】

1. 拟出一种通过分析钼含量从而确定 $[1,3,5\text{-}(CH_3)_3C_6H_3]Mo(CO)_3$ 组成的方法。
2. 如何判断所合成的钼配合物是否纯净？

实验 1.38　　金属酞菁配合物的合成和性能测定

【实验目的】

1. 通过合成酞菁金属配合物，掌握这类大环配合物的一般合成方法。
2. 进一步熟悉掌握合成中的常规操作方法和技能，了解酞菁的纯化方法。
3. 利用元素分析、红外光谱、电子光谱、磁化率、核磁共振、差热热重分析等表征方法，推测所合成配合物的组成及结构。

【实验原理】

自由酞菁（H_2Pc）的分子结构见图 1.38-1(a)。它是一种重要的四氮大环配体，具有高度共轭的 π 体系。它能与金属离子形成金属酞菁配合物（MPc），其分子结构式如图 1.38-1(b)。这类配合物具有半导体、光电导、光化学反应活性、荧光、光记忆等特性。金属酞菁是近年来广泛研究的经典金属大环配合物中的一类，其基本结构和天然金属卟啉相似，且具有良好的热稳定性和化学稳定性，因此金属酞菁在光电转换、催化活化小分子、信息储存、生物模拟及工业染料等方面有重要的应用。

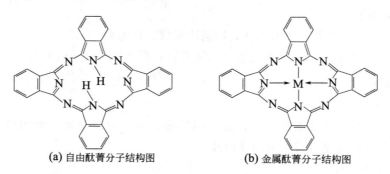

(a) 自由酞菁分子结构图　　　　(b) 金属酞菁分子结构图

图 1.38-1　金属酞菁分子结构图

金属酞菁的合成一般有以下两种方法：

① 通过金属模板反应来合成，即通过简单配体单元与中心金属离子的配位作用，然后再结合形成金属大环配合物。这里的金属离子起着模板作用。

② 与配合物的经典合成方法相似，即先采用有机合成方法制得并分离出自由的有机大环配体，然后再与金属离子配位，合成得到金属大环配合物。其中模板反应是主要的合成方法。

金属酞菁配合物的合成主要有以下几种途径（以 M^{2+} 为例）。

（1）中心金属的置换

$$MX_2 + Li_2Pc \longrightarrow 2LiX + MPc$$

（2）以邻苯二甲腈为原料

$$MX_2 + 4\ \begin{array}{c}CN\\CN\end{array} \xrightarrow{\triangle} MPc$$

（3）以邻苯二甲酸酐为原料

$$MX_2 + 4\ \text{(邻苯二甲酸酐)} \xrightarrow[\triangle]{(NH_4)_2MoO_4} MPc + H_2O + CO_2$$

（4）以 2-氰基苯甲酰胺为原料

$$MX_2 + 4\ \begin{array}{c}CN\\CONH_2\end{array} \xrightarrow{\triangle} MPc + H_2O$$

本实验按反应（3）制备金属酞菁，原料为金属盐、邻苯二甲酸酐和尿素，催化剂为钼酸铵。利用溶液法或熔融法进行制备。

　　金属酞菁配合物的热稳定性与金属离子的电荷及半径比有关。由电荷半径比较大的金属如 Al(Ⅲ)、Cu(Ⅱ) 等形成的金属酞菁较难被质子酸取代并具有较大热稳定性，这些配合物可通过真空升华或先溶于浓硫酸并在水中沉淀等方法进行纯化。

　　f 区金属易形成夹心型金属酞菁，如在 250℃下 AnI_4（An＝Th、Pa、U）与邻苯二甲腈反应可制得夹心型铜类酞菁配合物。这类配合物的两个酞菁环异吲哚中的 8 个 N 原子与中心金属形成八齿配合物。酞菁环并非呈平面，而是略向上凸出，并且两个酞菁环互相错开一定角度。对于铀酞菁 Pc_2U，由配位原子 N_4 所形成的大环平面间距为 2.81×10^{-10} m，形成这类配合物一般中心金属必须具有较高氧化态（＋3、＋4 价），同时金属离子半径应比酞菁环半径大。

　　本实验利用元素分析、红外光谱、电子光谱、磁化率、核磁共振、差热-热重分析等实验技术对所合成金属酞菁的组成和结构进行表征。

【仪器与试剂】

　　仪器：电热套，冷凝管，圆底烧瓶，烧杯，量筒，研钵，水泵，试管，天平，电炉，抽滤装置，离心机，离心管，恒温水浴锅，超声波粉碎器，真空升华纯化装置，元素分析仪，紫外-可见分光光度计，红外光谱仪，核磁共振波谱仪，古埃磁天平，LCT-1 型微量差热天平。

　　试剂：氯化亚铁或还原性铁粉，氯化钴，硫酸铜，氯化镍，邻苯二甲酸酐，尿素，钼酸铵，煤油，丙酮，无水乙醇，浓硫酸，2％盐酸溶液。

【实验步骤】

1. 金属酞菁粗产品的制备

MPc 的制备，以 CoPc 为例，其他金属酞菁合成的反应物投料量见表 1.38-1。

表 1.38-1　合成不同金属酞菁反应物投料量　　　　　　　　　单位：g

金属酞菁	金属盐投料量	邻苯二甲酸酐	尿素	钼酸铵
FePc	2.5($FeCl_2\cdot4H_2O$)	7.4	12.0	0.5
CoPc	1.7($CoCl_2$)	7.4	12.0	0.5
NiPc	1.7($NiCl_2$)	7.4	12.0	0.5
CuPc	2.0($CuSO_4$)	7.4	12.0	0.5

　　称取邻苯二甲酸酐 7.4g、尿素 12.0g 和钼酸铵 0.5g，于研钵中研细后加入 1.7g 无水 $CoCl_2$，混匀后马上移入 250mL 圆底烧瓶中，加入 70.0mL 煤油，加热（200℃左右）回流 2h 左右，在配体形成酞菁环而使溶液由无色（浅黄色）变为暗绿色时停止加热（加热期间应注意控制温度，以避免由于过热而使尿素或邻苯二甲酸酐升华）。冷却至 70℃左右，加入适量无水乙醇稀释后趁热抽滤，滤饼置于研钵中加入适量丙酮，研细，抽滤，并依次用丙酮和 2％盐酸溶液洗涤 2～3 次，得粗产品。

2. 粗产品的提纯

（1）方法一　将粗产品倾入 10 倍质量数的浓硫酸中，搅拌使其完全溶解，50～55℃水浴加热搅拌 1h。冷却至室温后慢慢倾入 10 倍于浓硫酸体积的蒸馏水中（小心操作，为得到纯净沉淀及较大颗粒产物应怎样操作？），并不断搅拌，加热煮沸，静置过夜。抽滤（或离心分离），滤液收集于废液缸中，滤饼（或沉淀物）移入 200mL 烧杯中，加入适量的蒸馏水煮沸 5～10min，冷却后移入离心管离心分离，沉淀物用热蒸馏水洗至无 SO_4^{2-}（应重复操作 7～8 次），并分别以无水乙醇、丙酮作洗涤剂，超声波粉碎洗涤，离心分离各 4 次，母液分别集中收集在废液缸中。产物在 60℃下真空干燥 2h，得纯品。称量，计算产率（以邻苯二甲酸酐计）。

（2）方法二　金属酞菁在真空条件下升华而得到纯化。

将 1.0g 左右的粗金属酞菁置于石英管内高温区与低温区之间，真空度维持在 133～266Pa，氮气流量控制在 20mL·min^{-1}（未抽真空时），高温区控制在 813K，低温区控制在 713K，待高温区达到指定温度后，恒温 2h，停止加热，旋转三通活塞，关掉真空系统，待体系内已近 1atm（1atm＝1.01325×10^{5}Pa）时，使体系与大气相通，自然冷却到室温，取出升华产品。

3. 金属酞菁的表征与性能测试

（1）元素分析　在元素分析仪上测定酞菁和金属酞菁 C、H 和 N 的含量。

（2）红外光谱测定　用 KBr 压片或石蜡研磨的方法测定所合成酞菁和金属酞菁的红外光谱。

（3）电子光谱测定　以浓硫酸（和六氯苯）为溶剂，测定酞菁和金属酞菁的紫外-可见吸收光谱。

（4）磁化率测定　采用参比法测定金属酞菁的磁化率。

（5）核磁共振波谱（^{1}H NMR）测定　以 C_6D_6＋2％Me_2SO 为溶剂测定酞菁和金属酞菁的 ^{1}H NMR 谱。

（6）差热-热重测定　记录差热-热重谱图。

【结果与讨论】

1. 计算产物中 C、H、N 含量的理论值，并与元素分析所得实验值作出比较，从而分析产物的纯度。

2. 计算样品的有效磁矩 μ_{eff}，推算出未成对电子数，并讨论这些配合物的电子构型。

3. 从电子 π-π* 跃迁的角度讨论电子光谱。

4. 归属配合物的红外光谱，并找出 MPc-H_2Pc 特征吸收频率的变化规律。

5. 分析所得 ^{1}H NMR 谱图中金属酞菁的氢化学位移 δ_H，讨论不同中心金属对 δ_H 的影响。

6. 根据差热-热重谱图，讨论在氮气氛和氧气氛中酞菁和金属酞菁热分解温度变化规律及晶型转变。

【思考题】

1. 在合成产物过程中应注意哪些操作问题？

2. 在用乙醇和丙酮处理合成的粗产物时主要能除掉哪些杂质？产品提纯中你认为是否有更优的方法？

3. 低频区金属酞菁与自由酞菁红外光谱的差异提供了什么结构信息？

4. 合成产物的磁化率测试结果说明了什么问题？请简单讨论配合物中金属离子的电子排布。

5. 从电子光谱和 ^{1}H NMR 谱可得到什么结论？指认 ^{1}H NMR 谱各峰的归属。

6. 详细讨论所得差热-热重曲线，比较不同中心金属酞菁的热稳定性。

实验 1.39　5-亚苄基巴比妥酸的合成及结构表征

【实验目的】

1. 掌握各种条件下合成 5-亚苄基巴比妥酸的方法。
2. 掌握固相合成方法。
3. 掌握利用离子液体促进有机合成的方法。
4. 掌握利用微波辐射合成有机化合物的方法。
5. 掌握使用红外光谱、核磁共振氢谱表征有机化合物的方法。

【实验原理】

巴比妥酸和硫代巴比妥酸衍生物是一类具有重要生理活性的含氮杂环化合物，其中，5-亚苄基（硫代）巴比妥酸衍生物是合成药物和其他杂环化合物的重要中间体，还可用作药物抗氧剂和非线性光学材料。它们通常由芳香醛和巴比妥酸或硫代巴比妥酸在有机溶剂存在下经 Knoevenagel 缩合反应制备。常用的碱催化剂有氨、铵盐、伯胺和仲胺及其盐，以及氧化铝、无水氯化锌、$AlPO_4$-Al_2O_3、氟化钾、氟化钾-蒙脱土、碘化镉等。这些反应都在有机溶剂中进行，例如苯、乙醇、DMF 等，这些有机溶剂多数对环境存在一定的危害。该反应一般时间较长、收率较低，且存在浪费有机溶剂和污染环境等问题。

5-亚苄基巴比妥酸的合成路线如下：

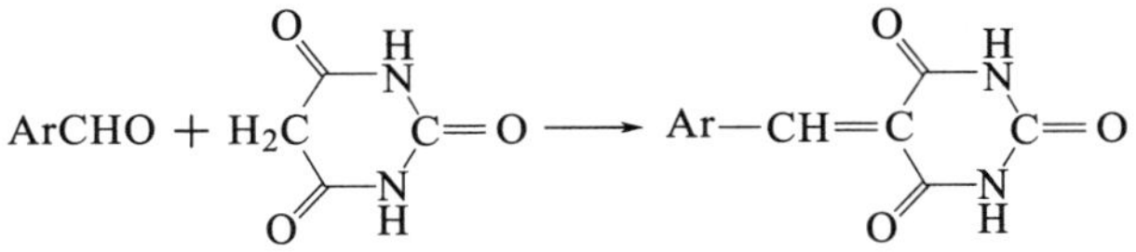

巴比妥酸可以利用尿素与丙二酸二乙酯缩合得到，反应方程式为：

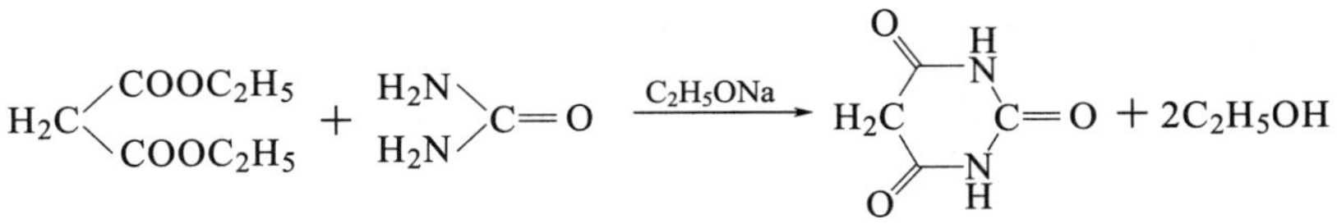

硫代巴比妥酸也可以用类似的方法得到，反应方程式为：

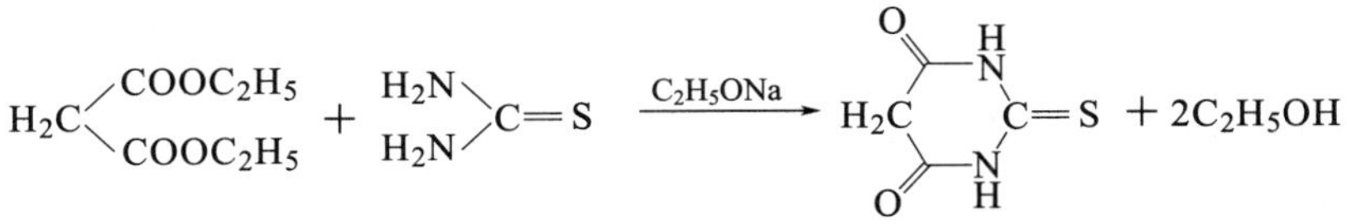

随着人们对人类生存环境的日益重视，越来越多的科学家将有机合成的研究重点放在对环境无污染的绿色合成上。绿色合成要求合成过程中采用无毒的试剂、溶剂或催化剂，没有废水、废渣、废气等三废排放，其中水被认为是最理想的溶剂。用水作为有机反应的溶剂具有价廉、无污染、产物易于分离、产物损失较少等优点。

室温离子液体参与的有机反应研究作为绿色化学的一个重要组成部分，是近年来国内外研究的一个新兴领域。离子液体与有机溶剂相比，具有强极性、不挥发、化学稳定性好、可回收重复利用、传热性好、热效率利用率高且对大多数无机和有机试剂有良好的溶解性等一系列特殊性质，离子液体的应用可以避免使用大量易挥发、有毒有害的有机溶剂所造成的环境污染和对生物体的危害,且可以改变反应机理,导致新的催化活性,提高转化率和选择性。

固相有机化学反应作为绿色化学的重要组成部分,是近年来发展起来的新领域。固相有机化学反应中,反应物分子受晶格的控制,运动状态受到很大限制,分子的扩散、反应体系的微环境、反应物分子间相互作用方式都与溶液中的反应不同。许多固相有机化学反应在反应速率、收率、选择性方面均优于溶液反应。

微波辐射下的有机化学反应能使反应速率提高数百倍甚至上千倍,具有反应快速、选择性好、收率高、副反应少等特点,近年来发展非常迅速。微波催化加速反应的原理,一般认为是极性分子能很快吸收微波能,但能量吸收的速率又随介电常数而改变,即极性分子接受微波能量后,通过分子偶极以每秒数十亿次的高速旋转产生热效应,从而加速反应进行。

本实验采用苯甲醛和巴比妥酸分别进行水相反应、离子液体促进反应、无溶剂和室温下固相研磨反应、固相加热反应和微波促进反应合成 5-亚苄基巴比妥酸,并对合成产物进行表征。

【仪器与试剂】

仪器:微波反应器,旋转蒸发仪,真空干燥箱,显微熔点仪,研钵,三口烧瓶(100mL),圆底烧瓶(100mL),球形冷凝管,烧杯(100mL),保温过滤漏斗。

试剂:巴比妥酸,苯甲醛,乙醚,1-丁基-3-甲基咪唑四氟硼酸盐([bmim]BF_4)。

【实验步骤】

1. 苯甲醛与巴比妥酸的水相反应

将 10.0mmol 巴比妥酸置于配有球形冷凝管的 100mL 三口烧瓶中,加入 50.0mL 水,在磁力搅拌下加热反应液,当反应液温度升至 80℃左右时,溶液澄清。向该溶液中滴加 10.0mmol 的苯甲醛,1~2min 后便有固体生成,反应液在 90℃下保温搅拌 45min。反应完毕,趁热过滤,将滤饼先用 30mL 沸水分 3 次充分洗涤,再用 20mL 乙醚分 3 次充分洗涤固体,烘干后得到 5-亚苄基巴比妥酸。

2. 苯甲醛与巴比妥酸的固态室温研磨反应

分别称取 10.0mmol 苯甲醛和 10.0mmol 巴比妥酸,在研钵中混合均匀后,于室温下研磨反应 40min,放置 48h,反应混合物的颜色逐渐加深。反应完成后,用 20mL 乙醚分 3 次洗去未作用完的苯甲醛,用 30mL 沸水分 3 次洗涤,洗去未作用完的巴比妥酸,得到相应的缩合产物。

3. 苯甲醛与巴比妥酸在室温离子液体中的研磨反应

分别称取 10.0mmol 苯甲醛和 10.0mmol 巴比妥酸,加入 1.0mL 室温离子液体 1-丁基-3-甲基咪唑四氟硼酸盐,在研钵中混合均匀后,于室温下研磨 10min,放置 2h。反应完成后,依次用 10mL 冷水、20mL 乙醚分 3 次和 30mL 沸水分 3 次充分洗去未作用的反应物,烘干后得到 5-亚苄基巴比妥酸。将洗涤用水收集,用乙醚萃取有机物后,水相减压蒸馏以除去水分,得离子液体,干燥后可重复使用。

4. 苯甲醛与巴比妥酸的固相加热反应

分别称取 10.0mmol 苯甲醛和 10.0mmol 巴比妥酸,置于烧杯中充分混合均匀,在 160℃液体石蜡浴中加热 20min,冷却后,将反应物研碎,用 20mL 乙醚分 3 次洗去未作用的苯甲醛,减压抽干后,再用 30mL 沸水分 3 次充分洗涤,以除去未作用的巴比妥酸,烘干后得到 5-亚苄基巴比妥酸。

5. 苯甲醛与巴比妥酸的微波辐射反应

分别称取 10.0mmol 苯甲醛和 10.0mmol 巴比妥酸，置于圆底烧瓶中混合均匀，将烧瓶置于微波反应器中，接上球形冷凝管，在 450W 的微波功率下辐射 8min，趁热将反应混合物倒出，冷却后研碎，分别用 20mL 乙醚和 30mL 沸水分 3 次充分洗涤，以除去未作用的原料，烘干后得到 5-亚苄基巴比妥酸。

6. 苯甲醛与巴比妥酸在室温离子液体中的微波辐射反应

分别称取 10.0mmol 苯甲醛和 10.0mmol 巴比妥酸，加入 1.0mL 室温离子液体 1-丁基-3-甲基咪唑四氟硼酸盐，在圆底烧瓶中混合均匀后，将烧瓶置于微波反应器中，接上球形冷凝管，以 160W 微波功率辐射 100s，趁热将反应混合物倒出，冷却后研碎，分别用 20mL 乙醚和 30mL 沸水分 3 次充分洗涤，以除去未作用的原料，烘干后得到 5-亚苄基巴比妥酸。

比较各种反应条件下的实验结果，分别用显微熔点仪、IR 和 ^{1}H NMR(DMSO-d_6) 测定所得产物 5-亚苄基巴比妥酸，并进行结构表征。

【注意事项】

1. 微波反应时，辐射功率过大、辐射时间过长都会导致副产物增加。
2. 反应原料混合均匀的程度和容器大小都将影响微波辐射反应的结果。
3. 反应中使用过的离子液体必须回收。
4. 产物 5-亚苄基巴比妥酸为白色或淡黄色固体，熔点为 265℃。

【思考题】

1. 为何在固相加热反应和微波辐射下反应，产物的收率要高于相应的室温条件下的反应产物收率？
2. 利用微波辐射代替传统的加热，可以大大提高反应的效率，通过查阅文献分析何种类型的反应在微波条件下有较好的效果？
3. 微波辐射下所进行的有机化学反应，其效果与哪些操作条件有关？
4. 离子液体有哪些类型？加入反应体系后，大大加快了反应速率，为何原理？

实验 1.40　纳米二氧化钛的制备及其光催化性质研究

【实验目的】

1. 掌握溶胶-凝胶法制备纳米二氧化钛的方法。
2. 掌握 X 射线粉末衍射鉴定固体物相及测定微细晶粒度的基本方法。
3. 了解电子显微镜观察纳米粒子晶粒尺寸的方法。
4. 掌握用 UV-Vis 法检测二氧化钛光催化降解活性艳红性能的方法。

【实验原理】

TiO_2 纳米材料除了具有纳米粒子特有的表面效应、体积效应、量子尺寸效应和宏观量子隧道效应之外，还拥有较高的光催化活性、优异的光电性能和氧化分解性等。在全面了解了纳米 TiO_2 的结构以及光催化机理的基础上，人们对其制备和改性进行了深入的研究，发现纳米 TiO_2 在废水废气净化、光能转换、抗菌除臭等领域具有较强的应用。

纳米 TiO_2 有 3 种晶体结构，即锐钛矿、金红石及板钛矿。它们组成结构的基本单位是 TiO_6 八面体，锐钛矿结构由 TiO_6 八面体通过共边组成，而金红石和板钛矿结构则由 TiO_6 八面体共顶点且共边组成。纳米 TiO_2 是一种宽禁带半导体，其价带上的电子受到大于其禁带宽度能量的光照射时，会被激发跃迁到导带上，并在价带上留下相应的空穴。产生的电子-空穴对一般有皮秒级的寿命，足以使光生电子和光生空穴对经由禁带向来自溶液或气相的吸附在半导体表面的物质转移电荷。

目前应用最多的锐钛矿相 TiO_2 在 pH＝1 时的禁带宽度为 3.2eV，在水和空气中吸收波长小于或等于 387.5nm 的光子后，产生带负电的电子和带正电的空穴，吸附溶解在 TiO_2 表面的 O_2 俘获电子形成 $\cdot O_2^-$，而空穴将吸附在 TiO_2 表面的 OH^- 和 H_2O 氧化成 $\cdot OH$。$\cdot O_2^-$ 和 $\cdot OH$ 有很强的氧化能力，可以氧化有机物生成 CO_2 和 H_2O 等无机小分子，即发生了光催化反应过程。

纳米 TiO_2 的制备方法一般分为气相法和液相法，气相法主要包括气体冷凝法、溅射法、活性氢-熔融金属反应法、流动液面上真空蒸发法、混合等离子法和通电加热蒸发法等。由于气相法制备纳米 TiO_2 能耗大、成本高、设备复杂，使其研究受到了一定的影响；液相法主要包括水解法、沉淀法、溶胶-凝胶法、水热法、微乳液法等制备技术。由于液相法能耗小、设备简单、成本低，是实验室和工业上广泛使用的制备方法，因而引起了广泛的兴趣和关注。

溶胶-凝胶法的化学过程是在含有少量抑制剂的钛醇盐的乙醇或丙醇均相溶液中，通过加入少量蒸馏水促使钛醇盐水解形成溶胶，得到的溶胶经陈化形成三维网络的凝胶，在干燥的基础上形成含有有机基团和有机溶剂的干凝胶，经过研磨，煅烧干凝胶得到纳米级 TiO_2。其典型的反应如下：

（1）水解反应

$$Ti(OC_4H_9)_4 + 4H_2O \longrightarrow Ti(OH)_4 + 4C_4H_9OH$$

（2）聚合反应

$$—Ti—OH + HO—Ti— \longrightarrow —Ti—O—Ti— + H_2O$$

（3）分解反应

$$—TiOC_4H_9 + HO—Ti— \longrightarrow —Ti—O—Ti— + C_4H_9OH$$

由于溶胶-凝胶过程中的溶胶由溶液制得，化合物在分子水平混合，故胶粒内及胶粒间化学成分完全一致；在溶液反应步骤中，很容易均匀定量地掺入一些微量元素，实现分子水平上的均匀掺杂；与固相反应相比，化学反应容易进行，而且仅需要较低的反应温度。

溶胶-凝胶法目前所使用的原料价格较为昂贵；整个溶胶-凝胶过程所需时间较长，常常需要几天或几周；在凝胶中存在的大量微孔，在干燥过程中会逸出许多气体及有机物，并产生收缩；制备的材料颗粒尺寸分布较宽，颗粒堆积形成的孔分布也相应较宽，因而用溶胶-凝胶法制备的 TiO_2 光催化活性往往不高。

环境污染的控制与治理越来越受到重视，日益恶化的环境问题迫切需要一种更环保、低廉的技术来降解大气及水体中的污染物。在目前的工业废水处理中，染料废水是较难处理的一类废水，偶氮染料占目前全球染料生产和使用总量的一半以上，活性艳红（X-3B）是一种比较有代表性的偶氮染料。在过去的几十年中，由于 TiO_2 的强氧化性、化学稳定性及无毒性，使得 TiO_2 光催化成为最具发展潜力的环境净化技术之一，纳米二氧化钛被广泛应用于光催化处理污水。纳米 TiO_2 属非溶出型抗菌剂，重金属含量少，抗菌性广谱、长效，被越来越广泛地应用于降解染料废水。制备高活性的 TiO_2 光催化剂是在处理废水实际应用中的重要课题。

鉴于合成 TiO_2 的方法很多，不同方法、条件制备的 TiO_2 光催化活性相差很大。本实验用乙醇作溶剂，采用溶胶-凝胶法合成具有不同活性的纳米 TiO_2 光催化剂，以活性艳红（X-3B）的光催化降解作为测试反应，考察催化剂的活性。

【仪器与试剂】

仪器：烧杯（200mL），量筒（100mL），量筒（10mL），滴液漏斗（25mL），容量瓶（1000mL），培养皿（150mm），电动搅拌器，pH 试纸，温度计，布氏漏斗，抽滤瓶，真空泵，研钵，瓷坩埚，马弗炉，X 射线衍射仪（Cu 靶 Kα 线，管压 30kV，电流 20mA，波长 0.154178nm，扫描角度 10°～90°），超声发生器，光化学反应器，紫外线防护眼镜，紫外-可见分光光度计，离心分离机，透射电镜。

试剂：钛酸丁酯，无水乙醇，浓盐酸，冰醋酸，活性艳红（X-3B）。

【实验步骤】

1. 溶胶-凝胶法制备不同尺寸的纳米二氧化钛颗粒

将 21.0mL 无水乙醇与 17.0mL 钛酸丁酯混合配制成 A 液；6.0mL 无水乙醇、2.0mL 冰醋酸和 3.0mL 去离子水充分混合配制成 B 液。钛酸丁酯极易水解，注意 A 液配制好后放置时间不要超过 5min，否则空气湿度过高将导致部分钛酸丁酯水解，影响凝胶的形成。将 A 液置于 200mL 烧杯中，放入恒温水浴锅中，水浴锅的温度调到 36～42℃ 之间，开动搅拌器，将 B 混合液倒入滴液漏斗中，调节 B 液下滴的速度，使 B 混合液以 2～3 滴/s 的速度滴入 A 混合液中。在此过程中，加入冰醋酸的目的是抑制钛酸丁酯的水解，使其水解的速率不至于过快，因为水解速率过快会使得到的二氧化钛的颗粒过大。由于钛酸丁酯水解生成 $Ti(OH)_4$ 使溶液的 pH 值不断升高，所以每隔一段时间需用浓盐酸（约 1.5mL）来调节溶液的 pH 值，使其保持在 2～3 之间。形成凝胶速率与温度有关，温度越高速率越快，要求滴加 B 液的速度也要相应提高，但由于溶液黏度大，温度过高可能会产生气泡。在此反应过程中，经过 1～2h 后溶液变为无色透明或淡黄色半透明的凝胶。

将得到的凝胶转入 150mm 培养皿，放入真空干燥箱中在 60℃ 下干燥，干燥约 12h 后，凝胶变为黄色晶体。将黄色晶体取出，倒入研钵中碾磨成粉末，用 200 目的筛子过筛。然后将筛得的细粉倒入坩埚中，再放入马弗炉中煅烧。将其在 100℃ 下煅烧 2h 后，得到纳米级的 TiO_2 粉末。煅烧后得到的是淡黄色的粉末，拿出马弗炉冷却后变为白色的粉末。由于样品带有一定的酸性，用水进行充分洗涤，直至将粉末洗为中性产品，干燥，称量并计算产率。

注意 200℃ 以下低温产品由于粒径较小或者是非晶产品，洗涤中会在水中形成胶体而不易分离，可采用加入乙醇或者丙酮的方法析出产品。

只改变最后的焙烧温度重复上述实验，焙烧温度变化为：140℃、200℃、300℃、500℃、700℃、800℃，焙烧 2h 制得具有不同晶粒尺寸和组成的 TiO_2 光催化剂。

2. 纳米二氧化钛的表征

（1）X 射线粉末衍射法　　X 射线粉末衍射法用于测定样品的结晶度、晶相组成，并计算晶粒尺寸。X 射线粉末衍射法物相分析，分为定性分析和定量分析。这里采用定性分析方法，根据 X 射线对不同晶体衍射而获得的衍射角、衍射强度数据，对晶体物相进行鉴定。当一束单色 X 射线照射到某一个小晶粒上，由于晶体具有周期性的结构，当点阵面距 d 与 X 射线入射角 θ 之间符合布拉格（Bragg）方程：$2d_{(hkl)}\sin\theta=\lambda$ 时，就会产生衍射现象。粉末衍射线线条的数目、位置及强度，反映了每种物质的特征，因而可以成为鉴定物相的标志。如果将几种物相混合进行 X 射线衍射，所得到的衍射图是各个单独物相的衍射图的简单叠加。

通常，X 射线粉末衍射仪对试样并无特殊要求。粉末样品仅需 1.0g 以下，0.3g 为宜，样品需要研磨混合均匀。将需要测定的试样根据样品反应条件，如反应物、反应时间、反应温度等进行标号；根据衍射峰位置及强度在仪器软件中找出符合测量结果的卡片确定样品物相，并对衍射图进行标记。需要标记的内容包括：每个衍射峰对应衍射面的点阵面指数 hkl。写出卡片号，样品的化学式及晶体学数据：晶系，三维空间群符号，晶胞参数 a、b、c，α、β、λ。

通过 X 射线衍射线线宽法测定微细晶粒度。当晶粒度小于 100nm 时，由于晶粒的细小可引起衍射线的宽化，其衍射线半强度处的宽化度 B 与晶粒尺寸 D 关系为 Scherre 公式：

$$B=0.89\lambda/D\cos\theta$$
$$B=\pi\times\text{半高宽}/180°$$
$$\lambda=0.154\text{nm}$$

（2）电子显微镜观察法　电子显微镜观察法是最直接的观察纳米粒子晶粒尺寸的方法。通常采用的电子显微镜有透射电子显微镜和扫描电子显微镜。通过直接测量样品形貌图像的尺寸乘以相应的放大倍数即可得到晶粒尺寸。该结果可以与 X 射线粉末衍射法得到的结果比较，相互校正。

3. 不同尺寸的纳米二氧化钛颗粒光催化降解活性艳红性能比较

（1）活性艳红浓度与紫外吸收强度关系曲线的测定　配制活性艳红浓度分别是 $10\text{mg}\cdot\text{L}^{-1}$、$30\text{mg}\cdot\text{L}^{-1}$、$50\text{mg}\cdot\text{L}^{-1}$、$70\text{mg}\cdot\text{L}^{-1}$、$90\text{mg}\cdot\text{L}^{-1}$、$100\text{mg}\cdot\text{L}^{-1}$ 的去离子水溶液，用紫外-可见分光光度计分别测定其吸收强度。作吸收强度-活性艳红浓度工作曲线。

（2）光催化降解实验　首先配制活性艳红浓度为 $100\text{mg}\cdot\text{L}^{-1}$ 的去离子水溶液 100mL，加入 1.0g 制备的二氧化钛催化剂，超声搅拌 10min 左右使之分散均匀，然后将混合液加入光化学反应器中。从反应器底部通入流量为 $100\text{mL}\cdot\text{min}^{-1}$ 的空气，打开紫外灯计时反应，实验时间为 1h，反应过程中每隔 5min 取样，离心分离后，取上层清液，采用紫外-可见分光光度计测定溶液吸光度，绘出活性艳红的浓度随时间降低的关系曲线，从而计算活性艳红的降解率。

【注意事项】

1. 在合成过程中，由于钛酸丁酯极易水解，所有容器都必须干燥处理。
2. X 射线粉末衍射法的试样要研磨粉碎，压片表面要平整。
3. 光催化降解紫外灯对眼睛有伤害，实验过程中要佩戴防紫外线眼镜。

【思考题】

1. 在合成过程中，分别加入了盐酸和冰醋酸，它们的作用是什么？如何验证？
2. 标记 XRD 中的衍射峰，根据衍射花样，确定产品的物相、粒径和组成。
3. TiO_2 是较为理想的光催化剂，为什么？

4. TiO₂ 只能吸收太阳光的紫外部分（<5%），因此 TiO₂ 作为光催化剂的研究集中于改性研究。查阅文献，TiO₂ 的改性主要有几种方法？

实验 1.41　DL-萘普生的制备与拆分

【实验目的】

1. 检索萘普生的合成方法，写出报告，并选择合理的实验方法。
2. 掌握 DL-萘普生的合成方法及原理。
3. 掌握薄层色谱法检测反应终点的方法。
4. 掌握非对映异构盐拆分法的原理及操作。
5. 学习使用旋光仪测定手性化合物的比旋光度。

【实验原理】

药物的立体结构与生物活性密切相关。含手性中心的药物，其对映体之间的生物活性往往有很大的差异。研究表明，药物立体异构体药效差异的主要原因是它们与受体结合的差异。

药物的立体异构与药效之间的关系大致有以下几种：①药物作用仅由一个对映体产生或主要归结于一个对映体，如（S）-（－）-甲基多巴、（S）-（＋）-萘普生、（S）-（－）-氟嗪酸等；②两个异构体具有性质上完全相反的药理作用，如二氢吡啶类药物 BayK8644 等；③对映体之一有毒或有严重的副作用，如氯胺酮、反应停等；④一种药理作用具有高度的立体选择性，另一种作用的立体选择性很低或无立体选择性，如麻醉性镇痛药的镇痛活性有高度立体选择性，而镇咳作用则无立体选择性等；⑤两个异构体的药理作用不同，但合并用药有利，如多巴胺、镇痛新、氨磺洛尔等。如果一个药物属于以上的前四种类型，则必须进行拆分以单一异构体供药用，第五种情况则可以以外消旋体供药用。对映异构体的药物一般可以通过不对称合成方法或拆分方法得到。然而就目前医药工业生产而言，尚未有成熟的不对称合成方法用于药物的大量生产，因此，拆分仍然是获得手性药物的重要方法。

萘普生（naproxen），化学名称（S）-（＋）-2-(6-甲氧基-2-萘基)丙酸，英文名称（S）-（＋）-2-(6-methoxy-2-naphthyl)propionic acid。其结构式为：

（R）-萘普生　　　　　　　　　　　　　（S）-萘普生

萘普生为白色或类白色结晶性粉末，无臭，熔点 155.3℃，比旋光度 62～65，溶于乙醇、氯仿、丙酮等有机溶剂，pH 高时易溶于水，低时几乎不溶。

萘普生结构中羧基 α 位有一个手性碳原子，其 S-异构体的生物活性是 R-异构体的 35 倍。萘普生具有镇痛、抗炎及解热作用，用于风湿性和类风湿性关节炎的治疗，也用关节炎、强直性脊椎炎、痛风、运动系统的慢性病变性疾病及轻、中度疼痛等的治疗。其止痛作用是阿司匹林的 7 倍，解热作用是阿司匹林的 22 倍，抗炎作用是保泰松的 11 倍。萘普生是一种剂量小、药效长、副作用低的优良药物，在临床上很受欢迎。据有关资料统计，非甾体抗炎药是世界市场上销售领先的药物种类之一，年销售额约 70 亿美元。其中萘普生占有重要地位，它和布洛芬一起占据非甾体抗炎药的近一半市场份额。

萘普生最早由美国 Syntex 公司研究开发，其合成路线于 1968 年发表，1972 年在墨西哥上市销售，1976 年在美国上市，已收录于美国和英国药典，生产此药的专利保护期至 1993 年。近年来新的合成路线不断涌现，这些合成路线主要有两大类：一是先合成外消旋的萘普生，然后通过光学拆分将 S-异构体分离出来；二是不对称合成法，通过采用手性助剂或手性催化剂，直接合成 S-萘普生，其中有些路线已经实现工业化。

本实验采用 1-(6′-甲氧基-2′-萘基)丙-1-酮为原料，通过溴化铜溴代，与新戊二醇在对甲苯磺酸催化下形成缩酮，用无水 ZnO 催化重排，重排反应液再用 NaOH 水解，最后酸化得到外消旋的萘普生。合成路线如下：

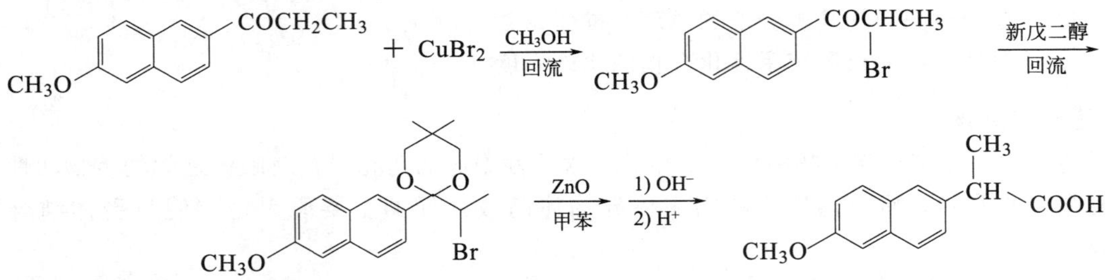

外消旋萘普生的对映异构体具有相同的理化性质，用重结晶、分馏、萃取及常规色谱法不能分离。而非对映异构体的理化性质有一定差异，因此利用消旋体的化学性质，使其与某一光学活性化合物（即拆分剂）作用生成两种非对映异构盐，再利用它们的物理性质（如溶解度）不同，将它们分离，最后除去拆分剂，便可以得到光学纯的异构体。目前国内外大部分萘普生均用此法生产。其他类型的光学活性药物，酸、碱、醇、酚、醛、酮、酯、酰胺以及氨基酸等都可以用这种方法进行拆分。

非对映异构盐拆分法的关键是选择一个好的拆分剂。一个好的拆分剂必须具备以下特点：①必须与消旋体容易形成非对映异构盐，而且又容易除去。②在常用溶剂中，形成的非对映异构盐的溶解度差别要显著，两者之一必须能析出良好的结晶。③价廉易得或拆分后回收率高。④光学纯度必须很高，化学性质稳定。

常用的碱性拆分剂有：马钱子碱、番木鳖碱、奎尼丁、辛可尼丁、去氢枞胺、麻黄碱、苯基丙胺、α-氨基丁醇等。

常用的酸性拆分剂有：酒石酸、O,O'-二苯甲酰酒石酸、苯乙醇酸、樟脑-10-磺酸，1,1′-二萘基-2,2′-磷酸。

非对映异构盐的分解有以下几种方法。

（1）无机酸、碱法　常用的酸有稀盐酸或稀硫酸；常用的碱有 NaOH、KOH、Na_2CO_3、NH_3 等。

（2）碱式氧化铝法　此法一般用于拆分胺类化合物。将非对映异构盐通过碱式氧化铝，酸性拆分剂被滞留，游离的胺可经简单淋洗而回收。

（3）离子交换树脂法　主要用于解析水溶性较大的有机化合物，如回收珍贵的拆分剂或用于配离子及盐的拆分。方法是将非对映异构盐流过 H^+ 型交换树脂或 OH^- 型交换树脂。

如果是通过 H^+ 型离子交换树脂，则非对映异构盐 BH^+A^- 中碱部分被吸附在树脂上，而酸则留在溶液中，经过浓缩得到光学活性的酸。用无机酸处理树脂，碱则生成无机酸盐而回收。如果是通过 OH^- 型离子交换树脂，则 BH^+A^- 中酸性部分被吸附在树脂上，碱随溶液流出，浓缩得碱。用无机碱液淋洗树脂，酸则成无机盐而回收。

已报道的萘普生拆分剂有辛可尼定、奎宁、去氢枞胺和葡胺类等。本实验利用磷霉素生产副产品 $(-)$-α-苯乙胺作拆分剂，具有来源方便、价格便宜等优点。

【仪器与试剂】

仪器：电动搅拌器，红外干燥箱，显微熔点仪，WZZ-IS 型数字旋光仪，三口烧瓶（100mL），恒压滴液漏斗，温度计，分水器，球形冷凝管，蒸馏头，直形冷凝管，尾接管，干燥管，布氏漏斗，吸滤瓶，圆底烧瓶（100mL），锥形瓶（100mL），量筒（50mL），烧杯（100mL），分液漏斗，电子天平，薄层色谱板，紫外检测灯。

试剂：1-(6′-甲氧基-2′-萘基)丙-1-酮，无水甲醇，溴化铜，正己烷，乙酸乙酯，新戊二醇，对甲苯磺酸，甲苯，无水氧化锌，氢氧化钠，盐酸，$(-)$-α-苯乙胺，95％乙醇，活性炭。

【实验步骤】

1. 2-溴-1-(6′-甲氧基-2′-萘基)丙-1-酮的合成

在装有电动搅拌器、恒压滴液漏斗和球形冷凝管（带无水氯化钙干燥管和溴化氢吸收装置）的 100mL 三口烧瓶中，加入 1-(6′-甲氧基-2′-萘基)丙-1-酮 5.3g（25.0mmol）和 20.0mL 无水甲醇，搅拌、加热回流，滴加溴化铜的甲醇溶液［溴化铜 11.2g（50.0mmol）溶于 25.0mL 无水甲醇中］，约 0.5h 滴完，继续加热回流 2h，用薄层色谱检测反应终点［展开剂为 V（正己烷）：V（乙酸乙酯）＝4∶1］。反应液由深绿色变为草绿色，并有灰色沉淀生成。反应完成后，将反应液趁热过滤，用热甲醇洗涤沉淀，回收溴化亚铜，回收率 95％。蒸馏回收溶剂，将浓缩后的反应液冷却、结晶，抽滤，用热水洗涤，得到白色固体，干燥，得 2-溴-1-(6′-甲氧基-2′-萘基)丙-1-酮 7.1g，收率 97.0％，熔点 80～81℃。

2. 2-(1′-溴乙基)-2-(6′-甲氧基-2′-萘基)-5,5-二甲基-1,3-二氧己烷的合成

在装有电动搅拌器、温度计、分水器（带无水氯化钙干燥管和溴化氢吸收装置）的 100mL 三口烧瓶中，加入 2-溴-1-(6′-甲氧基-2′-萘基)丙-1-酮 6.0g（20.0mmol）、新戊二醇 2.5g（24.0mmol）、对甲苯磺酸 0.2g 和甲苯 50.0mL，加热回流，同时以分水器分水，瓶内温度控制在 114～116℃，脱水反应约 4h，以薄层色谱检测至原料点消失［展开剂为 V（正己烷）：V（乙酸乙酯）＝3mL∶5 滴］，得一棕色溶液，直接用于下步重排反应。

3. DL-萘普生的合成

将上步缩酮化反应液冷却至 80～90℃，加入 0.4g 无水氧化锌，升温回收部分溶剂甲苯，至瓶内温度达到 126～130℃，再保温回流反应约 4h，以薄层色谱检测至重排反应完全［展开剂为 V（正己烷）：V（乙酸乙酯）＝3mL∶5 滴］。反应结束后得一深棕色溶液，放置冷却，水洗反应液至中性。然后加入氢氧化钠 2.5g（60.0mmol）、水 3.0mL，加热回流反应 3h。反应结束后加水 60mL，充分搅拌后，静置，分去甲苯相，水相中加入少量活性炭，升温至 90～100℃保温脱色 0.5h，放置冷却，滤除活性炭后用 10％的盐酸调至 pH＝1～2，有白色固体析出，抽滤，水洗至中性，干燥得到 DL-萘普生粗产品 4.6g，收率约 95.0％。粗产品可用乙醇-水重结晶，熔点 152～154℃。

4. DL-萘普生的拆分

将 4.6g DL-萘普生和 1.5g $(-)$-α-苯乙胺加热溶于 50.0mL 95％乙醇中，再加入（＋）-

酸-(一)-胺盐晶种少许,放置过夜,过滤,得(十)-酸-(一)-胺盐粗品(母液另行处理)。用乙醇重结晶得精品 1.4g,熔点 169~174℃。

将精品(十)-酸-(一)-胺盐加 10 倍量水,用 10%氢氧化钠溶液调节 pH 大于 10,用甲苯 50mL 分三次提取,回收甲苯后得(一)-α-苯乙胺,可供套用。碱水层脱色过滤后,用10%盐酸溶液调节 pH 至 1~2,析出(十)-酸,按常规方法处理得萘普生约 0.9g,一次拆分率为 40%,熔点为 154~156℃,$[\alpha]_D = 65°$($c=1$,$CHCl_3$)。

【注意事项】

1. 溴化反应的溶剂还可以采用甲醇-乙酸乙酯的混合溶剂。

2. 缩酮化反应和重排反应的时间均较长,需通过薄层色谱法确定反应终点。

3. 在重排反应中加入少量回收的溴化亚铜作为助催化剂,可以提高反应转化率。

4. 如果一次合成得到 DL-萘普生的量较少,可以合并几份样品一同拆分。

5. 旋光度的测定方法及光学活性化合物的纯度评价

(1)旋光度的测定方法 旋光度的测定可以用来鉴定光学活性化合物的光学纯度。

① 旋光仪的结构和原理。常用的旋光仪主要由以下 4 个部分组成:a. 钠光灯,可以产生波长为 589nm 的光源。b. 起偏镜,一块固定的尼科尔棱镜,自然光通过它后产生所需要的平面偏振光。c. 样品管,放置待测定样品用。d. 检偏镜,一块可旋转的尼科尔棱镜,用于检测被光学活性样品旋转了角度的偏振光,与旋光仪上刻度盘相连显示旋转的角度。

旋光仪的类型很多,常用的有上海物理光学仪器厂生产的 WZZ-IS 型数字旋光仪。

② 旋光度的测定。

a. 溶液的配制。在容量瓶中,将准确称量的化合物(0.1~0.5g)溶于 25mL 溶剂中。溶液应清澈,不含有悬浊的尘粒等,否则要进行处理。

在旋光管的一端拧上帽盖,将管竖起,倒入溶液直到注满,将玻片沿管口边小心滑过,不要使有空气泡封在管内,然后拧上帽盖。

b. 测定步骤。以 WZZ-IS 型旋光仪为例,介绍测定旋光度的操作步骤。

仪器的安放:旋光仪应安放在正常照明、室温和湿度的环境中操作使用。

电源和光源:按下电源按钮,电源指示灯亮,等钠光灯发光稳定(约 15min)后,再按下"光源"按钮,光源指示灯亮。

清零:在旋光管中放入蒸馏水或配制待测样品的溶剂,放入测试槽中。按下"清零"按钮,使显示读数为零。如果读数不为零,则所测数据必须进行校正。

测试:旋光管中放入待测样品,放入测试槽中,按下"测试"按钮,进行测试。

复测:按下"复测"按钮进行读数,取几次测试平均值作为测试结果。

计算比旋光度,按下面公式进行计算:

$$[\alpha]_D^{20} = \frac{\alpha}{Lc}$$

式中,α 是实测的旋光度;L 是旋光管长度,dm;c 为浓度,g·(100mL)$^{-1}$。

(2)光学活性化合物的纯度评价 对于光学活性的化合物,无论是通过不对称合成获得,还是通过拆分获得,一般都不是百分之百的纯对映体,总是存在少量的镜像异构体,因此对它的光学纯度必须进行衡量评价。一般用光学纯度或对映体过量($e.e.$)来表示旋光异构的混合物中一种对映体过量所占的百分率。

光学纯度的定义是：旋光性产物的比旋光度除以光学纯试样在相同条件下的比旋光度。

$$光学纯度 = \frac{观察到的比旋光度}{纯试样的比旋光度} \times 100\%$$

对映体过量 $e.e.$ 一般用下式表示：

$$e.e. = \frac{(S-R)}{(S+R)} \times 100\%$$

式中，S 是主要异构体的质量；R 是其镜像异构体的质量。

【思考题】

1. 比较萘普生的不同合成方法。
2. 讨论本实验中氧化锌催化重排反应的机理。
3. 除了非对映异构体盐方法，还可以采用哪些方法拆分 DL-萘普生？
4. 如何评价产品的光学纯度？

实验 1.42 三(8-羟基喹啉)合铁的制备和性质

【实验目的】

1. 了解斯克瑞普合成法的基本原理。
2. 熟悉水蒸气蒸馏的操作方法。
3. 学习过渡金属配合物的研究方法。
4. 了解产物的红外光谱图和核磁共振氢谱图。
5. 掌握紫外光谱法研究金属配合物性质的方法。

【实验原理】

斯克瑞普（Skraup）合成法是喹啉及其衍生物最重要的合成法之一，是将芳胺与无水甘油、硫酸和弱氧化剂硝基化合物等一起加热而得的。此反应一步完成，产率较高。为了避免反应过于激烈，常加入少量硫酸亚铁作为氧载体。浓硫酸的作用是使甘油脱水成丙烯醛，并使芳胺与丙烯醛的加成产物脱水成环。硝基化合物则将 1,2-二氢喹啉氧化成喹啉，本身被还原成芳胺，也可参与反应。斯克瑞普合成法中所用的硝基化合物要与芳胺的结构相对应，否则将导致产生混合物。

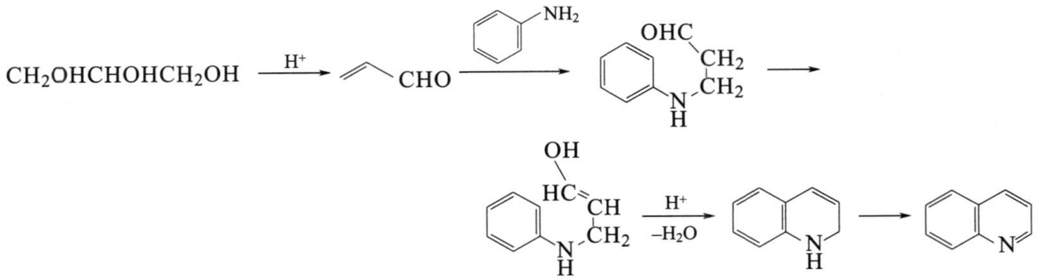

斯克瑞普反应只有当反应进行很激烈时才能得到较好的产率，反应激烈带来的矛盾是比较难以控制，改进的方法比较多，比如用不饱和醛代替甘油，结果是一样的。

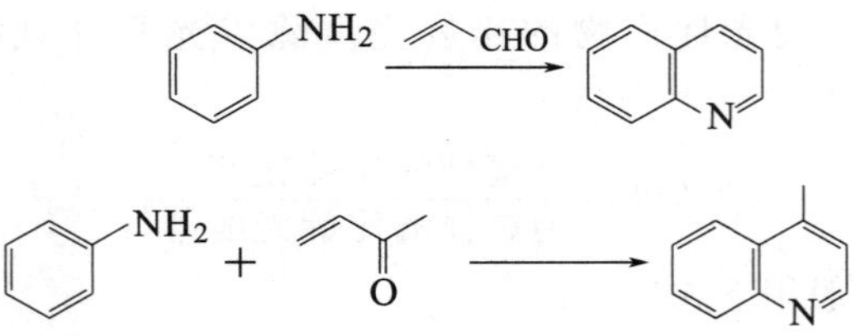

斯克瑞普反应后一般为深色的黏稠状产物，比较适合采用水蒸气蒸馏方法提纯。本实验使用邻氨基苯酚和无水甘油、硫酸和邻硝基苯酚反应，合成了 8-羟基喹啉。8-羟基喹啉是常用的 N、O 双齿配体，可以形成多种金属配合物，在分析化学等方面有广泛的应用。

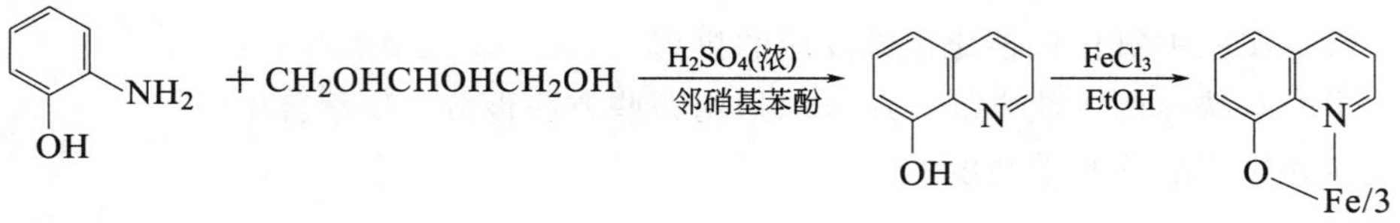

【仪器与试剂】

仪器：有机合成制备仪，紫外光谱仪。

试剂：无水甘油，邻氨基苯酚，邻硝基苯酚，浓硫酸，氢氧化钠，$FeCl_3 \cdot 6H_2O$，饱和碳酸钠溶液。

【实验步骤】

1. 8-羟基喹啉的合成

在 100mL 三口烧瓶中加入 7.5mL 无水甘油[1]，并加入 1.8g 邻硝基苯酚和 2.8g 邻氨基苯酚，使混合均匀。然后缓缓加入 4.5mL 浓硫酸，装上回流冷凝管，用电热套（或在石棉网上）缓缓加热。当溶液微沸时，立即移去热源[2]，反应放出大量热。待作用缓和后，继续加热，保持反应物微沸 1h。

稍冷后，进行水蒸气蒸馏，除去未反应的邻硝基苯酚[3]。瓶内液体冷却后加入 6.0g 氢氧化钠和 6.0mL 水的溶液[4]，再小心地滴加饱和碳酸钠溶液，使溶液呈中性[5]。

再次进行水蒸气蒸馏，蒸出 8-羟基喹啉[6]，馏出液冷却后滤集产物，水洗，干燥，粗产物约 2.5g。

粗产物用乙醇-水（4∶1）混合剂重结晶[7]，产量约 2.5g。

取 0.5g 粗品进行升华操作，可得美丽的针状结晶，熔点 76℃。

纯 8-羟基喹啉的熔点为 75～76℃。

2. 三(8-羟基喹啉)合铁的合成

在 100mL 烧杯中加入 10.0mL 无水乙醇和 435.0mg 8-羟基喹啉，电磁搅拌至固体溶解，在搅拌下滴加 272.0mg 六水合三氯化铁的 10.0mL 水溶液，立即有深绿色固体生成，继续搅拌半小时，过滤收集产品，晾干后，放在真空干燥箱中干燥，称量。

3. 紫外光谱的测定

分别配制 $1 \times 10^{-4} \sim 10^{-5} \, mol \cdot L^{-1}$ 的 8-羟基喹啉和三(8-羟基喹啉)合铁的氯仿溶液，测定紫外光谱。

【结果与讨论】

比较 8-羟基喹啉和三(8-羟基喹啉)合铁的紫外光谱各特征吸收峰的位置变化，解释其原因。

【注意事项】

1. 本实验所用的甘油含水量必须少于 0.5%（$d=1.26$），如果含水量较大，则 8-羟基喹啉的产量不高，可将甘油在通风橱中于瓷蒸发器中加热至 180℃，冷至 100℃左右，放入干燥器中备用。

2. 必须移去电热套，仅靠关闭电源或降低电压是不够的。

3. 蒸至馏出液无色为止。

4. 加碱过程中，控制温度不超过 40℃。

5. 有气泡产生，应予注意，因 8-羟基喹啉既溶于酸又溶于碱，而成盐后不被蒸出，要小心地控制 pH 在 7～8 之间，当中和恰当时，瓶内析出的 8-羟基喹啉最多。

6. 8-羟基喹啉可能会在冷凝管中析出，应密切注意，一旦发生可停通冷凝水，将其熔化而蒸出。

7. 考虑单元试验时间长，可以免去重结晶操作。

【思考题】

1. 为什么第一次水蒸气蒸馏在酸性下进行，而第二次水蒸气蒸馏在中性下进行？

2. 为什么在第二次水蒸气蒸馏要仔细控制 pH 范围？碱性过强有何不利？若已发现碱性过强时，应如何补救？

3. 如果在 Skraup 合成中用萘胺或邻苯二胺作原料与甘油反应，应得到什么产物？

【附录】

1. 8-羟基喹啉的 ^{1}H NMR 谱

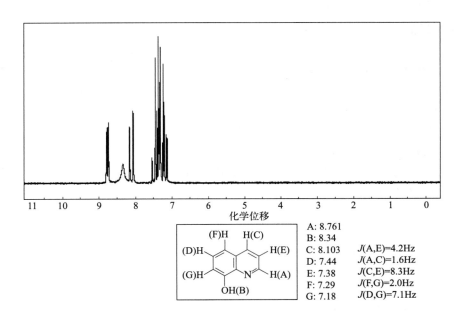

A: 8.761	$J(A,E)=4.2Hz$
B: 8.34	$J(A,C)=1.6Hz$
C: 8.103	$J(C,E)=8.3Hz$
D: 7.44	$J(F,G)=2.0Hz$
E: 7.38	$J(D,G)=7.1Hz$
F: 7.29	
G: 7.18	

2. 8-羟基喹啉的 IR 谱

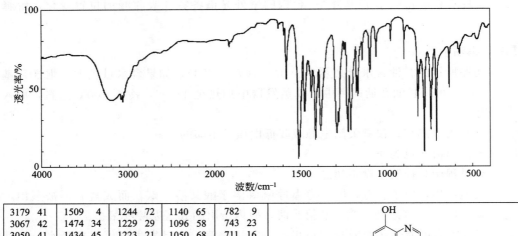

3179	41	1509	4	1244	72	1140	65	782	9
3067	42	1474	34	1229	29	1096	58	743	23
3050	41	1434	45	1223	21	1050	68	711	16
1909	74	1411	17	1208	23	976	77	638	49
1902	77	1381	23	1202	38	898	66	587	72
1696	77	1288	21	1175	46	819	51	581	72
1680	63	1276	27	1167	43	807	57	576	70

实验 1.43 1,1′-联-2-萘酚(BINOL)的合成及拆分

【实验目的】

1. 了解氧化偶联的实验原理。
2. 了解分子识别原理及其在手性拆分中的应用。
3. 掌握制备光学纯有机化合物的方法。

【实验原理】

手性是构成生命世界的重要基础,而光学活性物质的合成则是合成化学家创造有功能价值物质(如手性医药、农药、香料、液晶等)所面临的挑战,因此手性合成已经成为当前有机化学研究中的热点和前沿领域之一。在各种手性合成方法中,不对称催化是获得光学活性物质最有效的手段之一,因为使用很少量的光学纯催化剂就可以产生大量的所需要的手性物质,并且可以避免无用对映异构体的生成,因此它又符合绿色化学的要求。在众多类型的手性催化剂中,以光学纯 1,1′-联-2-萘酚(BINOL)及其衍生物为配体的金属配合物是应用最为广泛和成功的一例。但是商品化的光学纯 BINOL 价格昂贵,成为制约国内有机合成化学工作者进行这方面研究的瓶颈。

(±)-BINOL,**1**　　　(*R*)-BINOL　　　(*S*)-BINOL

外消旋 BINOL 的合成主要通过 2-萘酚的氧化偶联获得,常用的氧化剂有 Fe^{3+}、Cu^{2+}、

Mn^{3+} 等，反应介质大致包括有机溶剂、水和无溶剂 3 种情况。利用 $FeCl_3 \cdot 6H_2O$ 作为氧化剂，使 2-萘酚固体粉末悬浮在盛有 Fe^{3+} 水溶液的锥形瓶中，在 $50\sim60℃$ 下搅拌 2h，收率可达 90% 以上。此反应不需要特殊装置，且比在有机溶剂中均相反应时速率更快、效率更高，以 $FeCl_3 \cdot 6H_2O$ 为氧化剂，水作为反应介质的特点主要是 $FeCl_3 \cdot 6H_2O$ 和水价廉易得，反应产物分离回收操作简单，无污染。考虑到 2-萘酚不溶于水，反应可能通过固-液过程发生在 2-萘酚的晶体表面上。2-萘酚被水溶液中的 Fe^{3+} 氧化为自由基后，与其另一中性分子形成新的 C—C 键，然后消去一个 H，恢复芳环结构，H 可被氧化为 H^+。由于水中的 Fe^{3+} 可以充分接触高浓度的 2-萘酚的晶体表面，所以在水中反应比在均相溶液中效率更高、速率更快。

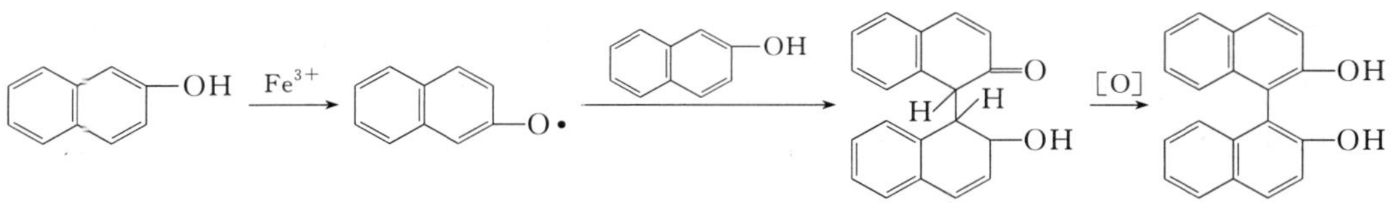

（±）-BINOL，**1**

BINOL 由于 8,8′ 位氢的位阻作用，使得 1,1′ 之间 C—C 键的旋转受阻，因而分子中两个萘环不是处于同一平面上，而是存在一定夹角（通常在 80°～90° 之间），所以分子中没有对称面，垂直于 1,1′—C—C 键有一 C_2 对称轴，因此 BINOL 是具有 C_2 对称性的手性分子。到目前为止，BINOL 的拆分方法有 20 余种，在众多类型的光学拆分方法中，通过分子识别的方法对映选择性地形成主-客体（或超分子）配合物，已经被证实是最有效、实用而且方便的手段之一。这里采用容易制备的 N-苄基氯化辛可宁（**2**）作为拆分试剂（Host），因为它能够选择性地与（±）-BINOL 中的（R）-对映异构体形成稳定的分子配合物晶体，而（S）-BINOL 则被留在母液中，从而实现（±）-BINOL 的光学拆分。

$$rac\text{-BINOL} + \textbf{2} \longrightarrow (R)\text{-}(+)\text{-BINOL} \quad \textbf{2} + (S)\text{-}(-)\text{-BINOL}$$

分子晶体　　　　　　　母液中

（R）-BINOL　　　　　（S）-BINOL

N-苄基氯化辛可宁与（R）-BINOL 的分子识别模式如图 1.43-1 所示，二者间主要通过分子间氢键作用以及氯负离子与季铵正离子的静电作用结合，包括一个（R）-BINOL 分子的羟基氢与氯负离子间以及邻近的另一个（R）-BINOL 分子的羟基氢与氯负离子间的氢键作用，氯负离子在两个（R）-BINOL 分子间起桥梁作用，同时氯负离子与 N-苄基辛可宁正离子的静电作用以及 N-苄基辛可宁分子中羟基氢与（R）-BINOL 分子中的一个羟基氧间的氢键作用使 BINCL 部分与 N-苄基辛可宁部分结合起来。

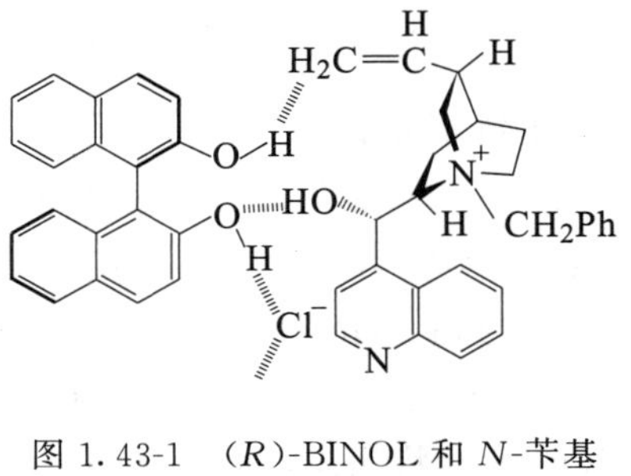

图 1.43-1　（R）-BINOL 和 N-苄基氯化辛可宁的识别作用

【仪器与试剂】

仪器：锥形瓶（50mL），回流冷凝管，圆底烧瓶（50mL），熔点测定仪，旋光仪。

试剂：$FeCl_3 \cdot 6H_2O$，2-萘酚，N-苄基氯化辛可宁，乙酸乙酯，无水 $MgSO_4$，固体 Na_2CO_3，甲苯，苯。

【实验步骤】

1. （±）-BINOL 的合成

在 50mL 锥形瓶中，将 3.8g $FeCl_3 \cdot 6H_2O$ 溶解于 20.0mL 水中，然后加入 1.0g 粉末状的 2-萘酚，加热悬浮液至 50～60℃，并在此温度下搅拌 1h。冷却至室温后过滤得到粗产品，用蒸馏水洗涤以除去 Fe^{3+} 和 Fe^{2+}。用 10mL 甲苯重结晶，得到白色针状晶体 0.9g，收率 95.0%，熔点 216～218℃。本部分实验需 2～3h。

2. （±）-BINOL 的拆分

在一装有回流冷凝管的 50mL 圆底烧瓶中，加入 （±）-BINOL(1.0g) 和 N-苄基氯化辛可宁 （0.9g) 以及 20.0mL 乙腈。加热回流 2h，然后冷却至室温，过滤析出的白色固体并用乙腈洗涤 3 次 （3×5mL）。固体是 (R)-(+)-BINOL 与 N-苄基氯化辛可宁形成的 1：1 分子配合物，熔点 248℃ （分解）。母液保留，用于回收 (S)-(−)-BINOL。

将白色固体悬浮于由 40mL 乙酸乙酯和稀盐酸水溶液 （1mol·L^{-1}，30mL+H_2O 30mL) 组成的混合体系中，室温下搅拌 30min，直至白色固体消失。分出有机相，水相用 10mL 乙酸乙酯再萃取一次，合并有机相，并用饱和食盐水洗涤，无水 $MgSO_4$ 干燥。蒸去有机溶剂，残余物用苯重结晶，得到 0.3～0.4g 无色柱状晶体，即 (R)-(+)-BINOL，收率 60.0%～80.0%，熔点 208～210℃，$[\alpha]_D^{27} = +35.5(c=1.0，THF)$。

将母液蒸干，所得固体重新溶于乙酸乙酯 （40mL) 中，并用 10mL 稀盐酸 （1mol·L^{-1}) 和 10mL 饱和食盐水各洗涤一次，有机层用无水 $MgSO_4$ 干燥。以下操作同上，得到 0.3～0.4g (S)-(−)-BINOL，收率 60.0%～80.0%，熔点 208～210℃，$[\alpha]_D^{27} = -35.5(c=1.0，THF)$。

上述萃取后的盐酸层 （水相）合并后用固体 Na_2CO_3 中和至无气泡放出，得到白色沉淀，过滤，固体用甲醇-水混合溶剂重结晶，得到 N-苄基氯化辛可宁，回收率>90%，可重新用来分离且不降低效率。本部分实验需 5～6h。

【结果与讨论】

用旋光仪分别测定 (R)-(+)-BINOL 和 (S)-(−)-BINOL 的 THF 溶液的旋光度，计算其比旋光度，与标准值对照。

(R)-(+)-BINOL，熔点 208～210℃，$[\alpha]_D^{27} = +35.5$ （c=1.0，THF）。

(S)-(−)-BINOL，熔点 208～210℃，$[\alpha]_D^{27} = -35.5$ （c=1.0，THF）。

【注意事项】

1. N-苄基氯化辛可宁由辛可宁和氯化苄在无水 N,N-二甲基甲酰胺中反应制得。

2. 本实验第一步 （±）-BINOL 的合成可每人做一份，第二步拆分可两人合做一份，拆分完毕得到的 (R)-(+)-BINOL 和 (S)-(−)-BINOL 的进一步纯化分别由两位同学完成。

3. 外消旋 BINOL 与光学纯 BINOL 的熔点有明显区别，晶体外形也明显不同，外消旋 BINOL 为针状晶体，而光学纯 BINOL 容易形成较大的块状晶体。

【思考题】

1. 外消旋体的拆分有哪些方法？

2. 为什么外消旋 BINOL 与光学纯 BINOL 的熔点有明显区别？

实验 1.44 联烯的合成及 ^{1}H NMR 谱图表征

【实验目的】

1. 通过多步合成联烯，了解一种保护羟基的方法和格氏试剂、铜试剂的产生及使用。
2. 熟悉制备薄层色谱的过程。
3. 通过联烯的 ^{1}H NMR 谱图表征，熟悉 ^{1}H NMR 谱图并练习解谱。

【实验原理】

在有机方法学领域，联烯（即丙二烯）是近年来广泛受到关注的活性小分子之一。由于分子内含有累积碳碳双键，使得联烯衍生物具有较高的反应活性，能够在温和条件下发生很多有用的有机化学反应。近期研究表明，这些反应大多具有高选择性。因此，联烯作为一种有用的合成砌块，在有机合成化学中具有重要意义。

研究联烯的合成和应用，能够开发新的有机化学反应，为有机方法学的工具箱提供新的工具。本实验将通过文献报道的经典方法合成联烯，并测试其 ^{1}H NMR 谱图，以便深刻了解多步有机合成及核磁共振谱图的解析。

1. 有机合成

在一价铜盐的催化下，格氏试剂可以进攻炔丙基醚或磺酸酯衍生物，进一步重排将生成丙二烯结构单元。

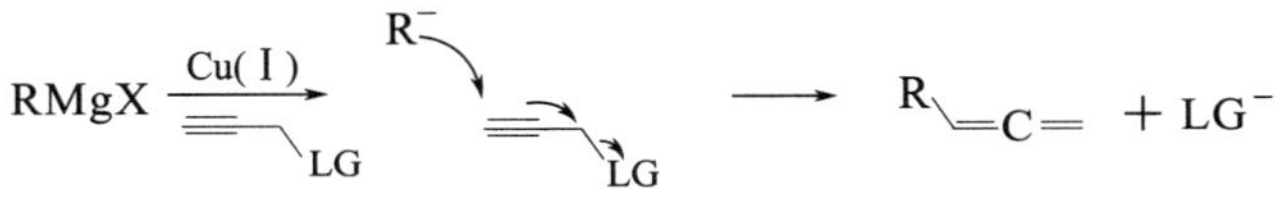

$$RMgX \xrightarrow{Cu(I)} \quad \xrightarrow{R^-} \quad \longrightarrow \quad R_{\diagdown}C= \quad + \quad LG^-$$

$$LG=OR\ 或\ OTs$$

该反应可以用来合成丙二烯衍生物（联烯）。通常情况下，使用炔丙基甲基醚为起始原料。该方法操作简单，原料易得，被广泛地应用。

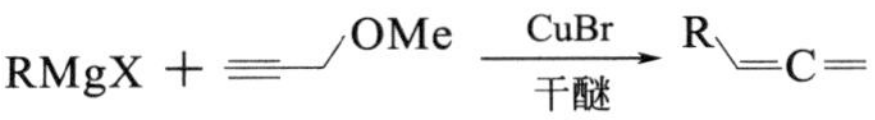

$$RMgX + \quad \diagup OMe \xrightarrow[\text{干醚}]{CuBr} R_{\diagdown}C=$$

炔丙基甲基醚可通过工业上大量生产的便宜原料炔丙醇与硫酸二甲酯在碱催化下来制备。该反应也是有机合成中常见的羟基保护方法之一。

$$HC\equiv C-CH_2OH + Me_2SO_4 \xrightarrow{\text{碱}} HC\equiv C-CH_2OMe$$

制备获得的联烯可以通过制备薄层色谱来分离提纯并经 ^{1}H NMR 谱图表征。

2. 核磁共振

核磁共振分析是有机化学研究中的重要手段，通过核磁共振氢谱（^{1}H NMR）的表征，可以实现各种实验目的，比如推断有机化合物的结构、探索有机反应机理、计算顺反异构体比例等。

在 ^{1}H NMR 谱图中，如果两个氢所连的碳原子相邻，则它们会互相影响，从而使得 ^{1}H NMR 中相应的峰发生分裂。^{1}H NMR 中峰的分裂程度，可以使用偶合常数 J 来表征。J 的计算公式为：

$$J = 氢谱峰分裂的平均化学位移间距 \times 核磁共振仪频率$$

例如，图 1.44-1 所示氢谱峰的偶合常数 $J = (3.881-3.850)/2 \times 10^{-6} \times 600 MHz = 9.3 Hz$

如果相邻两个碳上氢互相影响，那么，在实验误差允许的范围内，它们的偶合常数将会

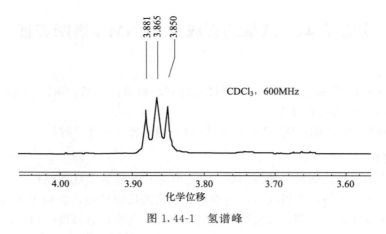

图 1.44-1　氢谱峰

是相同的。这是推断化合物结构的一个有用方法。

【仪器与试剂】

仪器：有机合成制备仪，紫外灯，玻璃板，制备色谱缸。

试剂：金属钠，无水乙醚，炔丙醇，硫酸二甲酯，氢氧化钠，溴苯，镁屑，溴化亚铜，硅胶 GF254，无水硫酸钠，0.8%羧甲基纤维素钠水溶液，碘，石油醚，丙酮，氘代氯仿，无水氯化钙。

【实验步骤】

1. 制备薄层色谱板

在一个大研钵内倒入适量硅胶 GF254，再加入 0.8%羧甲基纤维素钠水溶液适量，研磨均匀。将硅胶浆均匀涂布于玻璃板上，振动使硅胶层平整。充分晾干后，放入烘箱内 100℃下烘 2h，冷却，备用。

2. 制备无水乙醚

将金属钠切成细粒，加入到一个 250mL 圆底烧瓶中，再加入 150mL 左右无水乙醚，回流 3h。蒸出乙醚，密封保存。

3. 制备炔丙基甲基醚

冰浴下，在 100mL 圆底烧瓶中分别加入 0.2mol 炔丙醇（11.2g，11.6mL）和 3.0mL 水，再加入 11.0g NaOH 的 18.0mL 水溶液。磁力搅拌，随后缓慢加入 13.8g 硫酸二甲酯，回流 2h。撤去回流装置，改用蒸馏装置，尽快蒸馏出 95℃以下的馏分。馏出物用 5mL 氯化铵饱和溶液洗两次，并用无水硫酸钠干燥，过滤备用。

4. 制备联烯

在一个连有氯化钙干燥管的 50mL 干燥圆底烧瓶中加入 10.0mmol 镁屑(0.3g)，以及一小粒碘。加入 20.0mL 无水乙醚，磁力搅拌下滴加一小部分溴苯，待反应引发后将剩余溴苯小心滴加完全（中途如果反应剧烈，可用冰水浴冷却）。溴苯共使用 10.0mmol(1.6g，1.1mL)。得到灰色悬浊液。冰水浴冷却，搅拌下加入 0.2mmol 溴化亚铜（29.0mg）。反应液变黑色。小心地往其中滴加 10.0mmol 炔丙基甲基醚的 5.0mL 无水乙醚溶液。反应非常剧烈，有时可听到爆鸣声。滴加完毕后再搅拌 0.5h。反应液中非常小心地缓慢滴加 20mL 氯化铵饱和溶液，用 20mL 乙醚萃取 3 次，合并有机层并用无水硫酸钠干燥。滤去干燥剂，得粗产品。

5. 薄层色谱

将粗产品用滴管吸取，涂布于薄层色谱板上，风干。放置于色谱缸内用石油醚展开。分离完毕后在紫外灯下，用铅笔画出最前沿的色带，用小刀割下，放置于 50mL 锥形瓶中，用 30mL 丙酮泡 1h，过滤，滤液在旋转蒸发仪上旋干，配成氘代氯仿溶液，送核磁共振分析。

【结果与讨论】

1. 制备硅胶板为什么要用羧甲基纤维素钠溶液而不用水来调配硅胶悬液？

2. 制备格氏试剂前加碘的原因是什么？碘能不能多加？碘的作用还可以用哪些方法来实现？

3. 试讨论核磁谱图中各个峰对应各个氢。计算两个烯烃峰的偶合常数。比较两个偶合常数，能发现什么现象？说明了什么？

【注意事项】

1. 使用金属钠要极其小心，严禁与水、酸等接触。废弃金属钠用异丙醇处理。

2. 蒸馏醚类化合物时切忌蒸干，否则有可能发生爆炸！

3. 调配硅胶悬浊液时，注意不要太黏稠，也不能太稀。

4. 制备格氏试剂要注意防水，否则反应难以引发。

5. 制备联烯时，溴化亚铜不可多加，否则会发生副反应而降低产率。

6. 本实验中提到的加料步骤，如果提到要缓慢滴加，必须非常小心地操作，否则有可能冲料而导致实验失败。

7. 联烯的 ^{1}H NMR 参考谱图如图 1.44-2 所示。

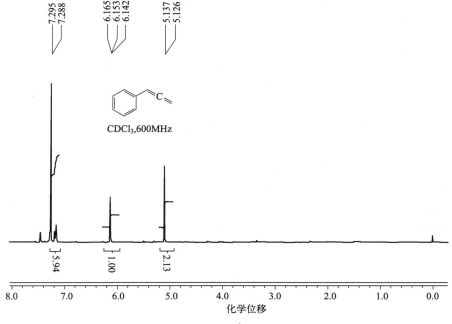

图 1.44-2 联烯的 ^{1}H NMR 谱图

【思考题】

1. 通过查阅文献，了解联烯在现代有机合成中的应用。

2. 通过查阅文献，了解有机合成中保护羟基的其他方法。

实验 1.45　农药苯磺隆的制备

【实验目的】

1. 了解磺酰脲类除草剂的基本结构和应用。
2. 掌握苯磺隆的制备原理与方法。
3. 掌握应用核磁共振氢谱跟踪反应进程的方法。

【实验原理】

磺酰脲类除草剂是近二十年来开发成功的一类超高效、广谱、低毒和高选择性的除草剂，问世以来受到人们的极大关注，得到较为深入的研究。由于其用量低、活性高、对环境友好且土壤残留低，因而成为除草剂分子设计及开发新品种最活跃的领域。以支链氨基酸生物合成酶为靶标的磺酰脲类除草剂是一类超高效除草剂，其单位面积用量极低，每公顷仅以克计，生物活性高，除草效果好，对环境十分友好且对敏感植物无药害。同时，磺酰脲类除草剂在土壤中的消失速度比较快，在生物体内不易富集，从而发展迅速，给杂草防治带来了深刻的变革。其应用面积在不断扩大，新的品种也不断产生。

磺酰脲类除草剂的一般结构是磺酰脲基团与另外两个活性基团相连。其中一个基团可以为脂肪、芳香或杂环结构。另一个基团大多为三嗪或嘧啶，但也可能是三唑基团。通过其构效关系进行了深入研究。磺酰脲类除草剂的结构（如图 1.45-1 所示）分为三部分：芳环、脲桥和杂环。苯环邻位引入各种取代基均可增强活性，许多吸电子基和给电子基都是活性基团，且吸电子基比给电子基更为有利。许多含氮杂环均有活性，但以含嘧啶-2-基或 1,3,5-三嗪-2-基的磺酰脲活性最高。在所有杂环中，杂环部分应满足胍系，对胍桥来说都是间位的两个位置上有取代基，且通常为短链烷基或烷氧基（如 CH_3、OCH_3）时活性最高；胍桥的对位不能有任何取代基。具有无修饰脲桥的磺酰脲活性最高，脲桥经修饰的化合物也具有活性，其活性大小取决于芳环和杂环上的取代基。

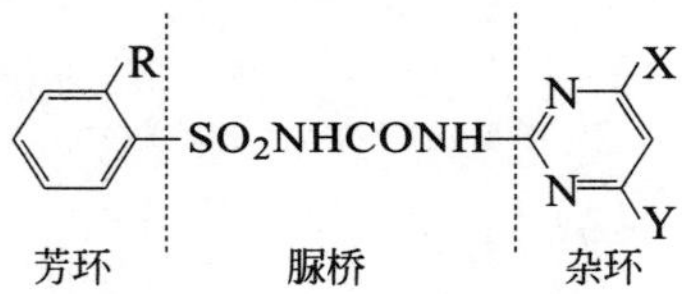

图 1.45-1　磺酰脲类除草剂的分子结构

目前已经商品化的磺酰脲类除草剂有三十多个品种。如酰嘧磺隆、氟啶嘧磺隆、碘甲磺隆钠盐、氟酮磺隆、乙氧嘧磺隆、环丙嘧磺隆、四唑嘧磺隆、烟嘧磺隆、环氧嘧磺隆、甲磺胺磺隆、甲酰胺磺隆等。苯磺隆是其中的一种磺酰脲类除草剂，分子式是：

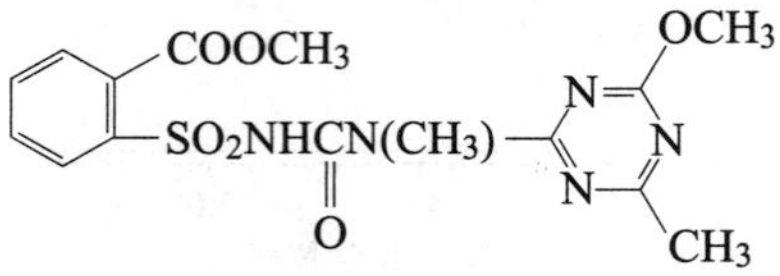

本实验采用三光气法合成苯磺隆，为液-固两相反应，改变了传统的由光气参与的气-液-固三相反应。三光气又叫固体光气，简称 BTC，化学名称是碳酸二(三氯甲基)酯，碳酸二甲酯中的氢在光照条件下被氯气取代后就可以得到三光气：

$$H_3COC(=O)OCH_3 \xrightarrow[Cl_2/CCl_4]{h\nu} Cl_3COC(=O)OCCl_3$$

本实验原料主要是三光气、2-(磺酰胺基)苯甲酸甲酯及 2-甲氨基-4-甲氧基-6-甲基-1,3,5-均三嗪，反应如下：

$$\text{(2-COOCH}_3\text{, SO}_2\text{NH}_2\text{苯)} + \frac{1}{3}\text{BTC} \xrightarrow[100\sim120℃]{\text{催化剂}} \text{(2-COOCH}_3\text{, SO}_2\text{NCO苯)} + \text{HCl}\uparrow$$

$$\text{(2-COOCH}_3\text{, SO}_2\text{NCO苯)} + \text{CH}_3\text{HN-三嗪} \xrightarrow{85\sim95℃} \text{SO}_2\text{NHC(O)N(CH}_3\text{)-三嗪}$$

2-(磺酰胺基)苯甲酸甲酯由糖精制备：

$$\text{糖精} \xrightarrow[\text{H}_2\text{SO}_4]{\text{CH}_3\text{OH}} \text{(2-COOCH}_3\text{, SO}_2\text{NH}_2\text{苯)}$$

2-甲氨基-4-甲氧基-6-甲基-1,3,5-均三嗪可由双氰胺制备：

$$\text{NC-NH-C(=NH)-NH}_2 \xrightarrow[\text{CH}_3\text{OH}]{\text{Zn(NO}_3\text{)}_2} \left(\text{NH=C(OCH}_3\text{)-NH-C(=NH)-NH}_2\right)\text{Zn(NO}_3\text{)}_2 \xrightarrow{\text{H}_2\text{O}}$$

$$\left(\text{NH=C(OCH}_3\text{)-NH-C(=NH)-NH}_2\right)\text{HNO}_3 \xrightarrow{\text{CH}_3\text{COCl}} \text{NH}_2\text{-三嗪} \xrightarrow[\text{HCOOH}]{\text{HCHO}} \text{CH}_3\text{HN-三嗪}$$

【仪器与试剂】

仪器：有机合成制备仪，25W 环形日光灯。

试剂：碳酸二甲酯，氯气，糖精，甲醇，浓硫酸，六水合硝酸锌，双氰胺，乙酰氯，甲酸，甲醛，三乙胺，二甲苯，异氰酸正丁酯。

【实验步骤】

1. 碳酸二(三氯甲基)酯（三光气，简称 BTC）的制备

在 1000mL 四口烧瓶中加入 135.0g（1.5mol）碳酸二甲酯、600.0mL CCl$_4$，瓶外用 25W 环形日光灯管照射，在搅拌下通入经硫酸干燥的氯气，反应放热，并使物料回流，尾气氯化氢用水及碱液吸收。通氯气约 40h 后吸收减慢，物料变稠，呈黄绿色，再通 2h 后，^{1}H NMR 跟踪检测。氢谱消失，表明反应完全，停止通氯气，冷却，用氮气驱除过量的氯气及氯化氢气体，减压脱除溶剂四氯化碳后冷却、结晶、干燥，得无色晶体，收率约 98.3%。熔点：79.5～80.8℃。

2. 2-(磺酰胺基)苯甲酸甲酯的制备

取 12.0g（66.0mmol）糖精、80.0mL 无水甲醇，在搅拌下滴加 2.5mL 浓硫酸，回流 6h，冷却，滤出固体。水洗后加到含有约 40mL 水的烧杯中，用氢氧化钠溶液中和至 pH=6～7，过滤，干燥，得产物 11.7g(83.6%)。熔点：122～124℃。

3. 2-氨基-4-甲氧基-1,3,5-均三嗪的制备

在 2000mL 三口烧瓶中投入六水合硝酸锌 320.0g，减压脱水后投入 1.5L 甲醇和 168.0g 双氰胺，搅拌下加热回流 4h，冷却，滤出白色固体，干燥，得 396.0g 3-脒基-2-甲基异脲锌盐。将锌盐投入 2000mL 三口烧瓶中，再加入 1.5L 热水，搅拌回流 40min，过滤去氢氧化锌固体，滤液真空浓缩至浆状，加入 500mL 无水乙醇，除去未分解的硝酸锌配合物。蒸去乙醇，冷却，得 3-脒基-2-甲氧基异脲硝酸盐（286.0g，产率 79.9%）。

在 2000mL 三口烧瓶中加入 198.0g 3-脒基-2-甲氧基异脲锌盐和 0.6L 乙腈，于冷却下加入 160.0g 氢氧化钠和 80.0mL 水配成的溶液，搅拌并冷却，于 0℃ 以下滴加乙酰氯 210.0g，滴加完毕后继续在室温搅拌 3h 至反应完全，减压蒸去大部分溶剂，加水，滤出固体，水洗并干燥，得 2-氨基-4-甲氧基-1,3,5-均三嗪 1.338kg，产率 86.0%，重结晶后熔点 257～258℃（纯产品文献熔点：258～260℃）。

4. 2-甲氨基-4-甲氧基-6-甲基-1,3,5-均三嗪的制备

在 500mL 三口烧瓶中加入 100.0g 2-氨基-4-甲氧基-1,3,5-均三嗪和 50.0mL 浓盐酸，搅拌加热至 40℃。滴加 27.0g 甲酸和 25.0g 甲醛的混合液，加毕，在 45～55℃ 保温 3h 后，回流 4h。然后冷却至 80℃，加入 40.0g 浓盐酸，再加热至反应液内温度至 120℃，然后降温至室温，加入氢氧化钠溶液，调节 pH 值为 8。滤出固体，水洗并干燥，得 98.0g 白色固体，熔点 155～158℃（文献值：155～157℃）。

5. 苯磺隆的制备

在装有搅拌器、冷凝管、滴液漏斗、温度计的 500mL 四口烧瓶中，加入 0.25mol 的 2-(磺酰胺基)苯甲酸甲酯、催化剂量的异氰酸正丁酯和 0.5mL 三乙胺、二甲苯 125mL，升温至 110℃ 左右，用 4.5～5h 滴加溶解在 120mL 二甲苯中 30.0g BTC（相当于理论量的 121%），在 115℃ 左右保温反应 1.5h，然后升温至 120℃ 左右，真空减压蒸出 150mL 二甲苯（回收套用），然后加入新二甲苯 150mL，升温至 85℃，投入 2-甲氨基-4-甲氧基-6-甲基-1,3,5-均三嗪 41.0g，在 90～95℃ 下保温 4h，降温析出固体。固体用甲醇洗涤两次，干燥，得到白色结晶产物，即苯磺隆。

【结果与讨论】

用三光气方法代替光气合成磺酰基异氰酸酯，就化学反应以及反应过程来说，BTC 与氮亲核体磺酰胺反应合成相应的异氰酸酯的反应活性比光气的反应活性高，并将气-液-固三相反应改成液-固两相反应。其结果一是光化反应时间大为减少，二是合成的产品纯度以及收率均有提高。

实验 1.46　增塑剂邻苯二甲酸二正辛酯的合成

【实验目的】

1. 学习增塑剂的基本知识。
2. 掌握氧化二正丁基锡为催化剂的增塑剂 DnOP 制备方法、操作规程。
3. 掌握用部颁标准检验产物的方法。
4. 复习分水器的使用。

【实验原理】

邻苯二甲酸二正辛酯（DnOP）是一种无毒增塑剂。它与目前用途最广、产量最大的增塑剂邻苯二甲酸二(2-乙基己基)酯（DOP，又称邻苯二甲酸二辛酯）相比，一般性能相近，电绝缘性稍差，但耐寒性、耐候性较佳。

本品工业制法可套用 DOP 等增塑剂的一般生产方法。在硫酸催化下，由邻苯二甲酸酐与正辛醇进行减压酯化制得。酯化后需经纯碱中和、水洗、减压蒸馏回收过量的醇、脱色、压滤等后处理过程，并且此工艺对设备腐蚀严重，颜色较重，后处理麻烦。

本实验以氧化二正丁基锡为催化剂（其用量仅为邻苯二甲酸酐质量的 0.1%～0.2%），通过酯化反应制取增塑剂 DnOP。反应后只需进行减压蒸馏脱醇，而无须进行其他后处理，即可获得较纯的增塑剂 DnOP。产品中夹杂微量的邻苯二甲酸二正丁基锡，对于大多数用途并无害处，可不经分离。

$$\text{邻苯二甲酸酐} + 2CH_3(CH_2)_7OH \xrightarrow{(n\text{-}C_4H_9)_2SnO} \begin{array}{l} COO(CH_2)_7CH_3 \\ COO(CH_2)_7CH_3 \end{array} + H_2O$$

【仪器与试剂】

仪器：电动搅拌器，可控温电热套，旋转蒸馏器，电热套，比色管。

试剂：氧化二正丁基锡或者二碘二正丁基锡，8%氢氧化钠溶液，邻苯二甲酸酐，正辛醇。

【实验步骤】

1. 氧化二正丁基锡的制备

将 50.0mg 二碘二正丁基锡与 8%的氢氧化钠水溶液 10.0mL 混合，加热到 50℃，水解完全后，过滤得白色的氧化二正丁基锡，再用水洗三次、干燥、密封、储存备用。

2. 邻苯二甲酸二正辛酯的合成

在三口烧瓶上装配温度计和分水器，在分水器上接回流冷凝管，并在分水器中加水至适当高度[1]。于三口烧瓶中加入 14.8g(0.1mol) 邻苯二甲酸酐、39.0g(0.3mol) 正辛醇和 25.0～30.0mg 氧化二正丁基锡作催化剂。用电热套使反应混合物升温至约 128℃，其间间歇地摇动烧瓶，约 20min 后，固体邻苯二甲酸酐消失。继续升温，使瓶内物在 1h 内上升至 220℃，保温反应至分水器中的水量不再增加为止[2]，整个反应约需 3h。旋转蒸馏并回收过量的正辛醇，直至不再有液体馏出，瓶内物料温度达到 210℃时为止。残留在三口烧瓶中的产物为淡黄色黏稠液体，产量约 38.0～39.0g（理论产量是 39.0g）。

【产品检验】

邻苯二甲酸酯类增塑剂产品的质量检验，一般参照标准 GB/T 20388—2016。检验的指标包括外观、色泽（铂-钴比色）号、酯含量（%）、相对密度（d_{20}^{20}）、酸值、加热减量（%，125℃，3h）、闪点（℃，开杯）、体积电阻率（Ω•cm）等项。

为估计产物的质量，可测定其酸值、折射率及密度。当本实验操作正常时，大致结果如下：

项　目	实验产物	纯 DnOP
n_D^{20}	1.4830～1.4834	1.483～1.485
d_4^{20}	0.9810	0.9810
酸值	0.09	

【注意事项】

1. 为避免有过多的反应物被水带出而滞留在分水器上，应于反应前在分水器中加入适量的水以填充其多余的体积，但加水量不宜过多，应使分水器保留有足够的体积以容纳可能在反应中带出的最大水量。

2. 当反应瓶内物料温度上升至200℃以上时，反应一般在半小时以内达到终点；其间不停摇动烧瓶，以防止瓶壁上产物焦化。

【思考题】

1. 酯化反应的方法有哪几种？各有什么优缺点？该方法有什么特点？

2. 分水器的分水原理是什么？当产物比水重时该装置如何改进？

3. 试设计分离出该催化剂的实验操作步骤。

实验 1.47　植物生长调节剂——2,4-二氯苯氧乙酸的合成和含量分析

【实验目的】

1. 掌握芳环上温和条件下的卤化反应及 Williamson 醚合成法。

2. 熟练用酸碱滴定分析产物含量的检测方法。

【实验原理】

苯氧乙酸可作为防腐剂，一般由苯酚钠和氯乙酸通过 Williamson 醚合成法制备。将苯氧乙酸氧化，可得到对氯苯氧乙酸和2,4-二氯苯氧乙酸（简称2,4-D）。前者又称防落素，能减少农作物落花落果，后者又名除莠剂，二者都是植物生长调节剂。

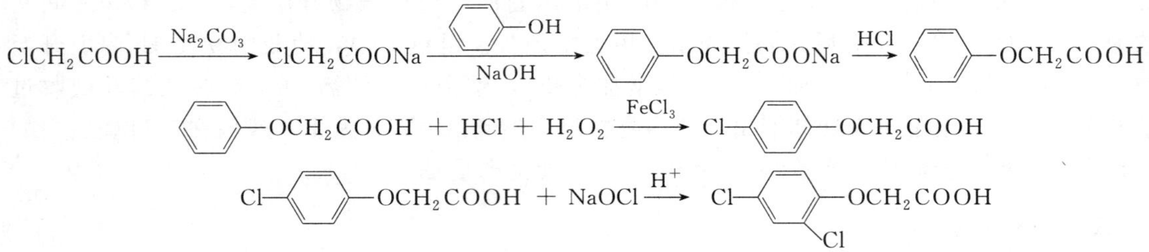

$$ClCH_2COOH \xrightarrow{Na_2CO_3} ClCH_2COONa \xrightarrow[NaOH]{\bigcirc-OH} \bigcirc-OCH_2COONa \xrightarrow{HCl} \bigcirc-OCH_2COOH$$

$$\bigcirc-OCH_2COOH + HCl + H_2O_2 \xrightarrow{FeCl_3} Cl-\bigcirc-OCH_2COOH$$

$$Cl-\bigcirc-OCH_2COOH + NaOCl \xrightarrow{H^+} Cl-\bigcirc-OCH_2COOH(Cl)$$

芳环上的卤化为芳环亲电取代反应，一般是在氯化铁催化下与氯气反应。本实验通过浓盐酸/过氧化氢和次氯酸钠/酸性介质中持续氯化，避免了直接使用氯气带来的危险和不便。其反应原理如下：

$$2HCl + H_2O_2 \longrightarrow Cl_2 + 2H_2O$$

$$HOCl + H^+ \Longleftrightarrow H_2O^+Cl$$

$$2HOCl \Longleftrightarrow Cl_2O + H_2O$$

H_2O^+Cl 和 Cl_2O 也是良好的氧化试剂。

【仪器与试剂】

仪器：有机合成制备仪，可控温电磁搅拌器，可控温电热套。

试剂：氯乙酸，苯酚，饱和碳酸钠溶液，35%氢氧化钠溶液，冰醋酸，浓盐酸，过氧化氢（30%），5%次氯酸钠溶液，10%碳酸钠溶液，乙醇，乙酸乙酯，四氯化碳。

【实验步骤】

1. 苯氧乙酸的制备

在装有可控温电磁搅拌器、梭形 A-250 型磁力搅拌子、回流冷凝管和滴液漏斗的 100mL 三口烧瓶中，加入 3.8g 氯乙酸和 5.0mL 水。启动磁力搅拌器，慢慢滴加饱和碳酸氢钠溶液[1]（约需 5～8mL），至溶液 pH 值为 7～8。然后加入 2.5g 苯酚，再慢慢滴加 35% 的氢氧化钠溶液（约 3～6mL）至反应混合物 pH 值为 12。将油浴加热到 95～105℃，保持 0.5h 后，pH 值会下降，再补加氢氧化钠溶液至反应液的 pH 值为 12。随后继续加热 15min。反应完毕，停止加热，趁热边搅拌边用滴管快速滴加浓盐酸，直至 pH 值为 1～2（约 3～5mL 浓盐酸）。将三口烧瓶移出油浴，用纸将烧瓶外壁擦净。使用隔热手套移走油浴（小心拿取，防止滑落），放置于石棉网上。接着向烧瓶中加入少量碎冰，冰浴冷却反应液温度至 5～10℃，析出固体，待固体完全析出后进行抽滤。再用冷水洗涤粗产物 2～3 次。所得产物放入培养皿中，做好标记，再置于烘箱中 60～65℃下干燥，称重，测熔点。产量约 3.5～4.0g。粗产物可直接用于对氯苯氧乙酸的制备。

纯苯氧乙酸的熔点为 98～99℃。

2. 对氯苯氧乙酸的制备

在装有梭形 A-250 型磁力搅拌子、温度计、回流冷凝管和滴液漏斗的 100mL 三口烧瓶中，加入 3.0g 上述制备的苯氧乙酸和 10.0mL 冰醋酸。将三口烧瓶置于油浴中进行加热搅拌。待反应液温度上升至 45～50℃，先加入少许无水三氯化铁（约 20.0mg），再滴加 10.0mL 浓盐酸[2]，在 10min 内缓慢滴加 3.0mL 过氧化氢（30%）溶液。滴加完毕后保持此温度继续反应 30min。升高温度到 90℃，使瓶内固体完全溶解后，将三口烧瓶移出油浴，用纸将烧瓶外壁擦净。使用隔热手套移走油浴（小心拿取，防止滑落），放置于石棉网上。冰浴冷却至析出固体，待固体完全析出后进行抽滤，再用冷水洗涤粗产物 2～3 次。所得产物放入培养皿中，做好标记，再置于烘箱中干燥，称重，测熔点。产量约 3.0g。粗品可用 1:3 乙醇-水重结晶。

纯对氯苯氧乙酸的熔点为 158～159℃。

3. 2,4-二氯苯氧乙酸（2,4-D）的制备

在装有梭形 A-250 型磁力搅拌子、温度计和滴液漏斗的 250mL 三口烧瓶中，加入 2.0g 上述对氯苯氧乙酸和 24.0mL 冰醋酸。启动磁力搅拌器，搅拌使固体溶解。在冰浴下，将反应液温度降至 10℃后，缓慢滴加 40.0mL 5% 的次氯酸钠溶液[3]（约 15min）。移除冰浴，使用常温水浴将反应物升至室温后再搅拌 10min。此时反应液颜色变深。向反应瓶中加入 80.0mL 水，用滴管滴加浓盐酸（约 0.5～1.0mL）酸化至刚果红试纸变蓝。反应物用乙酸乙酯萃取三次，每次 25mL。合并萃取液，再用 25mL 水洗涤萃取液，有机相置于 250mL 烧杯中。将烧杯放置在磁力搅拌器上，并加入直形 B-250 型搅拌子，开启磁力搅拌器。在室温下边搅拌边用滴管缓慢滴加 10% 的碳酸钠溶液，同时有 CO_2 气体释放。调节水相 pH 值

为 8~9（约 30~60mL 10％的碳酸钠溶液）。滴加完毕，再加入 30mL 水。将烧杯中液体倒入分液漏斗，使用分液漏斗分出水相至另一个烧杯中（分液漏斗需及时放气），用浓盐酸酸化至刚果红试纸变蓝。冰浴冷却，待固体完全析出后进行抽滤，再用冷水洗涤产物 2~3 次。所得产物置于烘箱中干燥完全，称重，测量熔点。产量约 1.5g。粗品可用四氯化碳重结晶。

纯 2,4-二氯苯氧乙酸的熔点为 138℃。

4. 2,4-二氯苯氧乙酸的产品纯度测定

（1）$0.1mol \cdot L^{-1}$ NaOH 标准溶液的标定

用减量法准确称取 0.4~0.6g 邻苯二甲酸氢钾基准物质两份，分别放入两个 250mL 锥形瓶中，加入 40~50mL 水使之溶解（必要时可加热），加入 2~3 滴酚酞指示剂，用 $0.1mol \cdot L^{-1}$ NaOH 标准溶液滴定至呈微红色，保持半分钟内不褪色，即为终点。计算每次标定的 NaOH 溶液的浓度、平均浓度及相对偏差。

（2）产品纯度的测定

准确称取产品 0.45~0.50g 两份，用 20~30mL 1：1 乙醇水溶液溶解，加入 2~3 滴酚酞指示剂，用 NaOH 标准溶液滴定至呈微红色，保持半分钟内不褪色，即为终点。平行测定两次，计算每次所测样品中 2,4-二氯苯氧乙酸的百分含量、平均百分含量及相对偏差。

也可以用高效液相色谱来分析纯度。

【结果与讨论】

1. 在减压过滤较强酸性溶液时，为防止滤纸破裂，最好使用两层滤纸。

2. 本实验所用 5％的次氯酸钠溶液，也可用计算量过量 20％的（高锰酸钾与浓盐酸反应得到）氯气通入计算量的 5％ NaOH 溶液中反应得到。

3. 数据记录与处理（见表 1.47-1、表 1.47-2），试分析实验中误差产生的原因？

4. 计算苯氧乙酸、对氯苯氧乙酸及 2,4-二氯苯氧乙酸的产率，计算从原料到最后产物的最终产率。

5. 写出提高产率的实验注意事项。

表 1.47-1　NaOH 标准溶液的标定数据

实验序号	1	2
邻苯二甲酸氢钾质量/g		
碱式滴定管滴定初始刻度/mL		
碱式滴定管滴定终了刻度/mL		
NaOH 溶液的体积/mL		
NaOH 溶液浓度/mol·L^{-1}		
NaOH 溶液浓度平均值/mol·L^{-1}		
相对偏差/％		

表 1.47-2　2,4-二氯苯氧乙酸含量的测定数据

实验序号	1	2
样品质量/g		
碱式滴定管滴定初始刻度/mL		

续表

实验序号	1	2
碱式滴定雪滴定终了刻度/mL		
NaOH 溶夜的体积/mL		
样品的含量/%		
样品的含量平均值/%		
相对偏差/%		

【注意事项】

1. 为防止氯乙酸水解，先用饱和碳酸钠溶液使之成盐，并且加碱的速度要慢。

2. 开始滴加时，可能有沉淀产生，不断搅拌后又会溶解，盐酸不能过量太多，否则会生成锌盐而溶于水。若未见沉淀生成，可再补加 2～3mL 浓盐酸。

3. 若次氯酸钠过量，会使产量降低。也可直接用市售洗涤漂白剂，不过由于含次氯酸钠不稳定，所以常会影响反应。

【思考题】

1. 芳环上的卤化反应有哪些方法？本实验所用方法有什么优缺点？

2. 什么是 Williamson 醚合成法？对原料有什么要求？

3. 式写出其他合成 2,4-二氯苯氧乙酸的方法。

4. 本实验各步反应调节 pH 值的目的何在？

【附录】

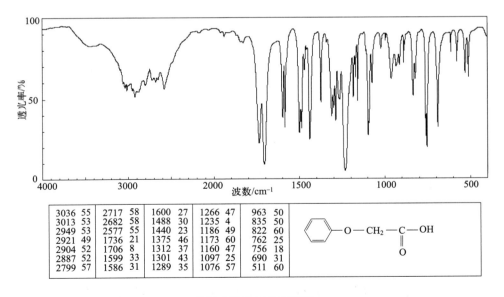

3036	55	2717	58	1600	27	1266	47	963	50
3013	53	2682	58	1488	30	1235	4	835	50
2949	53	2577	55	1440	23	1186	49	822	60
2921	49	1736	21	1375	46	1173	60	762	25
2904	52	1706	8	1312	37	1160	47	756	18
2887	52	1599	33	1301	43	1097	25	690	31
2799	57	1586	31	1289	35	1076	57	511	60

苯氧乙酸的红外光谱图

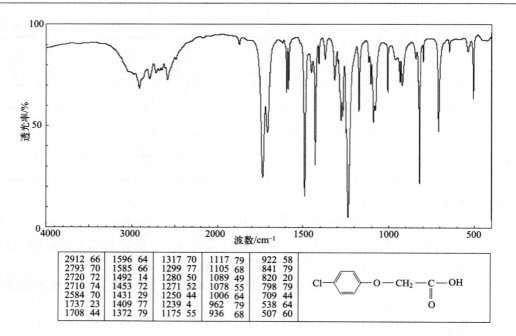

2912	66	1596	64	1317	70	1117	79	922	58
2793	70	1585	66	1299	77	1105	68	841	79
2720	72	1492	14	1280	50	1089	49	820	20
2710	74	1453	72	1271	52	1078	55	798	79
2584	70	1431	29	1250	44	1006	64	709	44
1737	23	1409	77	1239	4	962	79	538	64
1708	44	1372	79	1175	55	936	68	507	60

对氯苯氧乙酸的红外光谱图

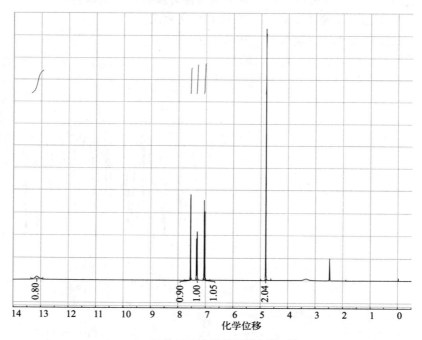

2,4-二氯苯氧乙酸的核磁共振氢谱图

实验 1.48　Diels-Alder 反应合成双环化合物

【实验目的】

1. 了解 Diels-Alder 反应的基本原理及其在有机合成中的应用。

2. 掌握利用化合物溶解度的差别分离混合物的方法。

【实验原理】

Diels-Alder 反应是一个巧妙地合成六元环的方法。它是共轭双烯对含活化双键或三键（亲双烯）分子的 1,4-加成反应，即一个 4π 电子体系对 2π 电子体系的加成，因此，该反应也称 [4+2] 环加成反应。改变共轭双烯与亲双烯的结构，可以得到多种类型的化合物，并且许多反应在室温或溶剂中加热即可进行，产率也比较高，在有机合成中有着广泛的应用。

共轭双烯可以是丁二烯的衍生物，也可以是环状的 1,3-二烯或呋喃及其衍生物。最典型的亲双烯是 β-碳带有吸电子基的不饱和羰基化合物，如马来酸酐、丙烯醛、对苯二醌、丙烯酸酯、丙烯腈和丁炔二羧酸酯等。甚至乙烯和乙炔也可以在一定条件下与活泼的共轭双烯发生反应。

Diels-Alder 反应是一个高度立体专一性反应，其特点如下所述。

1. 共轭双烯以 s-顺式构象参与反应，两个双键固定在反位的二烯烃不起反应。例如：

以上两个化合物不能以二烯烃的形式反应。

2. 1,4-环加成反应为立体定向的顺式加成反应，加成产物仍保持共轭二烯和亲双烯原来的构型。例如：

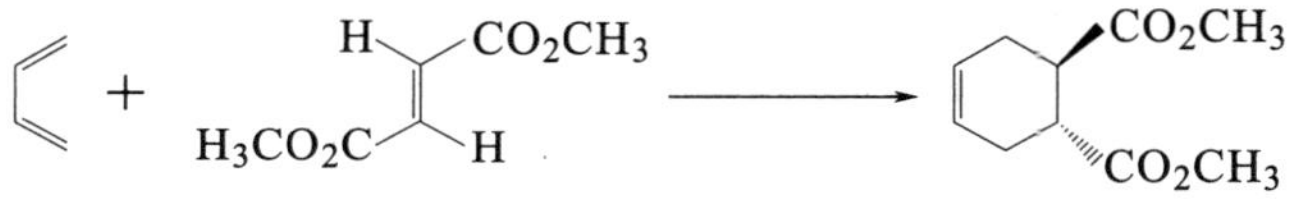

3. 反应主要生成内型（endo）而不是外型（exo）的加成产物。例如：

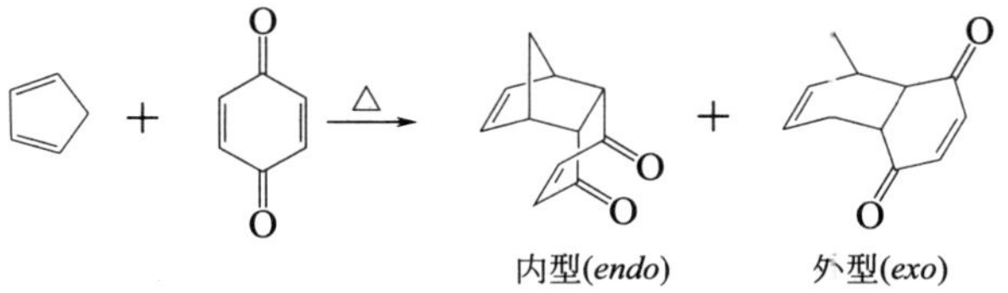

内型（endo）　　外型（exo）

Diels-Alder 反应是可逆的。例如环戊二烯在室温下聚合生成双环戊二烯，后者在 170℃以上加热时又解聚重新生成环戊二烯。

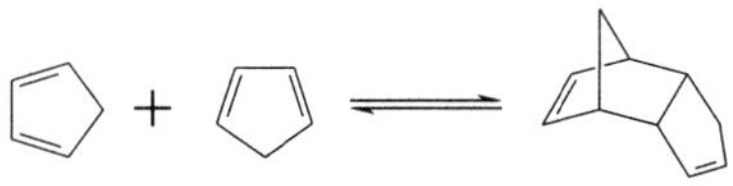

马来酸酐是最典型的亲双烯体，它与共轭双烯如环戊二烯、呋喃等的 Diels-Alder 反应在室温就能够非常迅速地进行，生成溶解度较小的加成产物。产物具有高度的立体选择性，分别是内型-降冰片烯-顺-5,6-二羧酸酐和 3,6-氧桥-1,2,3,6-四氢苯-1,2-二甲酸酐，可以作为共轭双烯的一种简便的检验方法。

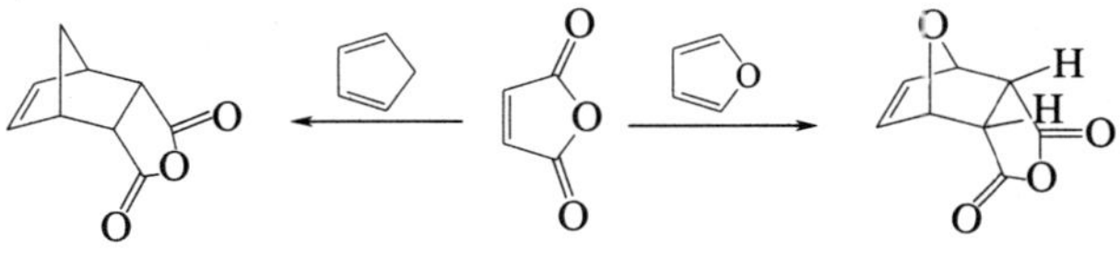

苯炔又称去氢苯，是一种重要的有机反应中间体。1953 年，J. D. Rorberts 使用同位素

标记实验，证实了苯炔作为活性中间体的存在。生成苯炔的反应很多，一般由芳香族卤化物与强碱作用。一种适合实验室使用的简便方法是利用邻氨基苯甲酸与亚硝酸酯作用制成重氮盐，重氮盐热分解产生苯炔。由于苯炔非常活泼，迄今为止尚未单独分离出来，但它可以作为"亲双烯"与蒽发生 Diels-Alder 反应而加以捕获。反应发生在蒽的 9，10 碳原子上，生成具有稳定性的芳香族化合物三蝶烯（triptycene）。

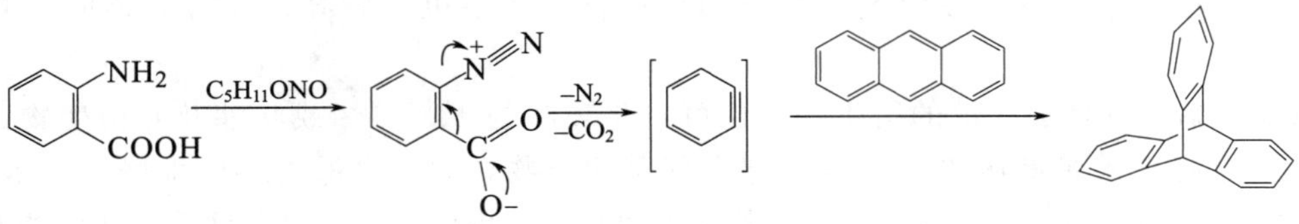

对这个反应来说，溶剂的选择非常关键。首先是所有原料包括中间体都应溶于溶剂中；其次是溶剂的沸点必须使重氮盐的生成和分解保持恰当的速率；第三，溶剂必须是非质子化的，以便降低溶剂对苯炔高度活泼的三键起加成反应的可能性。1,2-二氯乙烷正是符合上述要求的有合适极性的非质子性溶剂。邻氨基苯甲酸先溶于另一种中极性的非质子化溶剂二缩乙二酸二乙醚中，然后再加至反应混合物中，此溶剂的高沸点及水溶性有利于最终产物的分离。

反应混合物精制中碰到的另一技术问题是怎样将未反应的蒽从混合物中除去。从结构上看，蒽的溶解性与产物三蝶烯相似，只有通过将蒽转化为溶于碱性水溶液的衍生物而加以解决，将反应混合物与马来酸酐反应是使其中过量的蒽生成加成物，然后用氢氧化钾溶液水解得到的水溶性的盐，即可将蒽除去。

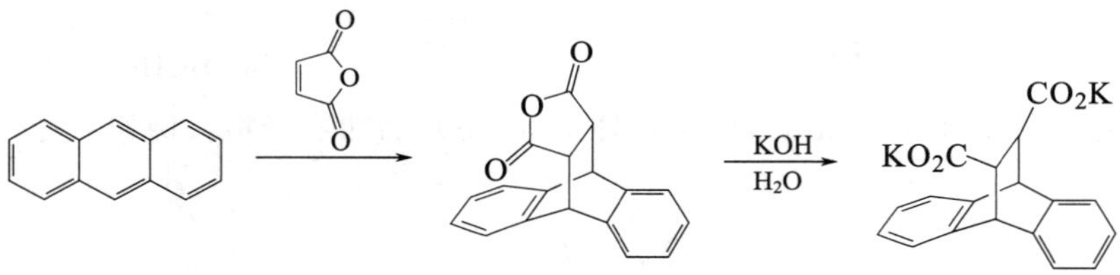

【仪器与试剂】

仪器：有机合成制备仪一套。

试剂：环戊二烯[1]，马来酸酐，乙酸乙酯，石油醚（60～90℃），呋喃，二氧六环，乙醚，蒽，邻氨基苯甲酸，顺丁烯二酸酐，亚硝酸异戊酯[2]，1,2-二氯乙烷，二乙二醇二乙醚，氢氧化钾，甲醇，丁酮等。

【实验步骤】

1. 内型-降冰片烯-顺-5,6-二羧酸酐的合成

在 50mL 干燥的圆底烧瓶中，加入 2.0g 马来酸酐和 7.0mL 乙酸乙酯[3]，在水浴上温热使之溶解。然后加入 7.0mL 石油醚，混合均匀后将此溶液置于冰浴中冷却。加入 2.0mL 新蒸的环戊二烯，在冷水浴中摇荡烧瓶，直至放热反应完成，析出白色晶体。将反应混合物在水浴上加热使固体重新溶解，再让其缓缓冷却，得到内型-降冰片烯-顺-5,6-二羧酸酐的白色针状结晶，抽滤，干燥后产物约为 2.0g，熔点 163～164℃。

上述得到的酸酐很容易水解为内型-顺二羧酸。取 1.0g 酸酐，置于锥形瓶中，加入 15.0mL 水，加热至沸使固体和油状物完全溶解后，让其自然冷却，必要时用玻璃棒摩擦瓶壁促使结晶，得白色棱状结晶 0.5g 左右，熔点 178～180℃。

本实验约需 2～3h。

2. 3,6-氧桥-1,2,3,6-四氢苯-1,2-二甲酸酐的合成

在试管中溶解 2.0g 马来酸酐于 5.0mL 二氧六环中，加入 1.5mL 呋喃，充分摇振后塞住管口放置 24h 以上。真空抽滤析出的结晶，用少量乙醇洗涤，干燥，产量约为 3.0g，熔点 116～117℃。

纯产物的熔点为 118℃。

本实验约需 2h。

3. 三蝶烯的合成

在 100mL 圆底烧瓶中加入 1.8g 蒽、2.0mL 亚硝酸异戊酯和 20mL 1,2-二氯乙烷，装上 Y 形管，Y 形管上分别装回流冷凝管和滴液漏斗。在滴液漏斗中加入 2.0g 邻氨基苯甲酸溶于 15mL 二乙二醇二乙醚的溶液，将反应物在水浴上加热至开始回流，自滴液漏斗中慢慢加一半邻氨基苯甲酸的溶液，约需 15min。接着用滴管自冷凝管上口加入另一半（2.0mL）亚硝酸异戊酯，再在 15min 内滴完剩下的一半邻氨基苯甲酸的溶液。拆下冷凝管和 Y 形管，改为蒸馏装置，在石棉网上用小火蒸出溶剂，直至蒸汽温度达 150℃ 为止。

待溶液稍冷后，加入 2.0g 顺丁烯二酸酐，加热回流约 15min。冷却黑色的混合物至室温，加入 3.0g 氢氧化钾溶于 15.0mL 甲醇和 15.0mL 水的溶液，摇振混合后加热回流 10min。将反应混合物冷却至室温，抽滤收集析出的结晶，并用 1：1（体积比）甲醇-水洗涤粗产物，至洗涤液接近无色。粗产物干燥后约 1.0g，熔点 252～254℃。如需进一步提纯，可用丁醇（约需 10mL）或甲苯重结晶。

纯三蝶烯为无色结晶，熔点：254～255℃。

本实验约需 4h。

【注意事项】

1. 环戊二烯在室温时容易二聚生成二聚体双环戊二烯。商品出售的环戊二烯均为二聚体，将二聚体加热到 170℃ 以上解聚即可得到环戊二烯，具体方法如下：

在装有 30cm 长的刺形分馏柱的圆底烧瓶中，加入环戊二烯，慢慢进行分馏。热解反应开始要慢，二聚体转变为单体馏出，沸程为 40～42℃。控制分馏柱顶端温度计的温度不超过 45℃，接收器要用冰水浴冷却。如蒸出的环戊二烯由于接收器中的潮气而成浑浊，可加入无水氯化钙干燥。蒸出的环戊二烯应尽快使用，可在冰箱内短期保存。

2. 亚硝酸异戊酯如买不到现成商品，可通过下述方法进行制备：在 125mL 锥形瓶里，放入 4.4g 异戊醇、3.7g 亚硝酸钠和 7.0mL 水，不断摇动，充分混合，用冰盐水冷却到 0℃。量取 4.4mL 浓盐酸，用滴管慢慢地加入反应物中，控制反应温度不超过 5℃，滴加过程中不断摇动锥形瓶。然后把反应混合物倒入分液漏斗中，锥形瓶用清水冲洗几次（共约 20mL 水），洗涤水也转入分液漏斗中。摇动分液漏斗，静置分层后分去水层，用 5%碳酸氢钠溶液中和（刚果红作指示剂）。油层再用 20%氯化钠溶液洗涤一次，分去水层。粗产品用少量无水硫酸镁干燥。在常压下蒸馏，收集 95～100℃ 的黄色馏出液。也可进行减压蒸馏，收集约 30℃/6.67～8.0kPa（50～60mmHg）的馏分（收集容器须用冰盐冷却剂冷却）。

3. 由于马来酸酐遇水会水解成二元酸，反应仪器和所用试剂必须干燥。

【思考题】

1. 环戊二烯为什么容易二聚和发生 Diels-Alder 反应？

2. 写出下列 Diels-Alder 反应的产物：

(1) 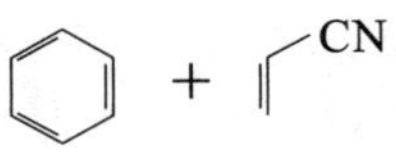 六元环 + CN（丙烯腈）

(2) 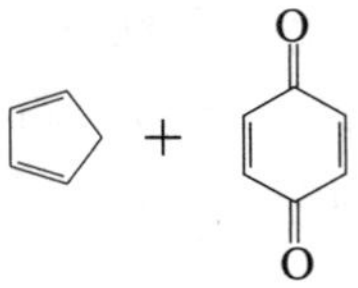 环戊二烯 + 苯醌

(3) 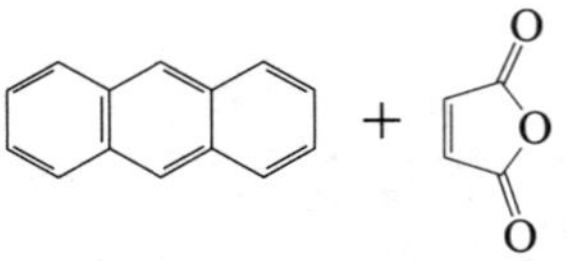 蒽 + 顺丁烯二酸酐

(4) 2 环戊二烯 + HO₂C—C≡C—CO₂H

$$ (4)\ 2\ \text{环戊二烯} + HO_2C-C\equiv C-CO_2H $$

3. 本实验中为什么用亚硝酸异戊酯作邻氨基苯甲酸的重氮化试剂而不是用亚硝酸钠和盐酸的水溶液？

4. 本实验中为什么要选择 1,2-二氯乙烷和二乙二醇二乙醚作为反应的溶剂？

5. 本实验中如何除去未反应的蒽？

实验 1.49　聚乳酸/热塑性淀粉共混物的制备及加工流变性能研究

【实验目的】

1. 掌握挤出成型的操作过程以及原理。
2. 熟悉双螺杆挤出造粒机的基本结构及各部分的作用。
3. 掌握转矩流变仪的工作原理、基本结构及其使用方法。

【实验原理】

聚乳酸（PLA）是一种无毒、无刺激性、有良好的生物相容性并可完全生物降解的绿色高分子材料，它在微生物的作用下能够完全降解生成水和二氧化碳，对环境不会造成任何危害，可以替代传统的聚合物材料。但是 PLA 也存在一些缺点，比如：它的熔融黏度和熔体强度较低、脆性高、价格高。淀粉来源广泛，价格低廉，但是天然淀粉为多羟基化合物，邻近分子间往往通过氢键相互作用形成微晶结构，导致淀粉的分解温度低于熔融温度，从而不具备热塑性能。因此，必须对淀粉进行塑化处理。淀粉的热塑性增塑是以多元醇为增塑剂（如甘油、尿素、甲酰胺等），将其加入到淀粉中经高温熔融、挤压制备而得，增塑剂的加入会削弱淀粉的分子间作用力而使其具有热塑性。将淀粉与 PLA 共混不仅可以降低共混体系的成本，而且可以增加体系的熔体强度和熔融黏度，最终改善其加工性能。在改善淀粉/PLA 共混体系两相的相容性方面可以采用物理增容方法，它是用双螺杆挤出造粒机制备淀粉/PLA 共混材料，此方法能够更好地使淀粉均匀地分散在 PLA 体系中，使淀粉更易胶凝化，其颗粒结晶态结构更易被破坏，并且更经济安全。

挤出造粒过程分为两个步骤。第一阶段中，固体状树脂原料在机筒内，借助于机筒外部的加热和螺杆转动的剪切作用而熔融，同时熔体在压力的推动下被连续挤出口模，在这个过程中又可分为三个步骤，分别对应三个理论，称为固体输送理论、熔融理论和熔体输送理论；第二步骤是被挤出的型材失去塑性变为固体，经过切粒机得到制品，可以为粒状、条状、片状、棒状、管状。第一步由主机和机头完成，第二步由切粒机完成。

　　流变性能是高分子材料在一定温度和转速的转子作用下流动产生的黏弹性流变行为，研究高分子的流变性能可以帮助我们了解高分子的加工工艺特性，从而确定高分子材料的加工工艺条件。转矩流变仪是研究高分子材料的流动、塑化、热、剪切稳定性的理想设备，它提供了更接近于实际加工的动态测量方法，可以在类似实际加工的情况下，持续、准确、可靠地对高分子材料的流变性能进行测定。通过作用在转子上的反作用扭矩记录下高分子材料的扭矩随时间变化的图谱，扭矩的大小可以反映高分子材料的黏度以及消耗功率，从而指导工艺条件的选择和配方的设计。转矩流变仪主要由测控主机、功能单元和计算机三部分组成。测控主机提供了转矩流变仪的基本工作环境，并为各功能单元提供动力和控制；功能单元是实现各种测量的功能部分，目前已广泛应用的有双转子混炼器、单螺杆挤出机、平行双螺杆挤出机、锥形双螺杆挤出机、杂质测量仪、口模膨胀测量仪、各种挤出加工模具等；计算机部分完成各种数据采集与记录。测试主机、功能单元和计算机三部分相连，并在相应软件的支持下，实现具体的实验、测量和分析功能。

　　现以某聚合物的扭矩-时间流变曲线说明相关概念，见图1.49-1，图中第一个峰为加料峰，当混合物料被压入混炼室内，转矩流变仪的转子会受到一个很大的阻力，扭矩迅速增大。随着料温的升高，并逐渐接近混炼预设的温度，物料软化，空气被排除而扭矩逐渐减小。加料峰反映了物料在加料过程中受到的压缩情况，其高低与转速大小和干混料的表观密度有关。由于热和剪切作用，物料颗粒破碎，塑化从物料的表面开始，其黏度逐渐增加，扭矩迅速升高到第二个峰，即塑化峰。随着塑化后物料内部残留空气的排除，物料中各处温度趋于一致，熔体结构逐渐均匀，扭矩逐渐降低并达到一相对稳定值，这个扭矩被称作平衡扭矩。它可以粗略地表征熔体的黏度和体系的能耗。加料峰到塑化峰之间的时间间隔为塑化时间。经过长时间混炼，熔体中稳定剂逐渐丧失作用时，物料开始分解并交联，体系黏度突增，转矩迅速增高到达第三个峰，即分解峰。塑化峰到分解峰之间的时间间隔称为热稳定时间或者分解时间。

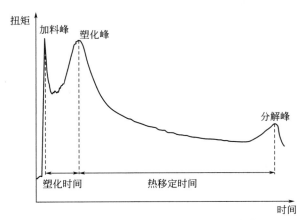

图1.49-1　聚合物的扭矩-时间流变曲线

【仪器与试剂】

仪器：200mL烧杯，2000mL烧杯，加料铲，高速搅拌器，电子天平，双螺杆挤出造粒机，转矩流变仪，铜刷，隔热手套。

试剂：聚乳酸（PLA），淀粉，甘油，聚乙二醇（PEG）20000，聚乙烯（PE）蜡。

【实验步骤】

1. 热塑性淀粉的制备

将 700g 质量比为 5:2 的淀粉和丙三醇混合加入 2000mL 烧杯中，电动搅拌 1~2h。将混合均匀后的物料加入到双螺杆挤出机喂料桶中。按照下列步骤进行实验。

① 合上总电源开关，电源指示灯亮，各控制仪表和 PLC 操作面板显示数据。

② 按照工艺要求，设定挤出机各区的温度，设置如下：一区温度 120℃，二区温度 125℃，三区温度 130℃，四区温度 130℃，五区温度 125℃，六区温度 125℃，机头温度 120℃。

③ 启动水泵，并检查水位、水压情况，调节各截止阀开度。

④ 各区进入加热、升温过程，达到设定值后，继续保温 20~30min。

⑤ 启动润滑油泵。

⑥ 开切粒装置，启动风干机。

⑦ 开主机，设定主机调速器运行频率值或转速值，主机转速为 80r·min^{-1}。

⑧ 启动喂料机，根据主机转速设定喂料速率为 7.5r·min^{-1}。

⑨ 按工艺要求，调节切粒装置功率为 3.50Hz。

⑩ 待有熔料挤出后，将挤出物用手（戴上手套）慢慢引上冷却牵引装置，进行切粒并收集产物。

实验完毕，按下列顺序停机。

① 将喂料机调至零位，按下喂料机停止按钮。

② 在不加料的情况下，2min 后降低螺杆转速，尽量排除机筒内残留物料，将转速调至零位，按下主电机停止按钮。

③ 依次按下油泵、真空泵、切粒机、风干机、水泵的停止按钮。

④ 断开加热器电源开关，断开总电源开关。

2. 聚乳酸/热塑性淀粉共混物的制备

将 600g 质量比为 100:15 的 PLA 和热塑性淀粉混合于 2000mL 烧杯中，电动搅拌 1~2h。将混合均匀后的物料加入到双螺杆挤出机喂料桶中。按照上面步骤 1 进行实验。按照工艺要求，设定挤出机各区的温度分别为：一区温度 155℃，二区温度 165℃，三区温度 165℃，四区温度 160℃，五区温度 155℃，六区温度 150℃，机头温度 145℃。

3. 聚乳酸/热塑性淀粉共混物加工流变性能研究

按照聚乳酸/热塑性淀粉共混物为 100 份（质量份），PEG20000 为 2 份的比例，称取 60~63g 加入 200mL 烧杯中，为了防止聚合物粘连在混炼机内，加入 0.5g 外润滑剂（PE 蜡），电动搅拌 30min，使物料混合均匀。然后将混合物加入混炼机中进行熔融共混，步骤如下：打开计算机中的应用程序，连接计算机与转矩流变仪数据传输系统，选择平台为混炼器平台，通信串口为 COM1，启动通信，然后设置混炼机三个区温度分别为 170℃、175℃、170℃，转速为 30r·min^{-1}。启动加热系统，待实际温度达到预定温度时，启动电机，当料温和扭矩达到稳定时，迅速加料到进料口并压严。观察扭矩-时间曲线，记录保存相关数据。

改变 PEG20000 的量分别为 5 份、10 份、15 份、20 份，按照以上步骤进行实验。将所有数据夹存为数据点表的格式，由实验老师发给学生。

实验结束，清洗混炼机：称量 50g 聚乙烯（颗粒状），将混炼机三个区升温到 180°C，待温度稳定后，启动电机，将聚乙烯颗粒迅速加入并混炼 5min。

【结果与讨论】

获得 PLA/热塑性淀粉/PEG20000 流变曲线的原始数据后，用相应的数据处理软件（如 Origin）制作曲线，并进行几组数据曲线的叠加，制作一份完整的实验报告。

【注意事项】

1. 实验前，检查双螺杆挤出机料斗中是否有异物，检查设备是否正常，清理设备现场，严格防止金属杂质、小工具等落入进料料斗中。在操作或者维修过程中切记工具不能随便乱放。

2. 塑料熔体在挤出前，任何人不得站在机头的正前方，防止高压熔体射出伤人。

3. 制品刚刚流出口模时，温度很高，防止烫伤。

4. 不能用尖锐的物件清理转子。

【思考题】

1. 挤出机的哪个参数影响挤出机的挤出量，怎样影响？

2. 在设定温度达到之前，可以启动电机吗？为什么？

3. 塑化时间的影响因素是什么？怎么影响？

4. 最终平衡扭矩的影响因素是什么？怎么影响？

实验 1.50　苹果酸镧的合成、表征及对 PVC 的热稳定性能

【实验目的】

1. 掌握 PVC 羧酸稀土类热稳定剂制备的原理和方法。

2. 进一步练习 EDTA 配位滴定法测定稀土含量的操作。

3. 学习刚果红法测定 PVC 试样的静态热稳定性能的原理和操作。

【实验原理】

聚氯乙烯（PVC）是世界五大通用树脂之一，其制品广泛应用于建材、包装、电器、医药等行业。但 PVC 的热稳定性较差，加热到 $120 \sim 130$°C 则易分解脱出 HCl，而放出的 HCl 具有催化降解作用，导致链锁式脱氯反应，从而使 PVC 高分子链形成共轭多烯序列并发生交联降解、变色、性能下降。因此，PVC 加工过程中（170°C 以上）必须加入一定量的热稳定剂。羧酸稀土热稳定剂是近年来快速发展起来的一类低毒、高效、绿色环保型 PVC 热稳定剂，如苹果酸（2-羟基丁二酸）稀土、硬脂酸稀土等。稀土离子（RE^{3+}）具有较多 4f、5d 空轨道，可与 PVC 链上不稳定的氯原子形成配位键，使 C—Cl 趋于稳定不易断裂，抑制共轭多烯结构的形成，减缓 PVC 的降解，显示较高的热稳定效率。

1. 苹果酸镧的制备

本实验采用皂化法制备羧酸稀土类热稳定剂-苹果酸镧，其反应式如下：

$$C_2H_3(OH)(COOH)_2 + La(NO_3)_3 + 3NaOH \longrightarrow$$
$$La[OOC_2H_3(OH)COO](OH) \downarrow + 3NaNO_3 + 2H_2O$$

由于苹果酸镧不溶于溶剂水和乙醇，以沉淀形式析出。

2. 稀土离子的定量分析

采用 EDTA 配位滴定法测定苹果酸镧中的三价稀土离子 La^{3+} 的含量，苹果酸镧用硝酸溶解后，使滴定控制在 pH 为 5～6 的弱酸性介质中进行，以二甲酚橙（xylenol orange，XO）为指示剂，六亚甲基四胺为缓冲剂。化学计量点前，La^{3+} 与二甲酚橙形成红紫色配合物。当用 EDTA 滴定至化学计量点时，游离出指示剂，溶液呈亮黄色。

滴定前　　　　　　　　$Me(La^{3+}) + XO \longrightarrow La\text{-}XO$
　　　　　　　　　　　　　　　　（红紫色）

化学计量点时　　　$H_2Y^{2-} + La\text{-}XO \longrightarrow LaY^{2-} + XO + 2H^+$
　　　　　　　　　　（红紫色）　　　　　　　　　　（亮黄色）

稀土含量计算式如下：

$$镧的百分含量 = \frac{M_{La} \times V_{EDTA} \times c_{EDTA}}{1000m} \times 100\%$$

式中，M_{La} 为镧的摩尔质量，$g \cdot mol^{-1}$；V_{EDTA} 为 EDTA 的滴定体积，mL；c_{EDTA} 为 EDTA 的标准浓度，$mol \cdot L^{-1}$；m 为苹果酸镧质量，g。

3. 静态热稳定性能

刚果红法是通过一定粒度的试料在规定温度下使刚果红试纸颜色由红变蓝所需的时间来评价热稳定性的一种常用方法。PVC 共混物或制品的试料在不通空气并保持一定温度下，逐步降解释放出的 HCl，至刚果红试纸由红色变为蓝色，所需时间即为静态热稳定时间。参照国家标准 GB/T 2917.1—2002，混合样均匀后，装入玻璃试管高度约为 50mm，压实，刚果红试纸的底部距试样表面约 25mm。装置图如图 1.50-1 所示。

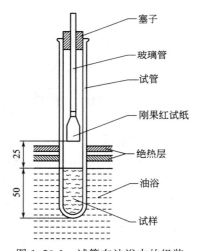

图 1.50-1　试管在油浴中的组装

【仪器与试剂】

仪器：恒压滴液漏斗，冷凝管，250mL 三口烧瓶，100mL、250mL 容量瓶，25mL 移液管，酸式滴定管，玻璃棒，温度计，研钵，烧杯，洗耳球，水浴锅，数控油浴锅，圆底玻璃试管（15mm×150mm），刚果红试纸，pH 试纸，定性滤纸，分析天平，干燥箱，电动搅拌器。

试剂：DL-苹果酸，硝酸镧，氢氧化钠，碳酸钙基准试剂，乙醇，乙二胺四乙酸二钠盐（EDTA），浓硝酸，钙指示剂，甲基酚橙，PVC 树脂（SG-5），六亚甲基四胺（$200g \cdot L^{-1}$），HCl（$6mol \cdot L^{-1}$）。2% 甲基酚橙溶液的配制：称取 2g 甲基酚橙溶于 98mL 水中。

【实验步骤】

1. 苹果酸镧的合成

称取苹果酸 2.7g，加 50.0mL 乙醇溶解配成溶液。称取氢氧化钠 2.4g，六水合硝酸镧 8.7g 分别用 50.0mL 水溶解，组装回流水浴加热装置，控制水浴温度 80℃，将溶解好的苹果酸和硝酸镧加入到 250mL 三口烧瓶中，开动电动搅拌，将氢氧化钠溶液装入恒压滴液漏斗，以 $1\sim2$ 滴·s^{-1} 加入混合溶液中，滴加完毕继续反应 0.5h。反应结束后，趁热抽滤，用热的无水乙醇和水洗涤数次，于烘箱中 80℃ 干燥 3h，得白色粉末即为产品，研磨待用。

2. 产品中稀土镧含量的测定

$0.01mol\cdot L^{-1}$ EDTA 的配制   称取 EDTA 1.2g 于 500mL 烧杯中，加入 300.0mL 水，微热并搅拌使其溶解。

EDTA 溶液的标定   准确称取 120℃ 干燥过的纯 $CaCO_3$ $0.2\sim0.3$g 置于小烧杯中，加入少量水，并缓慢加入 $6mol\cdot L^{-1}$ 的 HCl 溶液使之溶解，加入少量水稀释后，定量转移至 250mL 容量瓶中定容。移取 $CaCO_3$ 标准溶液 25.00mL 于锥形瓶中，加入 20mL 水和少量钙指示剂，滴加 $1.0mol\cdot L^{-1}$ NaOH 溶液 5.0mL 至溶液呈现稳定的紫红色，用 EDTA 溶液滴定至溶液由紫红色变为蓝色，即为终点。记录消耗的 EDTA 溶液的体积，计算出 EDTA 溶液浓度。平行滴定三次。

稀土镧含量的测定   称取苹果酸镧 0.3g，用少量 1：4 硝酸溶解（可微热促溶），加入 30mL 水稀释后，定量转移至 100mL 容量瓶中定容。移取 25.00mL 于锥形瓶中，用六亚甲基四胺溶液调节 pH 至 $5\sim6$，加入 $2\sim3$ 滴 2‰ 二甲酚橙作指示剂，使溶液为红紫色。用 EDTA 标准溶液滴定溶液由红紫色变为亮黄色，即为终点，记录消耗的 EDTA 溶液的体积，计算出产品中镧的含量。平行滴定三次，记入表 1.50-1。

3. 静态热稳定性能测试

称取 PVC 4.0g，苹果酸镧 0.12g 在研钵中研磨 $10\sim15$min，混合均匀后装入玻璃试管，高度约为 50mm，压实，刚果红试纸的底部距试样表面约 25mm，置于 180℃ 恒温油浴中，记录试管插入油浴到刚果红试纸开始变蓝的时间，即为 PVC 试样的静态热稳定时间。每隔 10min 记录 PVC 试样颜色以考察 PVC 初期着色。平行测定三次。另取 PVC 4.0g，研磨后按上述操作测定纯 PVC 的静态热稳定时间及色泽，与添加苹果酸镧的 PVC 试样作对比，记于表 1.50-2。

【结果与讨论】

数据记录与处理

表 1.50-1   苹果酸镧中镧含量的测定

	$m(CaCO_3)/g$			
	$c(CaCO_3)/mol\cdot L^{-1}$			
项目	测定次数	1	2	3
EDTA 标定	$V(CaCO_3)/mL$		25.00	
	初读数/mL			
	终读数/mL			
	用量/mL			
	EDTA 浓度/$mol\cdot L^{-1}$			
	浓度平均值/$mol\cdot L^{-1}$			
	相对平均偏差/%			

续表

项目	测定次数		1	2	3
镧含量的测定	m(苹果酸镧)/g				
	测定次数		1	2	3
	V(苹果酸镧)/mL			25.00	
	EDTA 标准溶液	初读数/mL			
		终读数/mL			
		用量/mL			
	镧含量的计算	样品中镧的质量/g			
		镧含量/%			
		镧含量平均值/%			
		相对平均偏差/%			

表 1.50-2　PVC 试样的静态热稳定性

试样		静态热稳定时间/min	PVC 试样颜色			
			10min	20min	30min	40min
纯 PVC						
苹果酸镧/PVC	平行样 1					
	平行样 2					
	平行样 3					

【注意事项】

1. 苹果酸镧合成实验中装有氢氧化钠的恒压滴液漏斗用完后应及时清洗,以免氢氧化钠腐蚀玻璃旋塞。

2. 静态热稳定性能测试中,待油浴温度恒定在 180℃才能将试管插入,并保证装有 PVC 试样的试管全部浸入油中。

3. 静态热稳定性能测试中,PVC 试样着色应均匀,如出现斑点、断层、颜色不均,则需重新测定。

【思考题】

1. 苹果酸镧为什么能提高 PVC 的热稳定性能?

2. 如果苹果酸镧中镧含量的测定值较理论值偏高,可能是什么原因引起的?

3. 静态热稳定性能测试中,刚果红试纸的作用是什么?

实验 1.51　碳酰肼类钙(Ⅱ)配位聚合物的合成及钙含量的测定

【实验目的】

1. 掌握碳酰肼类钙(Ⅱ)配位聚合物的制备原理和方法。

2. 掌握配位滴定法测定配位聚合物中钙含量的原理和方法。

【实验原理】

新材料的制备是化学学科一个永恒的主题,对人类的福祉和繁荣有重大贡献。近年来,金属-有孔配位聚合物（CPs，三维的金属-有机框架配位聚合物又称为 MOFs）作为一类新型晶体材料引起了人们广泛的关注[1-2]。CPs 主要基于无机金属阳离子和有机配体之间的配位键，形成具有周期性重复的结构。CPs 可以通过金属离子和有机配体的调控，以适当的官能团修饰，提供多样化和高度规则的功能丰富的网络结构。因此，它们在药物转运、发光传感等领域表现出了广阔的应用前景。

碳酰肼（carbohydrazide，CHZ）是肼的衍生物，是一种结构简单且十分重要的配体，熔融时会分解。碳酰肼的化学活性较强。碳酰肼中的配位原子多，它的四个 N 原子和羰基 O 原子都具有孤对电子，可作为多齿配体，以端位 N 原子与羰基 O 原子与金属离子成键，具有一定的配位能力。近年来，国内外的科技工作者对以碳酰肼为配体的配合物进行了大量研究，为今后的研究工作奠定了坚实的基础[3]。

【仪器与试剂】

仪器：恒温加热磁力搅拌器，循环水式真空泵，电子天平，烘箱，滴定管夹，量筒，容量瓶，表面皿，烧杯，布氏漏斗，抽滤瓶，酸式滴定管等。

试剂：$NH_2NHCONHNH_2$（碳酰肼），$Ca(NO_3)_2 \cdot 4H_2O$，$NaH_2Y \cdot 2H_2O$（乙二胺四乙酸二钠），$CaCO_3$，NaOH 溶液（10%），HCl 溶液（约 $6mol \cdot L^{-1}$），HNO_3（浓），C_2H_5OH（乙醇），钙指示剂，蒸馏水。

【实验步骤】

1. 钙（Ⅱ）配位聚合物$\{[Ca(CHZ)_2](NO_3)_2\}_n$ 的合成[3]

（1）称取碳酰肼（1.80g，0.02mol）于洁净、干燥的 50mL 烧杯中，加 20mL 蒸馏水，搅拌，得澄清透明碳酰肼溶液。

（2）称取 $Ca(NO_3)_2 \cdot 4H_2O$（2.36g，0.01mol）于洁净、干燥的 50mL 烧杯中，加入 10mL 蒸馏水，搅拌至溶解。

（3）将碳酰肼溶液预热至 80℃左右并持续搅拌，将 $Ca(NO_3)_2 \cdot 4H_2O$ 溶液缓慢滴入碳酰肼溶液中并继续搅拌约 25min，继续恒温反应约 40min（总体积缩减至 10mL 左右）。反应完成后自然冷却至室温，静置 1h 后得到产物，减压抽滤。

（4）乙醇洗涤后的产物放于培养皿并盖上滤纸，于 75℃左右的烘箱中恒温干燥 1h，称重。

2. 钙（Ⅱ）配位聚合物中钙含量的测定

（1）EDTA 标准溶液的标定

① Ca^{2+} 标准溶液的配制　用电子天平准确称取已烘干至恒重的基准物质 $CaCO_3$（约 5.0mmol）于 250mL 烧杯中，加少量水湿润（约 5mL），盖上表面皿，沿杯口滴加 HCl 溶液，使 $CaCO_3$ 完全溶解后，再多加几滴，若不能溶解，则电炉加热控制微沸 2min，以少量水冲洗表面皿，转入 250mL 容量瓶中，加蒸馏水稀释，定容，摇匀，待用。

② EDTA 标准溶液（约 $0.02mol \cdot L^{-1}$）的配制　用电子天平称取乙二胺四乙酸二钠（$NaH_2Y \cdot 2H_2O$）（约 5.0mmol）于 250mL 烧杯中，加入适量蒸馏水（100mL）溶解，再加入 15mL 蒸馏水，稀释至 250mL，搅拌后转入试剂瓶中，贴标签，待标定。

③ 标定 EDTA 标准溶液的浓度　用移液管准确移取上述 Ca^{2+} 标准溶液 25.00mL 于 250mL 锥形瓶中，调节 pH=12（加入 10% NaOH 溶液约 2mL），加钙指示剂少许（1 钢勺，可酌情加量），用 EDTA 标准溶液滴定至红色变为纯蓝色，记录消耗的 EDTA 标准溶

液的体积。平行滴定 3 次，计算 EDTA 浓度（mol·L^{-1}）及相对平均偏差。

数据记录：CaCO$_3$ 的质量：_____ EDTA 的质量：_____

组号	滴定前 V_1/mL	滴定后 V_2/mL	EDTA 浓度/mol·L^{-1}	相对偏差
1				
2				
3				

测得 EDTA 浓度的平均值：_____；三组数据的相对平均偏差：_____。

（2）目标产物中钙含量的测定

准确称取目标产物（0.65～0.70g）于烧杯中，加入 1.5mL 浓硝酸溶解，加蒸馏水后转移至 100mL 容量瓶中，定容。准确移取 25mL 待测溶液于锥形瓶中，用 10%氢氧化钠溶液调节 pH＝12，加入钙指示剂（1 钢勺，可酌情加量），滴定至溶液从红色变为纯蓝色，用 EDTA 平行滴定三次，记录数据。计算产物中钙的含量，并完成下表。根据钙的含量，推测所合成的配合物的组成。

数据记录：称取的配合物的质量：_____

组号	滴定前 V_1/mL	滴定后 V_2/mL	目标产物 Ca^{2+} 含量/%	相对偏差
1				
2				
3				

测得三组数据的 Ca^{2+} 含量的平均值：_____；三组数据的相对平均偏差：_____。

【结果与讨论】

1. 碳酰肼（CHZ）溶解于蒸馏水后，烧杯中静置 30min 后，解释所观察到的现象。
2. 根据实验结果，写出钙(Ⅱ)配位聚合物组成的最简式。

【思考题】

1. 碳酰肼（CHZ）作为桥连配体，其中端基 N 原子可以作为配位原子，O 原子可以作为桥联原子，本实验目标配合物呈现一维链状结构，中心 Ca^{2+} 的配位数为 8。画出该配合物的结构简图。

2. 对照该配位聚合物的标准红外光谱图，归属其主要特征振动吸收峰。

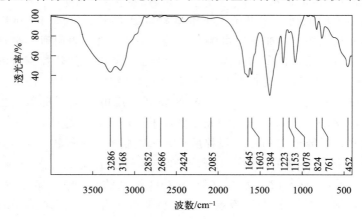

【参考文献】

1. Liu，C Bai，Y. Li，W. et al. In Situ Growth of Three‐Dimensional MXene/Metal‐Organic Framework Composites for High‐Performance Supercapacitors. Angew Chem Int Ed，2022，61（11），e202116282.
2. Zhang X-L，Pan Z-C，Chang Y，et al. Synthesis and characterization of an energetic three-dimensional metal-organic framework with blue photoluminescence. Mater Lett，2009，63（24-25）：2136-2138.
3. 米振昊 . 碳酰肼类含能配位聚合物制备及性能研究 . 北京：北京理工大学，2020.

实验 1.52　双乙二胺水杨醛席夫碱合钴配合物的合成及载氧功能

【实验目的】

1. 了解血红蛋白载氧作用的意义，通过配合物的吸氧测量和放氧观察了解配合物的载氧作用机理。
2. 制备非活性的配合物。
3. 掌握气体测量的一般方法。

【实验原理】

生物体内有许多含金属的蛋白质。这些含金属的蛋白质在一定条件下能够结合或释放氧气，以供生命活动的需要。例如，含铁的血红蛋白、含铜的血蓝蛋白和含钒的血钒蛋白等都有运输氧的功能。某些不含蛋白质的金属配合物，例如双水杨醛乙二胺席夫碱合钴 Co(Salen) 也同生物体中含金属的蛋白质相似，在一定条件下具有与氧可逆结合的能力。

Co(Salen)

由于载氧体在氧分离、氧化还原剂特别是在血液中氧的输送等研究课题中具有重要的理论和实践意义，所以这类不含蛋白质的金属配合物已引起研究者的广泛兴趣，并在载氧作用研究中被用作模型化合物（model compounds）。由于合成方法不同，配合物 Co(Salen) 存在两种固态结构，其中一种称为活性型，另一种叫作非活性型。棕色的活性型 Co(Salen) 在固态两个分子以钴钴相互作用（钴钴间距 0.346nm）形成二聚体，暗红色的非活性型 Co(Salen) 在固态两个分子以钴氧相互作用（钴氧间距 0.226nm）形成二聚体。活性型 Co(Salen) 在室温能吸收氧气，而在高温下能放出氧气。非活性型 Co(Salen) 在室温稳定，不吸收氧气，但在配位溶剂（L）如二甲亚砜（DMSO）、二甲基甲酰胺（DMF）、吡啶（Py）中，能与溶剂配位形成活性配合物 LCo(Salen)，后者能迅速吸收氧气形成 2:1 的加合物 L(Salen)Co—O—O—Co(Salen)L。当所使用的溶剂是二甲基甲酰胺时，生成的加合物 (DMF)(Salen)Co—O—O—Co(Salen)(DMF) 是细颗粒状的暗棕色沉淀，不易过滤，宜用离心分离，加合物中 Co 和 O 的比例用气体体积测量法测定。

【仪器与试剂】

仪器：天平，抽滤装置，非活性 Co(Salen) 的制备装置，Co(Salen) 的氧气吸收装置，离心机，离心管。

试剂：水杨醛，乙二胺，四水醋酸钴，95％乙醇，二甲基甲酰胺（DMF），氯仿。

【操作步骤】

1. 双水杨醛乙二胺席夫碱的合成

向溶有 2.5g（2.1mL）水杨醛的沸腾的 50mL 95％乙醇溶液中加入 0.6g（0.7mL）乙二胺。搅拌 5min，冷却，抽滤，用少量 95％乙醇洗涤所得黄色片状晶体，干燥，称量，计算产率。熔点 120℃。

2. 双乙二胺水杨醛席夫碱合钴的合成

按图 1.52-1 安装仪器。

向 250mL 三口烧瓶中加入自行配制的双水杨醛乙二胺席夫碱和 100mL 95％乙醇。开动电磁搅拌器，通氮气冲洗以置换反应仪器中的空气，调节氮气流量稳定在每 2s 鼓 1 个气泡，控制热源温度 70~80℃。将四水醋酸钴加热完全溶于 15mL 热水中，迅速加入反应瓶中，立即有棕色沉淀生成，继续加热搅拌 1h 后，棕色沉淀全部转变成暗红色晶体。冷却，关闭氮气，抽滤，先用 5mL 水洗 3 次，再用 5mL 95％乙醇洗涤，在真空干燥器中干燥所得暗红色晶体。称量，计算产率。分解点，300℃。

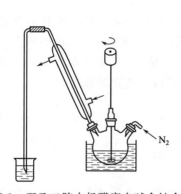

图 1.52-1　双乙二胺水杨醛席夫碱合钴合成装置

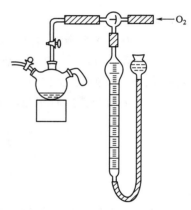

图 1.52-2　配合物的吸氧测定装置

3. 配合物的吸氧测定

按图 1.52-2 安装仪器。

量气管内装水至略低于刻度"0"的位置。上下移动水准调节器，赶尽附着在胶管和量气管内壁的气泡。

检查装置是否漏气　打开活塞使反应瓶和量气管系统相通。把水准调节器下移一段距离，并固定在一定的位置，如果量气管中的液面只在开始稍有下降，随后维持稳定，表明装置不漏气。若液面继续下降，则说明装置漏气，这时必须检查整个系统，找出漏气原因。经检查与调整后，重复试验，直至装置不漏气为止。

准确称取 0.10~0.15g [Co(Salen)]，放进干燥的三口烧瓶中，量取 5.0mL DMF 于密封弯管中，塞紧备用。打开活塞，使反应瓶、量气管和氧气瓶系统相通，赶尽空气并使氧气充满反应瓶及量气管，关闭活塞的氧气进口而使量气管与反应瓶相通，再查漏一次，在确认系统不漏气后，把水准调节器移至量气管右侧，使两者的液面保持同一水平，读出量气管中的液面位置。

旋转密封弯管，使密封弯管中的 DMF 全部加入反应瓶中。开动搅拌器，观察反应瓶内反应物的变化。每隔 2min 记录一次量气管中的液面位置，直至吸收氧气反应完全为止（量气管中的液面位置连续两次的读数接近）。

观察氧加合物在氯仿中的放氧反应 把吸收氧气的加合物转移至两支 10mL 刻度的离心管中，使两支离心管质量差别不大，离心分离。离心完毕，取出离心管，吸走上层清液，保留固体。沿离心管壁慢慢加入 5.0mL 氯仿，不要搅拌或摇动，细心观察管内的反应现象，并解释现象出现的原因。

【结果与讨论】

1. 制备非活性 Co(Salen) 配合物时，在钴盐溶液加入配体溶液之前 5min 应开通氮气。
2. 在吸氧实验中体系不能漏气。
3. 在本实验条件下，Co(Salen) 配合物与吸收的氧气的物质的量之比为 2:1。
4. 数据记录

室温：_____

大气压：_____Pa

室温时的饱和水蒸气压：_____Pa

把实验测定的数据及其有关的数据填入表 1.52-1 中。

表 1.52-1　配合物的吸氧测定实验结果

实验序号	1	2	3	4	5	6	7
时间/min	0	2	4	6	8	10	12
量气管液面读数/mL							
吸收氧气体积/mL							

5. 数据处理

① 根据下式计算吸收氧气实验中 Co(Salen) 配合物的物质的量

$$n_1 = m/M$$

式中，n_1 为配合物的物质的量；m 为 Co(Salen) 配合物的质量；M 为 Co(Salen) 配合物的摩尔质量，325.233g·mol^{-1}。

② 计算吸收氧气物质的量 n_2

由已知的数据，求出一定温度和压强下被吸收的氧气体积，根据理想气体定律，计算被吸收氧气物质的量 n_2

$$pV = n_2 RT$$

根据上述计算结果，求出所吸收的氧气与配合物的物质的量的比值 n_2/n_1。

【思考题】

1. 在制备非活性 Co(Salen) 配合物时，为什么要通氮气保护？
2. Co(Salen) 配合物在溶剂 DMF 和 CHCl$_3$ 中有两种性质不同的吸氧和放氧作用，试从溶剂的性质来解释其所起的作用？
3. 用化学方程式表示 Co(Salen) 配合物的吸氧和放氧过程。

实验 1.53　一种具有吡咯并喹啉骨架的超氧阴离子小分子荧光探针的合成及性能研究

【实验目的】

1. 了解 Conrad-Limpach 反应合成喹啉环的方法。

2. 掌握 Vilsmeier-Haack 甲酰化反应的原理及其在有机合成中的应用。

3. 掌握用薄层色谱法跟踪反应进程的方法。

4. 掌握用核磁共振、质谱表征结构的方法及用紫外光谱、荧光光谱等研究小分子荧光探针性能的方法。

【实验原理】

超氧阴离子（superoxide anion，$O_2^{\cdot-}$）是细胞内氧气分子发生单电子还原产生的活性氧（reactive oxygen species，ROS）自由基。在生物体内，$O_2^{\cdot-}$ 主要是通过线粒体电子传递链（ETC）或附着在细胞膜上的 NADPH 氧化酶（Nox）作用产生的[1]。$O_2^{\cdot-}$ 是生物体内启动自由基链反应的起点，可经过反应转化为过氧化氢（H_2O_2）、羟基自由基（•OH）、单线态氧（$^1O_2$）等其他活性氧[2]。

$O_2^{\cdot-}$ 与细胞内抗氧化物质如超氧化物歧化酶（superoxide dismutase，SOD）等发生反应，对细胞增殖、损伤、死亡等过程进行调控，并广泛参与细胞信号转导。正常生理条件下 $O_2^{\cdot-}$ 浓度在生物体内保持动态平衡，显现独特的生理功能。而在一些病理条件下，机体内 $O_2^{\cdot-}$ 产生过多或清除减弱，就会导致活性氧含量的失衡，使得细胞产生氧化应激，进而导致癌症、心脑血管疾病、阿尔兹海默病、神经性疾病、衰老等疾病。

由于 $O_2^{\cdot-}$ 具有体内浓度低、寿命短而氧化活性高的特点，因此发展体内原位、实时、高灵敏性、高选择性检测 $O_2^{\cdot-}$ 的技术一直是活性氧研究的热点。一些传统的检测方法存在技术和操作上的局限性，如电子自旋共振法（ESR）、分光光度法、高效液相色谱法（HPLC）、质谱法、电化学法、化学发光法等存在耗时、仪器设备昂贵、操作较为复杂、选择性低、需用催化剂、需将细胞活组织离体破碎后进行体外检测等问题。小分子荧光探针由于其生物相容性好、渗透性良好、时空分辨率高、灵敏度高、易于操作等优点[3] 被广泛用于体内成像检测研究。

目前开发出的 $O_2^{\cdot-}$ 荧光探针，主要采取以下两种策略：①通过 $O_2^{\cdot-}$ 与探针分子发生亲核加成再消除的脱保护反应，释放荧光团生成荧光强度更强的荧光分子，主要包括对次磷酸酯的亲核加成和对苯磺酸酯或磺酸酯的亲核加成；②利用 $O_2^{\cdot-}$ 的氧化性，将荧光探针上的基团氧化，改变分子内电荷转移效应实现荧光增强，这些基团一般通过氧化生成苯并噻唑、邻二苯醌或 N-取代 Schiff 碱盐。

本实验采用第二种策略。先以 5-氨基吲哚和乙酰乙酸乙酯为原料，发生 Conrad-Limpach 反应生成具有吡咯并喹啉结构的酚；再以具有吡咯并喹啉结构的酚与三氯氧磷（$POCl_3$）和 N,N-二甲基甲酰胺（DMF）作用，发生 Vilsmeier-Haack 甲酰化反应，在结构中引入醛基；再将中间体醛与 2-氨基苯硫酚发生缩合反应生成目标产物探针分子。反应路线如下：

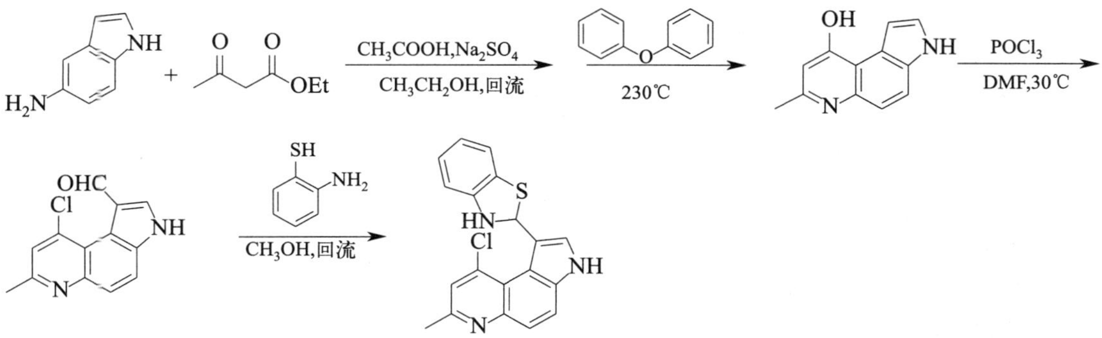

本实验荧光探针识别超氧阴离子的机理如下：

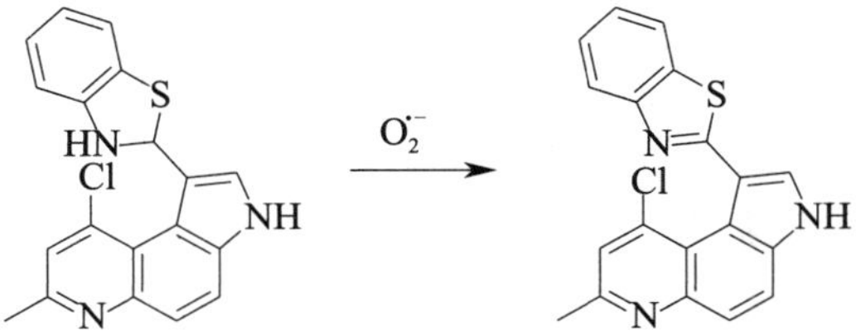

【仪器与试剂】

仪器：有机合成制备仪，紫外-可见分光光度计，荧光光度计，核磁共振波谱仪，液-质联用仪。

试剂：5-氨基吲哚，乙酰乙酸乙酯，乙酸，无水硫酸钠，正己烷，二苯醚，乙酸乙酯，三氯氧磷，N,N-二甲基甲酰胺，2-氨基苯硫酚，无水乙醇，甲醇，石油醚，氨水，超氧化钾。

【实验步骤】

1. 7-甲基-3H-吡咯[3,2-f]喹啉-9-酚的合成

在100mL圆底烧瓶中加入0.26g 5-氨基吲哚、0.5mL乙酰乙酸乙酯以及50mL无水乙醇，待溶解后，加入0.43g Na_2SO_4 和0.6mL冰醋酸，装上冷凝管加热回流5h，通过薄层色谱法（TLC）监测反应是否完成。反应结束后，过滤除去硫酸钠，用无水乙醇淋洗滤饼。浓缩蒸干乙醇后固体移至150mL三口烧瓶中，加入48mL二苯醚，加热至230℃，回流1h，自然冷却后，移至磁力搅拌器，加入75mL正己烷，充分搅拌后析出固体，乙酸乙酯淋洗得约0.26g黑色固体。

本实验约需7~8h。

2. 9-氯-7-甲基-3H-吡咯[3,2-f]喹啉-1-醛的合成

在干燥25mL圆底烧瓶中加入0.20g上述黑色固体（无须纯化）和1.5mL DMF，将烧瓶置于冰浴中冷却。搅拌下向体系中逐滴加入1.0mL $POCl_3$，在冰浴中继续搅拌15min。然后将烧瓶转移至磁力搅拌浴中，升温至30℃搅拌反应，TLC监测反应。待反应结束后（反应约需8h），移至冰浴中，搅拌下滴加7.5mL冰水，再继续滴加5.0mL氨水调节pH值至8~9，有棕色沉淀析出。经硅藻土抽滤，干燥，收集棕色滤饼，即为中间体醛粗品。

将醛粗品转入烧瓶，加入30.0mL乙酸乙酯，使溶，加入2.5g硅胶拌样。在色谱柱中装入7.5g硅胶，用洗耳球轻轻敲打色谱柱，使其填充均匀，用泵抽实，然后上样，再用洗耳球轻轻敲打，使样层填充均匀，再抽实，柱装填好后，加入5mm高的石英砂。用石油醚润湿柱身，待硅胶润湿后，用混合溶剂（$V_{石油醚}:V_{乙酸乙酯}=3:1$）开始洗脱，适度加压，控制流速。用TLC监测洗脱过程（展开剂为$V_{石油醚}:V_{乙酸乙酯}=2:5$的混合溶剂），经旋

转蒸发仪浓缩醛纯品溶液，得约 0.22g 黄色固体。

本实验约需 11h，反应约 9h，分离纯化 1～2h。

3. 荧光探针小分子 2-(9-氯-7-甲基-3H-吡咯[3,2-f]喹啉-1-基)-2,3-二氢苯并[d]噻唑的合成

在 50mL 圆底烧瓶中加入 0.24g 中间体醛和 15.0mL 甲醇，将烧瓶转移至恒温磁力搅拌浴中，用 1.00mL 注射器量取 0.15mL 2-氨基苯硫酚，在搅拌下加入反应瓶中，装上回流冷凝管，升温至回流反应。1.5h 后，经 TLC 确认反应完全。反应完全后，将反应瓶移出油浴，冷却。于旋转蒸发仪上浓缩至干，用刮刀刮下固体，加 10.0mL 乙酸乙酯搅洗。抽滤，常压下用混合溶剂 ($V_{乙酸乙酯}$：$V_{乙醇}$＝1：1) 淋洗滤饼，干燥得约 0.28g 黄色固体。

本实验约需 3～4h。

4. 探针分子性能的研究

称取 68mg 探针分子粉末，加入 10mL EP 管，用 9.7mL 甲醇溶解，密封待用；测试时用移液器移取探针溶液，用去离子水稀释。于真空手套箱中称取 70mg KO$_2$ 粉末，加入 25mL 磨口锥形瓶中，用翻口塞塞紧锥形瓶，在翻口塞上扎氮气球，用 10.0mL 无水二甲亚砜稀释待用，测试时用注射器吸取，立即于 EP 管中用移液器移取添加。注意按易制爆药品管理规范使用 KO$_2$。

(1) 紫外光谱的测定

预热仪器，设置好方法。将装有 2.0mL 去离子水的比色皿分别放入紫外-可见分光光度计吸收池的参比侧和样品侧卡槽中，作空白校正，校零。用 10μmol·L^{-1} 探针的待测溶液洗涤比色皿 3 次，在比色皿中加入 2.0mL 10μmol·L^{-1} 探针溶液，擦拭比色皿透光面，置于紫外-可见分光光度计中测试，得谱图。然后测得 10μmol·L^{-1} 探针溶液与 100μmol·L^{-1} KO$_2$ 溶液混合 5min 后的溶液谱图。

(2) 荧光检测

预热仪器，设置好方法。向比色皿中加入 2.0mL 10μmol·L^{-1} 探针的去离子水溶液，擦拭比色皿透光面，置于荧光分光光度计中测定，得谱图。然后分别测得 2.0mL 10μmol·L^{-1} 探针溶液与浓度为 10μmol·L^{-1}、20μmol·L^{-1}、50μmol·L^{-1}、100μmol·L^{-1}、150μmol·L^{-1}、200μmol·L^{-1}、250μmol·L^{-1}、300μmol·L^{-1}、350μmol·L^{-1}、400μmol·L^{-1} KO$_2$ 溶液混合 5min 后的溶液谱图，每个浓度梯度分别配 3 份，进行平行测试。

本实验约需 10h。

【注意事项】

1. 第一步合成加热至 230℃需使用电热套。第一步中间体无须纯化可直接进行下一步反应。

2. 甲酰化反应后处理产生的含三氯氧磷的废水要收集进入废液桶，以免污染环境。

3. 2-氨基苯硫酚有一定的气味，取用时需迅速，取用的注射器要封闭收集。

4. 荧光测试要进行平行试验。

5. KO$_2$ 应按照易制爆药品的使用规定进行取用，也可查询生成超氧阴离子的反应，检测反应生成的超氧阴离子。

【思考题】

1. 第一步合成中二苯醚的作用是什么？

2. 试写出 Vilsmeier-Haack 甲酰化反应的机理。

3. 使用易制爆药品有哪些注意点？

4．荧光是如何产生的？荧光探针由哪些部分组成？

【参考文献】

1．Dickinson，B．C，Chang C．J．Nat．Chem．Biol，2011，7：504．

2．Bae，Y S，Oh H，Rhee S G，et al．Mol．Cells，2011，32：491．

3．Yuan N，Lin W，Zheng K，et al．Chem．Soc．Rev．2013，42：622．

【附录】

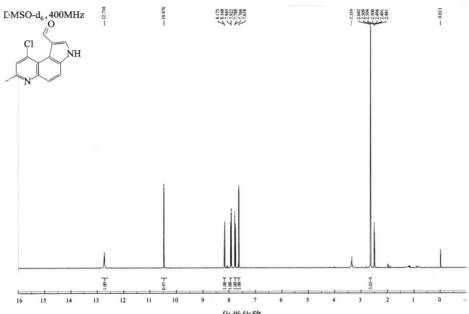

中间体醛的 ^{1}H NMR 谱

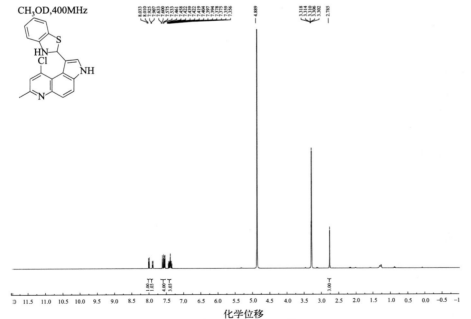

探针分子的 ^{1}H NMR 谱

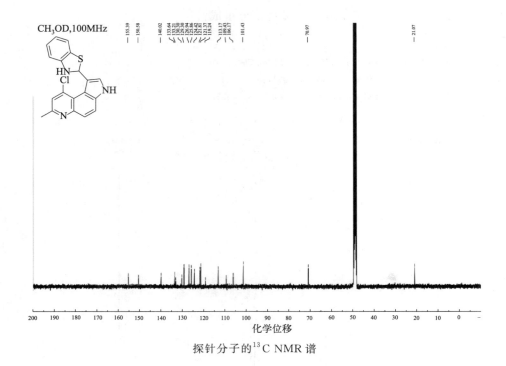

探针分子的¹³C NMR 谱

实验 1.54 N ,N-二甲基对苯二胺-水杨醛席夫碱的合成及聚集诱导发光(AIE)活性

【实验目的】

1. 掌握席夫碱类化合物合成的一般原理和方法。
2. 了解聚集诱导发光现象,掌握其表征手段。
3. 了解聚集诱导发光分子对 pH 的响应原理。

【实验原理】

聚集诱导发光现象(aggregation-induced emission,AIE)是由唐本忠院士团队在 2001 年首次发现并提出的概念。相较于传统有机发光材料在低浓度溶液中发光,而在溶液浓度提高或者聚集态时发光减弱甚至完全消失(聚集导致发光猝灭,ACQ),AIE 活性材料呈现完全相反的发光现象,也就是该类发光材料在聚集态下的发光会更强(图 1.54-1)。这一新概念改变了人们关于 ACQ 的传统认知,为克服传统发光材料的弊端提出了新的途径。AIE 研究引发了对有机发光机理的更深入探索,并带来了分子设计、材料制备聚集态结构调控及器件实际应用等多方面的深刻变革。目前针对 AIE 的研究已经形成了一个由我国科学家引领、多国科学家跟进的新研究领域。

聚集诱导发光机理的研究表明其发光过程可能与某些特殊的过程相关,如分子内旋转受限、J-聚集体形成、扭曲的分子内电荷转移及激发态分子内质子转移等。其中,基于水杨醛的席夫碱类化合物是具有独特聚集诱导发光现象的分子体系之一。本实验通过苯胺衍生物与水杨醛缩合制备该类席夫碱化合物,并对其聚集诱导发光行为及对 pH 的响应进行研究。该席夫碱合成路线见图 1.54-2。

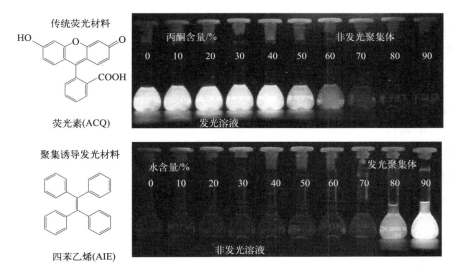

图 1.54-1　典型聚集诱导猝灭和聚集诱导发光化合物在不同比例良溶剂/不良溶剂中的荧光照片

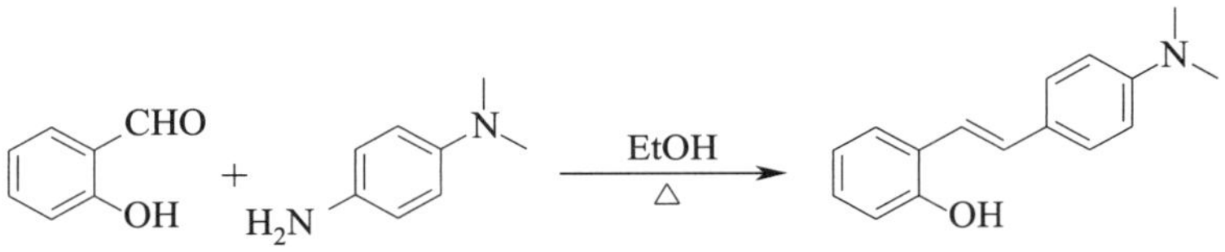

图 1.54-2　N,N-二甲基对苯二胺-水杨醛席夫碱的合成

【仪器与试剂】

仪器：圆底烧瓶（100mL），球形冷凝管，磁力加热搅拌器，玻璃棒，布氏漏斗，抽滤瓶，量筒，烧杯，紫外检测灯，薄层板，电子天平，移液枪。

试剂：N,N-二甲基对苯二胺，水杨醛，无水乙醇，正己烷，二氯甲烷，盐酸，氢氧化钠，去离子水。

【实验步骤】

1. N,N-二甲基对苯二胺-水杨醛席夫碱的合成

在 100mL 圆底烧瓶中，将 N,N-二甲基对苯二胺（2.72g）、水杨醛（2.44g）溶于 30.0mL 无水乙醇中，反应液升温至 60℃加热 1h。停止反应后将反应液冷却至室温后析出固体。反应液抽滤得粗产品席夫碱。用 10mL 乙醇分 2～3 次洗涤固体得 N,N-二甲基对苯二胺-水杨醛，固体产品干燥，称量，计算产率。

2. N,N-二甲基对苯二胺-水杨醛席夫碱的纯度检测

将少量样品置于塑料样品管（1mL）中，加入少量二氯甲烷溶解，所得溶液用点样毛细管进行薄层色谱分析。薄层板置于盛有展开剂（正己烷：二氯甲烷＝1：1）的展开缸中展开，结束后在紫外灯下观察产品是否纯。可尝试分别在波长 254nm 和 365nm 处观察产物点在薄层板上的吸收和发光现象；可尝试将溶剂未挥发的薄层板置于 365nm 的紫外检测灯下，观察展开剂挥发过程中化合物的发光现象。

3. N,N-二甲基对苯二胺-水杨醛席夫碱聚集诱导发光行为研究

称取 60mg 席夫碱，溶于 10.0mL 乙醇中配制 2.5×10^{-2} mol·L^{-1} 的母液。取 10 个 10mL

容量瓶，加入水体积分数分别为 0、10％、20％、30％、40％、50％、60％、70％、80％、90％的 10mL 乙醇-水混合溶剂，随后往容量瓶中依次加入 $20\mu L$ 母液，配制 $5\times10^{-5}\,mol\cdot L^{-1}$ 的席夫碱溶液。配制完毕，置于紫外灯（365nm）下观察样品的发光情况，并记录实验结果。

4. N,N-二甲基对苯二胺-水杨醛席夫碱对于 pH 的响应研究

分别取 2.0mL 上述水含量 90％的席夫碱溶液于两支塑料样品管（5mL）中，用 pH 试纸测量确定其酸碱性，随后取其中一支样品管中溶液用 $1mol\cdot L^{-1}$ 盐酸溶液调 pH 值至 3 以下。将上述两样品管置于紫外灯（365nm）下观察样品的发光情况，并记录实验结果。

【思考题】

1. 席夫碱制备的反应机理是什么？
2. 分析该席夫碱聚集诱导发光现象的可能机理。
3. 聚集诱导发光材料在哪些方面有潜在的应用？

【参考文献】

1. Mei J，Leung N L C，Kwok R T K，et al. Chem. Rev.，2015，115：11718-11940.
2. Luo J，Xie Z，Lam J W Y，et al. Chem. Commun.，2001，18：1740-1741.
3. Wang C，Li J，Wang Y，et al. Chem. Commun.，2016，52：3123-3126.

实验 1.55　三苯甲醇的制备和芳基自由基及正离子性质

【实验目的】

1. 掌握格氏试剂的制备、应用和反应条件。
2. 掌握搅拌、回流、水蒸气蒸馏、低沸点易燃液体的蒸馏及重结晶等操作。
3. 掌握通过格氏试剂制备三苯甲醇的原理及方法。
4. 掌握薄层色谱法鉴定反应的产物和副产物。

【基本原理】

格利雅试剂也称格氏试剂，是有机金属化合物中最重要的一类化合物，也是有机合成上非常重要的试剂之一。它是由卤代烃在无水乙醚中反应制得：

$$RX+Mg\longrightarrow RMgX$$

法国科学家格利雅首先发现此反应并且成功地用于有机合成，从而获得了 1912 年的诺贝尔化学奖。到目前为止，格氏试剂的结构还是不太清楚。

RMgX 能与醛、酮、酯、二氧化碳、环氧乙烷等反应，生成醇、酸等一系列化合物。所以 RMgX 在有机合成上用途极广。

$$C_6H_5Br+Mg\xrightarrow{\text{无水乙醚}}C_6H_5MgBr$$

$$C_6H_5MgBr+(C_6H_5)_2C{=}O\xrightarrow{\text{无水乙醚}}(C_6H_5)_3COMgBr$$

$$(C_6H_5)_3COMgBr\xrightarrow[H_2O]{NH_4Cl}(C_6H_5)_3COH$$

自由基、碳正离子和碳负离子是有机化学中的重要活性中间体，由于它们的活性很大，通常难以观察到它们的存在，三苯甲基自由基、三苯甲基正离子和三苯甲基负离子由于存在

三个苯环，使甲基碳上的单电子、正负电荷离域到三个苯环上（p-π 共轭），提高了它们的稳定性，从而可观察到它们的存在。

三苯甲基正离子的生成最为容易，只要将三苯甲醇溶于浓硫酸即可。

$$(C_6H_5)_3COH \xrightarrow{H_2SO_4} (C_6H_5)_3\overset{+}{C}$$

无色　　　　　　　橙红色

三苯甲基正离子遇到大量水又会生成无色的三苯甲醇。

$$(C_6H_5)_3\overset{+}{C}+H_2O \longrightarrow (C_6H_5)_3COH$$

三苯甲基自由基首先由 M. Gombeg 发现，他试图用三苯基氯甲烷和金属粉末反应制备六苯基乙烷，结果发现了三苯甲基自由基，这一发现对自由基化学的发展产生了极大的影响。

$$(C_6H_5)_3COH+CH_3COCl \xrightarrow{石油醚} (C_6H_5)_3CCl+CH_3COOH$$

$$2(C_6H_5)_3CCl \xrightarrow{锌粉} \begin{matrix}(C_6H_5)_3C\\ \\ H\end{matrix}\!=\!\!C(C_6H_5)_2 \rightleftharpoons 2(C_6H_5)_3\overset{\cdot}{C}$$

橘黄色

三苯甲基自由基能与氧反应，产生白色的过氧化物沉淀。

$$2(C_6H_5)_3\overset{\cdot}{C}+O_2 \longrightarrow (C_6H_5)_3C-O-O-C(C_6H_5)_3$$

白色沉淀

【仪器与试剂】

仪器：有机合成制备仪。

试剂：镁屑，溴苯，二苯甲酮，无水乙醚，氯化铵，乙醇，冰醋酸，浓硫酸，石油醚（30～60℃），乙酰氯，甲苯。

【实验步骤】

1. 三苯甲醇的制备

（1）苯基溴化镁的制备

在 250mL 三口烧瓶[1] 上分别装置搅拌器、冷凝管及滴液漏斗，在冷凝管及滴液漏斗的上口装置氯化钙干燥管。瓶内放置 0.8g 镁屑[2] 及一小粒碘片[3]，在滴液漏斗中混合 3.2mL 溴苯及 15.0mL 无水乙醚。先将三分之一的混合液滴入烧瓶中，数分钟后即见镁屑表面有气泡产生，溶液轻微浑浊，碘的颜色开始消失。若不发生反应，可用水浴或手掌温热。反应开始后开始搅拌，缓缓滴入其余的溴苯醚溶液，控制滴加速度以保持溶液微沸。加毕，水浴继续回流 0.5h，使镁屑作用完全。

（2）三苯甲醇的制备

将已制好的苯基溴化镁试剂置于冷水浴中，在搅拌下由滴液漏斗滴加 5.5g 二苯酮和 20.0mL 无水乙醚的混合液，控制滴加速度使反应平稳进行。滴加完毕后，使反应混合物在水浴上回流 0.5h，使反应进行完全。将反应物改为冰水浴冷却，在搅拌下由滴液漏斗缓慢滴加由 6.0g 氯化铵配成的饱和水溶液（约 22mL 水），分解加成产物[4]。将反应装置改为蒸馏装置，在水浴上蒸去乙醚，再将残余物进行水蒸气蒸馏，以除去未反应的溴苯和联苯等副产物。瓶中剩余物冷却后凝为固体，抽滤收集。粗产物用 80% 的乙醇进行重结晶，干燥后产量为 4.5～5.0g，熔点 161～162℃[5]。纯三苯甲醇为无色棱状晶体，熔点 162.5℃。

2. 三苯甲基碳正离子的生成及其性质

在一洁净、干燥的试管中，加入少许三苯甲醇（约 0.02g）及 2mL 冰醋酸，温热使其溶解，向试管中滴加 2～3 滴浓硫酸，立即生成橙红色溶液，然后加入 2mL 水，颜色消失，并有白色沉淀生成（是什么？）。

3. 三苯甲基自由基的生成及其性质

（1）三苯基氯甲烷的制备

在干燥 50mL 圆底烧瓶中装上连有氯化钙干燥管和气体吸收装置的回流冷凝管，加入 2.6g 三苯甲醇、10.0mL 石油醚及 2.3mL 乙酰氯[6]，水浴加热回流，直至使反应物呈均相为止（约 45min）[7]。然后有冰浴冷却反应物，使产物结晶析出，过滤出产物，用少量石油醚洗涤产物，抽干后立即将产物存放于干燥小瓶中，并塞紧塞子[8]。产物为白色结晶，重约 2.1g，熔点 111～112℃。纯三苯基氯甲烷的熔点为 112℃[9]。

（2）三苯甲基自由基的生成及其性质

在 25mL 锥形瓶中放入 0.4g 三苯基氯甲烷及 10mL 无水甲苯，振摇使其溶解。然后加入少量锌粉，用塞子塞住瓶口，振摇片刻，即有橘黄色的三苯甲基自由基生成。静置片刻后，将上层澄清的溶液倒入另一锥形瓶中，继续振摇锥形瓶，随着时间的增加，将会观察到白色的过氧化物沉淀逐渐增多。

【结果与讨论】

测定所得产物的熔点，检验其纯度，计算产率。

【注意事项】

1. Grignard 反应的仪器使用前应尽可能干燥。有时作为补救和进一步清除仪器所形成的水化膜，可将已加入镁屑和碘粒的三口烧瓶在石棉网上用小火加热几分钟，使之彻底干燥。烧瓶冷却时可通过氯化钙干燥管吸入干燥的空气。在加入溴苯醚溶液前，需将烧瓶冷至室温，熄灭周围使用的火源。

2. 如用镁条代替镁屑时，要用砂纸将镁条表面的氧化膜砂去，并剪成小碎片。

3. 最好先不加碘，在用手掌或温水引发反应无效时再加入，应尽量少加碘，否则给后处理带来麻烦。

4. 饱和氯化铵水溶液分解加成产物是放热反应，开始应慢慢加入，否则反应剧烈反应中的放热使乙醚冲出；如反应中的屑状氢氧化镁未完全溶解时，可加入几滴稀盐酸促使其全部溶解。

5. 本试验可用薄层色谱鉴定反应的产物和副产物。用滴管吸取少许水解后的醚溶液于一干燥的锥形瓶中，在硅胶 G 薄层板上点样，用 1：1 的苯-石油醚作展开剂，在紫外灯下观察，用铅笔在荧光点下作出记号，从上到下三个点分别代表联苯、二苯酮和三苯甲醇，计算它们的 R_f 值。可能的话，用标准样品进行比较。

6. 石油醚极易燃烧，操作时周围切忌明火。

7. 乙酰氯有强烈的刺激性和腐蚀性，取用应在通风柜中操作。如果沾在皮肤上，立即用大量水冲洗。

8. 若反应物中尚有固体物存在，可加入少量乙酰氯继续反应，直至反应物呈均相。

9. 三苯基氯甲烷极易被潮气水解，所以产物不能长久地敞开在空气中。

【思考题】

1. 格氏反应的原理是什么？本实验的成败关键何在？为什么整个过程要无水干燥？

2. 本实验中溴苯加入太快或一次加入，有什么影响？

3. 如乙醚中含有乙醇，对反应有何影响？

4. 写出苯基溴化镁试剂与下列化合物反应的方程式（包括用稀酸水解反应化合物）：二氧化碳、乙醇、氧、对甲基苯甲腈、甲酸乙酯、苯甲醛。

5. 用混合溶剂进行重结晶时，何时加入活性炭脱色？能否加入大量的不良溶剂，使产物全部析出？抽滤后的结晶应该用什么溶剂洗涤？

实验 1.56　脲醛树脂的制备和木板胶合试验

【实验目的】

1. 掌握脲醛树脂合成的原理及方法。

2. 掌握回流、搅拌及减压蒸馏的操作。

【基本原理】

聚合反应是合成高分子化合物的化学基础，根据单体的不同，可以分为加聚反应和缩聚反应。

脲醛树脂是由尿素与甲醛溶液经缩合反应而成的热固性树脂，共分三个阶段：

1. 生成二羟甲脲或二羟甲脲及一羟甲脲的混合物

$$
\begin{array}{c}
H_2N \\
\diagdown \\
C{=}O + HCHO \longrightarrow O{=}C \\
\diagup \\
H_2N
\end{array}
\begin{array}{c}
NHCH_2OH \\
\diagup \\
\diagdown \\
NH_2
\end{array}
\quad \text{一羟甲脲}
$$

$$
\begin{array}{c}
H_2N \\
\diagdown \\
C{=}O + 2HCHO \longrightarrow O{=}C \\
\diagup \\
H_2N
\end{array}
\begin{array}{c}
NHCH_2OH \\
\diagup \\
\diagdown \\
NHCH_2OH
\end{array}
\quad \text{二羟甲脲}
$$

2. 树脂化阶段

3. 硬化阶段

脲醛缩聚反应十分复杂，至今还没有公认的理论，但一羟甲脲和二羟甲脲是反应的初步产物，是大家公认的。

脲醛树脂的制造方法很多，随着要求不同而有不同的配方。影响反应的主要因素有：①脲与甲醛的配料比；②反应介质的 pH 值；③反应温度及反应时间。

【仪器与试剂】

仪器：电动搅拌器，有机合成制备仪。

试剂：尿素，37%甲醛，乌洛托品，5%氢氧化钠溶液，氯化铵，木板。

【实验步骤】

1. 脲醛树脂的制备

在 50mL 四口烧瓶上，装上电动搅拌器、温度计和回流冷凝管。将 24.0mL 37%的甲醛[1] 倒入烧瓶中，再加入 0.20g 乌洛托品。用 5% NaOH 溶液调整 pH 值为 7.2～7.5（用精密 pH 试纸测定）。然后加入 8.0g 尿素，在水浴上加热升温到 94～96℃保温，每隔 10min

用精密 pH 试纸测定溶液的 pH 值，约 40min 后，pH≈5，并达到溶液澄清。再加入 0.50g 尿素，继续保温 45min[2]，降温至 85℃，用 5% NaOH 溶液调节 pH 值为 7.2～7.5。

调节 pH 值后，保温在 85℃，减压脱水[3] 至适当黏度[4]，降温，再次调节 pH 值至 7.2～7.5，停止搅拌，出料[5]。

2. 胶合试验

将几块小木板的黏合面刨平。取少量树脂胶，加入少量固化剂混匀[6]。将树脂胶涂刷在木板的黏合面上，然后拼接。室温放置 24h，试验其黏合程度。

实验时间 5h。

【结果与讨论】

制备脲醛树脂时，尿素与甲醛的摩尔比为 1:(1.6～2.0) 为宜，尿素可以一次加入，但分两次加入更好。这样可以使其与甲醛充分反应，从而减少树脂中游离的甲醛。脲醛树脂中游离的甲醛过多，对环境有什么影响？

【注意事项】

1. 甲醛放置后将产生甲酸，故应用 NaOH 溶液调节 pH，但应特别注意，在调节 pH 之前应先测定体系的 pH 值，对于新鲜甲醛，有时仅需加半滴 pH 值便达到 7.2～7.5。

2. 在此时间若发现黏度剧增，出现冻胶，可能是由于：

① 酸度大，pH 值达到 4.0 以下；

② 升温太快，或温度超过 100℃。

此时应立即采用下列措施补救：

① 降低温度；

② 加入适当的甲醛水溶液稀释树脂，从反应内部降温；

③ 加入适量的 NaOH 水溶液，把 pH 调节到 7.0，酌情决定出料或继续加热使反应进行下去。

3. 亦可常压脱水，不过应注意，该过程中有甲醛蒸出，应在通风橱中进行。

4. 用玻棒蘸树脂，最后两滴迟迟不落，末尾略带丝状，收缩回棒上，则表示已经成胶，或取少量树脂放在手上，约 1min 后觉得有一定的黏度，同样表明已经成胶。

5. 树脂胶是微碱性，由于含有游离甲醛，久存氧化成甲酸，使黏度增加，pH 值下降，而发生自行硬化，为此贮存树脂胶必须：

① 贮存中室温 25℃ 以下，以 15～20℃ 为宜；

② 贮存中发现 pH 值下降，可以用 10% NaOH 溶液调节，但不宜太多，否则影响固化；

③ 贮盛和涂刷用的工具不带有酸性或碱性；

④ 脲醛胶中含有游离甲醛，对眼睛和呼吸道有刺激，室内加强通风，但一般不会超过安全规范的极限。

6. 脲醛树脂在使用时要加入固化剂，常用的且具有优良性能的是氯化铵，其配制方法是：氯化铵 20 份、水 80 份。在这里用量少，不必严格按上述配方。

固化剂的用量不宜太多，太多则胶质变脆；也不宜太少，太少则固化时间太长。在室温下，一般树脂胶与固化剂的重量比以 100:(0.5～1.2) 为宜，加入固化剂后应充分调匀。

【思考题】

1. 聚合反应是合成高分子化合物的化学基础，举例说明什么是加聚反应？什么是缩聚反应?

2. 刮备脲醛树脂时，经胶合试验，发现黏合效果较差，分析黏合效果较差的原因。

实验 1.57　2-甲基-2-丁烯的制备和气相色谱含量的测定

【实验目的】

1. 掌握醇消除反应的原理及烯烃的制备方法。
2. 掌握分馏、分液漏斗的使用方法，熟悉液体有机化合物的干燥及蒸馏的操作。
3. 掌握产物用气相色谱的检测方法。

【基本原理】

烯烃的工业制备是石油的裂解，主要可以得到乙烯、丙烯、丁烯等。对于指定结构的烯烃，通常采用卤代烃脱卤化氢或醇脱水等方法来制备。

醇在硫酸或磷酸等酸性催化剂存在下经加热失去一分子水得到烯烃：

$$CH_3CH_2OH \xrightarrow{H^+} CH_2{=}CH_2 + H_2O$$

醇脱水的反应比较复杂，制备的烯烃只限于一些小分子量烯烃，如果制备高分子量烯烃就会有很多的副反应发生，产率不高。

醇在酸性条件下的脱水反应是经过碳正离子中间体进行的，如果结构允许可能存在结构重排。如果在 Al_2O_3 存在下脱水不发生重排。当存在多种产物时，主要产物是（多取代的）稳定烯烃（Saytzev 烯烃）。不同结构的醇进行脱水反应活性顺序是：叔醇＞仲醇＞伯醇，这与碳正离子稳定性顺序相一致。

$$CH_2CH_2\overset{\overset{\displaystyle OH}{|}}{\underset{\underset{\displaystyle CH_3}{|}}{C}}CH_3 \xrightarrow[\triangle]{H_2SO_4} CH_3CH{=}C(CH_3)_2 + CH_3CH_2\overset{}{\underset{\underset{\displaystyle CH_3}{|}}{C}}{=}CH_2$$

（主要产物）　　　（次要产物）

【仪器与试剂】

仪器：气相色谱仪（配氢火焰离子化检测器），毛细管色谱柱（固定相：SE-30，载体：硅烷化白色载体；$0.32mm{\times}30m{\times}0.5\mu m$），微量进样器（$1\mu L$）。

试剂：叔戊醇，浓硫酸，无水硫酸镁，10%氢氧化钠溶液，高纯氮气（载气）和氢气，2-甲基-2-丁烯标样。

【实验步骤】

1. 2-甲基-2-丁烯的制备

在 100mL 圆底烧瓶中加入 18.0mL 水，在冰水浴冷却下，边振摇边往烧瓶中慢慢加入 9.0mL 浓硫酸。待溶液冷却后，边冷却边加入 15.0g 叔戊醇，充分摇振使之混合均匀[1]。加入几粒沸石，装配蒸馏装置，接收瓶浸在冷水中冷却。将烧瓶在电热套上小火缓慢加热至沸，继续以小火加热，直至烃类完全蒸出为止。

馏出液转移至分液漏斗中，加入 5mL 10%氢氧化钠溶液，洗涤一次，再用等体积的水洗涤。分出有机相，用 1~2g 无水氯化钙干燥[2]。待溶液清亮透明后，滤入蒸馏瓶中，加入几粒沸石后用水浴分馏[3]，收集 40℃ 以前的馏分于一已称重的小锥形瓶中。若蒸出产物浑浊，必须重新干燥后再蒸馏。产量 7.0～8.0g。

纯 2-甲基-2-丁烯的沸点为 35～38℃，折射率 n_D^{20} 为 1.3870。

测定所合成 2-甲基-2-丁烯的折射率，与文献数据相比较。

实验时间约需 4h。

2. 气相色谱法测定 2-甲基-2-丁烯的含量

（1）开启仪器，设定实验操作条件。操作条件为：柱温 110℃，气化温度为 180℃，检测器温度 185℃，载气流量 50mL·min^{-1}。

（2）开启色谱工作站，进入"样品采集"窗口。

（3）当色谱仪温度达到设定值后，氢火焰离子化检测器点火[4]。待仪器的电路、气路系统达到平衡，工作站采样窗口显示的基线平直后即可进样。

（4）测定环己烯样品　将实验中合成得到的环己烯用微量进样器吸取 0.1～0.3μL 样品进样，用色谱工作站采集记录色谱数据并记录谱图文件名。重复进样两次[5]。

（5）测定 2-甲基-2-丁烯标样　在相同的条件下，吸取 0.3μL 2-甲基-2-丁烯标样进样测定。用色谱工作站采集色谱数据，并记录谱图文件名。重复进样两次。

（6）数据处理和记录　进入色谱工作站的数据处理系统，依次打开色谱图文件并对色谱图进行处理，同时记下各色谱峰的保留时间和峰面积。

（7）实验完毕，用乙醚抽洗微量进样器数次，并关闭仪器和计算机。

【结果与讨论】

纯 2-甲基-2-丁烯的沸点为 35～38℃，折射率 n_D^{20} 为 1.4465，测定所合成 2-甲基-2-丁烯的折射率，与文献数据相比较。

将合成样品所测得色谱图中各峰的保留时间与 2-甲基-2-丁烯标样的保留时间相比较，确定哪一个峰代表 2-甲基-2-丁烯，用归一化法计算合成样品中 2-甲基-2-丁烯的含量[6]。

2-甲基-2-丁烯也可用 2-甲基-2-氯丁烷脱氯化氢制得，试设计其反应步骤[7]，比较二者的优缺点。

【注意事项】

1. 叔戊醇与硫酸溶液应充分混合，否则在加热过程中会局部炭化。

2. 水层应尽可能分离完全，否则将增加无水氯化钙的用量，使产物更多地被干燥剂吸附而损失。这里用无水氯化钙干燥较合适，因为它还可除去少量叔戊醇（醇与氯化钙可生成配合物）。

3. 产品是否清亮透明，是衡量产品是否合格的外观标准。因此在蒸馏已干燥的产物时，所用蒸馏仪器应充分干燥。

4. 氢火焰离子化检测器的点火必须在色谱仪的柱温、检测器温度、进样温度达到设定值后方可进行，点火之后应检查点火是否成功。

5. 进样操作姿势是否正确，将影响实验结果的可重复性。

6. 所合成样品中还有叔戊醇、水等一些化合物，它们在检测器上的响应值与 2-甲基-2-丁烯不同。严格说该样品的归一化法定量时应采用校正因子，即用公式 $c_i = (m_i/\sum m_i) \times 100\% = (f_i A_i/\sum f_i A_i) \times 100\%$ 计算。但由于未对合成样品作全面的定性分析，不知道每一个色谱峰所代表的物质，因此无法求得它们的校正因子。故本实验用公式 $c_i = (A_i/\sum A_i) \times$

100%计算 2-甲基-2-丁烯的含量。

7. 进样之前应用试样抽洗微量进样器数次，以保证进样器不受别的样品污染。进样之后，应用乙醚抽洗进样器数次，以防止其堵塞。

【思考题】

1. 叔戊醇和硫酸溶液需充分混合，为什么？

2. 写出无水氯化钙吸水后的化学方程式，为什么蒸馏前一定要将它过滤掉？

3. 实验中如果发生某同学产品浑浊，为什么？如何避免？

4. 分别写出下列醇用浓硫酸及三氧化二铝脱水的产物：①3-甲基-1-丁醇；②3-甲基-2-丁醇；③3,3-二甲基-2-丁醇。

实验 1.58　乙酰乙酸乙酯的制备及互变异构体的紫外光谱的研究

【实验目的】

1. 了解并掌握乙酰乙酸乙酯的制备原理与方法。

2. 巩固装有干燥管的回流装置及操作。

3. 进一步熟悉减压蒸馏装置及操作。

4. 了解并掌握用紫外光谱的方法研究乙酰乙酸乙酯的互变异构体的原理。

【实验原理】

含 α-活泼氢的酯在碱性催化剂存在下，能与另一分子的酯发生 Claisen 酯缩合反应，生成 β-羰基酸酯，乙酰乙酸乙酯就是通过这一反应来制备的。当用金属钠作催化剂时，真正的催化剂是钠与乙酸乙酯中残留的少量乙醇作用产生的醇钠。一旦反应开始，乙醇就可不断地生成并和金属钠继续作用，如用高纯度的乙酸乙酯和金属钠反而不能发生缩合反应。反应经历了下述平衡过程：

$$CH_3CO_2C_2H_5 \xrightarrow{NaOC_2H_5} {}^-CH_2CO_2C_2H_5$$

$$CH_3\overset{O}{\overset{\|}{C}}OC_2H_5 + {}^-CH_2CO_2C_2H_5 \rightleftharpoons CH_3\overset{O^-}{\underset{CH_2CO_2C_2H_5}{\overset{|}{\underset{|}{C}}}}OC_2H_5 \rightleftharpoons CH_3\overset{O}{\overset{\|}{C}}CH_2\overset{O}{\overset{\|}{C}}OC_2H_5 + {}^-OC_2H_5$$

$$CH_3\overset{O}{\overset{\|}{C}}CH_2\overset{O}{\overset{\|}{C}}OC_2H_5 + {}^-OC_2H_5 \rightleftharpoons CH_3\overset{O}{\overset{\|}{C}}CHCOC_2H_5 + HOC_2H_5$$

反应发生后，生成的是乙酰乙酸乙酯的钠化物，因此必须用乙酸酸化，才能使乙酰乙酸乙酯游离出来。

$$CH_3\overset{O}{\overset{\|}{C}}CHCOC_2H_5 + CH_3COOH \longrightarrow CH_3\overset{O}{\overset{\|}{C}}CH_2\overset{O}{\overset{\|}{C}}OCC_2H_5$$

乙酰乙酸乙酯是互变异构现象的一个典型例子，它是酮式和烯醇式平衡的混合物，在室温时含 92% 的酮式和 8% 的烯醇式。

$$CH_3CCH_2COC_2H_5 \rightleftharpoons$$

两种异构体表现出各自的性质，在一定的条件下能够分离。但在微量酸碱的催化下，两种异构体迅速转化成平衡混合物。溶剂对平衡位置有明显的影响。

在乙酰乙酸乙酯的酮式异构体中，只有孤立的羰基，其中 $\pi \rightarrow \pi^*$ 跃迁的 λ 在 204nm 左右，R 吸收带 $n \rightarrow \pi^*$ 跃迁的 λ 在 280nm 左右，这两种吸收的 ε 都很小；在乙酰乙酸乙酯的烯醇式中，存在共轭的双键，在紫外光谱中有 K 吸收带，其 λ 在 245nm 左右，这种吸收的 ε 很大，故可作为烯醇式的特征吸收带，用于含量测定。

【仪器与试剂】

仪器：有机合成制备仪，岛津 UV-265 型分光光度计。

试剂：乙酸乙酯[1]，金属钠[2]，二甲苯，甲苯，乙酸，饱和氯化钠溶液，无水硫酸钠，正己烷，乙醚、乙醇。

【操作步骤】

1. 乙酰乙酸乙酯的制备

在干燥的 100mL 圆底烧瓶中，加入 2.5g 金属钠和 12.5mL 二甲苯，装上冷凝管，在电热套上小心加热使钠溶解，立即撤去冷凝管，用橡皮塞塞紧圆底烧瓶，用力来回振摇，即得细粒状钠珠。稍经放置后钠珠即沉于瓶底，将二甲苯倾倒后倒入公用的回收瓶中（切勿倒入水槽或废物缸，以免引起火灾）。迅速向瓶内加入 27.5mL 的乙酸乙酯，重新装上冷凝管，并在其顶端装一氯化钙干燥管，反应随即开始，并有气泡逸出。如反应不开始或很慢，可稍加温热。待激烈的反应过后，将反应瓶在电热套上用小火加热（小心），保持微沸状态，直至所有的金属钠几乎全部作用为止[3]，反应约需 1.5h，此时生成的乙酰乙酸乙酯的钠盐为橘红色透明溶液（有时析出黄白色的沉淀）。待反应物稍冷后，在振荡下加入 50% 的乙酸溶液，直到反应液呈弱酸性为止（约需 15ml）[4]，此时，所有的固体物质均已溶解，将反应物转入分液漏斗，加入等体积饱和氯化钠溶液，用力振摇片刻，静置后，乙酰乙酸乙酯分层析出。分出粗产物，用无水硫酸钠干燥后滤入蒸馏瓶，并用少量的乙酸乙酯洗涤干燥剂。在沸水浴中蒸去未作用的乙酸乙酯，将剩余液移入克氏蒸馏烧瓶中进行减压蒸馏[5]。减压蒸馏时需缓慢加热，待残留的低沸物蒸出后，再升高温度，收集乙酰乙酸乙酯，产量约 6.0g[6]。

180.4℃[7]/760mmHg 或 100℃/80mmHg 或 88℃/30mmHg 或 78℃/18mmHg

2. 乙酰乙酸乙酯的互变异构体的紫外光谱的研究

（1）乙酰乙酸乙酯溶液的配制（逐级稀释法）

① 乙酰乙酸乙酯的乙醇溶液

a. 用移液管准确移取 12.74mL 乙酰乙酸乙酯于一干燥的 25mL 容量瓶中，用无水乙醇稀释、定容、混匀。

b. 准确移取 1.00mL 上述溶液于一干燥的 100mL 容量瓶中，以无水乙醇稀释、定容、混匀。

c. 准确移取 1.00mL 上述溶液于一干燥的 10mL 容量瓶中，以无水乙醇稀释、定容、混匀。

d. 再准确移取 1.00mL 上述溶液于一干燥的 10mL 容量瓶中，以无水乙醇稀释、定容、混匀。

e. 按上述步骤平行做 3 次，所配乙酰乙酸乙酯的乙醇溶液浓度为：

$$c_{乙醇} = 4 \times 10^{-4} \, \text{mol} \cdot \text{L}^{-1}$$

② 乙酰乙酸乙酯乙醚溶液（配制方法同上）所配乙酰乙酸乙酯的乙醚溶液浓度为：

$$c_{乙醚} = 1.02 \times 10^{-4} \, \text{mol} \cdot \text{L}^{-1}$$

③ 乙酰乙酸乙酯的正己烷溶液（配制方法同上）所配乙酰乙酸乙酯的正己烷溶液浓度为：

$$c_{正己烷} = 5 \times 10^{-5} \, \text{mol} \cdot \text{L}^{-1}$$

（2）乙酰乙酸乙酯紫外光谱的测定

以相应的溶剂作为参比，分别测定乙酰乙酸乙酯的乙醇溶液、乙醚溶液和正己烷溶液在 200～300nm 范围内的紫外光谱，确定最大吸收波长（λ_{max}）列于表 1.58-1。理论上来讲，乙酰乙酸乙酯在不同的溶剂中 λ_{max} 变化不大，应在 245nm 左右处。测定乙酰乙酸乙酯在三种溶液中在 245nm 处的吸光度，列于表 1.58-2。

表 1.58-1 乙酰乙酸乙酯在不同溶剂中的 λ_{max}

溶剂名称	乙醇	乙醚	正己烷
λ_{max}/nm			

表 1.58-2 乙酰乙酸乙酯在 245nm 处的吸光度

溶剂名称	乙醇	乙醚	正己烷
A_1			
A_2			
A_3			
$\overline{A}$			

（3）乙酰乙酸乙酯烯醇式的含量计算

计算出平衡溶液中烯醇式含量，列于表 1.58-3。

$$A = \varepsilon l c$$

$$w = \frac{c}{c_0} \times 100\% = \frac{A}{\varepsilon c_0} \times 100\%$$

式中，A 为吸光度；c_0 为乙酰乙酸乙酯溶液的总浓度；w 为烯醇式的含量；c 为平衡溶液中烯醇式的浓度；ε 为纯烯醇式的摩尔吸光系数，可采用文献值 $\varepsilon = 18000$。

表 1.58-3 平衡溶液中烯醇式含量

溶剂名称	乙醇	乙醚	正己烷
$c_1/\text{mol} \cdot \text{L}^{-1}$			
$c_2/\text{mol} \cdot \text{L}^{-1}$			
$c_3/\text{mol} \cdot \text{L}^{-1}$			
$c_4/\text{mol} \cdot \text{L}^{-1}$			
$\overline{c}/\text{mol} \cdot \text{L}^{-1}$			
$\overline{w}$			

（4）乙酰乙酸乙酯互变异构平衡常数计算

乙酰乙酸乙酯互变异构平衡常数可采用下列公式计算并列于表 1.58-4 中：

$$K = \frac{c}{c_0 - c}$$

表 1.58-4　乙酰乙酸乙酯在不同溶剂中的 K

溶剂名称	乙醇	乙醚	正己烷
K_1			
K_2			
K_3			
$\overline{K}$			

【结果与讨论】

在不同的极性溶剂中，乙酰乙酸乙酯的烯醇式含量有什么变化规律？为什么？

【注意事项】

1. 乙酸乙酯必须绝对干燥，但其中应含有 1％～2％的乙醇。

2. 金属钠遇水即燃烧、爆炸，故使用时严格防止与水接触，称量或切片过程中应当迅速，以免被空气中水汽浸蚀或被氧化。

3. 用乙酸中和时，开始有固体析出，继续加酸并不断振摇，固体会逐渐消失，最后得到澄清的液体，如尚有少量的固体未溶解，可加少许的水使其溶解，但应避免加入过量的乙酸，否则会增加酯在水中的溶解度而降低产率。

4. 用乙酸中和时，开始有固体析出，继续加酸并不断振摇，固体会逐渐消失，最后得到澄清的液体。如尚有少量固体未溶解时，可加少许水使之溶解。应避免加入过量的乙酸，否则会增加酯在水中的溶解度而降低产量。

5. 乙酰乙酸乙酯在常压蒸馏时易分解而降低产量。

6. 产率按金属钠计算。该实验最好连续进行，如间隔时间过长，会因去水乙酸的生成而降低产量。

7. 实验时室温不宜过高，应控制在 15～20℃，温度过高会引起溶剂挥发严重，影响实验结果。

【思考题】

1. Claisen 酯缩合反应的催化剂是什么？本实验为什么可以用金属钠代替？

2. 本实验中加入 50％的乙酸溶液和饱和氯化钠溶液的目的何在？

实验 1.59　乙酸乙酯的合成和皂化反应速率常数的测定

【实验目的】

1. 了解酯化反应的基本原理和方法，熟练掌握蒸馏、洗涤等基本操作。

2. 了解 DDS-11A 型电导率仪的测量原理，掌握该电导率仪的使用方法。

3. 掌握电导法测定乙酸乙酯皂化反应的级数、速率常数和活化能的原理和方法。

【**实验原理**】

酯的制备归纳起来有如下几种方法：羧酸与醇的酯化反应，羧酸盐与卤代烷的亲核取代反应及酸酐和酰卤的醇解反应等。一般酯的制备常用羧酸与醇直接进行酯化反应：

$$R-\overset{O}{\underset{OH}{\|}} \ +R'OH \xrightarrow{H^+} R-\overset{O}{\underset{OR'}{\|}} \ +H_2O$$

反应的结果是醇分子中的烷氧基将羧基中的羟基取代，生成酯和水。该反应需要酸催化。常用的酸是硫酸、盐酸或苯磺酸等。酯化反应是一个可逆反应，为了提高酯的产量，必须使反应尽量向右方进行，为此常采取的方法是不断移去反应中生成的酯和水，以及加入过量的醇或酸。具体是酸过量还是醇过量，取决于原料是否易得及操作是否方便等因素。本实验使用适量的乙醇与乙酸作用，以浓硫酸作催化剂合成乙酸乙酯：

$$H_3C-\overset{O}{\underset{OH}{\|}} \ +C_2H_5OH \xrightleftharpoons{浓\ H_2SO_4} H_3C-\overset{O}{\underset{OC_2H_5}{\|}} \ +H_2O$$

由于乙酸乙酯可以与水形成共沸物，其沸点比乙醇和乙酸的低，故很容易将生成的酯从反应体系中蒸出。馏出液中除乙酸乙酯和水外，还有少量的乙醇、乙酸等，故需要用碳酸钠溶液洗去酸，用饱和氯化钙溶液洗去醇。

乙酸乙酯的皂化反应是二级反应，反应式为

$$CH_3COOC_2H_5+OH^- \longrightarrow CH_3COO^-+C_2H_5OH$$

设该反应的反应物乙酸乙酯和碱（NaOH）的起始浓度相同，均为 c_0，则其反应的动力学方程式为：

$$\frac{dc}{dt}=kc^2 \tag{1.59-1}$$

积分得：

$$k=\frac{1}{tc_0}\frac{c_0-c}{c} \tag{1.59-2}$$

式中，c_0 和 c 分别为反应物的起始浓度和反应进行中任一时刻 t 的浓度。

测定反应进程中任一时刻 t 的浓度有多种方法，本实验采用电导法测定。

用电导法测定任一时刻浓度（c）值的依据是：在所研究的体系中，乙酸乙酯和乙醇不具有明显的导电性，它们浓度的改变不至影响电导率的数值。体系对电导率影响较大的仅仅是 CH_3COO^- 和 OH^-。由于 OH^- 的离子迁移率约为 CH_3COO^- 的五倍，所以，溶液的电导率随着 OH^- 的消耗而逐渐变小，并且电导率的降低与反应混合物中 OH^- 浓度的减少成正比。

如此以 κ_0 表示时间 $t=0$ 时 NaOH 溶液的电导率，κ_t 为时间 $t=t$ 时溶液的电导率；κ_∞ 为时间 t 趋近于 ∞ 时溶液的电导率，那么当时间由 0 变化到 t 时，溶液电导率的变化 $\kappa_0-\kappa_t$ 与溶液浓度的变化 c_0-c 成正比；当时间由 t 变化到 t_∞ 时，溶液电导率的变化 $\kappa_t-\kappa_\infty$ 则与浓度的变化 $c-c_\infty$ 成正比。即：

$$\frac{\kappa_0-\kappa_t}{\kappa_t-\kappa_\infty}=\frac{c_0-c}{c-c_\infty} \tag{1.59-3}$$

又因反应基本上是不可逆的，故反应结束时，NaOH 的浓度 c_∞ 应为零，即 $c_\infty=0$，所以式（1.59-3）可改写成：

$$\frac{\kappa_0 - \kappa_t}{\kappa_t - \kappa_\infty} = \frac{c_0 - c}{c} \tag{1.59-4}$$

将式(1.59-4)代入式(1.59-2)，并整理得：

$$\kappa_t = \frac{1}{c_0 k} \frac{\kappa_0 - \kappa_t}{t} + \kappa_\infty \tag{1.59-5}$$

由式(1.59-5)可知，通过作κ_t对$\dfrac{\kappa_0 - \kappa_t}{t}$图，可从直线斜率求得速率常数$k$值。

【仪器与试剂】

仪器：圆底烧瓶（50mL、100mL），球形冷凝管，蒸馏装置，分液漏斗（100mL），电热套，锥形瓶（50mL），DDS-11A型电导率仪，恒温装置，双管皂化池，试管，容量瓶（50mL），移液管（25mL），刻度移液管（5mL），洗耳球，小滴瓶，滴管。

试剂：浓硫酸，无水乙醇，冰醋酸，饱和碳酸钠溶液，饱和氯化钠溶液，饱和氯化钙溶液，无水硫酸镁，乙酸乙酯，电导水。

【操作步骤】

1. 乙酸乙酯的合成

在100mL圆底烧瓶中加入20.0mL（约0.34mol）无水乙醇、12.0mL（约0.21mol）冰醋酸，在振摇下慢慢加入10.0mL浓硫酸，混合均匀后加入几粒沸石，装上回流冷凝装置，将一50mL的锥形瓶置于冷水中作接收瓶，加热蒸馏，直至馏出液体积约与瓶内残余体积相等为止。

在馏出液中慢慢加入饱和碳酸钠溶液，直至不再有二氧化碳气体产生为止。将中和后的混合液移入分液漏斗中，静置，分去下层水溶液，酯层用等体积的饱和氯化钠溶液洗涤[1]，然后再用等体积的饱和氯化钙溶液洗涤。最后将酯层从分液漏斗上口倒入干燥的锥形瓶中，用无水硫酸镁干燥。

将干燥后的粗产物滤入50mL蒸馏瓶中，加入几粒沸石，用水浴加热进行蒸馏，收集73～78℃的馏分。称量，计算产率。

纯乙酸乙酯为无色、有香味的液体。它的沸点为77.06℃，n_D^{20}为1.3723.

2. 乙酸乙酯的皂化反应速率常数的测定

（1）调节好恒温浴温度。

（2）配制浓度约为0.02mol·L^{-1}的乙酸乙酯溶液，其方法为先在50mL容量瓶中加入约2/3体积的水，然后加入5滴乙酸乙酯，摇匀后称重。由两次质量之差求得乙酸乙酯的准确质量，并进一步算得乙酸乙酯的物质的量浓度。注意：为防止乙酸乙酯挥发，称量时需盖好瓶口。

（3）配制与乙酸乙酯相等浓度的NaOH溶液：根据上述乙酸乙酯的摩尔浓度，用标准NaOH浓溶液配制所需浓度的NaOH溶液。

（4）测定κ_0　将上述配制的NaOH溶液用容量瓶准确稀释一倍，一部分倒入试管（近一半高度）中，铂黑电导电极经余下的溶液淋洗后插入试管中，并置恒温浴中恒温10min。调节电导率仪并开始测量。测0.01mol·L^{-1} NaOH溶液的电导率时，电导率仪的量程开关拨到"$\times 10^3$"挡红点处较好。

（5）κ_t的测定　将干燥、洁净的双管皂化池（见图1.59-1）放在恒温浴中并夹好，用

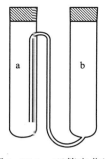

图 1.59-1 双管皂化池

移液管取步骤（3）所制的 NaOH 溶液 25.0mL 放入 a 管；用另一支移液管取 25.0mL 乙酸乙酯溶液放入 b 管，塞好塞子，以防挥发，将铂黑电极经电导水洗后，用滤纸小心吸干电极上的水（千万不要碰到电极上的铂黑！），然后将电导电极插入 a 管（此管不要塞紧）。恒温 10min 后将 b 管换上带洗耳球的塞子，用洗耳球鼓气，将乙酸乙酯溶液迅速压入 a 管（不要用力过猛使溶液溅出）与 NaOH 溶液混合，当乙酸乙酯压入一半时开始记时间。反复压几次即可混合均匀。开始每隔 2min 读一次数据，以后时间间隔可逐渐增加，共需测定 1h。

实验完毕，将电导电极用电导水洗净，并插入装有蒸馏水的试管中。

【结果与讨论】

1. 作 κ_t-t 图。

2. 由 κ_t-t 图中选取 10 个与 t 相应的 κ_t 值，按表 1.59-1 处理。

表 1.59-1 皂化反应速率常数的测定

时间 t	κ_t	$\kappa_0 - \kappa_t$	$(\kappa_0 - \kappa_t)/t$

3. 作 κ_t-$(\kappa_0 - \kappa_t)/t$ 图，由直线的斜率求出相应温度下的 k 值。

【注意事项】

1. 当酯层用碳酸钠洗涤后，必须用水将碳酸钠洗去，否则下一步用饱和氯化钙除醇时会产生絮状的碳酸钙沉淀，导致分离困难。但因酯在水中有一定的溶解度，为了减少由此造成的损失，故用饱和氯化钠溶液代替水洗。

2. 为保证 NaOH 溶液不含碳酸盐等杂质，可用分析纯氢氧化钠配成饱和溶液（约 14mol·L^{-1}），使用时取上部清液稀释。所用乙酸乙酯也应新配，不宜放置太久，配溶液应采用电导水。

3. 本实验可采用交流电桥测体系的电导，这时式(1.59-5)可改写为：

$$G_t = \frac{1}{c_0 k} \frac{G_0 - G_t}{t} + G_\infty$$

采用电桥法的测量精度比采用电导率仪高。

4. 反应速率常数 （k） 与温度 （T） 的关系一般符合阿伦尼乌斯方程，即

$$\frac{\mathrm{d}\ln k}{\mathrm{d}t} = \frac{E_a}{RT^2}$$

积分得

$$\lg k = -\frac{E_a}{2.303RT} + I$$

式中，I 是积分常数；E_a 是反应的表现活化能。显然，在不同温度下测得速率常数 (k)，用 $\lg k$ 对 $1/T$ 作图应得一直线，由直线的斜率可算出该反应的表现活化能 (E_a) 的值。

【思考题】

1. 酯化反应有何特点？为了提高酯的产率常采取哪些措施？本实验采取了什么措施？

2. 本实验中可能有哪些副反应？

3. 配制乙酸乙酯溶液时，为什么在容量瓶中要事先加入适量的电导水？

4. 为什么乙酸乙酯与 NaOH 溶液浓度必须足够稀？

5. 若乙酸乙酯与 NaOH 的起始浓度不等，应如何计算速率常数 k 值？

实验 1.60 呋喃甲醇和呋喃甲酸的合成及燃烧热的测定

【实验目的】

1. 了解 Cannizzaro 反应的基本原理。

2. 进一步熟悉萃取、蒸馏、重结晶等基本操作。

3. 了解氧弹量热计的原理及构造，掌握其操作技巧。

4. 了解雷诺校正的基本原理，掌握物质燃烧热测定的基本方法。

【实验原理】

不含 α-H 的醛在浓碱作用下，能发生自身的氧化和还原反应。即一分子醛被氧化成羧酸，并进一步生成羧酸盐；一分子醛被还原成醇，该反应称为 Cannizzaro 反应。例如：

$$2HCHO \xrightarrow{\text{浓碱}} HCOO^- + CH_3OH$$

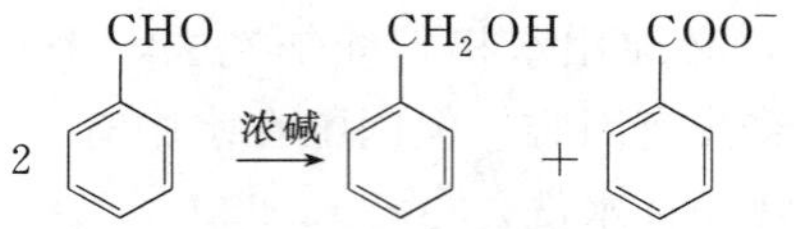

两种不同的醛在浓碱存在下也可以进行 Cannizzaro 反应，称为交错 Cannizzaro 反应。反应时通常是亲电性强的羰基被氧化成羧酸盐。如：

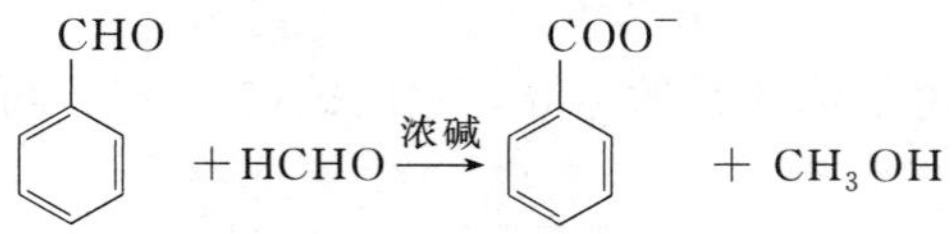

本实验中用 2-呋喃甲醛进行 Cannizzaro 反应，一步合成呋喃甲醇和呋喃甲酸。

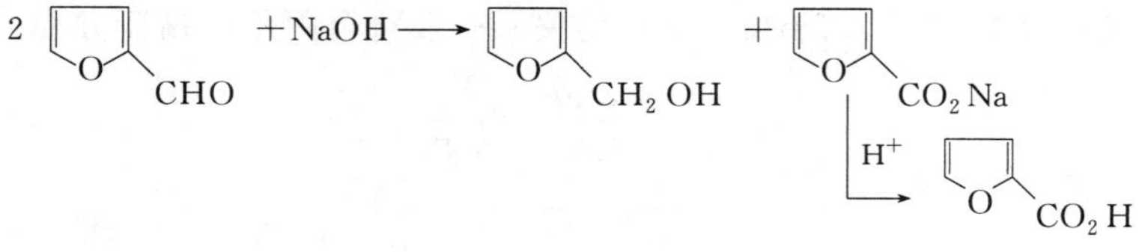

【仪器与试剂】

仪器：氧弹式量热计，压片机，数字贝克曼温度计，固定扳手，镊子，$\phi0.12$ 铜-镍丝，铁钩，锤棒，万用表，小塑料袋，电子天平，塑封机。

试剂：呋喃甲醛（新蒸），氢氧化钠，乙醚，盐酸，无水碳酸钾。

【实验步骤】

1. 呋喃甲酸的合成

在 100mL 烧杯中加入 8.2mL 新蒸过的呋喃甲醛，浸入冰浴中冷至 5℃。另取 4.0g 氢氧化钠溶于 6.0mL 水中，冷却后在搅拌下，用滴管将它慢慢加到呋喃甲醛中，并保持反应温度在 8～12℃ 之间。加完后仍保持此温度继续搅拌 1h，反应即可完成，得到一种黄色的浆状物。

在搅拌下加入约 9mL 水，使沉淀恰好溶解，此时溶液呈暗红色。将溶液倒入分液漏斗内，每次用 15mL 乙醚萃取两次。将下层的水溶液收集于烧杯中，待进一步处理（切不可废弃！）。醚溶液倒入锥形瓶中，用无水碳酸钾干燥后，先在水浴上蒸去乙醚，然后在石棉网（或电热套）上加热蒸馏呋喃甲醇，收集 169～172℃ 的馏分。产量 2.5～3.0g。

乙醚萃取后的水溶液在搅拌下慢慢加入盐酸，恰至 pH＝3（或使刚果红试纸变蓝），约需加入 2.5mL 酸，充分冷却，过滤，用适量水洗涤 1～2 次，抽干后收集呋喃甲酸。

若要得到纯品，将粗产物溶于 10～15mL 的热水中，加适量活性炭，煮沸 10min，趁热过滤，滤液冷却后即有白色针状晶体析出，过滤，干燥，产量 3.0～4.0g。熔点 130℃。

纯呋喃甲醇的沸点为 171℃，$d_{20}^{4}1.129$，呋喃甲酸的熔点 133～134℃。

实验时间 5h。

2. 恒容热容的测定

测定燃烧热时，必须知道仪器的恒容热容 C_V，由于每套仪器的热容不一定相同，则实验时必须事先测定。测定时取约 0.90g±0.05g 呋喃甲酸，置于洁净的压片机中压片，取出并准确称其质量 m_1。用万用表判别氧弹两点火电极是否导通。若导通，应查明故障并排除。取一根长 18cm±1cm 的点火丝，准确称重，将其中间绕成 3～4 圈螺旋，并使两端分别紧系于两个点火电极上，将点火丝移入燃烧皿中，使螺旋部分紧贴燃烧皿底部。将上述准确称重的呋喃甲酸压片置于燃烧皿中，再用镊子小心将点火丝反扣在压片上，使其螺旋部分紧压在呋喃甲酸压片上。轻轻扣击点火丝的连接金属杆，以点火丝不会移动和碰到燃烧皿为好。用万用表检查两个点火电极是否导通。如果不通，则说明点火丝系得不实。盖好氧弹盖，旋紧螺帽。打开排气口，准备充气（氧弹量热计结构详见附录）。充气前最好再次检查两点火电极是否导通。

充气时先将氧气表出气口与氧弹进气口相连，再将氧气钢瓶总阀打开，表头高压表读数应大于 3MPa。再缓慢打开调节螺杆使低压表读数在 1.7～3.0MPa 之间（氧弹设计承受压力为 20.3MPa），稍稍开启氧气表的针形阀，用氧气赶净氧弹中的空气（约需 1min），再关闭氧弹上的排气口，完全打开针形阀，待低压表读数稳定后即可关闭针形阀，取下导气管，充气完毕。灌气后，再用万用表检查两个点火电极是否导通，如果不通应排掉氧气，打开氧弹，重新检查故障原因并排除，重复上述操作。

在氧弹量热计内桶中加入准确称重的 3000g 自来水，用小铁钩将已准备好的氧弹置于内桶中，插上点火电极，按要求连接好仪器，检查仪器各开关是否处于正确位置（特别是点火开关不能处于点火状态）。接通点火箱电源，打开搅拌器，约 10min 后温度变化较平稳时，打开无纸化记录仪开始自动记录温差数值。当无纸化记录仪前期曲线比较平坦时拨动点火开关点火，可见到点火指示灯闪烁一下，说明已经点火成功。（如果点火指示灯长亮或不亮，则立刻还原点火开关并检查原因）

点火成功后，在 1min 内可以看见记录仪上显示的温差迅速上升，等温差值趋于平稳后（一般为 10min 左右），停止记录（按 STOP 键），用计算机采集数据。

打开量热计，取出氧弹。缓缓打开氧弹排气口，待氧气排完后，打开氧弹，观察是否燃烧完全（如有黑色痕迹，即认为未完全燃烧）。如燃烧不完全，需重新测量。如果已完全燃烧，可取剩下的点火丝，准确测出其质量。

3. 乙醇燃烧热的测定

将 0.85g±0.05g 的乙醇置于一已准确称重的小塑料袋中，并用塑封机将袋口封好，用上述类似的方法测定乙醇的燃烧热。

【结果与讨论】

纯呋喃甲醇的沸点为 171℃，d_4^{20} 1.129，呋喃甲酸的熔点 133～134℃。可以通过比较产品的沸点和熔点来检验纯度，有条件的可以通过测定 ^{1}H NMR 谱检验。

1. 分别作苯甲酸及待测物的温度-时间曲线，通过雷诺校正图求出它们在燃烧前后引起的实际温升值 ΔT_1 和 ΔT_2。

2. 仪器热容 C_V 的计算。

已知苯甲酸 25℃时的恒压燃烧热 $Q_p = -26465 \text{kJ} \cdot \text{kg}^{-1}$，据 $Q_p = Q_V + \Delta nRT$ 可以求得其恒容燃烧热 Q_V。又已知点火丝（$\phi 0.12$ 铜-镍丝的热值为 $-3136 \text{kJ} \cdot \text{kg}^{-1}$），聚乙烯塑料（食品袋）的恒容燃烧热 $Q_{V,\text{pL}} = -40841 \text{kJ} \cdot \text{kg}^{-1}$，则仪器的热容 C_V 可用下式计算：

$$C_V = -[Q_V \cdot m_1 + (-3136 m_0)]/\Delta T_1 \tag{1.60-1}$$

式中，m_1 和 m_0 分别为燃烧掉的苯甲酸和点火丝的质量。

3. 乙醇燃烧热的计算。

乙醇燃烧时放出的热量 Q_V' 可通过下式计算：

$$Q_V' = -C_V \cdot \Delta T_2 + 3136 m_0 + 40841 m_{V,\text{pL}} \tag{1.60-2}$$

式中，$m_{V,\text{pL}}$ 为燃烧掉的聚乙烯塑料（食品袋）的质量。

将 Q_V' 代入 $Q_V' = Q_V/n$ 计算乙醇的恒容燃烧热 Q_V，再据 $Q_V' = Q_V + \Delta nRT$ 计算乙醇的恒压燃烧热 Q_p。

【注意事项】

1. 呋喃甲醛存放过久会被氧化聚合成棕黑色，甚至黑色，因此使用前需蒸馏提纯，收集 155～162℃的馏分。但最好在减压下以氮气鼓泡蒸馏，收集 54～55℃/17mmHg 的馏分。若呋喃甲醛为淡红色透明液，可以不经处理，直接使用。

2. 反应温度必须严格控制在 8～12℃之间，反应温度高于 12℃则反应温度极易升高而难以控制，致使反应物不呈淡黄色而是呈深红色影响产率。若低于 8℃，则反应过慢，可以在反应中积累一些氢氧化钠。必须控制 NaOH 滴加速度。

3. 滴完氢氧化钠溶液后，若反应液已变成黏稠浆状物以至无法搅拌，即可使反应往下进行。

4. 至沉淀恰好溶解为止，否则呋喃甲醇将因溶于水中而导致产率降低。

5. 酸要加够，保证 pH＝3 左右，使呋喃甲醇充分游离出来，此步是影响呋喃甲酸收率的关键。

6. 重结晶呋喃甲酸粗品时，不要长时间加热煮沸，如果长时间加热煮沸，部分呋喃甲酸会被破坏，出现焦油状物。

【思考题】

1. 呋喃甲醇和呋喃甲酸是如何分离的？

2. 在反应过程中得到的黄色浆状物是什么？

实验 1.61　（*E*)-3-*α*-呋喃基丙烯酸的合成及其含量测定

【实验目的】

1. 掌握用 Perkin 反应制备 *α*,*β*-不饱和芳香酸的合成原理和操作方法。

2. 掌握用酸碱滴定法测定其含量的方法。

【实验原理】

芳香醛和酸酐在碱性催化剂的作用下，可以发生类似羟醛缩合的反应，生成 *α*,*β*-不饱和芳香酸，这个反应叫作 Perkin 反应。催化剂通常是相应酸酐的羧酸盐（钠或钾盐），也可以用碳酸钾或叔胺。

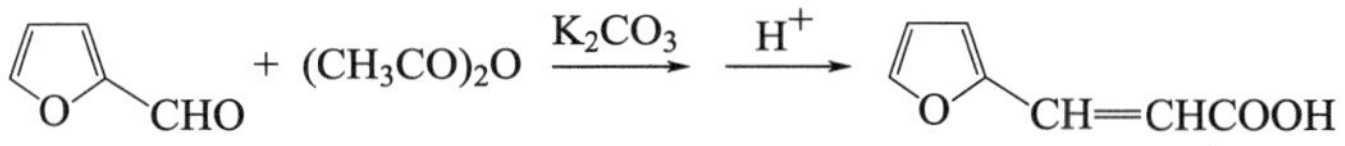

$$\text{（结构式）} \xrightarrow[]{K_2CO_3} \xrightarrow[]{H^+} \text{（结构式）CH=CHCOOH}$$

【仪器与试剂】

仪器：有机合成制备仪，可控温电热套，碱式滴定管。

试剂：呋喃甲醛，乙酸酐，无水碳酸钾，邻苯二甲酸氢钾，氢氧化钠，酚酞，95％乙醇。

【操作步骤】

1. （*E*)-3-*α*-呋喃基丙烯酸的制备

在 100mL 圆底烧瓶中，依次加入 5.0mL 新蒸过的呋喃甲醛[1]、14.0mL 乙酸酐和 6.0g 无水碳酸钾，装上空气冷凝管，用电热套加热回流 1.5h[2]。小功率加热 0.5h，调大功率继续加热回流 1h，并不时摇动，防止严重焦化。搅拌下趁热将反应物倒入盛有 80mL 蒸馏水的烧杯中[3]，用固体碳酸钠中和 3-*α*-呋喃基丙烯酸至弱碱性，加入活性炭后煮沸 5~10min，趁热过滤。滤液在冰水浴中边搅拌边滴加 20％盐酸，至 pH＝3（或使刚果红试纸变蓝），使 3-*α*-呋喃基丙烯酸析出完全，抽滤，用少量蒸馏水洗涤 2 次[4]。粗产品用适量 1∶3 乙醇水溶液重结晶，抽滤，洗涤，尽量抽干。将产品移到贴有标签的表面皿上，在红外灯下烘干（大约需要 3~5min）。将产品用研钵研细，装入称量瓶中供纯度测定用。

2. 3-*α*-呋喃基丙烯酸的产品纯度测定

（1）0.1mol·L^{-1}NaOH 标准溶液的标定

用减量法准确称取 0.4~0.6g 邻苯二甲酸氢钾基准物质两份，分别放入两个 250mL 锥形瓶中,加入 40~50mL 水使之溶解(必要时可加热),加入 2~3 滴酚酞指示剂,用 0.1mol·L^{-1} NaOH 标准溶液滴定至呈微红色,保持半分钟内不褪色,即为终点。计算每次标定的 NaOH 溶液的浓度、平均浓度及相对偏差。

(2)产品纯度的测定

准确称取产品 0.27~0.35g 两份,用 20~30mL 1:1 乙醇水溶液溶解,加入 2~3 滴酚酞指示剂,用 NaOH 标准溶液滴定至呈微红色,保持半分钟内不褪色,即为终点。平行测定两次,计算每次所测样品中 3-α-呋喃基丙烯酸的百分含量、平均百分含量及相对偏差。

实验时间:10h。

【结果与讨论】

1. 在减压过滤酸性较强的溶液时,为防止滤纸破裂,最好使用双层滤纸。

2. 为使样品分析结果准确,过滤时防止把滤纸毛带入;把样品在红外灯下干燥好后,马上置干燥器中冷却至室温再称量。

3. 数据记录与处理

数据记录与处理见表 1.61-1 及表 1.61-2。

表 1.61-1　NaOH 溶液浓度的测定数据

实验序号	1	2
邻苯二甲酸氢钾质量/g		
碱式滴定管滴定初始刻度/mL		
碱式滴定管滴定结束刻度/mL		
NaOH 溶液的体积/mL		
NaOH 溶液浓度/mol·L^{-1}		
NaOH 溶液浓度平均值/mol·L^{-1}		
相对偏差/%		

表 1.61-2　(E)-3-α-呋喃基丙烯酸含量的测定数据

实验序号	1	2
样品质量/g		
碱式滴定管滴定初始刻度/mL		
碱式滴定管滴定结束刻度/mL		
NaOH 溶液的体积/mL		
样品的量百分含量/%		
样品的量百分含量平均值/%		
相对偏差/%		

试分析实验中误差产生的原因。

4. 计算(E)-3-α-呋喃基丙烯酸的产率。

5. 为提高产率的实验注意事项有哪些?

【注意事项】

1. 甲醛存放过久会被氧化聚合成棕黑色,甚至黑色,因此使用前需蒸馏提纯,收集 155~162℃的馏分。但最好在减压下以氮气鼓泡蒸馏,收集 54~55℃/17mmHg 的馏分。若手头的呋喃甲醛呈淡红色透明液,可以不经处理,直接使用。

2. 反应开始时应控制加热速度(由于逸出二氧化碳,最初有泡沫出现)。

3. 为使转移完全，尽量减少不必要的损失，提高产率，可用 20～30mL 饱和碳酸钠洗涤反应容器 3 次。

4. 溶剂用量要少，不要使滤液体积太大而使后处理麻烦。

【思考题】

1. 什么是 Perkin 反应？

2. 请自己设计一套合成（E）-3-苯基丙烯酸的合成路线的实验方案。

3. 用电热套长时间加热有机物，为防止产品焦化严重，应该采取哪些措施？

4. 写出形成（E）-3-α-呋喃基丙烯酸的反应机理，在该反应条件下为什么得到（E）-异构体？

5. 指出制备下列产物所用原料及反应条件。

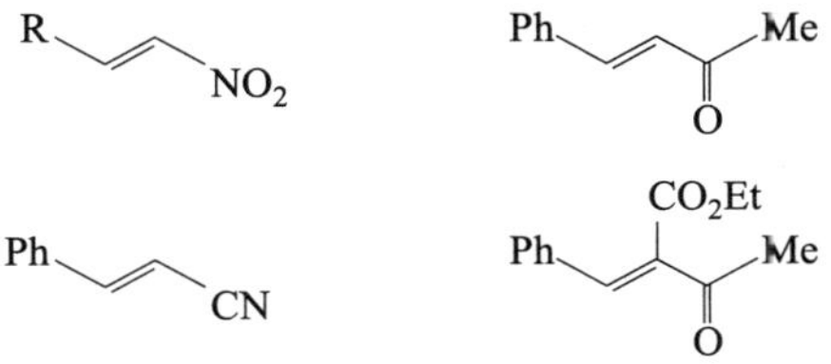

实验 1.62　对甲苯乙酮的制备和高效液相色谱纯度分析

【实验目的】

1. 掌握傅-克酰基化反应的基本原理。

2. 熟悉电动搅拌器的使用方法，掌握无水操作的基本方法，掌握蒸除大量溶剂的操作方法。

3. 掌握使用高效液相色谱仪分析化合物纯度的基本方法，计算产物中各组分的百分含量。

【实验原理】

芳酮的制备通常利用 Friend-Crafts 反应。Friend-Crafts 反应中常用的催化剂是无水三氯化铝。用酰氯作酰化试剂时，由于反应中 $AlCl_3$ 要和酰氯及产物芳香酮生成配合物，故每 1mol 酰氯需用多于 1mol 的 $AlCl_3$。

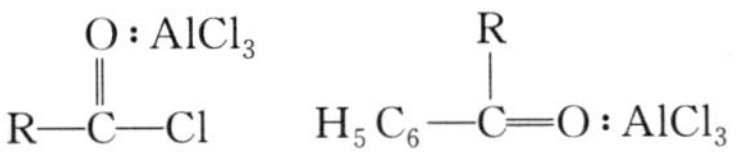

当用酸酐作酰化试剂时，因酸酐先要和 $AlCl_3$ 作用，反应中产生的有机酸也会与 $AlCl_3$ 反应：

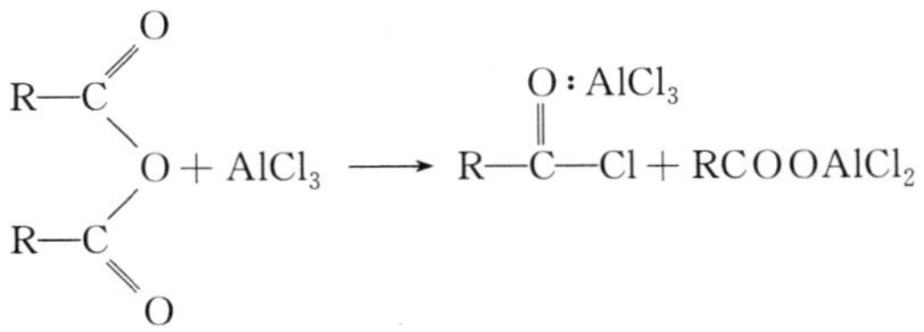

故比用酰氯需多消耗 1mol 的 $AlCl_3$，即实际使用是需用多于 2mol 的 $AlCl_3$，一般过量

$10\% \sim 20\%$。

Frield-Crafts 反应是放热反应，反应常在溶剂中进行。常用的溶剂有二硫化碳、硝基苯等，若原料为液态芳烃如苯、甲苯等，则常用过量的芳烃，既用作原料又用作溶剂。

由于 $AlCl_3$ 遇水或潮气会分解失效，操作必须在无水条件下进行，所用试剂和仪器都应是干燥的。

反应中会放出氯化氢气体，反应装置上应连接气体吸收装置。

$$\text{CH}_3\text{-C}_6\text{H}_5 + (CH_3CO)_2O \xrightarrow{\text{无水 } AlCl_3} \text{对甲苯乙酮} + CH_3COOH$$

合成的样品中含有部分副产物及反应原料，利用各组分在高效液相色谱柱中的保留时间不同，进行纯度分析。

【仪器与试剂】

仪器：电动搅拌器，岛津 LC-10A 高效液相色谱仪，紫外光谱仪（254nm），色谱柱 Econosphere C_{18}（$3\mu m$），$10mm \times 4.6mm$，微量注射器。

试剂：甲苯，无水三氯化铝，乙酸酐，浓盐酸，10% NaOH 溶液，无水硫酸镁，无水氯化钙，甲醇（色谱纯），二次蒸馏水，对甲苯乙酮，流动相（甲醇：水＝80：20）。

【操作步骤】

在 250mL 三口烧瓶上分别装置电动搅拌器、滴液漏斗和球形冷凝管，后者顶端再连接无水氯化钙干燥管，在干燥管上接一气体吸收装置[1]。

迅速称取 17.6g 无水三氯化铝[2]，放入三口烧瓶中，再加 50.0mL 无水甲苯。在滴液漏斗中放置 5.5mL 乙酸酐和 10.0mL 甲苯的混合液。在搅拌下将此混合液慢慢滴入反应瓶中（约需 15～20min）。加完后，在水浴中加热半小时，使完全反应。待反应液冷却后，将反应瓶浸入冷水中[3]，在搅拌下，自滴液漏斗中慢慢滴入 36mL 浓盐酸和 40mL 冰水混合物。刚滴加时，瓶内有固体出现，然后渐渐溶解，待瓶内固体全部溶解后，用分液漏斗分出有机层，并依次用水、10%NaOH 溶液、水各 20mL 洗涤，最后用无水硫酸镁干燥。

干燥后的粗产物甲苯溶液先部分滤入 10mL 梨形瓶中，搭好蒸馏装置[4]。在电热套上蒸出甲苯，当有甲苯馏出时，将余下的粗产物甲苯溶液自漏斗滴入瓶中，调节滴入速度，使滴入速度与蒸出速度基本相同。当馏出温度升至 140℃左右时，停止加热，稍冷后换用空气冷凝管，蒸馏收集 220～222℃的馏分。

按操作说明书使高效液相色谱仪正常运行，并将实验条件调节如下：

柱温：室温

流动相流量：$1.0mL \cdot min^{-1}$

检测器波长：254nm

配制标准溶液：准确称取甲苯 0.02g、对甲苯乙酮 0.08g，用甲醇溶解后移至 50mL 容量瓶中，用甲醇稀释至刻度。

待基线平直后，注入标准溶液 $3.0\mu L$，记下各组分的保留时间[5]。

注入所合成的样品 $3.0\mu L$，记下保留时间。重复两次。

计算各组分的百分含量。

实验结束后，按要求关闭高效液相色谱仪。

【结果与讨论】

1. 合成得对甲苯乙酮产品 $5.0 \sim 6.0\mathrm{g}$。纯对甲苯乙酮的沸点为 $222℃$，$n_{\mathrm{D}}^{17.4}$ 为 1.5353。
2. 确定所合成样品中各组分的出峰次序。
3. 求取各组分的相对定量校正因子。
4. 求取所合成样品中各组分的百分含量。

【注意事项】

1. 仪器必须充分干燥，否则影响反应的顺利进行，装置中凡是与空气相通的部位应装干燥管，防止潮气进入反应体系中。
2. 无水三氯化铝质量要好，否则严重影响产率。无水三氯化铝极易吸潮，故称量投料要迅速，做到随称随投。
3. 冷却时要防止气体吸收装置中水倒吸入反应瓶中。
4. 由于最后产物不多，宜选用较小的蒸馏烧瓶。甲苯溶液可用恒压滴液漏斗逐渐加入蒸馏瓶中。
5. 将色谱柱接入色谱仪，按操作说明书启动色谱仪，待基线平直后即可进样分析。调节流动料速度为 $1.0\mathrm{mL \cdot min}^{-1}$，注入甲苯标准溶液 $3.0\mu\mathrm{L}$，记下保留时间；注入对甲苯乙酮标准溶液 $3.0\mu\mathrm{L}$，记下保留时间。然后注入纯甲醇（非滞留组分）$5.0\mu\mathrm{L}$，记下保留时间。

【思考题】

1. 傅-克酰基化反应为何要求无水操作？常用的酰基化试剂除了醋酐外还有哪些？它们之间有何差异？
2. 反应装置中安装气体吸收装置的目的是什么？
3. 反应产物中可能存在哪些杂质？
4. 在本实验的色谱条件下，所合成样品中各组分的出峰次序如何？它们有何规律？

实验 1.63　石墨烯-纳米银修饰电极的制备及用于芦丁的测定

【实验目的】

1. 了解绿色制备纳米银的方法。
2. 熟悉纳米材料的表征方法。
3. 掌握电化学生物传感器的测试方法。

【实验原理】

芦丁是一种自然界中广泛存在的黄酮类化合物，具有消炎、抗癌、抗氧化、预防衰老等作用，因此，找到一种合适的方法来测定芦丁的含量是非常必要的。芦丁现有的检测方法有毛细管电泳法、高效液相色谱法、比色法和荧光法等。电化学检测法存在检测速度快、所需试剂用量少、成本低廉且操作简单等优点，由于芦丁结构中存在黄酮类糖苷基，电化学活性强，所以很容易产生较好的电化学反应。

石墨烯 (graphene) 是一种由碳原子以 sp^2 杂化方式形成的蜂窝状平面薄膜,是一种只有一个原子层厚度的准二维材料,所以又叫作单原子层石墨。石墨烯具有结构独特、性能优异、导电性良好和比表面积较高等优点,是一种良好的电化学传感材料。金属纳米银材料具有生物相容性好、比表面积大、催化活性高、吸附能力强等优点,是应用于电化学传感领域的绝佳材料。在电化学检测中,将石墨烯与银纳米粒子复合不仅可以防止石墨烯团聚,而且石墨烯为银纳米粒子提供了固载的活性点位,使银纳米粒子的分散性良好,这都有利于加快界面电荷传递速率,增强复合材料的电催化活性。目前石墨烯纳米银复合材料的制备方法有水热法、电化学法、光还原法等。随着纳米技术和绿色化学的结合,纳米粒子的生物合成是环境友好催化剂的一个新的研究方向。果实、树皮、花朵、根茎等植物的不同部位的提取物都含有多酚、类黄酮、生物碱、萜类和有机酸等植物化学物质,这些物质能有效地把金属盐转化为相应的纳米粒子。

本实验选取氧化石墨烯、橘子皮提取液和银氨溶液为原料,通过静电作用相互吸附,橘子皮提取液为还原剂和保护剂,水浴加热时,银氨离子被植物提取液中还原性物质还原为银纳米粒子,氧化石墨烯中部分官能团同时被还原,而绿色制得石墨烯纳米银复合材料(见图1.63-1)。将石墨烯纳米银复合材料修饰到玻碳电极表面,制备芦丁电化学传感器,为检测芦丁提供技术支持。

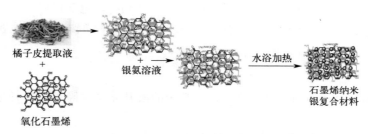

图 1.63-1　石墨烯纳米银复合材料制备流程图

【仪器与试剂】

仪器:扫描电子显微镜,傅里叶变换红外光谱仪,透射电子显微镜,电化学工作站,水浴恒温振荡器。

试剂:氧化石墨烯,硝酸银,氨水,芸香叶苷,芦丁片(20mg,100片),磷酸氢二钠,柠檬酸,砂糖橘。

银氨溶液:在1%硝酸银溶液中逐滴加入2%稀氨水,直到产生的沉淀刚好消失,即得银氨溶液。

【实验步骤】

1. 橘子皮提取液的制备

将砂糖橘剥皮,橘子皮用自来水、蒸馏水清洗干净并于烘箱60℃烘干,剪成0.5cm宽长条。称取5.0g橘子皮于烧杯中,加100mL沸水,盖表面皿静置15min,冷却,抽滤得到橘子皮提取液。

2. 石墨烯纳米银复合材料的合成

将 $1.0 \cdot L^{-1}$ 氧化石墨烯水溶液 15.0mL、橘子皮提取液 15.0mL 和 $10.0 \cdot L^{-1}$ 银氨溶液 10.0mL 加入100mL碘量瓶中,盖上塞子,于80℃的恒温水浴振荡器中反应1h,冷却后离心。用蒸馏水洗涤沉淀三次后 60℃ 干燥，所得固体粉末即为石墨烯纳米银复合材料，并配制 1.0mg•mL^{-1} 的固体分散液。

3. 石墨烯纳米银复合材料的表征

采用扫描电子显微镜、透射电子显微镜、红外吸收光谱表征石墨烯纳米银复合材料。

4. 石墨烯纳米银复合材料修饰电极的制备

将玻碳电极在金相砂纸和麂皮上依次打磨，洗涤，超声清洗，晾干备用。取 5.0μL 石墨烯纳米银复合材料分散液修饰到电极上，红外灯下烘干，制得石墨烯纳米银复合材料修饰电极。

5. 电化学测定方法

以石墨烯纳米银修饰电极为工作电极，饱和甘汞电极为参比电极，铂电极为辅助电极，磷酸氢二钠-柠檬酸缓冲溶液（pH＝3）为支持电解质，电位范围：－200～800mV，扫描速率：50mV•s^{-1}，用微分脉冲法测定不同浓度（建议芦丁浓度在 1.0×10^{-7}～3.0×10^{-5}mol•L^{-1} 之间）芦丁的伏安曲线，绘制标准曲线。

6. 实际样品检测

将市售的复方芦丁片作为真实样品进行测试。将复方芦丁片碾碎，用乙醇浸泡，超声20min，离心 4min，取上清液作为待测实际样本，采用与步骤 5 相同的实验条件检测复方芦丁片中芦丁的含量，计算芦丁片剂中芦丁的百分含量。

【结果与讨论】

1. 分析石墨烯纳米银复合材料的扫描电子显微镜、透射电子显微镜、红外吸收光谱表征的谱图。

2. 绘制电化学检测芦丁的标准曲线。

3. 计算芦丁片剂中芦丁的百分含量。

【思考题】

1. 橘子皮提取液中哪些成分可能作为还原剂还原银离子和氧化石墨烯？

2. 可以用哪些方法证明石墨烯纳米银复合材料修饰电极较裸玻碳电极检测芦丁更有优势？

【参考文献】

1. 孙伟，王丹，张媛媛，等. 分析化学，2013，41（5）：709-713.
2. 翟江丽　张源，郭强强. 理化检验（化学分册），2020，56（9）：945-950.

实验 1.64　金纳米粒子的绿色制备及其在维生素 C 比色分析中的应用

【实验目的】

1. 了解金纳米粒子的制备方法。

2. 学会比色分析法，并利用该法实现维生素 C 的定性与定量分析。

【实验原理】

维生素 C 又称抗坏血酸，具有抗氧化性和抗癌活性，是人体必需的微量营养物质。维生素 C 不足会引起坏血病、动脉硬化等，而过量易导致结石、骨骼疾病等，因此检测维生素 C 含量至关重要。维生素 C 检测方法主要有滴定法、色谱法、电化学法、荧光法等。这些方法灵敏度高、检测结果准确，但也存在些许不足，如需大型昂贵仪器、前处理繁琐耗时等。因此，亟需开发简单快速、成本低廉的维生素 C 检测方法。

近年来，基于纳米材料的比色分析法发展迅速。其检测原理是基于纳米粒子种类、组成、尺寸、形状、距离等变化引起其局部表面等离子共振信号变化，在宏观上表现为溶液颜色变化，裸眼观察颜色变化即可实现组分定性及半定量分析；结合分光光度计检测，实现组分准确的定量分析。比色分析法检测结果直观可见，成本低廉，能满足实时、现场分析。在众多的纳米材料中，金纳米粒子（gold nanoparticles，AuNPs）因具有比表面积大、摩尔吸光系数高、生物相容性好、独特的光学电学特性等优点而被用于金属离子、细菌、病毒等的比色分析。

制备性能优越的 AuNPs 用于维生素 C 的比色分析非常重要。目前，AuNPs 的制备方法主要有物理研磨法、化学还原法和生物合成法。物理研磨法制备的 AuNPs 粒径分布范围较宽。化学还原法所用玻璃器皿均需王水浸泡，且使用的 $NaBH_4$ 等化学还原试剂对人体及环境存在潜在危害。生物合成法包括微生物法和植物还原法，其中微生物法需细菌培养等繁琐操作。植物还原法符合绿色化学的理念，利用天然植物中富含的黄酮类化合物、有机酸等成分作为还原剂制备 AuNPs，同时作为保护剂修饰在 AuNPs 表面，可有效提升 AuNPs 的稳定性。

本实验以绿茶提取液为还原剂和保护剂，$HAuCl_4$ 为金属前驱体，植物还原法绿色制备 AuNPs。在 AuNPs 存在的前提下，维生素 C 与 $AgNO_3$ 反应生成的 Ag^0 沉积在 AuNPs 表面，导致纳米颗粒表面成分发生改变。基于纳米粒子的局部表面等离子共振效应，纳米颗粒成分变化引起体系颜色和紫外-可见吸收光谱发生变化，且变化程度与维生素 C 浓度相关，基于此实现对维生素 C 的比色分析。

【仪器与试剂】

仪器：量筒（100mL），容量瓶（100mL），烧杯（100mL），具塞玻璃比色管（10mL），移液管，抽滤装置，磁子，磁力搅拌器，电子天平，高速离心机，紫外-可见分光光度计，透射电镜。

试剂：市售绿茶毛尖，三水合四氯金酸，硝酸银，维生素 C，氢氧化钠，甘氨酸，蒸馏水。

【实验步骤】

1. 制备 $0.01g \cdot mL^{-1}$ 绿茶提取液

称取茶叶 1.0g，加入 95.0mL 蒸馏水，置于磁力搅拌器上室温搅拌 30min 后进行抽滤，收集滤液，定容至 100.0mL，即制得绿茶提取液，于 -20℃ 冰箱中保存，用前解冻。

2. 绿茶提取液绿色制备 AuNPs

向 10mL 玻璃比色管中依次加入 0.6mL $0.01g \cdot mL^{-1}$ 绿茶提取液和 0.1mL $0.01g \cdot mL^{-1}$ $HAuCl_4$ 溶液，加水定容至 10.0mL，室温反应 30min，溶液为紫红色，即制得金纳米粒子，置于 4℃ 保存备用。采用紫外-可见吸收光谱、透射电镜对 AuNPs 进行表征。

3. 比色分析维生素 C 含量

10mL 比色管中依次加入 0.3mL 纳米金溶胶、1.5mL 纯水、0.5mL $0.1mol \cdot L^{-1}$ 甘氨

酸-NaOH 缓冲溶液（pH＝9.6）、0.5mL 0.01mol·L^{-1} AgNO$_3$ 溶液和 0.5mL 不同浓度维生素 C 溶液，室温反应 30min。观察溶液颜色，手机拍照记录实验现象，并测定其紫外-可见吸收光谱。其中维生素 C 溶液浓度分别为 0、20g·mL^{-1}、40g·mL^{-1}。

分别改变 AgNO$_3$ 用量、缓冲溶液 pH 值和反应时间等，得到比色分析维生素 C 的最佳实验条件。

4. 性能评价

逐级稀释配制一系列不同浓度的维生素 C 标准溶液，按照实验步骤 3 操作，拍照得到标准色卡，样品分析时与标准色卡进行比对，实现维生素 C 定性及半定量分析；以维生素 C 浓度为横坐标，加入维生素 C 后体系在最大吸收波长处的吸光度为纵坐标，绘制标准曲线，找出线性范围，计算检出限。

【结果与讨论】
1. 记录纳米金溶胶的颜色、紫外-可见吸收光谱中最大吸收波长。
2. 记录加入维生素 C 后体系颜色变化、吸收光谱中最大吸收波长。
3. 选择比色分析维生素 C 的最佳实验条件。
4. 在最优的实验条件下，评价方法的分析性能。

【注意事项】
1. 维生素 C 溶液不稳定，极易被氧化，需现用现配。
2. AgNO$_3$ 溶液见光易分解，需避光保存。
3. 与化学还原法相比，植物还原法中所用的玻璃器皿无须王水浸泡，但仍需保证洁净。
4. 制备的绿茶提取液、纳米金溶胶、加入维生素 C 后的体系，均为澄清透明。

【思考题】
绿茶提取液制备金纳米粒子的原理是什么？绿茶提取液中含有哪些成分？哪些成分起到了还原作用？

【参考文献】
1. Sharma R K，Gulati S，Mehta S. J. Chem. Educ.，2012，89：1316-1318.
2. 周静，李荣生，张洪志，李翀，黄承志，王健. 中国科学：化学，2017，47：369-275.

实验 1.65　电化学氧化脱氢交叉偶联构建 C—N 键反应体系

【实验目的】
1. 学习电化学氧化脱氢交叉偶联构建 C—N 键的反应原理。
2. 学习电化学合成技术的基本概念、原理与仪器操作。
3. 掌握核磁内标法定量分析在有机反应条件筛选中的应用。
4. 学习循环伏安法在电化学反应机理探索中的应用。

【实验原理】
有机电化学合成是一种简单高效的氧化还原方法，反应通过电子作为氧化还原试剂，在有机分子或催化媒介的外层电子层的"电极/溶剂"表面得到或失去电子，之后进一步转化生成新化合物。反应一般在常温、常压下进行,极大地避免了有毒或危险的氧化剂和还原剂的使用,过程缓慢可控,选择性高,官能团耐受性强,环境污染小,原子经济性高,是公认的绿色合成策略[1]。

富电子芳香胺与吩噁嗪在电化学氧化条件下,进行 C—H/N—H 自由基交叉偶联反应,生成三芳基胺衍生物。影响电化学反应的因素有压力、温度、时间、溶液组成、催化剂等一般的化学反应动力学因素,还有电极电位、电流、电量、电极材料、电解池、电路连接等因素。在考虑多方面因素后,本实验仅对电流、电量和电解质进行考察,将石墨棒作为阳极,铂片为阴极,MeCN/MeOH 为溶剂,在单室电解池中以恒电流模式电解,反应能够以中等以上的收率得到对位选择性的 C(sp^2)—H/N—H 偶联产物(图 1.65-1)。

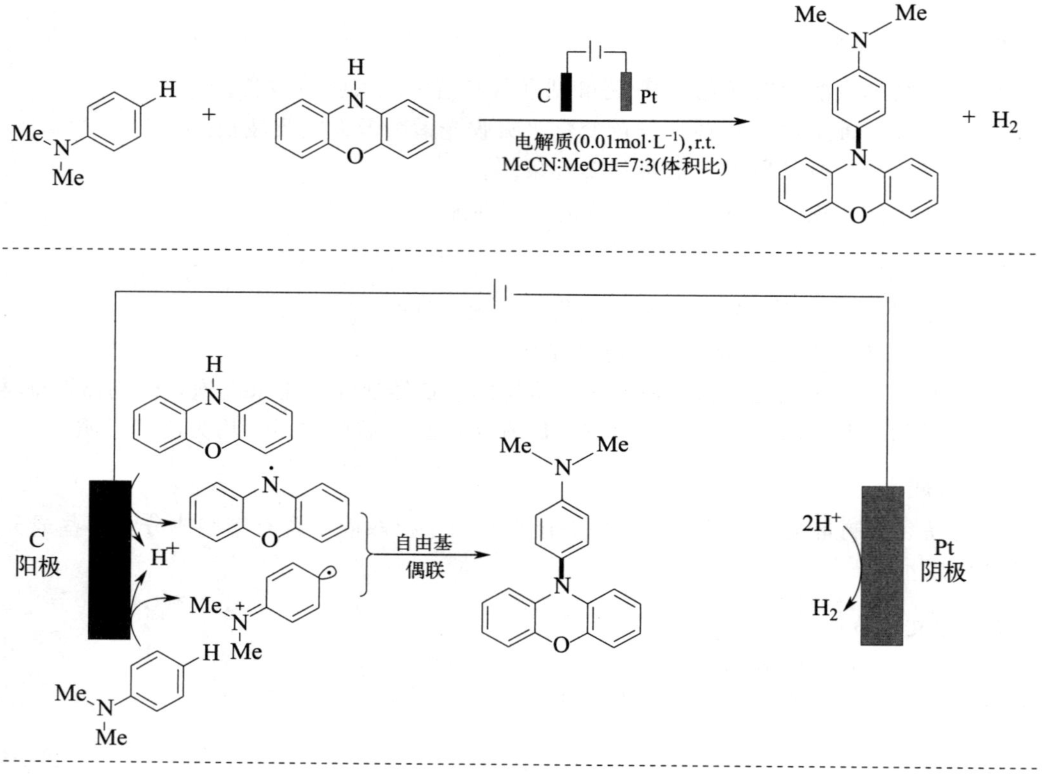

图 1.65-1　电化学氧化交叉偶联构建 C—N 键

反应的机理为:在阳极,吩噁嗪发生氧化(脱质子化),生成一个氮原子自由基中间体;芳香胺发生氧化(脱质子化),生成碳原子自由基中间体;此后,生成的两个自由基物种进行交叉偶联得到反应产物。在阴极,氢质子被还原释放出 H_2。

电化学合成体系通常由电化学工作站、阳极、阴极、电解质、反应物和反应介质等组成。电化学反应是成对出现的,阴极还原和阳极氧化是同时进行的,但在通常的有机电合成过程中,一般只利用某一电极(阴极或阳极)上的反应来合成所需化合物,而溶剂在对电极发生"牺牲"反应放出氢气或氧气[2-3]。

(1)电解池

用于进行电化学反应的装置,实验室常用单室电解池和"H"型分隔电解池(图 1.65-2)。

　　　　(a) 单室电解池　　　　　　　　(b) "H" 型分隔电解池

图 1.65-2　电解池

（2）电解方式

电解方式有恒电压和恒电流两种方式；恒电流反应，常用于计算总电荷消耗，但是当底物消耗完全后，会使电压升高，从而伴随着副反应发生。恒电压反应，电压恒定不容易发生副反应，但体系电阻过大会导致电流降低和反应速率低。反应时可以调节电解质类型与浓度、溶剂等来控制电流或电压，实验室常采用恒电流方式。

（3）电极材料

电极材料决定电极电势，它不仅影响反应收率与纯度，甚至决定反应是否发生以及产物类型。电极材料需导电性好、稳定耐用、易于加工、机械强度好；常用 Pt、C（石墨、掺硼金刚石）、PbO 等作阳极材料，Pt、C、Ag、Hg、Pb、Al 等作阴极材料。

（4）电解质

指具有足够溶解度和氧化还原稳定性的离子盐，电解质离子可以减缓工作电极产生的活性中间体向对电极的迁移，从而减少其损失。电解质离子通常体积大、配位弱，常用的有 $LiClO_4$、$^nBu_4NBF_4$、$^nBu_4NOAc$、Et_4NOTf 等。

（5）溶剂

有机电化学合成中使用的溶剂必须具有足够的介电常数和溶解能力，令电子可以自由地移动。溶剂必须具有足够的氧化还原稳定性，不干扰预期反应，可使用电位范围应涵盖具体的实验参数。常用的有二甲亚砜、甲醇、二氯甲烷、乙腈、二甲基甲酰胺等。

电化学氧化合成反应机理的验证：电化学反应机理研究常采用循环伏安法（cyclic voltammetry，CV）。

CV 法通过控制电极电势以不同的速率，如图 1.65-3（a）所示，随时间以三角波形一次或多次反复扫描；电势反复变化使电极上能交替发生不同的氧化和还原反应，通过记录电流-电势曲线，所得曲线如图 1.65-3（b）所示。根据曲线形状可以判断电极反应的可逆程度、中间体，以及偶联化学反应的性质等。E_{pa} 和 E_{pc} 分别对应氧化和还原的电压峰值，该值通常认为是反应所需的电压值。反应所需电流值也可通过图谱中的电流峰值和电极表面积等参数进行换算。磁产率的分析检测：产率的分析常采用内标法定量分析，核磁共振氢谱（^1H NMR）中，共振峰面积与被测组分的含量成正比。内标法定量分析时，一般可对该化合物中某一指定基团上质子引起的峰面积与内标物某一指定基团上质子引起的峰面积进行比较，即可求出其绝对含量。内标物需溶解性好，最好产生单一共振峰，参比共振峰与样品峰的位置至少间隔 30Hz，且不与样品中任何组分反应。将样品与内标物精密称量，配制成一定浓度的溶液,进行 ^{1}H NMR 检测,根据样品和内标指定基团上质子产生的共振峰积分值,可按下式求出样品的含量 (w_s),式中下标 s 表示样品,std 表示内标物,A 为峰面积,N 为特征峰质子当量,M 为摩尔质量,m 为质量。

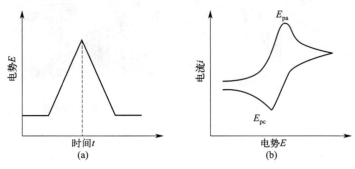

图 1.65-3 CV 法电位扫描 (a) 和 CV 法电流-电势曲线 (b)

$$w_s = \frac{A_s}{A_{std}} \times \frac{N_{std}}{N_s} \times \frac{M_s \cdot m_s}{M_{std} \cdot m_{std}} \times 100\%$$

【仪器与试剂】

仪器:电化学工作站(华谊,HY3005MT),石墨电极(阳极,ϕ6mm),铂电极(阴极,10mm×10mm×0.1mm),电化学合成仪(德国 IKA,ElectraSyn2.0),玻碳电极,Ag/AgCl 参比电极,分析天平,电磁搅拌器,旋转蒸发仪,真空系统,三口烧瓶,圆底烧瓶,分液漏斗,锥形瓶,磁子,注射器,微量注射器,橡胶翻口塞,20mL 样品管等。

试剂:吩噁嗪,N,N-二甲基苯胺,$^nBu_4NPF_6$,$^nBu_4ClO_4$,$^nBu_4NBF_4$,$^nBu_4NOTf$,均三甲氧基苯,甲醇,乙腈,乙酸乙酯,石油醚,二氯甲烷,无水硫酸钠(以上均为分析纯),3mol·L^{-1} KCl 溶液,200~300 目硅胶等。

【实验步骤】

1. 偶联产物合成

在 25mL 三口烧瓶中,先后加入磁子、吩噁嗪(36.6mg,0.2mmol)和电解质(0.1mmol),随后加入 7mL 乙腈和 3mL 甲醇(注射器添加),最后用微量注射器量取 N,N-二甲基苯胺(38μL,0.3mmol)加入三口烧瓶中。

将三口烧瓶固定在电磁搅拌器上,装入石墨电极(阳极,ϕ6mm,约 18mm 浸入溶液中)、铂电极(阴极,10mm×10mm×0.1mm),通过导线与电化学工作站连接。按照表 1.65-1 中的条件设置电流,点击"output",恒定电流在室温下反应,观察溶液颜色逐渐由无色变为浅蓝色,随着反应进行,颜色逐渐加深。使用薄层色谱监测反应进程(展开剂极性:V(石油醚):V(乙酸乙酯)=10:1),到达表 1.65-1 时长要求后,关闭电源,反应结束,此时反应液呈现为棕黄色。分别将反应溶液转移至 100mL 圆底烧瓶中,二氯甲烷洗涤反应烧瓶,旋转蒸发仪蒸干溶剂。固体用乙酸乙酯溶解,溶解后溶液转移至分液漏斗中,水洗、无水硫酸钠干燥,减压抽滤,收集滤液。向滤液中加入内标物均三甲氧基苯(33.6mg,0.2mmol),充分溶解,然后取 1mL 滤液于 25mL 圆底烧瓶中,旋转蒸发仪蒸干溶剂,油泵真空干燥,除去残留溶剂。

电化学反应影响因素考察,按照表 1.65-1 中的条件进行 8 组实验。

表 1.65-1 反应影响因素考察

实验序号	电解质	电流/mA	时间/h	内标基准峰面积 8.42 (8.500~8.300)	产物基准峰面积 6.24 (6.270~6.210)	收率[①]
1	$^nBu_4NBF_4$	7	2		4.000	
2	$^nBu_4NOTf$	7	2		4.000	
3	$^nBu_4NClO_4$	7	2		4.000	
4	$^nBu_4NPF_6$	7	3.5		4.000	
5	$^nBu_4NPF_6$	10	2		4.000	
6	$^nBu_4NPF_6$	4	2		4.000	
7	$^nBu_4NPF_6$	4	3.5		4.000	
8	$^nBu_4NPF_6$	14	1		4.000	

① 均三甲氧基苯为内标物测定核磁产率。

2. 反应机理验证

采用循环伏安法测试吩噁嗪和 N,N-二甲基苯胺的氧化还原电势。设置测试参数（段数 3, 起始电压 0V, 最高电压 2V, 最低电压 −0.1V, 终止电压 0V, 扫描速度 0.2V·s^{-1})，点击 "start"，开始测量，得到吩噁嗪和 N,N-二甲基苯胺的 CV 图。

【结果与讨论】

通过对影响电化学反应的三个因素：电解质、电流和反应时间的考察，采用核磁内标法分析反应收率，确定最优反应条件。产物结构经 ^1H NMR 表征、验证。通过循环伏安法测试两类反应底物的氧化还原电位，分析与验证反应机理。

【参考文献】

1. Fuchigami T, Atobe M, Inagi S. Fundamentals and Applications of Organic Electrochemistry: Synthesis, Materials, Devices. Chichester, England: John Wiley & Sons, 2015.
2. 马晓爽，郑成斌. 大学化学, 2021, 36 (2): 2002.
3. 赵梦龙，苑岱雷，叶梓，房芳，于月娜. 大学化学, 2022, 37 (5): 2109108.

实验 1.66　机械化学条件下固态格氏试剂的制备与应用

【实验目的】

1. 掌握机械化学制备格氏试剂的基本原理。

2. 掌握格氏试剂的制备步骤和反应特性，了解其在有机合成中的重要应用。

3. 掌握固相反应的操作技能，熟悉使用球磨仪进行固相反应的操作，了解机械化学反应的优缺点。

4. 通过无溶剂或少量溶剂的反应条件，提高对绿色化学的理解与应用。

【实验原理】

自从 1900 年格氏试剂（R—MgX）被首次发现以来，其作为碳亲核试剂受到了有机化学家的广泛青睐，并已成为应用最为广泛的有机金属试剂之一。格氏试剂的亲核性主要源于碳与镁之间明显的电负性差异，格氏试剂可以参与多种类型的有机转化，包括亲核取代反应、亲核加成反应、过渡金属催化偶联反应等。

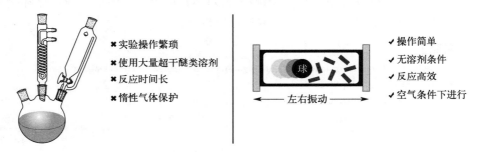

传统格氏试剂的合成步骤如下：首先，将称量好的卤代烷和镁金属（按等摩尔比）加入干燥的反应瓶中；随后，加入适量的无水乙醚作为溶剂，通常溶剂体积需要足以完全溶解反应产物，保持良好的反应环境。大量醚类溶剂的使用是为了稳定所生成的有机镁试剂，通常还需要加入少量的碘单质引发反应；最后，反应完全后猝灭，用气相色谱确定反应产率和格氏试剂的浓度。值得注意的是，该方法整个实验过程都需要在惰性气体保护下进行，操作繁琐；并且需要使用大量的干燥的醚类有机溶剂，不可避免地会造成环境污染和资源浪费。

机械化学方法作为一种绿色、可持续的替代方法，逐渐得到广泛应用。机械化学方法通常使用混合型球磨机在振动过程中所提供的持续的机械能来促进有机转化，反应物在球磨罐内受到机械力的撞击、摩擦和剪切作用，产生局部压力，从而提高反应物的反应性。这些机械能提供了传统溶剂体系中缺乏的活化能，促使反应在固态下进行（见图 1.66-1）。

✘ 实验操作繁琐	✔ 操作简单
✘ 使用大量超干醚类溶剂	✔ 无溶剂条件
✘ 反应时间长	✔ 反应高效
✘ 惰性气体保护	✔ 空气条件下进行

图 1.66-1　传统合成方法和机械化学方法优缺点对比

机械化学方法制备格氏试剂的反应历程如下：

① 球磨过程中在机械力的作用下，金属镁的表面氧化层被移除，原位得到活性的金属镁；

② 随后在金属镁的表面，卤代烃与金属镁之间发生单电子转移，生成卤代烃自由基阴离子和镁自由基阳离子，最后卤代烃自由基阴离子解离出卤素阴离子并生成芳基自由基，最后芳基自由基与卤化镁自由基中间体结合生成最终的格氏试剂。

【仪器与试剂】

仪器：混合型球磨机（型号：MM400），不锈钢球磨罐（容积为 10mL），不锈钢研磨球（直径为 15mm）。

试剂：溴苯，镁条，四氢呋喃，苯甲醛，无水硫酸钠，饱和氯化铵水溶液，乙酸乙酯，石油醚，300 目硅胶粉。

【实验步骤】

1. 固态格氏试剂的制备

在空气条件下，向 10mL 不锈钢球磨罐中加入 1.42g 溴苯、0.22g 镁条、1.44mL 四氢呋喃，最后加入研磨球（直径为 15mm），拧紧球磨罐，将其置于混合型球磨机上。

设置球磨机参数：振动频率为 30Hz，振动时间为 30min。开启球磨机，反应结束后打开球磨罐，即得到固态格氏试剂。

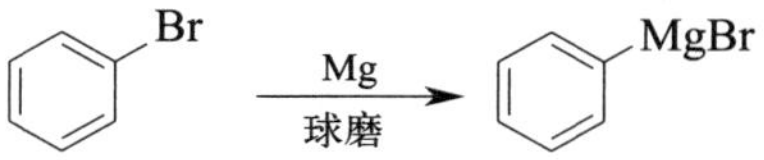

将饱和氯化铵水溶液缓慢滴加到球磨罐中猝灭反应，加入 5mmol 的正十二烷作为内标，使用气相色谱确定该球磨条件下格氏反应的收率。

2. 固态格氏试剂参与的亲核加成反应

在空气条件下，向 10mL 不锈钢球磨罐中加入 1.17g 溴苯、0.18g 镁条、1.20mL 四氢呋喃，最后加入研磨球（直径为 15mm），拧紧球磨罐，将其置于混合型球磨机上。

设置球磨机参数：振动频率为 30Hz，振动时间为 30min。开启球磨机，反应结束后在空气条件下打开球磨罐，向球磨罐中加入 0.53g 苯甲醛，继续在 30Hz 的振动频率下球磨 30min，随后打开球磨罐，使用饱和氯化铵水溶液猝灭反应。将球磨罐中的反应体系使用乙酸乙酯溶解并转移至分液漏斗中，转移完全后加入 15mL 水，并用乙酸乙酯萃取三次，萃取得到的有机相使用无水硫酸钠干燥，通过薄层色谱法（TLC）检测反应产物，乙酸乙酯：石油醚＝1：10 的混合液作为 TLC 检测的展开剂。将上述溶液转移至茄形瓶中，加入 3g 硅胶粉，使用旋转蒸发仪除去有机溶剂，并得到固体粉末。将固体粉末置于 300 目硅胶粉所装填的硅胶柱上，乙酸乙酯：石油醚＝1：10 的混合液作为流动相，采用柱色谱技术分离得到最终的产物（大约 0.86g）。

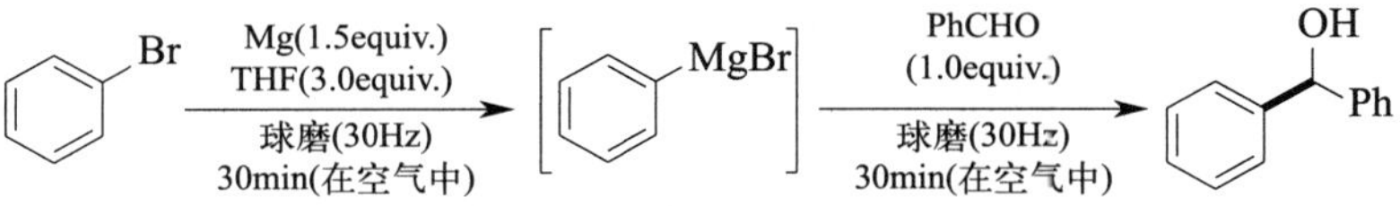

【注意事项】

1. 球磨操作时，确保球磨罐密封良好，避免试剂泄漏。球磨的时间、振动频率（30Hz）需严格按照实验要求控制，以确保反应的完全性和产率。操作人员需注意球磨机使用中的振动和噪声，避免意外损坏设备，球磨机必须水平放置。

2. 反应完成后，要及时使用饱和氯化铵水溶液猝灭反应，并加入内标以便后续分析。在猝灭过程中，液体和气体的接触要小心，以防止反应产物挥发或溅出，需缓慢滴加饱和氯化铵溶液至球磨罐中。为确保产物纯度，实验中使用气相色谱对产率和产物纯度进行检测。

3. 后续纯化与分析中，在分离纯化过程中使用柱色谱时，乙酸乙酯与石油醚的混合展开剂应按规定比例配制，以提高产物的纯度和回收率。使用 TLC（薄层色谱）进行产物分析时，需严格控制展开剂的比例，确保分离效果。

    4. 实验中产生的废弃物应按实验室规范妥善处理。

    5. 球磨机在使用时，操作人员要远离设备，避免受到振动和噪声干扰。

【思考题】

    1. 机械化学方法相比传统溶剂法的优势与局限性是什么？

    2. 为什么在格氏试剂的机械化学制备过程中不需要使用惰性气体保护？

    3. 如果将球磨的时间或速度增加，会对产物的产率和纯度产生怎样的影响？

    4. 除了格氏试剂，机械化学方法还可以用于哪些类型的有机合成反应？

    5. 如何使用溴苯和合适的试剂合成 1-苯基-1-己醇？

实验 1.67　磺胺醋酰钠和磺胺脒的合成

【实验目的】

    1. 了解多步骤有机合成的基本实验方法。

    2. 掌握综合应用有机合成的各项操作技术。

【实验原理】

以简单的原料合成复杂的分子是有机合成最重要的任务之一，也是有机合成最有活力的领域。由于在已有的几百万种有机化合物中，已成为商品毕竟是少数，因此，科学研究中离不开合成工作，新领域的探索更离不开合成。完成有机合成，除了制定合成路线和策略，娴熟的实验技巧和个人经验也是必不可少的条件。因此，当学生掌握了一些最基本的操作技术，完成了一定数量的典型制备后，练习从基本的原料开始，经过几步反应合成一些较为复杂的分子，是培养学生有机合成基本功不可缺少的方面。

在多步骤有机合成中，由于各步反应的产率低于理论产率，反应步骤一多，总产率必然受到累加的影响。即使只需五步的合成，假设每步产率为 80%，则其总产率仅为 $(0.8)^5 \times 100\% = 32.8\%$。虽然几十步的合成是极少数的，但是五步以上的合成在科学研究和工业生产中是较为普遍的。鉴于多步骤反应对总产率的累加影响，人们一直在研究可获得高产率的反应，并改进实验技术以减少每一步的损失，这也是多步骤合成必须重视的问题。

在多步骤有机合成中，有的中间体必须分离提纯，有的也可以不经提纯，直接用于下一步合成，这要根据对每步反应的深入理解和实际需要，恰当地做出选择。

磺胺药物是含磺胺基团的合成抗菌药的总称，能抑制多数细菌和少数病毒的生长和繁殖，可以用于防治多种病菌感染。磺胺药物曾在保障人类生命健康方面发挥过重要作用，在抗生素问世后，虽然失去了先前作为普遍使用的抗菌剂的重要性，但在某些治疗中仍然应用。磺胺药物的一般结构为：

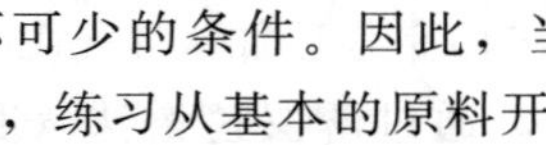

$$H_2N-\!\!\!\!\bigcirc\!\!\!\!-SO_2NHR$$

由于磺胺基上氮原子的取代基不同而形成不同的磺胺药物。虽然合成得到的磺胺衍生物多达 1000 种以上，但真正显示抗菌效力的只有为数不多的十多种。本实验合成的磺胺药是最简单的磺胺醋酰钠。磺胺醋酰钠在临床上主要制成滴眼液，用于沙眼、结膜炎等眼科感染。随着药物化学的发展，发现了更新更好的抗眼科感染的药物，如喹诺酮类抗菌药、抗生素类药物等，但磺胺醋酰钠的合成原料易得，反应步骤少，且疗效肯定，副反应小，仍不失为一个较好的药物。磺胺脒适用于治疗细菌性痢疾和肠炎，或用于预防肠道手术后感染。

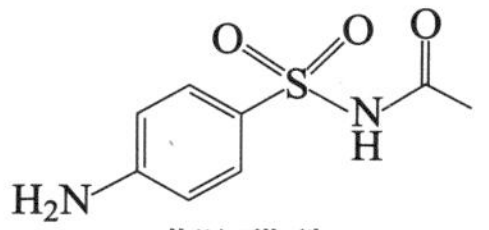

磺胺醋酰(SA) 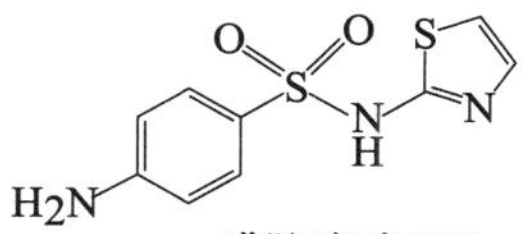　　　磺胺噻唑(ST)

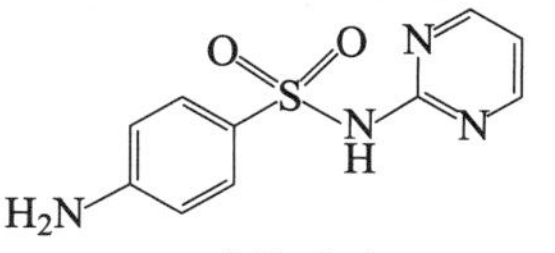

磺胺嘧啶(SD) 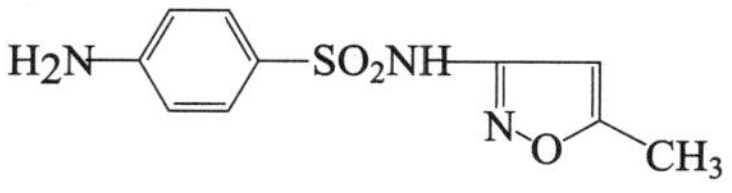　　　磺胺甲基异噁唑(SMZ)

磺胺醋酰钠的制备从苯和简单的脂肪族化合物开始，其中包括许多中间体，这些中间体有的需要分离提纯出来，有的不需要精制就可以直接用于下一步的合成。合成路线：

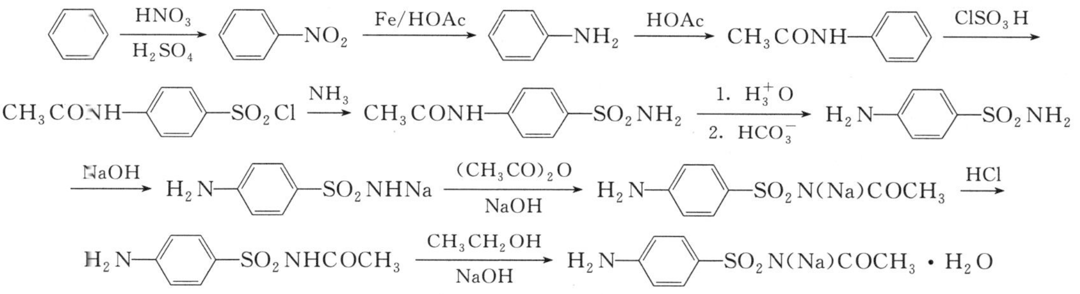

硝基苯是一种重要的有机合成中间体，本身也是良好的溶剂，既可以溶解有机物，也可以溶解许多无机盐（$AlCl_3$、$FeCl_3$ 等），有时也可以作为反应介质或重结晶的溶剂。本实验通过硝化反应制备芳香族硝基化合物。芳香烃的硝化较容易进行，在浓硫酸存在下与浓硝酸作用，烃的氢原子被硝基取代，生成相应的硝化物。需要指出，根据不同的硝化对象，硝化试剂也不止一种。可以使用浓硝酸和浓硫酸的混合酸，也可以单独使用硝酸或硝酸溶于冰醋酸及醋酸酐的溶液。选择合适的硝化试剂和反应条件，主要根据硝化对象的反应活性、在硝化介质中的溶解度及产物是否容易分离提纯等因素。许多对氧化敏感的酚类化合物的硝化一般采用稀硝酸。硝化反应通常在较低的温度下进行，在较高的温度下，硝酸的氧化作用往往导致原料的损失。对于用混合酸难硝化的化合物，可以采用发烟硫酸（含 60% 以上的三氧化硫）或发烟硝酸，如硝基苯可用发烟硝酸和浓硫酸的混合物转化为间二硝基苯。

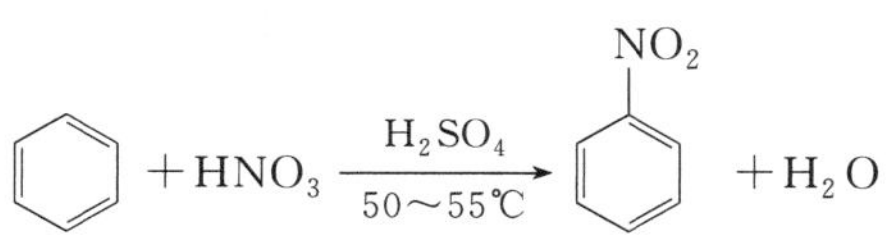

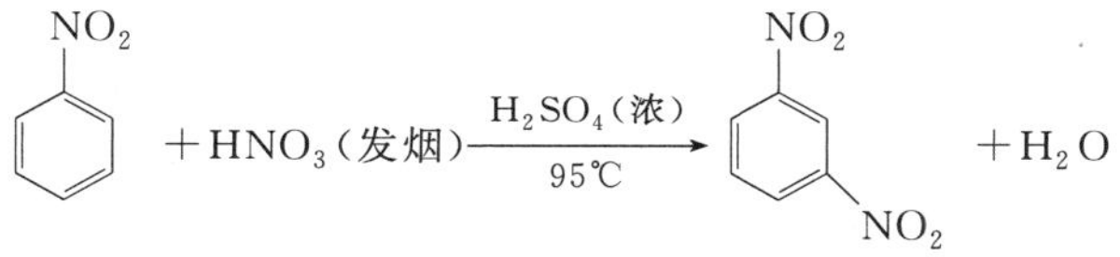

实验室常用的芳香族硝基化合物还原的方法是在酸性溶液中用金属进行化学还原，而工业上最实用和经济的方法是催化氢化。常用的还原剂有锡-盐酸、二氯化锡-盐酸、铁-盐酸、

铁-醋酸及锌-醋酸等,根据反应物和产物的性质,可以选择合适的还原剂和溶剂介质。实验室常用锡-盐酸还原简单的硝基化合物,也可以用铁-盐酸。锡的反应速率较快,铁的缺点是反应时间较长,但成本低廉,酸的用量仅为理论量的1/40,如用醋酸代替盐酸,还原时间能显著缩短。铁作为还原剂曾在工业上广泛应用,但因铁泥残渣难以处理并污染环境,现已被催化氢化所代替。

$$4 \quad \text{⟨⟩—NO}_2 + 9\text{Fe} + 4\text{H}_2\text{O} \xrightarrow{\text{HAc}} 4 \quad \text{⟨⟩—NH}_2 + 3\text{Fe}_3\text{O}_4$$

芳胺的酰化在有机合成中有着重要的作用。作为一种保护措施,一级和二级芳胺在合成中通常被转化为它们的乙酰化物,以降低芳胺对氧化反应的敏感性,使其不被反应试剂破坏。同时氨基经酰化后,降低了氨基在亲电取代反应(特别是卤代反应)中的活化能力,使其由很强的第Ⅰ类定位基变为中等强度的第Ⅰ类定位基,使反应由多元取代变为有用的一元取代;由于乙酰基的空间效应,往往选择性地生成对位取代产物。在某些情况下,酰化可以避免氨基与其他功能基或试剂(如 $RCOCl$、$—SO_2Cl$、HNO_2 等)之间发生不必要的反应。在合成的最后步骤,氨基很容易通过酰胺在酸碱催化下水解被重新产生。

芳胺可以用酰氯、酸酐或冰醋酸加热来进行酰化,使用冰醋酸试剂易得,价格便宜,但需要较长的反应时间,适合于规模较大的制备。酸酐一般来说是比酰氯更好的酰化剂,用游离胺与纯乙酸酐进行酰化时,常常伴有二乙酰胺副产物生成。但如果在醋酸-醋酸钠的缓冲溶液中进行酰化,由于酸酐的水解速率比酰化速率慢很多,可以得到高纯度的单酰化产物。但这一方法不适用于碱性很弱的取代芳胺的酰化。

本实验中采用冰醋酸作为乙酰化试剂进行反应。

$$\text{⟨⟩—NH}_2 + CH_3COOH \longrightarrow \text{⟨⟩—NHCOCH}_3 + H_2O$$

制得的乙酰苯胺用氯磺酸进行氯磺化反应,产物不经提纯直接用于胺解反应,生成对乙酰氨基苯磺酰胺,最后在酸性条件下水解脱去乙酰基,得到对氨基苯磺酰胺(磺胺)。

$$\text{⟨NHCOCH}_3\text{⟩} + 2HOSO_2Cl \xrightarrow{\text{(氯磺化)}} \text{⟨NHCOCH}_3 / SO_2Cl\text{⟩} + H_2SO_4 + HCl$$

$$\text{⟨NHCOCH}_3 / SO_2Cl\text{⟩} + 2NH_3\cdot H_2O \xrightarrow{\text{(氨化)}} \text{⟨NHCOCH}_3 / SO_2NH_2\text{⟩} + NH_4Cl + 2H_2O$$

$$\text{⟨NHCOCH}_3 / SO_2NH_2\text{⟩} + H_2O \xrightarrow[\text{(水解)}]{H^+} \text{⟨NH}_2 / SO_2NH_2\text{⟩} + CH_3COOH$$

所得磺胺在碱性条件下,用乙酸酐进行酰基化反应,得到磺胺醋酰钠。再利用化合物在酸碱溶液中的溶解度差异,分离提纯得到磺胺醋酰,最后在乙醇溶液中用 NaOH 成盐。

$$H_2N\text{—⟨⟩—}SO_2NH_2 \xrightarrow{\text{NaOH}} H_2N\text{—⟨⟩—}SO_2NHNa \xrightarrow[\text{NaOH}]{(CH_3CO)_2O} H_2N\text{—⟨⟩—}SO_2N(Na)COCH_3$$

$$\xrightarrow{\text{HCl}} \text{H}_2\text{N}-\!\!\!\bigotimes\!\!\!-\text{SO}_2\text{NHCOCH}_3 \xrightarrow[\text{NaOH}]{\text{CH}_3\text{CH}_2\text{OH}} \text{H}_2\text{N}-\!\!\!\bigotimes\!\!\!-\text{SO}_2\text{N(Na)COCH}_3 \cdot \text{H}_2\text{O}$$

磺胺脒可由磺胺和硝酸胍在纯碱中熔融，减压缩合制得。硝酸胍可由双氰胺与硝酸铵在同一反应器中，预先熔融反应制得。出于安全考虑，硝酸胍还可以用盐酸胍代替。

$$\text{CNNHCNH}_2 + 2\text{NH}_4\text{Cl} \longrightarrow 2\text{HN}=\!\!\!\text{C}\!\!\!\begin{smallmatrix}\text{NH}_2\\ \\ \text{NH}_2\end{smallmatrix} \cdot \text{HCl}$$

$$2\text{H}_2\text{N}-\!\!\!\bigotimes\!\!\!-\text{SO}_2\text{NH}_2 + 2\text{HN}=\!\!\!\text{C}\!\!\!\begin{smallmatrix}\text{NH}_2\\ \\ \text{NH}_2\end{smallmatrix} \cdot \text{HCl} + \text{Na}_2\text{CO}_3 \longrightarrow$$

$$\text{H}_2\text{N}-\!\!\!\bigotimes\!\!\!-\text{SO}_2\text{NH}-\!\!\!\text{C}\!\!\!\begin{smallmatrix}\text{NH}\\ \\ \text{NH}_2\end{smallmatrix} + 2\text{NaCl} + 2\text{NH}_3 + \text{CO}_2 + \text{H}_2\text{O}$$

【仪器与试剂】

仪器：有机合成制备仪，电动搅拌器，水蒸气蒸馏装置，电热套。

试剂：苯，浓硫酸，浓硝酸，NaOH 溶液（10%，22.5%，77%），无水氯化钙，还原铁粉，乙醚，食盐，冰醋酸，锌粉，氯磺酸，浓氨水，浓盐酸，粉末状碳酸氢钠，活性炭，乙酸酐，吡啶，乙醇，双氰胺，氯化铵。

【实验步骤】

1. 硝基苯[1]的制备

在 100mL 锥形瓶中放入 11.1mL 浓硫酸，在振摇及冷却下，慢慢加入 9.3mL 浓硝酸，摇匀后，继续冷却待用。

在装有搅拌器、温度计（水银球伸入液面下）和冷凝管的 100mL 三口烧瓶中，加入 10.0mL 苯，在搅拌下，将上述冷却的混酸自冷凝管上口慢慢滴入反应瓶内。注意用水浴控制温度在 50～55℃[2]。滴完后在 60℃左右的热水浴中继续搅拌 0.5h[3]。

反应物冷却后，移入分液漏斗中，分去混合酸层[4]。然后依次用水及 10mL 10% NaOH 溶液洗涤，再用水洗涤两次[5]。用无水氯化钙干燥[6]。

粗产物滤入圆底烧瓶中，搭好蒸馏装置，在电热套上加热蒸馏，收集 208～210℃ 的馏分[7,8]。

2. 苯胺[9,10]的制备

在 250mL 的三口烧瓶中加入还原铁粉 20.0g、40.0mL 水及 1.5mL 冰醋酸，装上回流冷凝管、滴液漏斗。小心加热至沸 5min[11]。稍冷后慢慢滴加 10.2mL 硝基苯[12]。边滴加边摇动反应瓶。滴完后，加热回流半小时，并间歇摇动反应瓶，使反应完全。此时冷凝管回流液不再呈现硝基苯的黄色而呈乳白色油珠状[13]。

冷却，将反应瓶改为水蒸气蒸馏装置，进行水蒸气蒸馏[14]，蒸至馏出液澄清为止[15]。用食盐饱和馏出液[16]，分出有机层，水层用 60mL 乙醚分三次萃取，合并有机层和醚层，用粒状氢氧化钠干燥。

粗产物滤入蒸馏瓶，先用水浴蒸去乙醚，然后再在电热套上蒸出产物（使用何种冷凝管？）收集 182～184℃ 馏分[17,18]。

3. 乙酰苯胺的制备

在 50mL 圆底烧瓶中，放入 5.0mL 新鲜蒸馏过的苯胺[19]、7.4mL 冰醋酸和 0.1g 锌粉[20]，摇匀。装上一短刺形分馏柱，安装分馏装置[21]。

小火加热至沸，使反应物保持微沸 15min，然后逐渐升高温度，维持温度计温度为 100～110℃ 之间，当反应生成的水及大部分乙酸已被蒸出，此时瓶内出现白雾，温度计读数下降，停止反应。

在搅拌下，将瓶内反应液趁热[22]慢慢倒入盛有 50mL 冷水的烧杯中，冷却后析出晶体，抽滤并压碎晶体，用冷水洗去酸液，粗产物用水重结晶。

4. 对氨基苯磺酰胺（磺胺）的制备

（1）对乙酰氨基苯磺酰氯

置 5.0g 乙酰苯胺于干燥的 100mL 锥形瓶中，将锥形瓶在火焰上移动加热熔化乙酰苯胺，轻轻摇晃锥形瓶，使乙酰苯胺冷却成铺于瓶底上的一层乙酰苯胺固体[23]。

将锥形瓶置于冰浴中冷却，立刻一次加入 10.0mL 氯磺酸[24]，迅速装上气体吸收装置[25]。

移去冰水浴，轻轻摇晃锥形瓶中的反应物至乙酰苯胺溶解为止[26]。待固体溶解后，将烧瓶置于沸水浴中加热 10min，使反应完全。反应瓶用冰水充分冷却后，在通风橱中，在强烈的搅拌下，慢慢倒入盛有 75g 碎冰的烧杯中[27]，用少量冷水洗涤锥形瓶，洗涤液倒入烧杯中，搅拌片刻，并将大块固体压碎[28]。直至得到一均匀的悬浮液。抽滤产品以少量冷水洗涤、压干。立即进行下一步反应[29]。

（2）对乙酰氨基苯磺酰胺

将上述粗产物转移到 100mL 烧杯中，边搅拌边慢慢加入 18.0mL 浓氨水，加完后，继续搅拌 15min，使反应完全。加入 10mL 水，加热沸腾 5min 以除去过量的氨，进行下一步反应[30]。

（3）对氨基苯磺酰胺（磺胺）

将上述糊状物转入 50mL 圆底烧瓶中，加入 7.0mL 浓盐酸，加热回流半小时，冷却后得黄色澄清溶液[31]。加入少量活性炭煮沸 20min（若溶液无色可省略此步）。过滤，滤液转移到大烧杯中，在搅拌下，小心地加入粉末状碳酸氢钠至刚好呈碱性[32]。在冰水浴中冷却，抽滤，滤饼用少量冰水洗涤，压干。粗产物用水重结晶（溶于 10mL 沸水中）。

5. 磺胺乙酰钠的制备

（1）磺胺乙酰的制备

在附有搅拌装置、温度计、回流冷凝管的 50mL 三口烧瓶中，加入磺胺 2.6g、22.5% NaOH 溶液 3.3mL。搅拌，水浴逐渐升温至 50～55℃，待物料溶解后，加入乙酸酐 0.8mL，吡啶 2～3 滴，5min 后加入 77% NaOH 溶液 0.5mL。随后，每隔 5min 将剩余的乙酸酐及 77%NaOH 溶液分次交替加入，每次各 0.5mL[33]。加料期间，维持反应温度 50～55℃ 之间。加料毕，继续搅拌反应 30min。反应完毕，将反应物倾至 100mL 烧杯中，加水 10mL 稀释，以浓盐酸调节 pH=7.0，放冷，析出未反应的磺胺，过滤（滤饼可以回收待用）。滤液以浓盐酸调节 pH=4.0～5.0，有固体析出，过滤，滤饼压紧抽干。滤饼用 3 倍量的 10% HCl 溶液溶解，放置 30min，抽滤，去掉不溶物，滤液中加少量活性炭室温脱色 10min，过滤。滤液用 40%NaOH 溶液调节 pH 值至 5.0，析出磺胺乙酰[34]，抽滤，干燥，称重得产品 2.3g。

（2）磺胺乙酰钠的制备

将上步所得磺胺乙酰，移入 50mL 烧杯中，加入 5％NaOH 乙醇溶液 8.0mL，室温搅拌至固体完全溶解，在水浴中蒸除乙醇，冷却析晶，抽滤干燥得到成品[35]。

6. 磺胺脒的制备

在附有搅拌装置、温度计、回流冷凝管、尾气吸收装置的 50mL 三口烧瓶中，加入双氰胺 1.6g 和氯化铵 2.2g，加热到熔融，在 190～195℃保持 30min。冷却到 155～160℃，加入磺胺 2.6g 和碳酸钠 1.2g，30min 内升温至 180℃，保持熔融状态 30min。冷却至 140℃，与 15mL 沸水混合，所得悬浮液冷至 55℃，加入 20％ NaOH 溶液 10mL，分离未反应的磺胺、磺胺衍生物及胶状物。滤液继续搅拌冷却至室温，过滤，水洗，滤出粗品磺胺脒。在加有活性炭的水中重结晶，得磺胺脒成品 2.1g，熔点 190～191℃[35]。

【结果与讨论】

1. 硝基苯产量 10.0～11.0g（淡黄色油状液体），纯硝基苯沸点 210.8℃，d_4^{20} 1.2037，比水重，比混酸轻。

2. 苯胺产量 5.0～6.0g（无色透明液体），纯苯胺的沸点为 184.13℃，d_4^{20} 1.022。

3. 乙酰苯胺产量 5.0g，熔点 113.5～114℃。纯乙酰苯胺的熔点为 114.3℃。纯化后的产品做红外光谱，解析红外光谱图并与标准图谱对照。

4. 对氨基苯磺酰胺产量 2.0～2.5g，熔点 165～166℃。测定化合物的红外光谱和核磁共振氢谱，与标准图谱比较。

5. 磺胺乙酰钠产量 2.3g，收率 98.3％。

【注意事项】

1. 硝基化合物对人体有较大毒性，处理时要小心，避免触及皮肤。如触及，应立即用乙醇擦洗，再用肥皂及温水洗涤。

2. 硝化反应为放热反应，若温度高于 60℃时，有较多二硝基苯生成，并且使苯逸出造成损失，必要时可用冷水冷却烧瓶。

3. 取一滴反应物，滴入饱和食盐水中，若油珠下沉则反应已经完全；反之，需延长加热时间。

4. 酸液的相对密度大于硝基苯，故酸液在下层；水洗涤时硝基苯在下层。

5. 不可过分用力振荡，否则产品乳化难以分层。硝基苯中夹杂的硝酸若不洗净，最后蒸馏时硝酸将分解，产生二氧化氮，同时也增加了产生二硝基苯的可能性。

6. 可将烧瓶轻轻地塞上，再在 40℃左右的水浴中加热振荡，加速干燥。

7. 硝基化合物极易爆炸，最后蒸馏温度不要超过 210℃，千万不可蒸干，避免残留的二硝基在高温下骤然分解而爆炸。

8. 本产品需保存，以用于下一步苯胺的合成。

9. 苯胺极毒，谨防与皮肤接触或吸入蒸气。若不慎触及皮肤，应立即先用大量水冲洗，再用肥皂、温水洗涤。

10. 若自制的硝基苯量相差不大，可按相应的比例投料。若相差较大，可向指导老师领取以补充不足量。

11. 先加热使铁粉活化，铁与乙酸作用产生乙酸亚铁，可使铁转变为碱式乙酸铁的过程加速，缩短反应时间，活化时间一定不要低于 5min。

12. 硝基还原反应是放热反应，滴加过快会导致冲料。注意时时摇动反应瓶。

13. 还原必须完全，否则残留的硝基苯在下几步纯化中很难分离，影响产物纯度。

14. 如果用盐酸-铁作还原剂来制苯胺，则反应后要加入饱和碳酸钠至溶液呈碱性后，再进行水蒸气蒸馏，而本实验无须中和即可直接水进行水蒸气蒸馏，这是因为醋酸铁是弱酸弱碱盐，不稳定极易水解。

15. 在水蒸气蒸馏至大部分苯胺蒸出时，可能有泡沫产物，应多加注意，防止冲出污染产物。

16. 在 18℃时，每 100mL 水中可溶解苯胺 3.6g，为减少苯胺的损失，根据盐析原理，加入食盐饱和水层。但应注意所加的食盐应完全溶解，否则将堵塞活塞芯。加食盐时要逐渐加，直至饱和为止。

17. 本次实验如过长，可先做到水蒸气蒸馏结束，分出粗产物为止。蒸馏一步可留待下一次实验进行。

18. 由于 Fe_3O_4 粘在反应瓶上，可以用盐酸清洗，洗涤液必须倒入废液桶中。

19. 苯胺易氧化，久置后有杂质并带有颜色，会影响乙酰苯胺的质量。所以需要新蒸的无色或淡黄色的苯胺。

20. 使用少量锌粉，可防止苯胺在反应过程中氧化而影响乙酰苯胺的产量。若加入过多的锌，会在后处理时生成不溶于水的氢氧化锌。

21. 可用带短刺形分馏柱的克氏蒸馏头代替。也可用空气冷凝管代替。

22. 反应液冷却后，会立即析出固体，粘在瓶壁不易处理，故需趁热倒出。在不断搅拌下倒入冷水，可以防止结成大块，以利于除去过量的醋酸及未作用的苯胺（可以形成苯胺醋酸盐而溶于水）。

23. 氯磺酸与乙酰苯胺的反应相当激烈，将乙酰苯胺凝结成块状，可以使反应缓和进行。若在瓶壁上有水珠产生，需以滤纸将水珠吸去。

24. 氯磺酸对皮肤和衣服有较强的腐蚀性，暴露在空气中会放出大量的氯化氢气体，遇水会发生猛烈的放热反应，甚至爆炸。故使用时需加小心，反应中仪器及药品需十分干燥，含氯磺酸的废液不可直接倒入水槽，而应倒入废液缸中。

25. 气体吸收装置的导气管末端与接收器水面接近，但绝不能插入水中，否则水倒吸后会与氯磺酸发生猛烈反应，造成爆炸事故！

26. 乙酰苯胺逐渐溶解，且有氯化氢放出。反应可能进行得很剧烈，必要时浸入冰浴中。

27. 加入速度应该缓慢，同时搅拌，以免局部过热而使乙酰氨基苯磺酰胺分解。

28. 压碎后尽量洗去盐酸，否则产物在酸性介质下放置过久会很快分解。

29. 纯对乙酰氨基苯磺酰氯很稳定，但粗产物在温热的情况下，或放置过久时即分解。要得纯产物，可用氯仿作溶剂进行重结晶，产物熔点 149℃。在这里为了节约时间，可直接用于下一步反应。

30. 同样不经分离进行下步反应。若要得到纯产品，可在冰浴中冷却，抽滤，干燥，将粗产物用水重结晶。纯对乙酰氨基苯磺酰胺熔点为 219～220℃。

31. 对乙酰氨基苯磺酰胺在稀酸中水解成磺胺，后者与过量的盐酸形成水溶性盐酸盐，所以水解完成后，水溶液应为澄清液。

32. 用碳酸氢钠中和时，有二氧化碳放出，故应控制加入速度，且不断搅拌，使其逸出。磺胺为两性化合物，过量的碱液可使其成盐溶解，所以中和必须仔细，至多加入碳酸氢钠无二氧化碳放出为止。

33. 滴加乙酸酐和 NaOH 是交替进行的，每滴完一种溶液，反应 5min 后，再滴入另一种溶液。滴加液滴以一滴一滴滴下为宜。

34. 本实验中，溶液 pH 值的调节是反应能否成功的关键，应格外注意，否则实验会失败或收率降低。

35. 本实验所得磺胺乙酰钠、磺胺脒均含有结晶水。

【思考题】

1. 硝化反应中为什么要控制反应温度在 50～55℃之间？温度过高有什么不好？

2. 硝化反应粗产物硝基苯依次用水、碱液、水洗涤的目的何在？

3. 如硝化反应粗产物中有少量硝酸没有除掉，在蒸馏过程中会发生什么现象？

4. 如果硝基苯还原中用盐酸代替乙酸，则反应后要加入饱和碳酸钠至溶液呈碱性后，才进行水蒸气蒸馏，这是为什么？

5. 有机化合物必须具有什么性质，才能采用水蒸气蒸馏提纯？本实验为何选择水蒸气蒸馏法把苯胺从反应混合物中分离出来？

6. 在水蒸气蒸馏完毕时，先灭火焰，再打开 T 形管下端弹簧夹，这样做是否正确？为什么？

7. 如果最后制得的苯胺中含有硝基苯，应如何加以分离提纯？

8. 苯胺乙酰化反应时为什么要控制分馏柱上端的温度在 100～110℃之间？温度过高有什么不好？

9. 根据理论计算，苯胺乙酰化反应完成时应产生几毫升水？为什么实际收集的液体远多于理论量？

10. 为什么在氯磺化反应完成以后处理混合物时，必须移至通风橱中，且在充分搅拌下缓缓倒入碎冰中？若在未倒完之前冰就完全融化了，是否应该补加冰块？为什么？

11. 如何理解对氨基苯磺酰胺是两性物质？试用反应式表示磺胺与稀酸和稀碱的反应。

12. 磺胺类药物有哪些理化性质？在本实验中，是如何利用这些性质进行产品纯化的？

13. 制备磺胺乙酰的反应液处理时，pH7 时析出的固体是什么？pH5 时析出的固体是什么？在 10％盐酸中不溶物是什么？为什么？

14. 磺胺乙酰制备反应过程中，调节 pH 在 12～13 是非常重要的。若碱性过强，其结果是磺胺较多，磺胺乙酰次之，磺胺双乙酰较少；碱性过弱，其结果是磺胺双乙酰较多，磺胺乙酰次之，磺胺较少，为什么？

15. 磺胺脒制备反应结束后，为何需与沸水混合，而不直接冷却？

【参考文献】

国家药典委员会. 中华人民共和国药典（2020 版）. 北京：化学工业出版社，2020.

实验 1.68　农业秸秆制备生物油

【实验目的】

1. 了解秸秆热解的工艺方法。

2. 掌握真空热解制备生物油的原理。

3. 掌握气相色谱质谱联用仪、傅里叶变换红外光谱仪等分析方法和应用。

【实验原理】

秸秆是成熟农作物茎叶部分的总称，通常是指小麦、水稻、玉米、油菜、棉花等在收获籽实后的剩余部分。农业秸秆的主要成分是木质素、半纤维素、纤维素，这些生物质通过热解可断裂为短链分子，生成含油可冷凝的有机分子蒸气，蒸气冷凝后可以获得液体燃料、少量不可凝气体和焦炭，其中，液体燃料为棕黑色黏性液体，是一种不含硫、氮和金属成分的绿色燃料，称为生物油。

【仪器与试剂】

仪器：天平，粉碎机，40～60 目筛网，石英坩埚，烘箱，真空管式炉（带有冷凝装置和气体收集装置），气相色谱质谱联用仪（GC-MS），傅里叶变换红外光谱仪（FT-IR），黏度计，密度计，元素分析仪。

试剂：各种不同的秸秆，如玉米秸秆、小麦秸秆等。

【实验步骤】

1. 秸秆在烘箱内烘干，通过粉碎机进行粉碎，然后过筛获得 40～60 目的颗粒备用。

2. 连接好实验装置，将秸秆颗粒称重后放到石英坩埚内，并放入管式炉内部。

3. 开启真空泵，以 $5\sim20℃\cdot min^{-1}$ 的升温速率将真空管式炉温度升到 $400\sim600℃$，并维持 30～90min。

4. 热解结束后，关闭加热，并继续抽真空直到反应器冷却。

5. 收集冷凝器内的生物油。

6. 测定生物油的黏度、密度。

7. 测定生物油的傅里叶变换红外光谱图。

8. 测定生物油的气相色谱质谱图。

【结果与讨论】

1. 计算生物油产率。

2. 通过傅里叶变换红外光谱仪分析生物油中的官能团结构。

3. 利用气相色谱质谱联用仪分析生物油的成分及相对含量。

【思考题】

1. 生物油的产率和温度之间的关系是什么？哪些因素会影响产率？

2. 不同的秸秆制备的生物油有差异吗？为什么？

【参考文献】

杨素文，丘克强. 基于生物质真空热解液化技术的生物油制备. 农业机械学报，2009，40（04）：107-111.

实验 1.69　利用绿色溶剂回收钴酸锂电池正极材料

【实验目的】

1. 了解废旧锂离子电池的主流回收方法。

2. 掌握湿法回收钴酸锂电池正极材料的基本原理。

3. 掌握 X 射线荧光图谱的分析方法。

【实验原理】

锂离子电池具有储能密度高、体积小、寿命长、安全环保等特点，已经广泛地应用于各种便携式电子设备，如手机、笔记本电脑等。近年来，随着电动汽车的发展，锂离子电池需求量呈现了爆发式的增长，同时也面临了大量退役的问题。废旧的锂离子电池中含有大量高价值金属，如钴、锂、镍等战略金属。因此，回收废旧锂离子电池有利于缓解对矿产资源的依赖，同时还能促进储能行业的健康发展。

目前废旧锂离子电池的主流回收处理技术主要分为三大类：物理分选法、火法冶金法和湿法冶金法。物理分选法通常运用破碎、研磨及分选等机械方法处理退役锂电池，实现对金属物质的回收，操作简单但效率低。火法冶金回收工艺具有化学反应速率高、处理能力大、原料适应性强、操作简单、废渣对环境的影响较小等优点，但同时存在锂和钴等金属回收率较低、后续分离困难、能耗高、排放有毒气体等问题。湿法冶金工艺包括氨浸法、有机酸浸出法、无机酸浸出法和生物浸出法等，相较火法冶金工艺，湿法冶金工艺金属回收率更高、操作方便、条件更温和。

深共熔溶剂（DES）作为一种新型的绿色溶剂，因其对环境友好、溶解效率高、经济实用等优点，已经成为废旧三元锂电池正极活性材料回收研究的热点材料。DES 是由两种或多种不同的氢键供体及受体在一定温度下，以一定摩尔比混合形成的均匀透明的液体。DES 的熔点低于它的各单体组分，这样的组成结构可以赋予 DES 酸性、配位能力和金属结合位点，从而可以让 DES 浸出锂离子电池中的锂、钴等。

【仪器与试剂】

仪器：油浴锅，烧杯，三口烧瓶，管式炉，离心机，鼓风干燥箱，X 射线荧光光谱仪（XRF）。

试剂：氯化胆碱（ChCl），水杨酸（SA），乙二醇（EG），饱和碳酸钠溶液。

【实验步骤】

1. DES 的制备

将 ChCl、SA 和 EG 按一定的摩尔比混合（ChCl∶SA∶EG＝2∶1∶2），倒入三口烧瓶中。将三口烧瓶在 70℃油浴锅中加热搅拌 2h，直到形成稳定的澄清溶液。

2. 浸出

将废旧电池完全放电，然后拆解分离出钴酸锂正极材料。将一定量钴酸锂正极材料加入深共熔溶剂中（固液比为 50∶1，质量比），100～160℃加热并且搅拌一定时间（1～2h），直到钴酸锂正极材料完全溶解。

3. 沉淀

待钴酸锂正极材料粉末完全溶解后，放置到室温环境，冷却后，加入一定量的饱和碳酸钠溶液并搅拌，等待固体完全沉淀，进行离心收集，并干燥获得 $CoCO_3$ 和 Li_2CO_3 的混合粉末。

4. 正极材料再生

在 500℃下煅烧 5h，将 $CoCO_3$ 粉末分解为 Co_3O_4。同时因为 $CoCO_3$ 受热分解温度为 400℃，而 Li_2CO_3 分解温度为 600℃以上，在 600℃以下 Li_2CO_3 性质较为稳定，因此

Li_2CO_3 粉末将会保留下来。然后在 900℃下煅烧 10h，将 Co_3O_4 和 Li_2CO_3 反应合成再生正极材料。

5. 测定

测定再生正极材料的 X 射线荧光图谱。

【结果与讨论】

1. 考察浸出温度和时间对浸出率的影响。

2. 确定钴酸锂浸出动力学行为。

3. 分析再生正极材料的 X 射线荧光图谱。

【思考题】

1. 钴酸锂的浸出速率受到什么控制？

2. 本实验所采用的三元 DES 为什么可以浸出钴酸锂？

【参考文献】

李辉龙，夏冰，汪国庆．三元共晶溶剂回收钴酸锂电池正极材料并再生的研究．电池工业．https://link.cnki.net/urlid/32.1448.TM.20250114.1308.002

实验 1.70　废线路板中有色金属的回收实验

【实验目的】

1. 了解废线路板的结构及组成。

2. 掌握基于破碎-分选的金属富集方法。

3. 掌握多金属富集体低温碱性熔炼的工艺及理论。

4. 掌握 X 射线荧光分析仪（XRF）、扫描电镜（SEM）、粉末 X 射线衍射仪（XRD）和电感耦合等离子体发射光谱仪（ICP-AES）的分析方法。

【实验原理】

印刷电路板（printed circuit board，PCB）是组装电子元器件用的基板，主要由高分子黏结剂，如环氧树脂、介电基材（玻璃纤维）以及高纯铜箔、印制元件等热压而成，主要功能是使各种电子元器件形成预定的电路连接，其品质会直接影响电子产品的可靠性，被称为电子系统产品之母。不同电子电器产品所使用的电路板布线层次、阻燃性能、增强材料等千差万别，例如有单面 PCB、双面 PCB、3～4 层多层 PCB，6～8 层多层 PCB、10 层以上多层板 PCB，这些不同类型的 PCB 适用于不同的应用场合，如 6～8 层板 PCB 用于电脑主板、自动化控制产品，10 层以上的用于大型计算机、航天航空等场合。

废弃的印刷电路板（WPCBs）含有铜、铝、锡、铅、金、银等有色金属，且大多数金属以单质形式存在，WPCBs 中铜的含量为 10%～20%，1 吨 WPCBs 中金和银含量可高达 300g 和 5～10kg，这甚至超过了优质矿产的品位。WPCBs 中的非金属组成约占 72%，包括约 19% 的塑料、4% 的溴，其他主要是玻璃和陶瓷等。WPCBs 中还存在少量的有毒有害物质，如含溴阻燃剂、重金属等，若不妥善处理，将通过各种途径释放到环境中，造成严重污染。

为了防止电子废物污染环境，《电子废物污染环境防治管理办法》于 2008 年 2 月 1 日起施行，规范拆解、利用、处置电子废弃物的行为以及产生、贮存电子废弃物的行为。

WPCBs 的回收利用过程一般可分为以下 3 个环节。

（1）预处理、拆解：人工拆解电气及电子设备，获得 WPCBs，此步骤主要是分离线路板上的电子元器件，特别是具有危险的高压电容等。

（2）破碎、分选：将 WPCBs 机械破碎、筛分使得金属与非金属组分分别富集在不同粒径的破碎产物中。由于 WPCBs 中各种组分的力学性质、破碎性能不同，如铜、银等延展性较好的金属以及韧性和弹塑性较强的玻璃纤维等组分，在拉力、压力或冲击力作用下通常仅发生弯曲、变形，在剪切力作用下易于断裂及粉碎，因此在破碎过程中一般在粗粒级中富集；塑料等脆性材料在破碎过程中也易在粗粒级中富集；而锡、锑、铅等脆性金属，在冲击力作用下较易被粉碎，一般在较细粒级中富集。研究及实践表明，以剪、切和冲击力作为主要作用力的旋转破碎机、锤式破碎机和冲击式破碎机等组合方式，可实现 WPCBs 中的金属和非金属有效解离。解离后的粉末通过筛分，以及静电分选、涡电流分选、磁选、风选、摇床分选等方法进一步分选。

（3）回收、提纯：通过化学及生物法提纯有色金属。经过分选后，将获得多金属富集粉末，可通过火法冶金、湿法冶金等实现各种金属的分离提纯。本实验采用碱性熔炼的方法。利用的是氢氧化钠和硝酸钠混合熔炼，其中氢氧化钠是碱性熔炼过程中必不可少的反应介质，在熔炼过程中对酸性或者两性氧化物起到吸收和转化作用，硝酸钠是碱性熔炼过程中最常用的氧化剂，对金属单质起到氧化作用。

【仪器与试剂】

仪器：刀式破碎机、锤式破碎机、粉碎机、研磨机等各种破碎设备，振动筛、磁选、风选、静电分选、涡电流分选等各种分选设备，马弗炉，恒温磁力搅拌器，干粉混匀器，显微镜，X 射线荧光分析仪（XRF），扫描电镜（SEM），粉末 X 射线衍射仪（XRD），电感耦合等离子体发射光谱仪（ICP-AES）。

试剂：废手机电路板或废主板等，硝酸钠，氢氧化钠，葡萄糖，石灰，硫化钠，30％硫酸溶液。

【实验步骤】

1. 将废弃电路板粗碎，再粉碎。先后使用刀式破碎机、锤式破碎机、粉碎机，实现废电路板的粉碎，然后通过振动筛筛分，筛分后可通过显微镜观察金属富集在何种尺寸的颗粒中。

2. 富集后的粉末进行 X 射线荧光分析（XRF），分析多金属富集粉末的化学组成；对粉末进行扫描电镜（SEM）分析，分析颗粒物中元素赋存特点，并反馈改进破碎、筛分工艺。

3. 通过第 2 步的分析结果，优化设计分选过程，通过磁选、电选、静电分选等实现多金属粉末的进一步富集。

4. 称取一定量的多金属粉末 20g，与硝酸钠 60g、氢氧化钠 80g 置于坩埚中，充分搅拌均匀混合，放入管式炉中熔炼，熔炼温度为 600℃，熔炼时间为 2h，熔炼气氛为氩气（此参数可调整，用于观察熔炼温度或添加剂的量对熔炼效果的影响）。熔炼结束后，将熔炼产物冷却，并破碎成 150μm 左右颗粒，用粉末 X 射线衍射仪（XRD）检测熔炼产物的物相组成。

5. 用水加热浸出，浸出温度为 90℃，浸出时间为 3～5h。浸出完成后，抽滤获得滤液。

6. 滤液采用分步沉淀的方法，首先利用葡萄糖脱铜，之后利用石灰沉锡，最后用硫化钠沉淀铅和锌，每一步均使用电感耦合等离子体发射光谱仪（ICP-AES）测试沉淀后溶液中金属离子的浓度，并不断优化沉淀条件。

7. 利用稀硫酸提取浸出渣中的铜，浸出温度为 40℃，硫酸溶液浓度为 30%。浸出液恒温蒸发浓缩至溶液浑浊后，转移到较低温度冷却结晶，恒温干燥，称取质量。

【结果与讨论】

1. 金属粉末富集在何种尺寸？不同的粉碎工艺对金属富集有何种影响？
2. 所设计的分选工艺分选效率如何？
3. 碱性熔炼的熔炼温度对物相组成有何种影响？
4. 计算各个过程有色金属的回收率以及总的回收率。

【思考题】

1. 熔炼过程中碱性介质作用机理、金属元素转化机制和分配特征。
2. 如何设计有色金属的分步沉淀过程。

【参考文献】

郭学益，田庆华，刘静欣. 废弃电路板多金属粉末低温碱性熔炼：理论及工艺研究. 北京：冶金工业出版社，2016.

实验 1.71　　铜阳极泥综合回收实验

【实验目的】

1. 了解铜阳极泥中的资源性物质。
2. 掌握铜阳极泥中有色金属回收的原理和方法。
3. 掌握测试粗硒、海绵铜、粗金、粗银纯度的方法。

【实验原理】

随着金属原生资源的不断消耗和利用，"二次资源"的回收利用越来越受到人们的关注。铜阳极泥是有色金属冶金过程中的一种重要的"二次资源"，因含有大量的有价金属而成为提炼有价金属的重要原料。

铜阳极泥是在水溶液电冶金过程中，附着于残阳极表面或沉淀在电解槽底的不溶性泥状物。一般为灰色，粒度约为 100～200 目，其中各组分多以金属、硫化物、硒碲化合物、氧化物、单质硫和碱式盐形态存在。阳极泥中富集了贵金属、稀有金属和其他金属，从阳极泥中提取这些金属，可以取得巨大的经济效益。例如，可以从电解铜的阳极泥中回收铜元素，并提取金、银、硒、碲等元素。

本实验采用硫酸化焙烧回收硒-酸浸脱铜-氯化分金-亚硫酸钠分银的工艺过程，实现铜阳极泥中有色金属的分离和回收。

详细工艺流程如图 1.71-1 所示。

【仪器与试剂】

仪器：加热磁力搅拌器，马弗炉（带有吸收瓶），粉碎机或研磨机。

试剂：浓硫酸（98%），去离子水，氯化钠，氯酸钠，草酸，亚硫酸钠，甲醛水溶液。

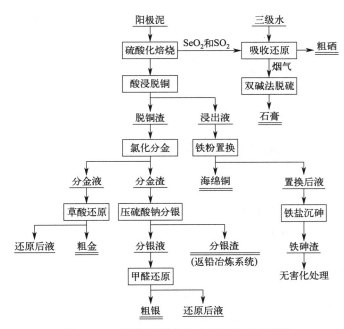

图 1.71-1　铜阳极泥有色金属回收工艺流程

【实验步骤】

1. 硫酸化焙烧回收硒

称取定量铜阳极泥于烧杯中，添加硫酸（98％）搅拌浆化预处理 30min，硫酸和铜阳极泥的质量比为 1∶1。将其置于马弗炉中，焙烧温度为 500℃，焙烧时间为 60min，焙烧烟气通过装有水和碱液的吸收瓶吸收，硒高温下容易挥发，形成的二氧化硒溶于水生成亚硒酸，同时被挥发出的二氧化硫还原成粗硒产品。测试粗硒的纯度。

2. 酸浸脱铜

硫酸化焙烧结束后，对蒸硒渣进行充分研磨，按一定比例加入硫酸溶液（$200g \cdot L^{-1}$），固液比为 5∶1，氯化钠的量为 $5.4g \cdot L^{-1}$，浸出时间为 60min，浸出温度为 80℃，进行浸出，反应后过滤得脱铜硒后的浸出渣。浸出液在室温下，以铁铜摩尔比 1.4∶1 进行铁粉置换回收铜。测试海绵铜的纯度。

3. 氯化分金

对脱铜硒后浸出渣进行金的浸出试验，脱铜渣在温度 70℃，氯化钠用量 $6.96g \cdot L^{-1}$，硫酸浓度 $200g \cdot L^{-1}$，氯酸钠用量 $30.7g \cdot L^{-1}$，液固比 5∶1，搅拌转速 $300r \cdot min^{-1}$ 条件下浸出 4h。所得分金液中加入草酸（$10.56g \cdot L^{-1}$），在温度 70℃，pH 值 1.5 条件下还原 160min，浸金渣送分银工序。测试粗金的纯度。

4. 亚硫酸钠分银

浸金渣在温度 35℃，亚硫酸钠用量 $250g \cdot L^{-1}$，液固比 6∶1，pH 值 9 条件下浸出 8h，浸出液在温度 35℃，pH 值 14 条件下采用甲醛（$1.08g \cdot L^{-1}$）还原 5min，获得粗银产品。测试粗银的纯度。

【结果与讨论】

1. 计算每个步骤有色金属的浸出率和粗制金属的品位。

2. 考察工艺条件对浸出率和粗制金属品位的影响规律。

【参考文献】

1. 金哲男，马致远，杨洪英，刘新建. 铜阳极泥全湿法处理过程中贵贱金属的行为. 东北大学学报：自然科学版，2015，36（9）：1305-1309.

2. 韩俊红，陈燕珠，徐斌，等. 铜阳极泥综合回收试验研究. 矿冶工程，2020，40（3）：91-94.

实验 1.72　废塑料瓶的资源化实验

【实验目的】

1. 了解 PET 材料的用途及其对环境的影响。
2. 掌握 PET 降解回收的方法。
3. 掌握红外光谱和核磁共振图谱分析醇解产物组分的方法。

【实验原理】

PET 是由对苯二甲酸和乙二醇聚合而成的一种饱和高聚酯，在日常生活中非常常见，如饮料瓶、包装袋等。PET 本身对环境和人体无直接危害，但是其极其难以降解，被称为"白色污染"。因此，对废旧聚酯展开循环利用成为当前的迫切需求。

废旧聚酯再生方式主要包括物理法和化学法。物理法再生是指将废旧聚酯熔融后再重新成型的过程，具有工艺简单、投资少、处理成本低的优点，但其对废聚酯原料纯度要求高，再生产品存在降级使用的局限性。化学法再生是指将废旧聚酯在水、醇、胺类等解聚剂的作用下，分子链逐步降解至小分子单体或聚合度较低的酯类化合物，然后经提纯和分离等工序制得原料单体，并以此原料进行重新聚合制备聚酯的过程。与物理法相比，化学法工艺复杂、成本较高，但得到的产品质量高，可实现真正意义上的循环使用。因此，将废聚酯经化学解聚后再聚合的方法成为实现废聚酯高质量再生的主要途径。

目前主要的化学解聚手段包括水解、乙二醇醇解、甲醇醇解和皂化。其中，乙二醇醇解是最具有工业化价值的回收再生手段。以乙二醇为解聚剂，得到的主要醇解产物为对苯二甲酸双羟乙酯（BHET），可直接作为 PTA 法合成聚酯过程中酯化阶段的产物，进行下一步缩聚反应。

本实验以废弃饮料瓶为原料，乙二醇为解聚剂，在常压状态下反应，探究废聚酯与乙二醇固液投料比、解聚温度、反应时间及催化剂含量等工艺条件，对含杂聚酯醇解率、醇解产物 BHET 收率的影响。对醇解产物进行分离提纯，获得可直接用于聚酯合成的高纯度 BHET。

【仪器与试剂】

仪器：带蛇形冷凝管的三口烧瓶，油浴锅，抽滤设备，冰箱。

试剂：废可乐瓶，乙二醇（EG），乙酸锌，氮气，去离子水。

【实验步骤】

1. 将称量好的废旧聚酯（切成约 $1mm^2$ 小片）、乙二醇及乙酸锌催化剂投入带有蛇形冷凝管的三口烧瓶中，催化剂的质量分数为 0.2%，EG：PET＝1：4（质量比），反应温度 170～200℃，反应时间 0.5～4h，整个过程在氮气保护下进行。

2. 反应结束后，待醇解液冷却至160℃，快速转移到装有去离子水的烧杯中，搅拌后抽滤，滤纸上残留物为醇解低聚物或未解聚PET。将滤液冷却至室温，放置在冰箱（4℃）中冷藏12h，析出的白色针状晶体即为BHET单体。

【结果与讨论】

1. 计算不同工艺条件对醇解率和BHET产率的影响。
2. 利用红外和核磁分析醇解产物组分。

【思考题】

1. 醇解的动力学机制是什么？
2. 催化剂起到什么作用？

【参考文献】

胡园超，张宙，石教学，等.乙二醇解聚废旧聚酯及其产物分析.合成纤维，2018，47（10）：1-5.

第二部分　探究性实验

实验 2.1　菠萝香料环己氧乙酸烯丙酯的合成

【实验目的】

1. 掌握不对称醚和烯丙醇酯的合成方法。
2. 了解和掌握果香型、花香型和果花香型香精香料的种类和用途。

【实验原理】

香精香料是人们日常生活中的常用消费品之一，在日用化学工业中处于举足轻重的地位。近年来，随着科技的进步和人们生活水平的提高，香精香料的研究和开发有了新的突破和长足发展，人们也日益重视产品的功能性及使用感。在使用过程中，人们希望感受到幽雅的香气所带来的嗅觉享受，持久而淡雅的香气给人以温馨美好的心情和印象。为了解决人们对香精香料香气多样化的渴求，开发多果香韵与多花香韵复合的复合香型香精成为市场的需求。

果香型香料中，菠萝香料尤其被人们喜欢。菠萝香料具有强烈的菠萝清香，是饮料、糖果、食品工业的常用香精，也用于化妆品工业中。其中广泛研究和使用的有己酸烯丙酯，通常称为凤梨醛，用于食品、饮料等，一般由己酸和烯丙醇酯化得到。菠萝酯，学名苯氧乙酸烯丙酯，具有强烈的菠萝清香，香气柔和，多用于食用香精、烟草和化妆品香精。菠萝酯的合成通常是先由苯酚和氯乙酸在碱性条件下进行 Williamson 反应，制得苯氧乙酸后，再在酸催化下与烯丙醇发生酯化反应而制得。

凤梨醛的合成：

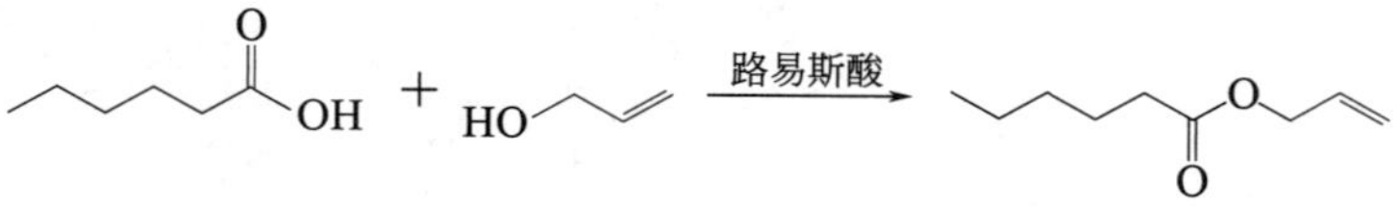

菠萝酯的合成：

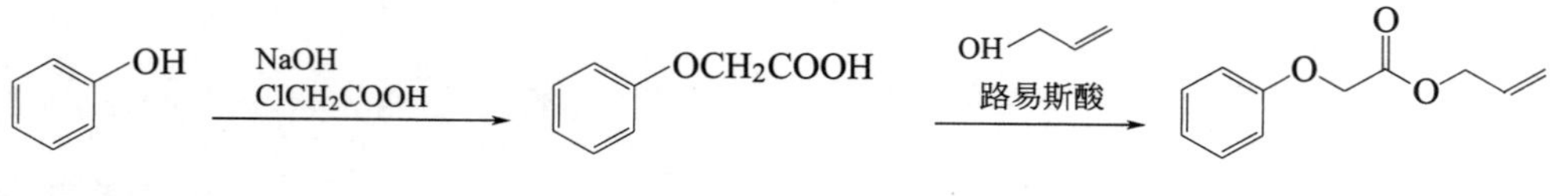

【实验要求】

通过查阅文献，进一步了解菠萝香料的性质和制备方法，设计菠萝香料环己氧乙酸烯丙酯的合成路线，具体提出实验步骤，经指导老师审阅后，按预定的方案实施，并以小论文形式写出实验报告。

本实验建议 32 学时，其中实验 20 学时，查阅文献、编制实验方案及写实验论文等 12 学时。

菠萝香料环己氧乙酸烯丙酯的结构式：

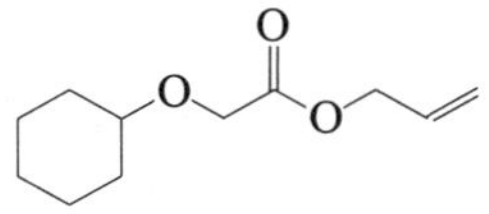

【实验提示】

使用 Williamson 反应制得环己基醚时，要使用强碱氢化钠。

实验 2.2　抗关节炎新药中间体 3,5-二芳基吡唑啉的合成

【实验目的】

1. 掌握含氮五元杂环的合成方法。
2. 了解和掌握非甾体抗炎药的种类和结构上的特点。

【实验原理】

关节炎是一种难以攻克的顽症。长期以来科学家们为找到高效消炎镇痛药物做出了大量的工作。在过去使用最多和最有效的药物是以阿司匹林为代表的非甾体抗炎药。但患者长期服用这类药物会导致胃肠黏膜损伤、胃和十二指肠溃疡，甚至发生出血穿孔等副作用。

最新的生物学研究表明，阿司匹林的抗炎作用是通过选择性地抑制体内环氧化酶进而选择性地阻止有炎症效应的前列腺素的合成，从而达到消炎作用；但对胃、肠、肾等处前列腺素的合成作用不受影响，不对胃、肠、肾等处的细胞保护生理功能产生影响，避免了由药物引起的多种不良反应。阿司匹林这类药物对体内的环氧化酶都有抑制作用，所以在消炎镇痛的同时又带来相应的副作用。现在国际上许多著名制药公司已开发出治疗关节炎的无副作用的有效药物，其中甲砜基化合物 DuP 647 是不带酸性基团的选择性抑制剂。将该分子中的噻吩环换成其他杂环，更进一步发展了许多新药。变换为噻唑环得到 SC-078，变换为邻二唑得到 SC-58125，或变换为五元的内酯环得到 Refecoxib，它们都保持了对环氧化酶的选择性抑制。如果变换甲砜基为亚甲砜基得到 FR-140432，或变为氨砜基化合物得到 Celecoxib 和 JTE-522，它们也都是选择性抑制剂。

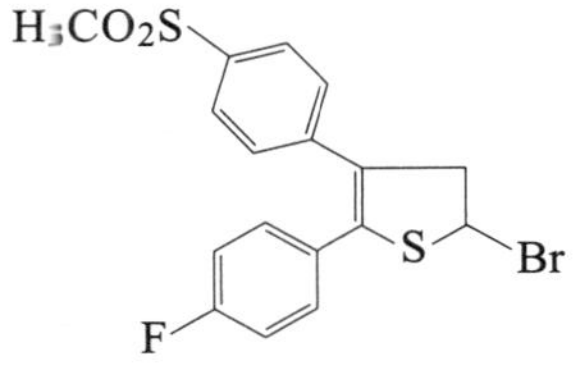

DuP 647 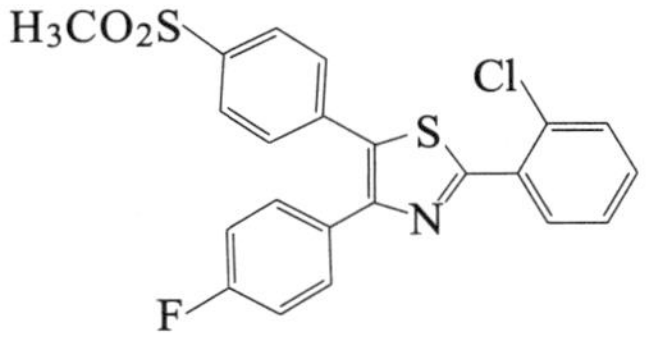　　　　　SC-078 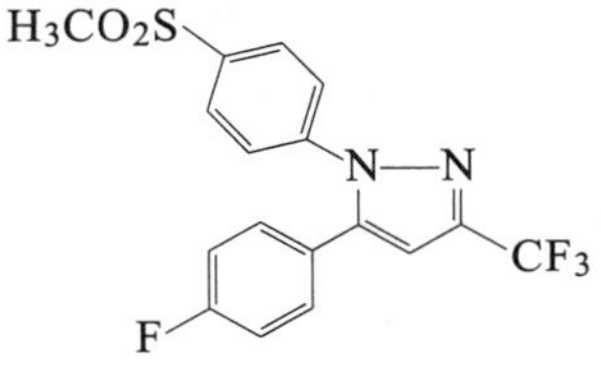　　　　　SC-58125

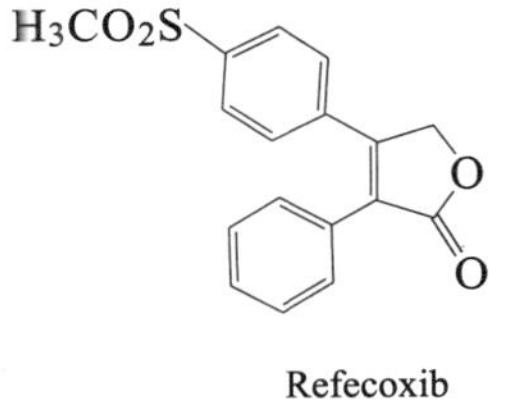

Refecoxib 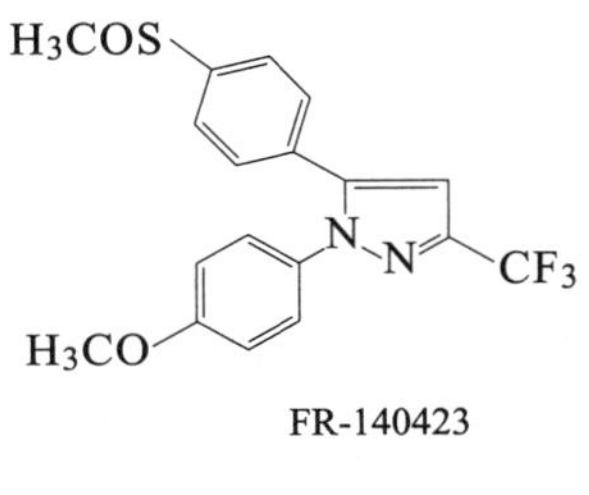　　　　　FR-140423 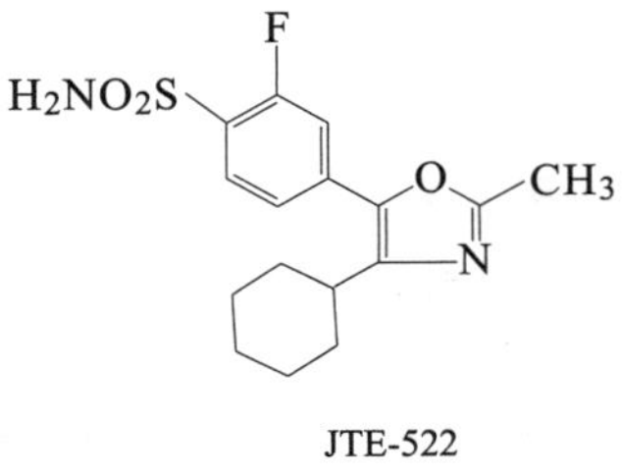　　　　　JTE-522

　　3,5-二芳基吡唑啉是一类具有生物活性的杂环化合物。它的结构和治疗关节炎的新药 Celebrex(Celecoxib) 等一系列药物中的杂环具有相似的结构。本实验课题是设计和合成一系列 3,5-二芳基吡唑啉作为此类药物研究的中间体,期望在通过进一步的修饰合成和生物学筛选之后,开发出更加有效的该类药物。

【实验要求】

　　通过查阅文献,进一步了解系列 3,5-二芳基吡唑啉的性质和制备方法,设计系列 3,5-二芳基吡唑啉的合成路线,具体提出实验步骤,经指导老师审阅后,按预定的方案实施,并以小论文形式写出实验报告。

　　本实验建议 32 学时,其中实验 20 学时,查阅文献、编制实验方案及写实验论文等 12 学时。

　　3,5-二芳基吡唑啉的结构式:

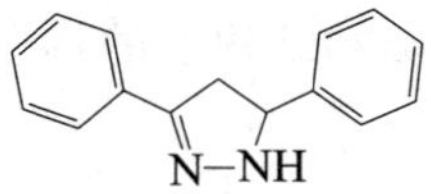

【实验提示】

　　3,5-二芳基吡唑啉通常由相应的查尔酮与过量的肼为原料直接环合而成,反应多采用乙醇、冰醋酸等作为溶剂。

实验 2.3　高氯酸盐催化下的 4(3H)-喹唑啉类化合物的合成研究

【实验目的】

1. 了解多组分一锅法合成有机化合物的方法。
2. 探索不同的催化剂三组分合成 4(3H)-喹唑啉类化合物。

【实验原理】

　　喹唑啉衍生物是一类重要的含氮杂环化合物,在自然界,喹唑啉骨架多存在于生物碱当中,目前已有大量的研究和应用表明,喹唑啉衍生物具有重要的药理活性以及生物医学价值,例如抗菌、抗高血压、抗惊厥、消炎作用,同时该类化合物还具有较强的麻醉及镇痛疗效,对肺结核、帕金森综合征、某些癌症亦有治疗作用。此前已有文献报道了一些合成喹唑啉衍生物的方法。2004 年,Das 及其合作者报道了一种 4(3H)-喹唑啉类化合物的绿色合成方法,但该法只适合于芳胺底物。2005 年,Liu 报道了该类化合物在微波辐射下于 250℃ 条件下的合成方法。2006 年,Khosropour 和 Narasimhulu 也先后报道了 Bi(TFA)$_3$-[nbp]FeCl$_4$ 及 La(NO$_3$)$_3$·6H$_2$O 催化合成 4(3H)-喹唑啉类化合物的方法。

【实验要求】

1. 文献检索到合成 4(3H)-喹唑啉类化合物的经典方法。
2. 在经典方法的基础上,利用实验室较为丰富的路易斯酸资源,尝试寻找较合适的酸催化邻氨基苯甲酸、原甲酸三乙酯、胺三组分反应合成 4(3H)-喹唑啉。

本实验建议 32 学时，其中实验 20 学时，查阅文献、编制实验方案及写实验论文等 12 学时。

【实验提示】

在实验操作前注意各种路易斯酸的安全操作，尤其是诸如高碘酸等强氧化性的路易斯酸的后处理方法。

建议首先文献检索出该反应的反应机理，在机理基础上寻找适合的金属路易斯酸。

实验 2.4　不同形貌纳米聚苯胺的合成

【实验目的】

1. 了解纳米材料的基本概念和性质。
2. 了解几种不同形貌纳米聚苯胺的制备方法。
3. 了解聚苯胺形貌检测和结构分析的方法。

【实验原理】

纳米材料是指在三维空间中至少有一维处在纳米尺度范围（1~100nm）或由它们作为基本单元构成的材料。

纳米材料大致可分为纳米粉末、纳米纤维、纳米膜、纳米块体等四类。纳米粉末开发时间最长，技术最为成熟，是生产其他三类产品的基础。纳米粉末（也称为超微粉或超细粉）一般指粒度在 100nm 以下的粉末或颗粒，是一种介于原子、分子与宏观物体之间，处于中间物态的固体颗粒材料。纳米纤维指直径为纳米尺度而长度较长的线状材料。纳米膜通常分为颗粒膜与致密膜。颗粒膜是纳米颗粒粘在一起，中间有极为细小的间隙的薄膜；致密膜指膜层致密但晶粒尺寸为纳米级的薄膜。纳米块体是由纳米粉末高压成型或控制金属液体结晶而得到的纳米晶粒材料。

纳米材料的特征主要有：①表面与界面效应。这是因纳米晶粒表面原子数与总原子数之比随粒径变小而急剧增大后所引起的性质上的变化。②小尺寸效应。当纳米微粒尺寸与光波波长、传导电子的德布罗意波长及超导态的相干长度、透射深度等物理特征尺寸相当或更小时，它的周期性边界被破坏，从而使其声、光、电、磁、热力学等性能呈现出"新奇"的现象。③量子尺寸效应。当粒子的尺寸达到纳米量级时，费米能级附近的电子能级由连续态分裂成分立能级。当能级间距大于热能、磁能、静电能、静磁能、光子能或超导态的凝聚能时，会出现纳米材料的量子效应，从而使其磁、光、声、热、电、超导电性能变化。④宏观量子隧道效应。微观粒子具有贯穿势垒的能力称为隧道效应。纳米粒子可以穿过宏观系统的势垒而产生变化，称其为纳米粒子的宏观量子隧道效应。

较常见的纳米聚苯胺形貌有球形纳米聚苯胺、纤维状纳米聚苯胺和混合型纳米聚苯胺等。本实验采用在化学合成聚苯胺体系中分别加入金属离子或有机小分子，探讨其对聚苯胺形貌的影响。

【实验要求】

通过查阅文献，了解纳米材料的发展历史及其应用，尤其是纳米聚苯胺的研究现状及其应用，设计一种制备不同形貌纳米聚苯胺的方案，包括它们的制备、分离和表征方法，经指导教师审阅后，按预定的方案进行实验，并以小论文形式撰写实验报告。

本实验建议 32 学时，其中实验 20 学时，查阅文献、编制实验方案与撰写实验报告等12 学时。

【实验提示】

1. 不同形貌纳米聚苯胺的制备

配制一定浓度的苯胺-盐酸水溶液，分别加入适量的金属离子或有机小分子，以过硫酸铵为氧化剂，控制反应条件合成纳米聚苯胺，经分离、洗涤和干燥制得不同形貌的纳米聚苯胺。

2. 测试和分析

分别用扫描电子显微镜和透射电子显微镜测定纳米聚苯胺的形貌。用红外光谱、紫外光谱、热重和 X 射线晶体结构分析仪对纳米聚苯胺的结构进行表征。

【参考文献】

1. Lv Rongguan, Zhang Shuling, Shi Qiaofang, et al. Synthetic Metals, 2005, 150 (2): 115-122.

2. Kan Jinqing, Jiang Yan, Zhang Ya. Materials Chemistry and Physics, 2007, 102 (2-3): 260-265.

3. Zhou Su, Wu Tao, Kan Jinqing. Journal of Applied Polymer Science, 2007, 106: 652-658.

实验 2.5　铁磁性导电聚苯胺纳米复合物的制备和表征

【实验目的】

1. 了解铁磁性导电聚苯胺纳米复合物的基本概念。
2. 掌握一种铁磁性导电聚苯胺纳米复合物的制备方法。
3. 了解铁磁性导电聚苯胺纳米复合物的表征方法。

【实验原理】

铁磁性材料只要在很小的磁场作用下就能被磁化到饱和，不但磁化率＞0，而且数值大到 $10\sim10^6$ 数量级，其磁化强度 M 与磁场强度 H 之间是非线性的复杂函数关系。这种类型的磁性称为铁磁性。铁磁性物质只有在居里温度以下才具有铁磁性；在居里温度以上，由于受到晶体热运动的干扰，原子磁矩的定向排列被破坏，使得铁磁性消失，这时物质转变为顺磁性。铁磁性材料的主要特点：①自发磁化。铁磁性物质内的原子磁矩，通过相邻晶格结点原子的电子壳层的作用，克服热运动的无序效应，原子磁矩是按区域自发平行排列、有序取向，按不同的小区域分布，这种现象称为自发磁化（如未配对的 3d 电子壳层：Fe、Ni、Co、Mn）。②磁畴。自发磁化的小区域称为磁畴。各个磁畴之间的交界面称为磁畴壁。③磁性很强。④磁滞现象。

单纯的无机铁磁性材料因其密度高，已不能满足高新技术的要求。将无机磁性纳米粒子与导电高分子进行化学复合方面的研究已引起了人们的关注，由于该复合材料同时具有有机和无机材料的优异性能，因而展示了巨大的应用潜力，特别是在光、电和磁等领域的潜在应用前景更引起了各国研究者的高度重视。

本实验采用化学法合成铁磁性导电聚苯胺纳米复合物，探讨反应条件对铁磁性聚苯胺纳米复合物性能的影响。

【实验要求】

通过查阅文献，了解铁磁性导电聚苯胺纳米复合物的发展历史及其应用，设计一种制备铁磁性导电聚苯胺纳米复合物的方案，包括它们的制备、分离和表征方法，经指导教师审阅后，按预定的方案进行实验，并以小论文形式撰写实验报告。

本实验建议 32 学时，其中实验 20 学时，查阅文献、编制实验方案与撰写实验报告等 12 学时。

【实验提示】

1. 铁磁性导电聚苯胺纳米复合物的制备

分别合成纳米 Fe_2O_3 和聚苯胺纳米粒子。控制合适的反应条件，按 Fe_2O_3 和聚苯胺纳米粒子的不同比例进行复合，经分离、洗涤和干燥获得各种性能的铁磁性导电聚苯胺纳米复合物。

2. 测试和分析

用振动样品磁强计测定铁磁性聚苯胺纳米复合物的磁性质，用扫描电子显微镜或透射电子显微镜测定纳米聚苯胺的形貌。用红外光谱、紫外光谱和 X 射线晶体结构分析仪对铁磁性聚苯胺纳米复合物的结构进行表征。

【参考文献】

1. Tang Benzhong, Geng Yanhou, et al. Chem Mater，1999，11（6）：1581-1589.

2. 杨青林，翟锦，宋延林，等. 高等学校化学学报，2002，23（6）：1105-1109.

3. Wan M X, Zhou W X, Li J C. Synth Met，1996，78（1）：27-31.

4. Wan M X, Li J C. J Polym Sci，Part A：Polym Chem，1998，36（15）：2799-2805.

5. Wan M X, Fan J H. J Polym Sci，Part A：Polym Chem，1998，36（15）：2749-2755.

6. Zhang Ya, Zhu Chunxia, Kan Jinqing. Journal of Applied Polymer Science，2008，109（5）：3024-3029.

实验 2.6　主客体分子复合物的合成与表征

【实验目的】

1. 了解主客体分子复合物的基本概念。

2. 了解主客体分子复合物的制备方法。

3. 了解自组装分子反应器在离子选择性识别分离、催化化学反应、稳定活性中间体、药物输运及释放等方面的应用。

【实验原理】

化学学科随着研究对象和理论的不断深入，研究层次已经从最初的以研究分子内化学键的分子化学进入了一个新的层次——基于分子间的非键相互作用的超分子化学。自从 1987 年 Cram、Pedersen 和 Lehn 在主客体化学和分子识别等方面做出了卓越贡献而获得诺贝尔化学奖以来，超分子化学便被广泛关注。"主-客体分子体系""包合物化学"和"超分子化学"作为独立概念首次被正式提出。

分子反应器（即主体分子）是指两个或多个分子通过一定方式连接在一起形成的具有封闭或半封闭空腔结构的分子复合体。对分子反应器的研究首先是从研究环糊精、冠醚等主体分子的包结性能开始的。环糊精最显著的特征是在疏水空腔内包结有机分子、稀有气体、卤素和无机化合物等,形成主客体分子复合物。杯芳烃是继环糊精、冠醚之后出现的第三代超分子,它可以作为模板结构,经过深度改性构建出具有不同形状和内腔体积的半封闭和全封闭的分子反应器。

除利用自身具有特殊的笼状、穴状或环状等结构直接作为分子反应器外,主要通过以下几种连接方式合成主体分子:①共价键;②金属-配体之间的配位键;③氢键。

分子反应器的包结作用可以使其内相中的客体分子处于与外界环境相隔离的状态,它不同于一般的真空、溶剂及本体环境。可逆的包结可以使分子反应器内腔中客体小分子暂时地与溶液中的其他分子相隔离。客体分子在分子反应器内腔中停留的时间从几毫秒到几小时不等。常规的 NMR 谱可以用来报告分子反应器内客体分子的化学环境、磁场环境以及客体分子在分子反应器内的相对位置。当且仅当分子反应器的内部空间被适当地填充时,主客体分子的自组装才能发生。分子反应器对客体分子的弱相互作用、电子效应和空间效应可以在一定程度上调控内相的客体分子的化学反应过程。同时分子反应器的包结作用也可以用来研究电荷和能量的转移现象,改变和控制一些生物体系反应的速率和区域选择性。研究分子反应器内相的化学反应过程对化学和生物领域都具有十分重要的意义,因此在最近几年引起了人们越来越广泛的关注。

由于分子反应器在离子选择性地识别分离、催化化学反应、稳定活性中间体等方面的应用前景,致力于构建更为有效的、复杂的分子反应器的研究工作被广泛开展,同时更为物理有机化学提供了研究活性中间体、分子间相互作用力与新型立体异构等问题的有效的工具。

本实验拟以经过改性的对间苯二酚杯芳烃二聚物为主体分子(分子反应器,如图 2.6-1),该分子反应器($C_{104}H_{40}N_{24}O_{32}$)是由两个类似花瓶形的经过改性的对间苯二酚杯芳烃单体分子以边缘-边缘的方式二聚而成的圆柱形的束状的超分子化合物。

分子反应器各个部分的极性是不同的:在分子反应器的渐锥形的顶端的四个芳烃单元提供了一个非极性的表面,它的作用是固定分子反应器的形状;四个更靠近于分子反应器中心的吡嗪基团相对于分子反应器顶端的芳烃基团具有更多的极性,并且能够发生轻微的形变;分子反应器中央部分的酰亚胺基团则具有更强的极性,并且这一部分是分子反应器中最容易发生形变的部分。

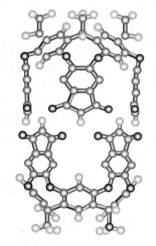

图 2.6-1 分子反应器(主体分子)的几何结构

在分子反应器上下两部分间有 16 个氢键,它们是在酰亚胺基团的给体-受体间形成的,即分子反应器的一个单体分子的酰亚胺基团的氢原子与另一个单体分子的羰基碳原子间形成氢键(N—H····O=C=),内部空间约为 $1.7nm×1.0nm×1.0nm$。

本实验着重探讨分子反应器(主体分子)与返魂草提取物的包合作用,制备相应的主客体分子复合物。

【实验要求】

通过查阅文献,了解超分子化学的发展历史及其应用,尤其是以改性的对间苯二酚杯芳烃二聚物为主体化合物分子(分子反应器)的研究现状及其在选择性离子识别、催化化学反应、稳定活性中间体、药物输送及释放等方面的应用。设计以改性的对间苯二酚杯芳烃二聚物作为主体分子(分子反应器)、返魂草提取物为客体分子的超分子包合物的实验方案,包括主客体分子复合物的制备、提纯和表征方法，经指导教师审阅后，按预定的方案进行实验，并以小论文的形式撰写实验报告。

本实验建议 32 学时，其中实验 20 学时，查阅文献、确定实验方案与撰写实验报告等 12 学时。

【参考文献】

1．Warmuth R，Marvel M A．1，2，4，6-cycloheptatetraene：room-temperature stabilization inside a hemicarerand．Angew Chem Int Ed，2000，39（6）：1117-1119．

2．Lehn J M．Binuclear Copytates：Dimetallic Macropolycyclic Inclusion Complexes Concepts-Design-Prospects．Pure Appl Chem，1980，52：2441-2459．

3．Lutzer A，Starnes S D，Rudkevich D M，et al．A self-assembled phthalocyanine dimer．Tetrahedron letters，2000，4：3777-3780．

4．Hof F，Craig S L，Nuckolls C，et al．Molecular encapsulation．Angew Chem Int Ed，2002，41：1488-1508．

5．Rebek J Jr．Simultaneous encapsulation：molecules held at close range．Angew Chem Int Ed，2005，44：2068-2078．

6．Villiers A．Compt．Rend．Sur la fermentation de la fécule par l'action du ferment butyrique．C．R．Acad Sci Paris，1891，112：536-547．

7．Schardinger F，Bakteriol Z．Naming of α-，β-，and γ-cyclodextrins．Parasitenk Ⅱ，1911，29：188-194．

8．Takahashi K．Organic reactions：mediated by cyclodextrins．Chem Rev，1998，98：2013-2033．

9．Brendan M，Leary O，Grotzfeld R M，et al．Ring inversion dynamics of encapsulated cyclohexane．J Am Chem Soc，1997，119：11701-11702．

10．Ma S，Rudkevich D M，Rebek J Jr．Supermolecular isomerism in caviplexes．Angew Chem Int Ed，1999，38（17）：2600-2602．

11．Shivanyuk A，Rebek J Jr．Isomeric constellations of encapsulation complexes store information on the nanometer scale．Angew Chem Int Ed，2003，42（6）：684-686．

12．Shivanyuk A，Rebek J Jr．Reversible encapsulation of multiple，neutral guests in hexameric resorcinarene hosts．Chem Commun，2001：2424-2425．

13．Purse B W，Rebek J Jr．Encapsulation of oligoethylene glycols and perfluoro-n-alkanes in a cylindrical host molecule．Chem Commun，2005：722-724．

14．Arora K K，Pedireddi V R．Host-guest complexes of 3，5-dinitrobenzonitrile：channels and sandwich supramolecular architectures．Tetrahedron，2004，60：915-925．

15．Palmer L C，Rebek J Jr．The ins and outs of molecular encapsulation．Org Biomol Chem，2004，2：3051-3059．

16．Castellano R K，Rebek Jr J．Formation of discrete，functional assemblies and informational polymers through the hydrogen-bonding preferences of calixarene aryl and sulfonyl tetraureas．J Am Chem Soc，1998，120：3657-3666．

17．Zhao Y L，Houk K N，Rechavi D，et al．Equilibrium isotope effects as a probe of nonbonding attractions．J Am Chem Soc，2004，126：11428-11429．

18．Rechavi D，Scarso A，Rebek J Jr．Isotopomer encapsulation in a cylindrical molecular capsule：a probe for understanding noncovalent isotope effects on a molecular level．J Am Chem Soc，2004，126：7738-7739．

19．Harrison R G，Burrows J L，Hansen L D．Selective guest encapsulation by a cobalt-assembled cage molecule．Chem Eur J，2005，11：5881-5888．

20．Eid Jr C，Knobler C B，Gronbeck D A，et al．Binding properties of two new hemicarcerands whose hemicarcerplexes undergo chemical reactions without guest release．J Am Chem Soc，1994，116：8506-8515．

实验 2.7　超微圆盘电极的制备及电化学表征

【实验目的】

1．了解超微电极的电化学特征与应用。

2. 了解超微电极的制备方法。

【实验原理】

电极反应过程与电极的半径有关，减小电极的尺寸对电极反应不仅有量的影响，而且有着质的改变。由于超微电极表面趋于径向扩散，增强了传质过程，减小了充电电流，降低了溶液阻抗等，使超微电极在电化学系统有更新的应用。超微电极在单细胞检测、测定快速反应的电子转移常数、探测生物微环境以及用作探针和微柱分离的检测器方面已有应用研究。纳米电极可以被定义作为控制在纳米尺寸范围内的电极。纳米电极研究与应用面临的最大挑战之一，就是电极的制备。20 年来，电极的制备已经成为纳米电极研究领域中最具研究性的课题。本实验探索研究一种较为简便的纳米级超微电极的制备方法，并且探讨所制备该电极的电化学性能。

将微米级铂丝或碳纤维经电化学蚀刻后获得锐利尖端，用环氧树脂胶密封在塑料管中，待胶凝固后，进行打磨抛光，直至在铁氰化钾的氯化钾溶液中出现良好的"S"形极限稳态伏安曲线。利用极限稳态电流确定纳米超微圆盘电极的半径：

$$i_{lim} = 2\pi nFDcr_0$$

式中，D 为电活性物质的扩散常数，本实验中其值为 $7.2 \times 10^{-6} \, cm^2 \cdot s^{-1}$；$c$ 为电活性物质溶液的浓度；n 为电极反应过程中的电子转移数；F 为法拉第常数，即 $96500 C \cdot mol^{-1}$；r_0 为纳米电极的有效半径。

【实验要求】

本实验要求学生通过查阅文献，了解超微电极的电化学特征与应用，了解超微电极的一般制备方法，并比较所查阅的各种超微电极制备方法的特色与局限性。

【实验提示】

1. 铂丝或碳纤维的蚀刻

将洁净的微米级直径的铂丝一端缠绕在铜丝上，另一端浸入蚀刻液 $NaNO_2$ 饱和溶液中约 2mm，以铂片电极为辅助电极，以合适的交流电压进行蚀刻。一段时间后，铂丝在液面处断开，得到尖锐的尖端。取下铂丝，用蒸馏水洗去残留的饱和亚硝酸钠溶液，空气中晾干。

将洁净的微米级直径的碳纤维与引线铜丝用石墨粉导电胶粘连，然后将碳纤维的一端垂直插入氢氧化钠溶液中。以碳电极为辅助电极，施加合适的交流电压，直至观察到碳纤维在液面处蚀刻折断，蚀刻结束。取下碳纤维，用蒸馏水洗去残留的氢氧化钠溶液，空气中晾干。

2. 纳米电极的制备

取一内径约 5mm 的塑料管，将刻蚀好的笔直的铂丝或碳纤维用环氧树脂胶封在管中。约 24h 胶凝固后，进行打磨抛光，使电极尖端正好暴露出，即可制得纳米级圆盘电极。打磨抛光过程中，先用粗砂纸打磨，待接近塑料管上的刻度时，砂纸由粗换到细，最后在丝绸上进行抛光，使电极尖端暴露出来，即制得纳米圆盘电极。

3. 纳米电极的电化学表征

将所制作的电极为工作电极，饱和甘汞电极为参比电极，铂电极为对电极组成三电极系统，插入 $0.5 mol \cdot L^{-1}$ 的氯化钾作为支持电解质的 $0.01 mol \cdot L^{-1}$ 的铁氰化钾溶液中，在 $-0.1 \sim 0.5 V$ 范围内进行稳态伏安扫描，扫速 $5 mV \cdot s^{-1}$，根据极限电流计算电极尺寸。

【参考文献】

1．Christopher J Slevin，Nicola J Gary，Julie V Macpherson，et al. Electrochem Commun，1999，1：282.

2．张祖训．超微电极电化学．北京：科学出版社，1998.

3．Chen S L，Kucernak A. Electrochem Commun，2002，4：80.

实验 2.8　C_m-s-C_m 季铵盐型 Gemini 表面活性剂的合成与性质研究

【实验目的】

1．了解 Gemini 型表面活性剂的基本概念和相关性能。

2．了解 Gemini 型表面活性剂和传统表面活性剂性质的异同。

3．学习和掌握 Gemini 型表面活性剂的合成方法。

【实验原理】

表面活性剂由于具有良好的表面性能及应用性能而具有广泛的用途。根据表面活性剂极性头基的离子类型，可将表面活性剂分为阳离子型、阴离子型、两性离子型和非离子型。根据表面活性剂疏水链的组成或结构，可将其分为碳氢链型、碳氟链型或饱和链型、不饱和链型等。表面活性剂因为结构不同，其性能也有较大差异。影响表面活性剂表面活性的因素主要有亲水基团和疏水基团的结构及其连接方式。

Gemini 表面活性剂是一类创新结构的表面活性剂，它由两个传统的表面活性剂分子通过特殊的连接基团以化学键方式连接而成，结构中含有两个亲水基和两条疏水链。Gemini 表面活性剂的间隔基团可以是刚性基团，也可以是柔性基团。

由于 Gemini 表面活性剂分子中的两个亲水基依靠连接基团通过化学键连接，因此两个表面活性剂单体结合得相当紧密。这种结构，一方面增强了疏水链的疏水作用，使疏水基团自水溶液中逃逸的趋势增大；另一方面，受化学键限制，亲水头基间由于电性排斥作用而相互分离的倾向被大大削弱。如此独特的结构，必然赋予 Gemini 表面活性剂许多与众不同的物理化学性质。现有研究已表明，与传统表面活性剂相比，Gemini 表面活性剂在石油开采、杀菌灭藻、相转移催化反应等领域都具有更广泛的应用前景。

本实验拟合成季铵盐型 Gemini 表面活性剂——二溴化双(二甲基十二烷基)乙二胺（简称为 C_{12}-2-C_{12}·2Br），并测定其临界胶束浓度。合成路线如下：

$$2C_{12}H_{25}Br + CH_3-\underset{\underset{CH_3}{|}}{\overset{\overset{CH_3}{|}}{N}}-(CH_2)_2-\underset{\underset{CH_3}{|}}{\overset{\overset{CH_3}{|}}{N}}-CH_3 \longrightarrow C_{12}H_{25}\overset{\overset{CH_3}{|}}{\underset{\underset{CH_3}{|}}{N^+}}-(CH_2)_2-\overset{\overset{CH_3}{|}}{\underset{\underset{CH_3}{|}}{N^+}}C_{12}H_{25}·2Br^-$$

【实验要求】

合成季铵盐型 Gemini 表面活性剂——二溴化双(二甲基十二烷基)乙二胺（简称为 C_{12}-2-C_{12}·2Br），并测定其临界胶束浓度。

【实验提示】

1．合成

（1）在 250mL 圆底烧瓶中加入 0.055mol（13.7g）1-溴代十二烷、0.025mol（2.91g）N,N,N',N'-四甲基乙二胺和 25mL 无水乙醇，加热回流 48h（$T \approx 80℃$）；

（2）减压除去乙醇，得白色固体；

（3）将产物在乙醇/乙酸乙酯中重结晶六次，以确保纯度。

2. 临界胶束浓度（cmc）的测定

（1）配制一系列不同浓度的 C_{12}-2-C_{12}·2Br 溶液（浓度范围为 $1\times10^{-4}\sim5\times10^{-3}\,mol\cdot L^{-1}$）。

（2）测定并记录上述溶液的电导率。

（3）以电导率为纵坐标，表面活性剂浓度为横坐标，绘图。由于胶束的电性和扩散系数与表面活性剂单体分子的电性和扩散系数不同，当表面活性剂浓度达到 cmc 后，胶束生成，相应地在电导率曲线上会出现一个拐点。由该拐点处表面活性剂的浓度，即可知道表面活性剂的 cmc 值。

（4）重复上述实验，以确保测定结果的准确性。

【参考文献】

1．Raoul Zana. Advances in Colloid and Interface Science，2002，97：205-253.

2．谢亚杰，王伟，刘深. 表面活性剂制备技术与分析测试. 北京：化学工业出版社，2006：271.

3．游毅，郑欧，邱羽，等. 物理化学学报，2001，17（1）：74-78.

实验 2.9　表面活性剂与卵清蛋白的相互作用

【实验目的】

1. 了解卵清蛋白（OVA）的结构及其与表面活性剂相互作用的意义及应用。

2. 掌握研究表面活性剂与蛋白质相互作用的方法。

3. 了解表面活性剂结构对表面活性剂-蛋白质相互作用的影响及原因。

【实验原理】

表面活性剂分子中同时含有疏水基团和亲水基团，疏水部分通常由烃基构成。根据表面活性剂的亲水部分在水中是否电离，可将表面活性剂分为离子型和非离子型表面活性剂，其中离子型表面活性剂又可以分为阳离子型、阴离子型和两性离子型表面活性剂。表面活性剂在适当的条件下可聚集形成具有不同结构的分子有序组合体，譬如胶束、反胶束、微乳液、液晶、囊泡等。表面活性剂具有活跃于表（界）面和改变表（界）面张力两大特性，因此，表面活性剂及其所形成的分子有序组合体在生产生活中具有重要应用。此外，表面活性剂分子亦广泛用于蛋白质、核酸等生物大分子的分离与纯化，表面活性剂分子有序组合体还常用作生物体内反应微环境的模拟体系。

卵清蛋白（ovalbumin，OVA）是一种典型的球蛋白，分子量约为 45000，等电点为 4.9，在鸡蛋白蛋白（egg white albumin）中含量超过 50％。OVA 包含一条含有 385 个氨基酸残基的聚氨基酸链，这些残基相互缠绕折叠成具有高度二级结构的球形结构（30.6％的 α-螺旋和 31.4％的 β-折叠）。OVA 具有较好的起泡性、亲水性和乳化性能，加热后又易形成凝胶（gels），因而被广泛应用于婴儿食品、肉制品、面包和甜点制造业中。由于表面活性剂在食品加工业中有广泛的应用，而 OVA 的乳化性能和形成凝胶的能力又与其结构相关，因此研究表面活性剂和 OVA 的相互作用并进而掌握表面活性剂对 OVA 结构的影响将有助于 OVA 在食品领域中更广泛、科学地应用。

本实验拟综合利用紫外-可见吸收光谱、荧光发射光谱、圆二色谱及透射电子显微镜研究表面活性剂与 OVA 的相互作用。其中，光谱法可用来研究溶液中蛋白质分子的构象变化，透射电子显微镜可用在纳米层次上直接观察蛋白质/表面活性剂复合物的形貌。

【实验要求】

通过查阅文献，了解表面活性剂与蛋白质相互作用的研究进展及其应用。设计一种实验方案，研究表面活性剂十二烷基硫酸钠（SDS）、十二烷基三甲基溴化铵（DTAB）和十六烷基三甲基溴化铵（CTAB）与 OVA 相互作用。经指导教师审阅或与指导教师讨论后，进行实验，并对实验结果加以分析与讨论。最后以小论文形式撰写实验报告。

本实验建议 32 学时，其中实验 20 学时，查阅文献、编制实验方案与撰写实验报告等12 学时。

【实验提示】

1. 设计实验方案时，应注意表面活性剂的浓度范围（表面活性剂浓度应从 0 逐渐增大，直到大于其 *cmc* 值，而且 *cmc* 前后至少各有 5 个不同的浓度）。

2. 注意观察 OVA 的吸收峰和发射峰与表面活性剂结构与浓度的关系。

【参考文献】

1．段金友，方积年. 分析化学，2002，30：365-371.

2．Falcone R D，Biasutti M A，Correa N M，et al. Langmuir，2004，20：5732-5737.

3．王元汇，褚莹，刘景林，等. 高等学校化学学报，2004，25：1684-1688.

4．缪炜，姚松年. 物理化学学报，1999，15：930-937.

5．翟利民，李干佐，隋华，等. 分子科学学报，2000，16：65-69.

6．Apurba Kumar Sau，Douglas Currell，Shayamalava Mazumdar，et al. Biophysical Chemistry，2002，98：267-273.

7．Kreusch S，Schwedler S，Tautkus B，et al. Analytical Biochemistry，2003，313：208-215.

实验 2.10　　TiO₂ 纳米晶的合成与光催化性质

【实验目的】

1. 了解无机纳米材料的定义、分类、制备及表征方法。
2. 了解半导体光催化技术的基本原理及其在环保领域的应用。

【实验原理】

随着工业（尤其是农药、印染、石油化工等化学工业）的迅速发展，水环境污染问题日趋严重，已危及人类的健康与生存环境。其中，印染废水已成为主要的水体污染源之一。由于印染废水中的有机染料和助剂种类日益繁多，大多含有苯环、氨基、偶氮基团等致癌致畸致突变物质，而且具有难生物降解、难光解、色度高、浓度高、水质和 pH 变化大、水温水量波动大等特点，使其实际净化处理有相当难度。一些传统的处理方法，如混凝沉淀法、吸附法、膜分离法、气浮法等都属于非破坏性的物理处理方法，只是对染料进行相间转移，并没有真正对染料进行矿化，并且有二次污染以及吸附剂再生等问题一直得不到合理解决；化学处理法不仅成本较高，并且容易产生二次污染；而采用生物法处理，染料通常在好氧条件下不易生物降解，在厌氧条件下又极易转化成对人体健康产生巨大威胁的芳香胺等致癌物，并且处理时间比较长。因此，如何有效治理染料废水是目前人们普遍关注的问题。

近年来，半导体光催化技术由于可以利用廉价绿色的太阳光作为光源，能在常温常压下使绝大多数有机污染物彻底降解到 CO_2、H_2O 和其他无机物，且不产生二次污染，在有机污染物处理和环境净化方面的应用研究日益受到重视。其基本原理为：当能量大于禁带宽度的光照射半导体微粒时，产生电子空穴对，价带上的电子会跃迁到导带，成为导带电子（e^-），同时在价带留下一个空穴（h^+）。电子和空穴通过电场力的作用或扩散的方式运动迁移，迁移到半导体表面的空穴通常被 OH^- 和 H_2O 俘获，生成 $HO\cdot$，$HO\cdot$ 是一种氧化能力很强的自由基，几乎无选择地彻底氧化多种有机物，是光催化氧化的主要活性物质，而迁移到半导体表面的电子通常被吸附在微粒表面的电子受体 O_2 俘获，生成 O_2^-、$HOO\cdot$ 等一系列自由基，它们能够参与多个氧化还原过程。此外，由于空穴本身具有强氧化性，它能够直接氧化吸附在微粒表面的有机物。以下是半导体光催化牵涉到的一些化学反应：

$$TiO_2 + h\nu \longrightarrow h^+ + e^-$$

$$h^+ + H_2O_{ads} \longrightarrow HO\cdot$$

$$h^+ + HO_{ads}^- \longrightarrow HO\cdot$$

$$O_2 + e^- \longrightarrow O_2^- \rightarrow HOO\cdot \rightarrow H_2O_2 \rightarrow HO\cdot$$

$$HO\cdot + 有机物 \longrightarrow 氧化产物$$

$$h^+ + 有机物 \longrightarrow 氧化产物$$

同时，电子和空穴也能够在催化剂粒子内部或表面发生复合并以热量或光的方式将激发能释放。电子和空穴的复合过程会降低光催化反应的量子效率，对光催化反应十分不利。因此，光催化反应的量子效率取决于载流子的复合概率。载流子复合过程则主要取决于两个因素：一为载流子在催化剂内部或表面的复合概率；二为表面电荷迁移过程。提高表面电荷迁移速率能够抑制电荷载流子复合，增加光催化反应的量子效率。

TiO_2 作为目前最常用的半导体光催化剂，具有以下 4 个优点：① TiO_2 的禁带宽度为 $3.0\sim3.2eV$，可以用 $387.5\sim413.3nm$ 以下的光源激发活化，可以直接利用自然太阳光来驱动光催化反应；②光催化活性高，TiO_2 的导带和价带的电位使其具有很强的氧化还原能力，可分解大部分有机污染物；③化学稳定性好，具有很强的抗光腐蚀性；④价格便宜，无毒而且原料易得。前人研究发现：TiO_2 的光催化性能与其晶相、形貌、尺寸、表面态及缺陷等密切相关。因此可以通过改变合成方法（如采用灵活多变的溶剂热法等）与合成条件来调节其光催化性质，从而开发出更高光催化活性的 TiO_2 产品。

【实验要求】

通过查阅文献，了解无机纳米材料的定义、分类、制备及表征方法（如扫描电镜、透射电镜、X 射线衍射仪和紫外-可见吸收光谱等）；了解环境中有机污染物的存在、特点及治理方法；了解半导体光催化氧化技术及其在环保方面的应用进展；设计一条控制合成不同晶型和尺寸的 TiO_2 纳米晶的溶剂热方法；以水中的甲基橙为降解对象，考察所制产品的光催化性质（包括光催化活性及稳定性）；以小论文的形式，独立撰写实验报告。

本实验建议 48 学时，其中实验 36 学时，查阅文献、编制实验方案与撰写实验报告等 12 学时。

【实验提示】

1. 以钛酸四丁酯为主要原料，采用溶剂热法控制合成不同晶型和尺寸的 TiO_2 纳米晶。

2. 以水中的甲基橙为降解对象，紫外光（高压汞灯）和自然太阳光为光源，考察所制产品的光催化性能（包括光催化活性及稳定性）。

实验 2.11　SnS₂ 纳米片的合成与光催化性质

【实验目的】

1. 了解无机纳米材料的定义、分类、制备及表征方法；
2. 高效可见光响应型光催化剂的开发及其在印染废水处理中的应用。

【实验原理】

目前，以 TiO_2 为基础的半导体光催化技术存在着光生电子空穴复合速率快、量子效率低、仅吸收波长短于 387.5nm 的紫外光，太阳能利用率低等问题，使其大规模的实际应用受到限制。为了解决这些问题，国内外在 TiO_2 的修饰改性方面（包括各种金属掺杂和非金属元素掺杂、贵金属表面负载、半导体复合、染料敏化等），以及非 TiO_2 光催化剂材料的研制方面做了大量的工作，取得了一定的进展，但仍未从根本上解决其光催化效率低的重大难题。此外，已研制的非 TiO_2 新型光催化剂的稳定性、毒性以及价格等离大规模实际应用的要求还有不小的差距。因此，研制价廉、无毒的具有高量子效率、高太阳能利用率（宽吸收频带）、高化学和光化学稳定性的光催化剂材料，揭示其催化作用机理，仍是当前乃至今后光催化研究领域中的重中之重。

硫化锡（SnS_2）是一种具有层状结构的化合物半导体材料，带隙值约为 2.2eV，理论上可以利用波长小于 563.6nm 的可见光作为光源来激活它，驱动光催化反应，治理环境污染。另外，SnS_2 作为光催化剂还具有以下优点：在中性和酸性水溶液中具有良好的稳定性；在空气中具有良好的热稳定性和抗氧化性；无毒；便宜易得。但是，目前有关 SnS_2 基半导体光催化剂的光化学行为与机理研究还较少。

【实验要求】

通过查阅文献，了解无机纳米材料的定义、分类、制备及表征方法（如扫描电镜、透射电镜、X 射线衍射仪和紫外-可见吸收光谱仪等）；了解印染废水的特点及其治理方法；了解光催化氧化技术及其在环保方面的应用进展；设计合成 SnS_2 纳米片的方法；以水中的甲基橙为降解对象，考察所制产品的光催化性能（包括光催化活性及稳定性）；以小论文的形式，独立撰写实验报告。

本实验建议 48 学时，其中实验 36 学时，查阅文献、编制实验方案与撰写实验报告等 12 学时。

【实验提示】

1. 以氯化锡和硫代乙酰胺为原料,采用水热法制备 SnS_2 纳米片。

2. 以水中的甲基橙为降解对象,可见光 ($\lambda > 420nm$) 和自然太阳光为光源,考察所制产品的光催化活性及稳定性。

实验 2.12　二氧化硅光子晶体的制备

【实验目的】

1. 了解溶胶法制备二氧化硅光子晶体的原理和方法。
2. 观察二氧化硅光子晶体形貌并进行表征。
3. 了解二氧化硅光子晶体的用途。

【实验原理】

首先,选用醇钠作为碱,以正硅酸乙酯为前驱体与氨水充分搅拌反应,制备 SiO_2 单分散颗粒。然后,将清洗干净并烘干的普通载玻片垂直浸入已放置平稳的盛有 SiO_2 胶体溶液的小烧杯中,在 40℃、60% 相对湿度下静置,溶剂蒸发后,在载玻片表面长出一层 SiO_2 光子晶体膜。

【实验内容】

主要原料有正硅酸乙酯（TEOS）、无水乙醇（C_2H_5OH）、浓氨水（$NH_3 \cdot H_2O$）、金属钠（Na）、浓硫酸（H_2SO_4）、30% 双氧水（H_2O_2）、氢氧化钠（NaOH）溶液、去离子水等。

将金属 Na 与无水乙醇按 1∶1 的摩尔比配制 50mL 乙醇钠溶液,再加入 5mL 去离子水及 4.5mL 浓氨水（$17mol \cdot L^{-1}$）,搅拌均匀得到 A 液；将 TEOS/无水乙醇按 1∶6 的体积比配成 30mL 均匀溶液即 B 液,在 25℃ 恒温水浴中,以 B/A 将 B 液分三次加入 A 液中,搅拌反应 10h,观察现象并解释其原因。反应完毕后离心洗涤（水洗三次,乙醇洗两次）,60℃真空干燥即得到改性 SiO_2 微球。将上述制得的 SiO_2 微球用无水乙醇配制成质量分数为 2% 的 SiO_2 胶体溶液,超声分散。用普通载玻片,使用前处理（用浓硫酸和双氧水混合溶液以及 NaOH 溶液各超声清洗 15min,用去离子水冲洗后,在红外灯下烘干备用）,将清洗干净的普通载玻片垂直浸入已放置平稳的盛有 SiO_2 胶体溶液的容器中,在 40℃、60% 相对湿度下静置,液面下降速度为 $0.5mm \cdot h^{-1}$。待无水乙醇完全蒸发后,在载玻片表面生长出一层 SiO_2 光子晶体膜。

二氧化硅微球由于机械强度高、流动性好等特点,被广泛用于填充色谱柱,作陶瓷原料和涂料、化妆品、油墨的添加剂等。二氧化硅具有无毒、高生物活性等优点,且其表面的硅羟基非常适合作为改性的桥梁而使其功能化,因而在复合材料、催化反应、传感器、生物医学等领域有着巨大的应用价值。

单分散二氧化硅微球可以通过自组装制备光子晶体,其在光电子、光通信、微波通信、微谐振腔、集成光路、高效率发光二极管等领域将产生重大影响。

【实验要求】

查阅文献,了解二氧化硅光子晶体的用途；设计实验方案和具体合成路线,进行实验；测定二氧化硅光子晶体的形貌并表征。实验方案包括二氧化硅光子晶体的制备、提纯和表征方法，经指导教师审阅后，按预定的方案进行实验，并以小论文形式撰写实验报告。

本实验建议 32 学时，其中实验 20 学时，查阅文献、编制实验方案与撰写实验报告等 12 学时。

【实验提示】

1. 金属钠遇水即燃烧、爆炸，故使用时严格防止与水接触，用镊子取用金属钠，称量或切片过程中应当迅速，以免空气中水汽侵蚀或被氧化；金属钠领用注意安全，严格控制用量。

2. 二氧化硅光子晶体的制备过程中温度、相对湿度要严格控制。

【参考文献】

1. Wang Wei, Gu Baohua, Liang Liyuan. J Phys Chem B, 2003，107：3400.

2. Lee W, Pruzinsky S A, Braun P V. Multi-photon polymerization of wavegude structures within photonic crystals. Adv Mater, 2002, 14：271-274.

3. 李照磊, 刘晶, 高延敏, 等. 化工技术与开发, 2009, 38 (1)：1-4.

4. 郑婧, 陈晓晖. 硅酸盐通报, 2008, 27 (6)：1109-1113.

5. 杨海龙, 倪文, 陈德平, 等. 材料导报, 2008, 27 (6)：146-149.

6. 刘立营, 王秀峰, 吴艳霞, 等. 硅酸盐通报, 2008, 27 (6)：1217-1220.

实验 2.13　含二茂铁基肼基二硫代甲酸酯希夫碱及过渡金属配合物的合成与表征

【实验目的】

1. 了解希夫碱的制备方法及其用途。
2. 掌握设计有机化合物合成路线的基本原理、实验技术和结构表征方法。
3. 系统掌握研究配合物的常用方法。

【实验原理】

早在 1931 年，Pfeifer 等人首次合成了希夫碱（Schiff's base）及其配合物，从此以后，由于其独特的功能引起人们进行了广泛、系统、深入的理论及应用研究。特别是进入 20 世纪 60 年代，人们不断探寻：有机合成新试剂，聚合、分解、氧化、氢化反应的新型催化剂，具有独特功能的新型高分子材料，人工模拟酶催化的生化反应催化剂，高效低毒广谱具有独特抗菌、抗肿瘤、抗癌活性的药物，高效低残留广谱具有特殊功能的除草剂、杀虫剂及有机农药，以及由于优良的络合、显色、荧光等性能而作为新型的金属离子富集剂、螯合剂、显色剂甚至配位滴定指示剂等，随着现代测试手段的日趋完善，使希夫碱及其配合物的合成及应用研究异常活跃。

由于含硫希夫碱及其配合物的广泛用途，已使人们从不同的方向分别给予关注并进行了相应的理论及应用研究。特别是对肼基二硫代甲酸甲酯衍生的希夫碱及其配合物的研究已有不少报道。例如，肼基二硫代甲酸甲酯与过渡金属特别是钯、铜的配合物，除具有顺磁及抗磁作用之外，还显示了比其他抗癌药物稳定、持久、强烈且既适用于多种癌症的广谱性又对于鼻咽喉癌有强烈的选择性等良好抗癌性能。这是由于这类配体可与多种金属离子形成多种不同组成和立体结构的配合物，而且由于配体分子中亚甲胺上的活性 N 原子和硫酮基上的活性 S 原子与活组织肽聚糖中的两个相邻肽键交联的间桥"—CO—NH—"发生缔合，阻断了两个肽聚糖的交联，抑制了癌细胞壁的合成，因而起到抗癌作用。在分析化学上，由于含有芳香基的 Schiff 碱中—HC＝N—NH—是易流动的电子桥，在溶液中存在酮式和烯醇式互变异构：它们与金属离子配位时，构成一个平面，刚性、大 π 键共轭的特征结构，使得这类物质具有优良的分析化学性能，如配合、显色、荧光等，可作为螯合剂、显色剂、金属离子富集剂，甚至配位滴定的指示剂等。

二茂铁的发现开辟了过渡金属有机化学的崭新领域，几十年来，二茂铁化学的发展十分迅速，受到化学界的密切关注。作为非苯芳香化合物，由于分子中铁原子的存在，使二茂铁及其衍生物的理化性质显示出不寻常的多样性。因此，各国对二茂铁及其衍生物的合成、性质和分子结构的研究十分活跃，数十年来长盛不衰。正因为二茂铁衍生物性质的多样性，使其应用领域非常广泛。例如在燃烧性能调节剂、不对称合成催化剂、磁性材料、液晶材料以及生化医药等诸多方面都有重要应用价值。1975 年，Edward 等人报道了在青霉素和先锋霉素中引入二茂铁基，可使抗菌活性提高而毒性降低。

本实验首先合成含有二茂铁基的羰基化合物——甲酰基二茂铁、乙酰基二茂铁及 (E)-1-二茂铁基-3-苯基-2-丙烯基-1-酮；其次合成肼基二硫代甲酸甲酯和肼基二硫代甲酸苄酯；再把这两大类化合物发生缩合反应，制得含有二茂铁基的新型希夫碱；最后与过渡金属醋酸盐反应，得到其过渡金属配合物。并通过元素分析、IR、紫外光谱仪及 ^{1}H NMR 谱表征其组成、结构；用摩尔电导、循环伏安测试其电化学性能，用荧光光谱仪表征其荧光性能，用差热分析仪表征物质分子受热下发生的物理化学变化。

其合成路线如下：

$$NH_2NH_2·H_2O + CS_2 \xrightarrow[EtOH]{KOH} NH_2NH-\overset{\displaystyle S}{\overset{\|}{C}}-SK \xrightarrow[或CH_3I]{PhCH_2Cl} NH_2NH-\overset{\displaystyle S}{\overset{\|}{C}}-SR^1$$

$$Fc-H + (CH_3CO)_2O \xrightarrow{H_3PO_4} FcCOCH_3 \xrightarrow{PhCHO} (E)\text{-}FcCOCH=CHPh$$

$$Fc-H + POCl_3 + (CH_3)_2NCHO \xrightarrow{H_2O} FcCHO$$

R^1=CH$_3$,CH$_2$Ph
R^2=H,CH$_3$,(E)-CH＝CHPh
M=Co,Ni,Cu,Zn,Cd

【实验要求】

通过查阅文献，了解希夫碱以及二茂铁化学的发展历史、研究现状及其应用前景，设计制备其中一种配合物的方案，包括包合物的制备、提纯和表征方法，经指导老师审阅后，按预定的方案进行实验，并以小论文形式撰写实验报告。

本实验建议 32 学时，其中实验 20 学时，查阅文献、编制实验方案与撰写实验报告等

12 学时。

【实验提示】

1. 肼基二硫代甲酸甲酯和苄酯的合成。
2. 含二茂铁基查尔酮的合成。
3. 含二茂铁基新型希夫碱的合成。
4. 过渡金属配合物的合成。
5. 产物分子结构的表征和电化学性质的表征。
6. 产物荧光性能的表征和热化学性能的表征。

【思考题】

1. 简述希夫碱的制备方法及其用途。
2. 根据实验结果推测配合物的形成机理。
3. 如果用过渡金属氯化物特别是稀土盐与此类希夫碱反应，配合物结构是否相同？

【参考文献】

1. Liang Y M, Chen B H, Jing H W, et al. Synth React Inorg Met-Org, 1998, 28 (5): 803-810.
2. Huang G S, Chen B H, Liu C M, et al. Transition Met Chem, 1998, 23: 589-592.
3. 刘永红, 刘晓岚, 杨声, 马永祥. 有机化学, 2001, 21 (3): 218-222.
4. Shi Y C. J Coord Chem, 2004, 57 (11): 961-966.
5. Duan C Y, Tian Y P, Liu Z H, et al. J Organometallic Chem, 1998, 570: 155-162.
6. Wang X Y, Deng Z X, Jin B K, et al. Spectrochimica Acta Part A, 2002, 58: 3113-3120.

实验 2.14　壳聚糖的制备与表征

【实验目的】

1. 了解壳聚糖在各个领域的用途。
2. 熟练掌握由虾壳制取壳聚糖的实验方法。
3. 熟练掌握壳聚糖的表征方法，学会乌氏黏度计的使用。
4. 熟悉用红外光谱仪、热重分析仪、元素分析仪表征化合物。

【实验原理】

蟹壳、虾皮、鳌壳及蚕蛹中含有甲壳素（约 20%）、碳酸盐和磷酸盐（约 45%）、粗蛋白和脂肪（约 27%）等成分。蟹虾壳经稀盐酸多次浸泡使碳酸钙分解溶解，用氢氧化钠溶液脱蛋白质和脂肪，再经脱色处理，即可制得白色片状或粉末状的甲壳素。再用一定浓度的氢氧化钠溶液处理甲壳素，经脱乙酰化反应，在不同的反应条件和处理方法下，可制得不同脱乙酰度和分子量的壳聚糖。

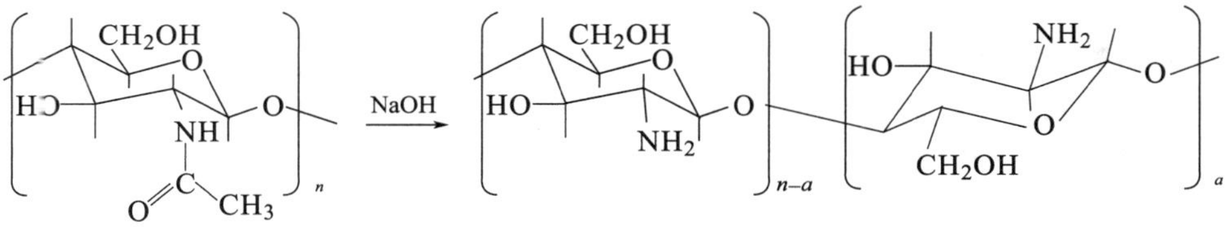

甲壳素〔chitin，(1,4)-2-乙酰氨基-2-脱氧-β-D-葡聚糖〕是一种天然生物高分子聚合物，广泛存在于蟹、虾和昆虫的外壳及藻类、菌类的细胞壁之中，是地球上最丰富的高分子化合物之一，其年生物合成量估计可达百亿吨之多，年产量仅次于纤维素。

壳聚糖〔chitosan，化学名为(1,4)-2-氨基-脱氧-β-D-葡聚糖〕，分子式为$(C_6H_{11}O_4N)_n$，又称可溶性甲壳素、甲壳胺、几丁聚糖等，是甲壳素脱乙酰产物，也是迄今所发现的唯一天然碱性多糖。甲壳素/壳聚糖具有独特优异的物化性质、生物相容性和生理活性，可应用于工业、农业、食品、化妆品、污水处理、贵金属回收、医学、药学、纤维、功能膜材料等领域，有极其广阔的应用前景。

【实验要求】

我国的海产资源丰富，但遗憾的是蟹壳、虾皮、贝壳均作为垃圾倒在马路边或者田埂地头，不但造成资源的极大浪费，更主要的是造成环境污染。本实验在不同现代工艺如微波、超声、超临界萃取等条件下，研究对其提取含量及性能的影响，探索出更加合理的工业化工艺条件，变废为宝。

通过查阅文献，了解其发展历史、研究现状及其应用前景，设计制备其中一种配合物的方案，包括包合物的制备、提纯和表征方法，经指导教师审阅后，按预定的方案进行实验，并以小论文形式撰写实验报告。

本实验建议30学时，其中实验20学时，查阅文献、编制实验方案与撰写实验报告等10学时。

【实验提示】

1. 甲壳素的制备

将虾壳在80℃、20%的NaOH溶液中处理1h后，用自来水洗至中性。再用$1mol\cdot L^{-1}$ HCl于30℃下浸泡处理1h，用自来水洗至中性。反复上述操作三次。最后用丙酮作溶剂，在索氏提取器中脱色，即可得到白色片状的甲壳素。

2. 壳聚糖的制备

在氮气保护下，将上面制得的甲壳素在47%的NaOH溶液中于100℃进行脱乙酰化反应2h，冷却后倾出溶液，将固体用蒸馏水洗至弱碱性。重复上述操作两次后，用丙酮作溶剂，在索氏提取器中脱色，即可得到白色片状的壳聚糖。

3. 壳聚糖的表征

(1) 黏均分子量的测定 用天平准确称取一定量的壳聚糖样品，将其溶于一定量的混合溶剂中(混合溶剂含有$0.1mol\cdot L^{-1}$ NaCl的$0.1mol\cdot L^{-1}$ CH_3COOH溶液)。在25℃的恒温水浴中分别测定混合溶剂和混合溶剂中加入不同量的壳聚糖溶液后在乌氏黏度计中流出的时间。根据公式计算并作图，可求出壳聚糖的分子量。

(2) 线性电位滴定法测定脱乙酰化度和壳聚糖含量 用天平准确称取一定量的壳聚糖样品，将其溶于一定体积已标定的HCl溶液中，待壳聚糖完全溶解后，在磁力搅拌下用标准NaOH溶液滴定，每滴加0.5mL NaOH溶液测定一次pH值。测定5～6个点，然后用A. Johnson函数式计算并作图，即可求出脱乙酰化度和壳聚糖的含量。

(3) 作产物元素分析及^{1}H NMR、IR图，对分子结构进行表征。

(4) 更换不同的提取工艺，再按上述步骤进行表征。探索不同工艺条件对聚合物性能的影响。

【参考文献】

1. 唐杰斌，赵传山. 壳聚糖的制备及改性. 江苏造纸，2009，1：33-38.
2. 陈鲁生，周武，姜云生. 壳聚糖粘均分子量的测定. 化学通报，1996，4：57.
3. 曹卫星，金兰淑，魏志恒. 壳聚糖制备工艺的研究. 安徽农业科学，2007，25（2）：526-527.
4. 金鑫荣，柴平海，张文清. 低聚水溶性壳聚糖的制备方法及研究进展. 化工进展，1998，2：17-21.
5. 梁亮，崔英德，罗宗铭. 微波新技术制备壳聚糖的研究. 广东工业大学学报，1999，16（1）：63-65，81.

实验 2.15　强利胆药——利胆醇的制备

【实验目的】

1. 熟悉减压蒸馏、反应废气的吸收操作和技能。
2. 学会反应终点的检测确定；产物的纯化、测定。

【实验原理】

近年来，随着国人饮食习惯的改变和高龄化，胆囊发病率明显升高。胆囊炎以城市居民为多，成年人发病率高，老年人发病率更高，肥胖女性发病率高，据统计女男患者比为2：1。胆囊炎患者，常常发病突然，尤其在抵抗力差的时候，或内心苦闷、精神不振、暴食暴饮或饱餐以后，会出现胸闷、消化不良、恶心、食欲不振等胆囊炎发病的症状，给患者带来很大痛苦并严重影响患者的生活质量。

利胆醇为强利胆药，具有强的促进胆汁分泌作用，它在体内能促进胆固醇转变成胆汁酸并促进胆汁的分泌，从而还有降低血胆固醇的作用。本品的毒性极小，极少有副作用，长期服用耐受性良好。适用于胆囊炎、胆道感染、胆石症、胆道手术后综合征和高胆固醇血症、脂肪肝、慢性肝炎等，并可用于与肝胆疾病有关的消化不良综合征。

利胆醇的合成路线：

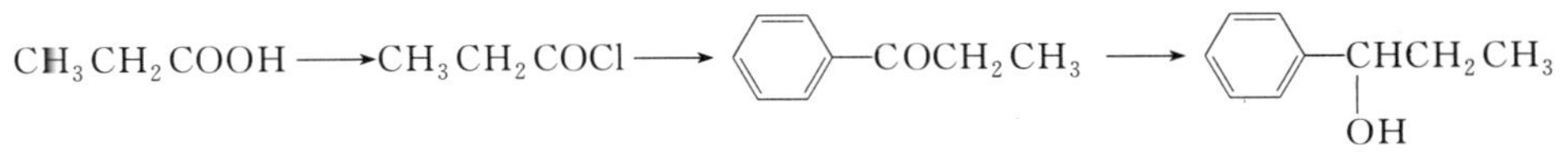

$$CH_3CH_2COOH \longrightarrow CH_3CH_2COCl \longrightarrow \bigcirc\!\!\!-COCH_2CH_3 \longrightarrow \bigcirc\!\!\!-\underset{\underset{OH}{|}}{CH}CH_2CH_3$$

【实验要求】

通过查阅文献，进一步了解脂肪酸的酰化反应；熟悉 Friedel-Crafts 反应中的催化剂 Lewis 酸的催化机理；比较不同还原剂还原酮羰基的使用条件；写出合成利胆醇的具体实验步骤，经指导教师审阅后，按预定的方案实施，并以小论文形式写出实验报告。

本实验建议 32 学时，其中实验 20 学时，查阅文献、编写实验方案及写实验论文等 12 学时。

【实验提示】

第一步制备丙酰氯时，羧酸酰化常用的酰化剂有亚硫酰氯（$SOCl_2$）、五氯化磷、三氯化磷，综合比较各个酰化剂使用效果。第二步 Friedel-Crafts 反应中，注意保证反应装置、路易斯酸及其他反应物、反应过程的干燥无水，第三步比较各种还原剂对酮羰基的还原条件及效果。

实验 2.16　　有机固体产气及沼渣肥分评价

【实验目的】

1. 了解有机固体生物制气的基本原理、工艺流程和控制方法。
2. 了解有机固体废弃物资源化利用的途径，建立资源化回收的理念。

【实验原理】

有机固体废弃物如农村家禽粪便、餐厨垃圾、生活垃圾、城市污泥、含碳有机工业废物等，这些废弃物含有大量可降解有机物，通过厌氧发酵过程，可生成沼气。沼气的成本低、工艺简单、用途也很广泛，是一种高热值、高品位的能源，也是综合利用生物质能的最有效形式。经厌氧发酵后有机废物形成沼渣，其中保存了有机固体废物中的绝大部分氮、磷、钾元素，是优质的有机肥料。各国对沼气的开发均高度重视，通过厌氧发酵产沼气，不仅处理了有机固体废物，还产生低廉的优质气体燃料，具有经济效益和环境效益。

有机固体在厌氧和合适的温度（中温 32～35℃或高温 50～55℃）条件下，并保持一定的水分、酸碱度，经过多种厌氧微生物作用，将有机固体最终分解生成沼气。有机固体产沼气的过程分三个阶段：水解酸化、产氢产乙酸和产甲烷阶段。有机固体在水解酸化阶段经水解酸化菌作用，被水解酸化成小分子有机物，pH 下降，再经产氢产乙酸阶段，生成氢气以及乙酸等小分子有机酸，最后经产甲烷菌，将氢气、乙酸等低分子酸转化为甲烷、二氧化碳、水。

经厌氧发酵产气后剩留的沼渣，含有氮、磷、钾等元素。总氮用碱性过硫酸钾消解紫外分光光度法测试；总磷用钼酸铵分光光度法（GB 11893—89），钾用土壤全钾测定法（NY/T 87—1988）。

【实验要求】

确定实验用的有机固体（如农村家禽粪便、餐厨垃圾、生活垃圾、城市污泥、含碳有机工业废物等），必须是含较高浓度的易降解有机质，并无毒害物质的废弃物。实验过程中需将厌氧菌转接到有机固体中，以加快实验的启动。产生的气体要及时收集、及时测试。建立实验方案，确定实验装置，以小论文形式写出实验报告。

本实验建议 3～4 周时间。查阅文献、编制实验方案及完成实验论文 24 课时。

【实验提示】

1. 本实验的启动时间长，需要转接厌氧菌以缩短启动时间，可采用城镇污水处理厂厌氧污泥作为厌氧菌。
2. 本实验需要封闭的、有排气口和取样口的实验装置。

实验 2.17　　河道底泥中氮形态的测定

【实验目的】

1. 了解天然水体底泥中氮对水体富营养化的贡献机理。

2. 了解河道底泥样品中氮的主要组成形态和测定方法。

【实验原理】

城市河道中的底泥，既是上覆水体中氮的"源"，又是"汇"。在特定的条件下，河道底泥中的氮会向上覆水体中释放，导致水体中的藻类暴发、溶解氧降低，最终造成城市内河黑臭现象。在我国，城市内河黑臭问题已经非常严峻，因此，对河道底泥中的氮形态进行相关研究，具有十分重要的意义。

底泥中的氮首先分为无机氮和有机氮。无机氮主要包括可交换态氮和固定态铵。可交换态氮包括铵态氮、硝态氮和亚硝态氮。可交换态氮可以直接被初级生产力吸收，对水生系统具有非常重要的作用。固定态铵，是指通过置换矿物中的 K^+ 而存在于矿物晶格中的铵。针对底泥中无机氮赋存形态的研究，以可交换态氮较多。底泥中有机氮的成分相对复杂，目前国内外还没有针对有机氮组成的明确结论。一般通过间接生物培养法对沉积物中有机氮含量进行含量表征，得到的结果是有机氮中可以矿化成无机氮的部分，称之为可矿化态氮，其具有相当大的活性，可以被水体中微生物利用。

【实验要求】

通过查文献，了解河道底泥中的氮在城市内河黑臭现象中的作用，以及底泥中的氮的主要组成形态，它们的活性，及其最终如何对富营养化、黑臭现象造成影响。制定河道底泥中氮形态的分析测定方案，包括河道底泥采集和预处理方法、测试方法、数据处理方法等，经指导老师审阅后，按照预定方案进行实验，并完成相关内容的小论文。

本实验建议 32 学时，其中实验 20 学时，查阅文献、编制方案、采集样品和撰写实验报告 12 学时。

【实验提示】

1. 河道底泥中无机氮的测定可以参考土壤中无机氮的测定方法进行。

2. 河道底泥中有机氮的间接表征方法，是通过生物培养，间接测定有机氮中矿化部分的氮含量。

【参考文献】

1. 王圣瑞. 湖泊沉积物-水界面过程：基本理论与常用测定方法. 北京：科学出版社，2017.

2. 王圣瑞，焦立新，金相灿. 长江中下游浅水湖泊沉积物总氮、可交换态氮与固定态铵的赋存特征. 环境科学学报，2008，28（01）：37-43.

3. Wang S，Jin X，Niu D. Potentially mineralizable nitrogen in sediments of the shallow lakes in the middle and lower reaches of the Yangtze River area in China. *Applied Geochem*，2009，24（9）：1788-1792.

实验 2.18 改性污泥生物碳的制备和表征

【实验目的】

1. 掌握污泥生物碳的制备方法。

2. 了解生物碳在环境治理中的作用。

【实验原理】

生物碳是指原料在部分或者完全缺氧的条件下热解（温度＜700℃）生成的具有较强保

水性、吸附性、稳定性以及较高 pH 的碳质材料。生物碳经热解去除原料中的油和气体后剩下的碳质材料具有粒度小、孔隙多、比表面积大等的特点，因而受到研究者的广泛关注。一般而言，生物碳的组成元素主要有 C、H、O、N、K 等，不同的生物碳组成元素的种类和分配比例都不一样，主要是由于生物质原料以及热解条件不同所导致。组成生物碳的成分可分为灰分、较稳定碳和不稳定碳，也可分为灰分、挥发性物质、碳和水分。同时生物碳芳香化程度很高，生物碳的芳香基团含有一些重要的官能团：羧基、羟基、酸酐等。生物碳这种芳香环片层结构不仅增强了生物碳的稳定性，同时这些重要官能团也使得生物碳广泛应用于土壤修复、肥力改善、固碳减排等领域。

制备生物碳的原料（生物质）品种繁多，主要有木材、农业废弃物和动物粪便等，其中还包括动物骨头和活性污泥。

传统的生物碳制备方法主要有慢速热解、快速热解、气化热解等。慢速热解是指在较慢的加热速率下生物质原料蒸气持续时间更长，热解温度一般在 $450 \sim 650\,^{\circ}\mathrm{C}$，慢速热解技术要求低、生物碳产率高，所以受到广泛关注。快速热解是相对慢速热解而言，快速热解的加热速率比较快，蒸气持续时间较短，主要目的产物是生物油，副产物是生物碳。气化热解的温度一般比较高，在高温条件下，生物质原料发生氧化，生物碳产率低，气化热解主要产物是热解气体。

生物碳因其较为稳定的性质和较少的表面活性基团，有时仅能作为基底材料使用，从而限制了其最大效能发挥。考虑吸附是物理化学过程，吸附材料的孔结构尤其是孔尺寸以及表面基团对于吸附剂吸附性能起到了极其重要的作用，目前生物炭的改性技术主要集中于孔结构优化以及引入活性基团这两方面，因此发展出了许多改性方法，例如活化，杂原子掺杂，活性金属负载等。

本实验采用慢速热解法制备污泥生物碳，并通过试剂改性，探讨其对生物碳制备的影响。

【实验要求】

通过查文献，了解生物碳的制备历史及其应用，尤其是对于生物碳的研究现状，以及利用污泥作为前体制备生物碳的改性方法。设计以化学试剂改性制备污泥生物碳的实验方案，包括产物的制备、表征方法，经指导老师审阅后，按预定的方案进行试验，并以小论文的形式撰写实验报告。

本实验建议 32 学时，其中试验 20 学时，查阅文献，确定实验方案与撰写实验报告等12 学时。

【参考文献】

1. Zhou N T, Geng, X Y, Ye M Q, et al. Industrial Crops and Products，2014，56：1-8.
2. Kloss S, Zehetner F, Dellantonio A, et al. J Environmental Quality，2012，41（4）：990-1000

实验 2.19　卤素离子控制合成不同形貌的银纳米粒子

【实验目的】

1. 了解纳米材料的基本概念和性质。

2. 了解银的晶体结构及测试表征方法。

3. 了解不同形貌纳米银的控制生长原理及制备方法。

4. 了解纳米银在催化、储能和抗菌等领域的应用。

【实验原理】

纳米银材料是一种新兴的功能材料，具有很高的比表面积以及表面活性。纳米银具有体积效应、表面效应、量子尺寸效应以及宏观量子隧道效应，在光学、电子学、热学以及生物医药材料领域都表现出特殊的性质，还具有磁性和优良的抗菌性能。纳米银电导率比普通银块至少高 20 倍，因此，纳米银被广泛用作催化剂材料、防静电材料、低温超导材料、生物传感材料、抗菌材料和新能源材料等。

传统纳米银的制备方法主要分为物理法和化学法。物理法制备纳米银粒子，所用设备昂贵，制备成本高，且条件不易控制。化学法制备纳米银粒子操作简单，容易控制，但是所用试剂容易对环境造成污染。生物还原法是新兴的制备方法，是采用生物材料或生物体系天然合成纳米微粒，操作简单、容易控制、不污染环境，因而受到研究者的青睐，成为近几年的研究热点。一维纳米银主要包括纳米银线、纳米银棒及纳米银管等。二维纳米银较一维纳米银具有更大的比表面积，氧化趋势也较低。主要形貌有三角棱柱、六边形等。三维纳米银粒子包括纳米银颗粒、纳米银立方块、纳米银八面体、纳米银四面体及枝状纳米银等。

【实验要求】

通过查阅文献，了解纳米材料的概念、合成方法、发展历史及应用，尤其是银纳米材料的研究现状，设计一种制备不同形貌纳米银的方案，包括制备方法、分离方法和表征，经与指导教师讨论后，按预定方案进行实验，并以小论文的形式撰写实验报告。

【实验提示】

1. 不同形貌纳米银的制备

用聚乙烯吡咯烷酮（PVP）为稳定剂，乙二醇（EG）为还原剂兼反应介质，通过加入卤素离子诱导银纳米粒子生长，控制银纳米粒子形貌。

2. 物相与成分表征

用 X 射线衍射仪测定产物的物相，并确定晶体结构。用 X 射线光电子能谱仪测定产物的光电子能谱，了解样品的表面化学态。

3. 用扫描电子显微镜和透射电子显微镜测定银纳米粒子的形貌，总结卤素离子对纳米银形貌调控规律。用高分辨透射电子显微镜测定纳米银的晶格相和选区电子衍射。

【参考文献】

1. Bai J, Qin Y, Jiang C, et al. Chem Mater, 2007, 19 (14)：3367-3369.

2. Du J, Han B, Liu Z, et al. Cryst Growth Des, 2007, 7 (5)：900-904.

3. Li Z C, Zhou Q F, Sun J H. Micro Nano Lett, 2010, 5 (3)：175-177.

4. Xu J, Hu J, Peng C, et al. J Colloid Interf Sci, 2006, 298 (2)：689-693.

5. Ding X, Xu R, Liu H, et al. Cryst Growth Des, 2008, 8 (8)：2982-2985.

6. Im S H, Lee Y T, Wiley B, et al. Angew Chem Int Ed, 2005, 44 (14)：2154-2157.

7. Wang Z, Chen M, Wu L. Chem Mater, 2008, 20 (10)：3251-3253.

8. Sarkar A, Kapoor S, Mukherjee T. J Colloid Interf Sci, 2005, 287 (2)：496-500.

9. Chaney S B, Shanmukh S, Dluhy R A, et al. Appl Phys Lett, 2005, 87 (3)：031908.

10. Rashid M H，Mandal T K. J Phys Chem C，2007，111（45）：16750-16760.

11. Li Z C，Shang T M，Zhou Q F，et al. Micro Nano Lett，2011，6（2）：90-93.

12. Li Z C，Zhou Q F，He X H，et al. Micro Nano Lett，2011，6（4）：261-264.

实验 2.20　　香豆素类化合物的提取纯化

【实验目的】

1. 了解和学习香豆素类化合物的提取和纯化分离方法。
2. 了解有机化合物分离纯化的基本原理。

【实验原理】

香豆素类化合物广泛分布于自然界多种植物中，如伞形科、芸香科、菊科、豆科、兰科等，是一类以苯并吡喃酮为母核的具有内酯结构的化合物。根据化学结构，可分为简单香豆素、呋喃香豆素、吡喃香豆素和其他香豆素四大类。香豆素类化合物有多种生物活性，如抗氧化、抗肿瘤、降血糖、抗炎、神经保护等，在医药领域有重要作用。此外，香豆素类化合物在香料和食品工业中也有广泛应用。

香豆素类化合物的主要来源是植物的根、茎、叶、花和种子，它们可以通过提取和分离工艺从植物材料中获取。常用的提取方法有溶剂提取法、碱溶酸沉法、超临界萃取法等，纯化分离方法有气相色谱法、薄层色谱法、大孔树脂色谱法等。如何高效获取高纯度的目标成分，与提取分离的方法和条件密切相关。

【实验要求】

通过查阅文献，了解具有香豆素类化合物的分离纯化方法和研究现状，设计香豆素类化合物的分离纯化方案，经审阅后进行实验，并以小论文形式撰写实验报告。

本实验建议 32 学时，其中实验 20 学时，查阅文献、确定实验方案与撰写实验报告等 12 学时。

【参考文献】

1. Mustafa，Y F，et al. J Mol Struct，2024，1302：137471.

2. Yadav A K，Shrestha R M，Yadav P N. Eur J Med Chem，2024，267：116179.

3. Stassen M J J；Hsu，S H，Pieterse，C M J，et al. Trends Plant Sci，2021，26：169.

实验 2.21　　具有螺旋性质的稠杂环化合物的设计合成

【实验目的】

1. 了解具有螺旋性质的化合物的构型特点、性质及用途。
2. 掌握设计有机化合物合成路线的基本原理和实验方法。

【实验原理】

首例螺旋化合物合成于 1903 年，距今已经有一百多年的历史，具有螺旋性质的化合物不仅应用在光电材料、分子机器、分子识别方面，功能化的螺旋化合物还可以通过自组装过程形成螺旋堆积的液晶纤维，或者形成具有特殊结构的近红外金属菁染料。随着合成化学的不断发展，近几年人们对具有螺旋性质的化合物的合成和应用开展了广泛而深入的研究，因此具有螺旋性质的化合物的合成和性质研究已成为有机化学的研究热点之一。近几年虽然具有螺旋性质的化合物的合成报道逐渐增多，但现有的具有螺旋结构化合物的合成方法大多存在反应原料难得、合成步骤过长、反应条件苛刻（大多为低温、绝对无水无氧的反应）、产率低、对映选择性差、副反应多等不足。所以，能够合成的化合物有限。因此，如何通过一些简单、易得的原料，采用高效、高选择性的反应，合成具有螺旋性质的化合物已成为有机合成工作者所面临的新挑战。深入开展具有螺旋骨架的有机螺旋体的研究，设计、合成出一系列结构新颖的杂螺旋类化合物，既具有重要的理论意义，又具有潜在的应用前景。

【实验要求】

通过查阅文献，了解具有螺旋性质的化合物的发展历史、研究现状以及其应用前景。经教师指导，设计出具有螺旋性质的化合物合成方案，经审阅后进行实验，并以小论文形式撰写实验报告。

本实验建议 32 学时，其中实验 20 学时，查阅文献、编制实验方案及实验论文等 12 学时。

【实验提示】

本实验拟以邻羟基双亚胺为原料，通过 McMurry 反应合成目标产物，查阅文献了解 McMurry 试剂的制备及反应机理，完成目标化合物的合成。

【参考文献】

1. González-Fernández E，Nicholls L D M，Schaaf L D，et al. J Am Chem Soc，2017，139：1428-1431.
2. Wang Q，Zhang W W，Zheng C，et al. J Am Chem Soc，2021，143：114-117.
3. Shen Y，Chen C F. Chem Rev，2012，112：1463-1537.

实验 2.22　氧化石墨烯的制备及表征

【实验目的】

1. 了解氧化石墨烯、还原的氧化石墨烯二维纳米碳材料的基本概念和性质。
2. 了解氧化石墨烯和还原的氧化石墨烯的制备和表征方法。

【实验原理】

石墨烯是碳原子紧密堆积成单层二维蜂窝状晶格结构的一种碳质新材料，它是三维石墨中的二维片层。在石墨烯中，π 电子相互连接在同平面碳原子层的上下，形成大 π 键。这种离域 π 电子在碳网平面内可自由流动，类似自由电子，因此在石墨烯面内具有类似于金属的导电性和导热性。

当石墨层的层数少于 10 层时，就会表现出较普通三维石墨不同的电子结构。一般将 10 层以下的石墨材料统称为石墨烯材料。石墨烯材料的理论比表面积高达 $2600\mathrm{m^2 \cdot g^{-1}}$，具有突出的导热性能 $[3000\mathrm{W \cdot (m \cdot K)^{-1}}]$ 和力学性能（1060GPa），以及室温下高速的电子迁移率 $[15000\mathrm{cm^2 \cdot (V \cdot s)^{-1}}]$。尽管石墨烯是已知材料中最薄的一种，硬度却非常大，比钻石还硬，其强度比世界上最好的钢铁还高 100 倍。石墨烯特殊的结构，使其具有完美的量子隧道效应、半整数的量子霍尔效应、从不消失的电导率等一系列性质。由于具有上述优异的性能,石墨烯在许多领域具有广阔的应用前景。例如,石墨烯可以用于制造化学生物传感器、光催化剂、储氢材料、透明导电电极、光电器件、集成电路、晶体管、超级电容器等。石墨烯材料已经引起了科学界的广泛关注,迅速成为材料科学领域最为活跃的研究前沿。

石墨烯制备的方法有微机械分离法、外延生长法、化学气相沉积法、石墨液相剥落法、化学合成-"自下而上合成"法、氧化石墨烯还原法等。其中氧化石墨烯还原法制备石墨烯(即还原的氧化石墨烯)以其简单易行的工艺成为实验室制备石墨烯最常用的方法之一。该法以价廉的石墨作为原料,操作简便,产量高,最有可能实现石墨烯规模化制备。

氧化石墨拥有大量的羟基、羧基等基团,是一种亲水性物质。其层间距(0.7~1.2nm)也较石墨的层间距(0.335nm)大,层间相互作用较小。石墨常用的氧化方法主要有 Standenmaier 法、Brodie 法和 Hummers 法。其中,Hummers 法具有反应简单、反应时间短、安全性较高、对环境的污染较小等特点而成为目前普遍使用的方法之一。

氧化石墨经过适当的超声波振荡处理极易在水或者有机溶剂中分散成均匀的氧化石墨烯。氧化石墨烯作为石墨烯的一种衍生物,在许多领域展现出了广泛的应用潜力。氧化石墨烯可以通过热还原、溶剂热还原、还原剂还原、光化学还原和微波溶剂热还原等方法来还原,从而对 sp^2 键接的石墨烯网结构进行部分修复,就能够制备还原的氧化石墨烯材料。

本实验采用 Hummers 法来制备氧化石墨烯,并通过各种还原方法来制备还原的氧化石墨烯。探讨反应条件对氧化石墨氧化程度的影响,探索不同的还原氧化石墨烯方法特点。

【实验要求】

通过查阅文献,了解石墨烯材料的发展、性质、制备及其应用。

设计一种通过石墨──→氧化石墨──→氧化石墨烯──→还原的氧化石墨烯制备石墨烯的方法。经指导老师审阅后,按预定的方案进行实验,并以小论文的形式撰写实验报告。

本实验建议 32 学时,其中实验 20 学时,查阅文献、编制实验方案与撰写实验报告等12 学时。

【实验提示】

1. 以石墨、浓硫酸、高锰酸钾等为原料,经历低温、中温、高温三个反应阶段,经分离、洗涤、低温干燥制得氧化石墨固体。在实验过程中需佩戴防护手套,防护眼镜等安全防护用品,操作时需严格遵守实验步骤。

2. 氧化石墨固体在水中超声分散得到氧化石墨烯胶体,经过还原制得还原的氧化石墨烯胶体。

3. 用紫外-可见吸收光谱、红外光谱和 X 射线衍射对氧化石墨烯、还原的氧化石墨烯的结构进行表征,用扫描电子显微镜或透射电子显微镜对氧化石墨烯和还原的氧化石墨烯进行形貌表征。

【参考文献】

1. Rao C N R,Sood A K,Subrahmanyam K S,et al. Angew Chem Int Ed. 2009,48(42):7752-7777.

2. Pei S,Cheng H M,Carbon,2012,50(9):3210-3228.

实验 2.23　新型纳米多孔材料 ZIF-8 的
形貌与粒径控制合成与表征

【实验目的】

1. 了解新型多孔材料金属-有机骨架的基本概念。
2. 掌握纳米多孔材料 ZIF-8 的制备和表征方法。

【实验原理】

金属-有机骨架（metal-organic frameworks，MOFs），也被称为多孔配位聚合物（porous coordination polymers，PCPs）或多孔配位网状化合物（porous coordination networks，PCNs），是一类基于配位键的晶体化合物，其结构中的金属离子（或金属簇）通过多齿有机配体桥连形成无限网络结构。在过去的二十几年中，已经有大量文献报道了各种孔径尺寸或者拓扑结构的 MOFs。和传统的多孔材料（如沸石、介孔二氧化硅、活性炭）相比，MOFs 材料在性能上具有巨大的优势，例如可调控的孔径尺寸及可修饰的孔道表面、超低密度、超高比表面积等。这些性能优势使得这类新型多孔材料在诸多领域有着广泛的应用，如氢气储存，CO_2 捕获，化学分离，催化作用，药物传输，生物医学成像，化学传感器及磁性等。近年来，以 MOFs 为前驱体合成先进功能材料，如纳米多孔碳材料和金属氧化物纳米材料，成为 MOFs 化学及新功能材料研究领域的新热点。

ZIFs（zeolitic imidazolate frameworks）是 MOFs 材料中以咪唑为连接配体形成的一种类沸石骨架结构材料。主要是以咪唑或咪唑衍生物为双齿桥连配体通过 N 原子与过渡金属 Zn/Co 等离子组装形成的配位聚合物。目前已报道的咪唑类有机配体已达 16 种。ZIFs 材料在结构上与传统的沸石分子筛相类似（ZIF-8 的晶体结构示意图见图 2.23-1），比较而言，传统意义上的沸石分子筛是以硅氧四面体 SiO_4 或铝氧四面体 AlO_4 为基本结构单元，共用一个氧原子，通过桥氧共价连接，形成具有一定空间结构的多孔材料。而 ZIFs 是 Zn/Co 等过渡金属离子取代传统沸石分子筛中的 Si 元素和 Al 元素，咪唑或咪唑衍生物取代传统沸石分子筛中的桥氧，通过咪唑环上的 N 原子相连接而成的一种类沸

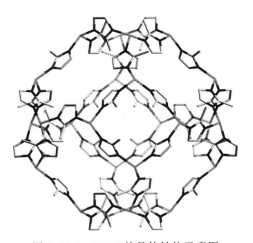

图 2.23-1　ZIF-8 的晶体结构示意图

石材料。如果用 M 表示金属离子，im 表示含 N 配体的咪唑或咪唑衍生物，这类化合物就可以用公式表示为 $M(im)_2$。ZIFs 与传统沸石分子筛结构的相似性还表现在，M—im—M 键角（145°）与沸石中 Si—O—Si 或 P—O—Al 键角相近。

ZIFs 除了具有结构多样性和新颖性以外，还具有很多其他的优良特性。咪唑链与金属离子之间有强的相互作用，所以 ZIFs 通常比其他的 MOFs 材料具有高的热稳定性（>673K）和耐潮稳定性。ZIFs 还具有高度的化学稳定性，将 ZIF-8 放入水、苯、甲醇中煮沸 1～7d，仍然

能保持结构的相对稳定，这为此类材料的广泛应用奠定了基础。研究发现这类材料在催化、磁性、生物活性、气体存储和分离等方面表现出了良好的性能。

ZIF-8 的合成方法、形貌与粒径控制得到了广泛的研究。本实验采用不同的合成方法制备 ZIF-8，探讨反应条件对 ZIF-8 晶体的形貌和粒径，以及性能的影响。

【实验要求】

通过查阅文献，了解多孔纳米材料 ZIF-8 晶体的合成方法及其应用，设计不同形貌（菱形正十二面体、立方体、切角菱形十二面体）、不同粒径（微米、纳米）ZIF-8 晶体的一套实验方案，包括材料的制备和表征方法，经指导老师审阅后，按预定的方案进行实验，并以小论文形式撰写实验报告。

本实验建议 32 学时，其中实验 20 学时，查阅文献、编制实验方案与撰写实验报告等 12 学时。

【实验提示】

1. 纳米多孔材料 ZIF-8 的制备

控制合适的反应条件，如选择合适的反应溶剂、原料配比、反应温度、反应时间等，制备不同形貌和粒径的 ZIF-8 晶体。

2. 测试与分析

用粉末 X 射线衍射（powder X-ray diffraction）分析 ZIF-8 晶体材料的纯度，用扫描电镜或透射电镜测定 ZIF-8 晶体的形貌和粒径。用氮吸附法来测定 ZIF-8 的比表面积。

【参考文献】

1. Long J R，Yaghi O M，Chem. Soc. Rev.，2009，38：1213.

2. 张慧，周雅静，宋肖锴. 化学进展，2015，27（2/3）：174.

3. Cravillon J，Münzer S，Lohmeier S-J，et al. Chem Mater，2009，21：1410.

4. Song Y，Song X，Wang X，et al. J Am Chem Soc，2022，144：17457-17467.

实验 2.24　取向性 silicalite-1 分子筛膜的制备

【实验目的】

1. 掌握取向性 silicalite-1 分子筛膜的合成方法。
2. 测试分子筛膜的亲/疏水性能。

【实验原理】

分子筛是一种含规整孔结构的晶体，由于其具有较高的吸附量、较多的活性位以及绝佳的离子交换性能，使得分子筛具有广泛的应用前景。利用不同分子筛的晶体结构和化学组成特性，可将其负载在载体上，设计成需要的分子筛膜。一般情况下，分子筛膜上的晶体都是随机或局部定向生长的，然而定向排列的分子筛晶体可以影响对应分子筛膜的扩散途径和吸附动力学性能，并由于分子筛孔道有序地排列、较少的晶间缺陷等备受关注。

纯硅 silicalite-1 分子筛与硅铝分子筛不同，其中所含 Al 为零，没有 Al 替代四面体骨架中 Si 时产生的电场梯度，因此具有憎水和亲有机物的性质。根据这一特性，目前已有许多利用取向性 silicalite-1 分子筛膜作为低介电常数材料和光学涂层的报道。

【实验要求】

通过查阅文献，了解 silicalite-1 分子筛膜的发展历史，尤其是取向性 silicalite-1 分子筛膜的发展现状，设计一种取向性 silicalite-1 分子筛膜的合成方案，包括其制备、表征手段，并利用测试接触角的方法考察分子筛膜的亲/疏水性能。经指导教师审阅后，按预定方案进行实验，并以小论文撰写实验报告。

本实验建议 32 学时，其中实验 20 学时，查阅文献，编写实验方案与撰写实验报告 12 学时。

【实验提示】

1. 取向分子筛膜的制备

以载玻片为载体，将其用双氧水浸渍，转移到超声波清洗仪中清洗 3min，置于预先配制好的 silicalite-1 分子筛合成液中，在一定温度下水热合成。温度为 180℃，反应时间为 48h。待反应结束后，将样品取出清洗、干燥。

2. 测试与分析

用扫描电子显微镜测定 silicalite-1 分子筛膜的形貌，用 X 射线衍射仪和红外光谱对其结构进行测试，测试分子筛膜的接触角，分析其亲/疏水性能。

【参考文献】

1. Yu M，Noble R D，Falconer J L. Accounts of Chemical Research，2011，44（11）：1196-1206.

2. Schoeman B J，Erdem-Senatalar A，Hedlund J，et al. Zeolites，1997，19（1）：21-28.

3. 陈科，童霏，贡洁，周全法 . 透明 b 轴取向 silicalite-1 分子筛膜的制备及机理研究，市场与调研，2018，9：18-20.

实验 2.25　锌、铁混合液中锌、铁的连续测定

【实验目的】

1. 了解不同溶液体系锌、铁（总 Fe、Fe^{3+} 和 Fe^{2+}）含量的测定方法。
2. 了解并掌握不同物料锌、铁（总 Fe、Fe^{3+} 和 Fe^{2+}）含量的连续测定方法。

【实验原理】

金属锌被称为"现代工业的保护剂"，其用途非常广泛，是钢铁工业、航天航空、交通运输、石油化工、能源工业等不可缺少的战略金属。铁是地壳中较丰富的元素，仅次于氧、硅、铝，是工业部门不可缺少的一种金属。锌和铁是人体必需的微量金属元素，Fe（Ⅱ）是血红蛋白和肌红蛋白的重要组分，铁对人体免疫功能及神经系统的发育有重要作用，参与体内能量代谢。锌不仅能促进生长发育和性功能成熟，促进溃疡消除及伤口愈合，增强免疫功能，而且能促进胎儿脑的发育，对儿童身体及智力发育有重要作用。为了清晰认识锌和铁在人体健康、社会生活和国民经济中的重要性，熟练掌握或开发新的分析方法成为其关注的重要话题。目前，针对溶液体系中单一锌、铁含量的不同分析方法已有大量报道。不同物料锌、铁混合液中锌、铁的连续测定此前已有文献报道了一些方法，但方法多限于科学研究过程的含量分析。基于分析化学原理和锌、铁溶液性质，本实验拟从仪器分析和化学分析的角度对不同物料锌、铁混合液中锌、铁含量进行连续测定。

【实验要求】

文献检索不同溶液体系中锌、铁（总 Fe、Fe^{3+} 和 Fe^{2+}）含量测定的国标方法。通过查阅文献，进一步了解同一溶液体系下锌、铁含量的不同测定方法。设计不同物料中锌、铁含量连续测定的方法，具体提出实验步骤，经指导老师审阅后，按预定的方案开展实验，并以小论文形式写出实验报告。

本实验建议 48 学时，其中实验 36 学时，查阅文献、编制实验方案及写实验论文等 12 学时。

【实验提示】

1. 在实验操作前，注意各种药品试剂对人体的危害性，尤其是分析铁时可能会用到的 $K_2Cr_2O_7$ 和汞盐均为有毒物质，使用时须注意安全。

2. 在实验中，实验室应该做好通风，实验员应该做好防护准备工作。

3. 设计实验方案时，应注意尽量少用或不用对身体和环境有害的药品试剂。在经典方法的基础上，考虑尝试新的绿色清洁无害化测试方法研究。

【思考与讨论】

1. 不同物料如何正确制备测试样品？

2. 测定方法和实验参数的选择对测定结果有何影响？

3. 实验过程中如何尽可能减小实验误差？

4. 还有哪些具有应用前景的绿色清洁无害化测定方法？

实验 2.26　金属氧化物半导体纳米材料制备及光电性能研究

【实验目的】

1. 了解半导体纳米材料的概念及性能。

2. 了解和学习半导体纳米材料的合成方法和分析表征方法。

3. 了解光催化降解有机污染物的原理。

【实验原理】

金属氧化物半导体纳米材料是一种重要的功能性材料，这类材料包括氧化锌（ZnO）、氧化钛（TiO_2）、氧化锡（SnO_2）等，它们都是典型的 n 型宽禁带半导体。ZnO 和 TiO_2 因其优异的光电性质，可作为光催化剂在环境保护、能源转化、工业化工等领域显示出巨大潜力。在环境领域，通过太阳光照射光催化剂，产生光生电子和空穴，进而生成一些活性自由基（如羟基自由基、超氧自由基和单线态氧等），把有机污染物或重金属以氧化还原的方法转化成无毒或低毒物质，具有重要意义。

金属氧化物半导体纳米材料的化学制备方法一般有水热法、溶胶-凝胶法、化学气相沉积法、模板合成法、沉淀法等。每种制备方法都有其特点和适用范围。制备过程中，通过改变合成条件（前驱体组成及浓度、温度、表面活性剂、稳定剂等）可以改变材料的形貌尺寸和性能，得到不同结构和性能的金属氧化物半导体纳米材料。

本实验采用溶胶-凝胶法或沉淀法合成 TiO_2 纳米材料，探讨不同合成方法和条件对 TiO_2 纳米材料光催化降解有机污染物（如罗丹明、甲基橙等）的影响。

【实验要求】

通过查阅文献，了解 TiO_2 半导体纳米材料的发展历史及应用，设计 TiO_2 纳米材料的合成方案，包括制备方法（溶胶-凝胶法、沉淀法等）、分离和分析表征方法，经指导教师审阅后，按预定的实验方案进行实验，并以小论文形式撰写实验报告。

本实验建议 32 学时，其中实验 20 学时，查阅文献、确定实验方案与撰写实验报告等 12 学时。

【参考文献】

1. Wu S Q, Hu H Y, Lin Y, et al. Chem Eng J, 2020, 382: 10.

2. Safajou E, Khojasteh H, Salavati-Niasari M, et al. J Colloid Interf Sci, 2017, 498: 423-432.

3. Wu S Q, Li X Y, Tian Y Q, et al. Chem Eng J, 2021, 406: 10.

4. Wang Y X, Zhang Y Y, Zhu X J, et al. Appl Catal B: Environ, 2022, 316: 12.

5. Xu, D, Ma H L. J Clean Prod, 2021, 313: 7.

实验 2.27　吡唑羧酸 MOFs 材料的合成及结构表征

【实验目的】

1. 了解吡唑羧酸类化合物的合成方法及其用途。
2. 掌握吡唑羧酸 MOFs 材料的合成和结构表征方法。

【实验原理】

金属有机骨架化合物（metal-organic frameworks，MOFs），又称配位聚合物，是一类由多齿有机配体桥联金属中心离子自组装形成的多维有序结构的化合物，这些化合物不仅展示了丰富多彩的分子拓扑结构，而且研究表明它们在吸附、催化、传感器、磁性和发光等方面具有良好的应用前景。MOFs 可以通过引入不同有机配体或者对配体的修饰，达到设计、剪裁杂化材料的结构与物理化学性质的目的，甚至可以调控材料的性能，而且金属离子的存在，可以为这类材料提供各种潜在的物理化学性能。MOFs 材料的设计、合成、结构和性能研究是近年来非常活跃的领域，是一个跨越无机化学特别是配位化学、材料工程学、晶体工程学和拓扑学等学科的领域。在合成 MOFs 材料时，需要用桥联配体通过共价键把多个金属离子连接起来，形成不同维数的、排列成一定规则形状的超分子结构。各国的研究工作者投入了大量的精力，也为此做出了很大的贡献。

目前研究人员常选用的桥联配体有苯甲酸类配体、吡啶羧酸类配体、吡嗪羧酸类配体、咪唑类配体、有机膦酸类配体和吡唑羧酸类配体。其中，吡唑羧酸配体由于含有多个吡唑氮原子和羧基氧配位原子，而且其配位模式可以随着反应条件变化。吡唑羧酸构建 MOFs 材料时，其配位模式主要取决于金属离子、反应条件、溶剂等。当我们选择不同的金属元素的相应离子与该配体作用时，配位的模式将是不同的。

本实验首先合成一种吡唑羧酸化合物，再以合成的吡唑羧酸化合物为配体，与不同金属离子盐反应，通过传统水热、溶剂热和离子热等组装方法，辅以分子模板和辅助配体，制备晶态配位聚合物。用包括 IR、元素分析、TGA 等表征方法进行化学组成表征；用单晶 X 射线衍射分析法测定其晶体结构；用粉末 X 射线衍射法表征物相纯度。

【实验要求】

通过查阅文献，了解吡唑羧酸类化合物合成的方法、研究现状及其应用前景，设计制备一种吡唑羧酸 MOFs 材料的合成方案，包括吡唑羧酸配体的合成、MOFs 材料的合成和表征，经指导教师审阅后，按预定方案进行实验，并以小论文形式撰写实验报告。

本实验建议 32 学时，其中实验 20 学时，查阅文献、编制实验方案与撰写实验报告等 12 学时。

【实验提示】

1. 通过查阅文献，选择一种合适的吡唑羧酸配体。
2. 吡唑羧酸配体的合成与表征，包括红外光谱法、核磁共振波谱法。
3. 吡唑羧酸 MOFs 材料的合成。
4. MOFs 材料的结构表征，包括红外、热重、元素分析、单晶 X 射线衍射、粉末 X 射线衍射。

【参考文献】

1. Yang T，Silva A R，Fu L，et al. Dalton Trans，2015，44：13745-3751.
2. Wang S，Chen J，Kou W，et al. Cryst Growth Des，2022，22：2935-2945.
3. Chen J，Zhang S，Xu Y，et al. Appl Surf Sci，2024，677：160994.

实验 2.28　二氧化钛载银抗污染复合膜的制备与性能研究

【实验目的】

1. 掌握 TiO_2-Ag 纳米复合物的制备方法。
2. 掌握纳米复合超滤膜的过滤及抗污染性能测试、评估方法。

【实验原理】

膜分离技术应用广泛，然而膜污染一直是限制膜分离技术大规模应用的瓶颈。目前工业上可以通过优化水力条件、调节进水水质等预处理或者物理化学清洗的方式来减轻膜污染，部分恢复膜通量，但是这些方法会不同程度地增加运行成本，而频繁的化学清洗所使用的强氧化性化学药品更会对膜材料本身造成不可逆的破坏，缩短膜组件的使用寿命。因此，为了从根本上控制膜污染，通过共混、自组装或者原位还原的方式将多种纳米材料用于复合膜材料的制备得到了越来越多的关注。

纳米 TiO_2 由于较好的光催化效应、亲水性被广泛地用于水中有机物的处理和膜有机污染的控制；而纳米银由于广谱杀菌性、超强的活性及渗透性使其作为一种特殊的银材料在抗污染膜材料制备方面得到了充分的应用。虽然通过纳米材料添加制备抗污染纳米复合膜，方法简单易行，效果明显，但同时也存在纳米粒子易团聚、抗污染类型单一等问题亟待解决。

基于此，本项目以膜污染控制为出发点，针对纳米复合膜在制备和应用过程中存在的上述问题，通过新型二氧化钛载银（TiO_2-Ag）纳米复合材料的构建，利用纳米协同效应将 TiO_2 的光催化性能、亲水性与纳米银的杀菌性有机结合，提出高效抗污染纳米复合膜材料的制备及性能研究。

【实验要求】

通过查阅文献，了解二氧化钛载银（TiO₂-Ag）纳米复合材料及抗污染纳米复合超滤膜研究进展，制备二氧化钛载银（TiO₂-Ag）抗污染复合膜的方案，包括纳米复合材料的制备、超滤膜制备、纳米复合膜形貌性能测试表征。经指导老师审阅后，按预定的方案实施，并以小论文形式撰写实验报告。

本实验建议 32 学时，其中实验 20 学时，查阅文献、编制实验方案及撰写实验报告等 12 学时。

【实验提示】

1. 二氧化钛载银（TiO₂-Ag）纳米复合物制备

以 TiO₂ 纳米球为载体，向其溶液中加入一定量的 AgNO₃ 或者银氨溶液 $[Ag(NH_3)_2]^+$，在搅拌的情况下，借助光还原或者抗坏血酸等还原剂实现 Ag⁺ 向 Ag 的还原。通过调节反应体系中 TiO₂ 和 Ag⁺ 的浓度比来改变 TiO₂ 表面纳米 Ag 的负载量及复合材料中的 Ag/Ti 比。

2. 测试和分析

分别用扫描电子显微镜（SEM）、透射电子显微镜（TEM）、X 射线衍射仪（XRD）、傅里叶变换红外光谱（FT-IR）、X 射线光电子能谱（XPS）等仪器对纳米复合材料及超滤膜组成、形貌结构进行表征。考察在有无紫外线照射时 TiO₂-Ag 纳米复合物添加量对膜表面污染物的黏附量、膜过滤通量、染料或蛋白质等有机物的去除率、传质阻力的变化。

【参考文献】

1. Drews A. Journal of Membrane Science，2010，363：1-28.
2. Kim J，Van der Bruggen B，Environmental Pollution，2010，158：2335-2349.
3. Xiong Z，Ma J，Ng W J，Waite T D，Zhao X S，Water Research，2011，45：2095-2103.

实验 2.29　不同形貌溴氧化铋纳米花的制备

【实验目的】

1. 了解半导体纳米材料的基本概念和性质。

2. 了解几种不同形貌溴氧化铋的制备方法。

3. 学习和掌握溴氧化铋形貌检测和结构分析的方法。

【实验原理】

半导体纳米材料是指尺寸在 1～100nm 范围内，具有半导体特性的纳米级材料。纳米材料形貌多样，尺寸多样，如零维（0D）、一维（1D）、二维（2D）和三维（3D）纳米材料，已成为纳米技术应用的基础，并渗透到不同学科领域。

半导体纳米材料的性质包括电子结构与量子限域效应、表面效应、小尺寸效应、光学性质、电学性质、化学性质等。①半导体纳米材料的尺寸通常小于或接近其激子玻尔半径，电子和空穴的运动受到限制，能级分离，导致带隙增大，使得光学吸收光谱发生蓝移，同时光生载流子的复合动力学也随之改变。②纳米材料的表面原子占比显著提高，导致表面原子的配位不饱和，使其具有更高的表面能和化学活性，从而增强材料的吸附能力和催化性能。③小尺寸效应表现为随着颗粒尺寸的减小，材料的熔点降低，机械强度增加，电子结构发生变化，进而影响其光学、电学及磁学性质。④光学性质方面，量子限域效应使得纳米材料的带隙可调，使得不同尺寸的量子点可发射不同波长的光，同时某些纳米材料（如金属-半导体复合结构）还能表现出表面等离子体共振效应，增强光吸收和光电转换效率。⑤在电学性质方面，半导体纳米材料的载流子迁移特性受尺寸和表面态影响，如纳米线或纳米管结构可以有效降低电子散射，提高电子迁移率，而表面缺陷态可以调控能级结构，优化光电催化或传感性能。⑥化学性质方面，纳米材料的高比表面积和丰富的表面缺陷使其在光催化、氧化还原反应和电化学过程中表现出更优异的活性。例如，在光催化和光电化学传感器中，半导体纳米材料的化学稳定性和氧化还原能力直接影响其检测灵敏度和稳定性。

较常见的溴氧化铋形貌有纳米片结构、纳米花结构、球形结构以及空心微球结构。本实验采用水热法合成溴氧化铋，通过调节前驱体的浓度，探讨其对溴氧化铋形貌的影响。

【实验要求】

通过查阅文献，了解半导体纳米材料的发展及其应用，研究溴氧化铋的发展现状及其应用，设计一种制备不同形貌溴氧化铋的方案，包括制备、分离和表征方法，经指导教师审阅后，按预定的方案进行实验，并以小论文形式撰写实验报告。

本实验建议 32 学时，其中实验 20 学时，查阅文献、编制实验方案与撰写实验报告等12 学时。

【实验提示】

1. 不同形貌溴氧化铋纳米花的制备

利用五水合硝酸铋作为前驱体，以乙二醇为溶剂，加入碘化钾、聚乙烯吡咯烷酮，控制反应条件，通过水热法制备溴氧化铋，经分离、洗涤和干燥制得不同形貌的溴氧化铋纳米花。

2. 测试和分析

分别用扫描电子显微镜和透射电子显微镜测定溴氧化铋纳米花的形貌。用红外光谱、紫外光谱、热重和 X 射线晶体结构分析仪对溴氧化铋纳米花的结构进行表征。

【参考文献】

1. Wang J，Bei J，Guo X，et al. Ultrasensitive Photoelectrochemical Immunosensor for Carcinoembryonic Antigen Detection Based on Pillar［5］arene-Functionalized Au Nanoparticles and Hollow PANI Hybrid BiOBr Heterojunction. Biosens Bioelectron，2022，208：114220.

2. Liu Y，Xu J，Wang L，et al. Three-Dimensional BiOI/BiOX（X＝Cl or Br）Nanohybrids for Enhanced Visible-Light Photocatalytic Activity. Nanomaterials，2017，7（3）：64.

3. Meng X，Zhang Z. New Insight into BiOX（X＝Cl，Br，and I）Hierarchical Microspheres in Photocatalysis. Mater Lett，2018，225：152-156.

4. Zheng H，Zhang S，Yuan J，et al. Amplified Detection Signal at a Photoelectrochemical Aptasensor with a Poly（Diphenylbutadiene）-BiOBr Heterojunction and Au-Modified CeO_2 Octahedrons. Biosens Bioelectron，2022，197：113742.

5. Pei Z，Guo H. Synthesis of SiO_2-Doped BiOX（X＝Cl，Br）Ⅱ-Type Heterojunctions and 2H-MoS_2-doped SiO_2@BiOX Z-Scheme Heterojunctions：A Comparative Study. J Phys Chem Solids，2023，176：111236.

实验 2.30　羧酸根修饰水溶性大环柱芳烃的合成与主客体性质研究

【实验目的】

1. 了解大环芳烃的基本概念和结构特征。

2. 了解柱芳烃主客体络合测定的方法。

3. 掌握羧酸根修饰水溶性柱芳烃的合成方法。

【实验原理】

大环主体化合物是一类分子中含有较大环状结构的化合物。经典的大环主体化合物有冠醚、环糊精、杯芳烃、葫芦脲、柱芳烃等几类。大环主体化合物具有独特的物理、化学和生物性质，对特定分子有识别和络合能力。在超分子化学、药物研发、材料科学等领域有广泛的应用，是化学研究的重要方向之一。

柱芳烃作为一类新型大环主体分子，其合成主要通过对苯二酚或对苯二酚醚与多聚甲醛在路易斯酸催化条件下的缩合反应。根据反应条件和原料的不同，可以合成不同聚合度的柱芳烃，常见的有柱[5]芳烃、柱[6]芳烃等。柱芳烃在诸多领域有着重要应用。在超分子化学中，它可作为主体分子识别和络合客体分子，构建超分子组装体，用于分子开关、分子机器等的制备。在药物传递方面，柱芳烃可通过与药物分子形成包合物，改善药物的溶解性、稳定性和靶向性。在材料科学领域，柱芳烃可用于制备功能材料，如传感器材料，利用其对特定物质的识别特性实现对目标分子的检测；还可用于制备吸附材料，对环境污染物等进行高效吸附去除。

本实验拟通过对柱芳烃上下沿进行功能化，合成羧酸根修饰的水溶性柱芳烃（简称CWP5），并研究其与甲基 4,4-联吡啶的络合常数。合成路线如下：

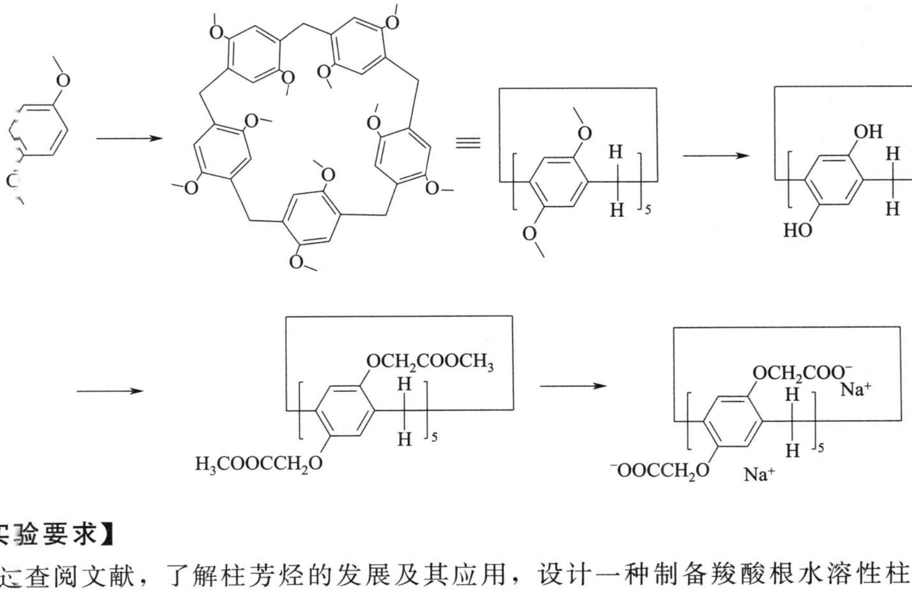

【实验要求】

通过查阅文献，了解柱芳烃的发展及其应用，设计一种制备羧酸根水溶性柱芳烃的方案，包括制备、分离、表征以及主客体性质，经指导教师审阅后，按预定的方案进行实验，并以小论文形式撰写实验报告。

本实验建议 32 学时，其中实验 20 学时，查阅文献、编制实验方案与撰写实验报告等 12 学时。

【实验提示】

1. 羧酸根水溶性柱芳烃的制备

（1）对苯二甲醚在二氯甲烷中，以路易斯酸（如三氟化硼乙醚、三氯化铁等）催化下与多聚甲醛（或者三聚甲醛）反应生成甲氧基柱[5]芳烃。

（2）甲氧基柱[5]芳烃在氯仿中与过量三溴化硼反应生成酚羟基柱[5]芳烃，反应结束用冰水猝灭反应，抽滤得到产物。

（3）酚羟基柱[5]芳烃在乙腈中，碳酸钾作碱，KI 作为催化剂和氯乙酸甲酯回流反应 2 天得到酯基柱[5]芳烃。

（4）酯基柱[5]芳烃在水中通过 NaOH 水解得到目标化合物羧酸根柱[5]芳烃。

2. 测试和分析

通过核磁、质谱确认所制备的羧酸根水溶性柱[5]芳烃。通过核磁滴定、紫外滴定或者量热滴定确定羧酸根水溶性柱[5]芳烃与甲基 4,4-联吡啶之间的络合常数和络合比。

【参考文献】

1. Tomoki O，Suguru K，Shuhei F，et al，para-Bridged Symmetrical Pillar[5]arenes：their Lewis Acid Catalyzed Synthesis and Host-Guest Property. J Am Chem Soc，2008，130：5022-5023.

2. Tomoki O，Masayoshi H，Tada-aki Y，et al. Synthesis，conformational and host-guest properties of water-soluble pillar[5]arene. Chem Commun，2010，46：3708-3710.

3. Shi B B，Jie K C，Zhou Y J，et al. Nanoparticles with Near-Infrared Emission Enhanced by Pillararene-Based Molecular Recognition in Water. J Am Chem Soc，2016，138：80-83.

实验 2.31　核壳结构 Fe_3O_4@SiO_2 磁性纳米微球的合成

【实验目的】

1. 了解核壳结构纳米材料的基本概念和性质。
2. 掌握核壳结构 Fe_3O_4@SiO_2 磁性纳米微球的制备方法。
3. 学习了解纳米材料的表征技术，包括形貌、结构和磁性能的分析。

【实验原理】

核壳结构纳米材料是由一个核心和一个外壳组成的复合纳米材料。核壳结构 Fe_3O_4@SiO_2 磁性纳米微球的核心是 Fe_3O_4 磁性纳米颗粒，外壳是 SiO_2 层。Fe_3O_4 具有优异的磁性能，而 SiO_2 外壳可以提供良好的化学稳定性和生物相容性，同时便于表面功能化。

核壳结构的形成通常通过溶胶-凝胶法、微乳液法或化学沉积法实现。在本实验中，采用溶剂热法合成 Fe_3O_4 纳米颗粒，并通过溶胶-凝胶法在其表面包覆 SiO_2 层。溶剂热法是一种在高温高压条件下利用有机溶剂作为反应介质合成纳米材料的方法。具体步骤如下：

将氯化铁（$FeCl_3 \cdot 6H_2O$）和乙酸钠（NaAc）溶解于乙二醇（EG）中，乙二醇既是溶剂也是还原剂。在高温（200℃）和高压条件下，Fe^{3+} 被乙二醇还原为 Fe^{2+}，随后 Fe^{2+} 和 Fe^{3+} 在碱性环境中反应生成 Fe_3O_4 纳米颗粒。反应方程式如下：

$$FeCl_3 + NaAc + EG \xrightarrow{200℃} Fe_3O_4 + NaCl + 其他副产物$$

通过控制反应时间、温度和反应物浓度，可得到尺寸均一、分散性良好的 Fe_3O_4 纳米颗粒。溶剂热法的优势在于其操作简单、产物纯度高，且可通过调节反应条件精确控制颗粒尺寸和形貌。

随后，将合成的 Fe_3O_4 纳米颗粒分散在乙醇-水混合溶剂中，加入氨水催化正硅酸乙酯（TEOS）的水解和缩合反应。TEOS 在碱性条件下水解生成硅酸$[Si(OH)_4]$，进而缩合形成 SiO_2 网络，反应方程式如下：

$$Si(OC_2H_5)_4 + 4H_2O \xrightarrow{NH_3} Si(OH)_4 + 4C_2H_5OH$$

$$Si(OH)_4 \longrightarrow SiO_2 + 2H_2O$$

通过调控 TEOS 的浓度、反应时间和搅拌速度，可在 Fe_3O_4 表面形成厚度可控且均匀的 SiO_2 层。

1. 核壳结构 $Fe_3O_4@SiO_2$ 磁性纳米微球的特性

① 磁性：Fe_3O_4 核心赋予材料超顺磁性，便于在外加磁场下分离和操控。

② 稳定性：SiO_2 外壳保护 Fe_3O_4 核心免受氧化和腐蚀，提高材料的化学稳定性。

③ 表面功能化：SiO_2 表面富含羟基（—OH），可通过硅烷偶联剂引入氨基、羧基等功能基团，扩展其在生物标记、催化等领域的应用。

2. 核壳结构的优势与调控机制

核壳结构的性能高度依赖于核心与外壳的协同作用，例如，SiO_2 层的厚度直接影响材料的磁响应性和表面活性：较薄的 SiO_2 层（5~20nm）可保留 Fe_3O_4 的高磁饱和强度，同时提供足够的保护；较厚的层（>50nm）则可能降低磁性能，但能增强化学稳定性。此外，SiO_2 外壳的多孔结构可通过调控水解条件实现，使其在负载药物或催化剂时具有更高的比表面积。

3. 应用导向的设计原则

在生物医学领域，$Fe_3O_4@SiO_2$ 微球的超顺磁性使其可用于磁靶向药物输送和磁共振成像（MRI）的对比剂。SiO_2 外壳的生物相容性可减少免疫排斥反应，而表面修饰的靶向分子（如抗体）可提高病灶部位的富集效率。在环境领域，该材料可作为磁性吸附剂，通过功能化 SiO_2 表面（如接枝硫醇基团）高效去除废水中的重金属离子，并借助磁场实现快速回收。这种"核-壳-功能层"的多级结构设计，体现了纳米材料在跨学科应用中的灵活性和可扩展性。

【实验要求】

1. 通过查阅文献，了解核壳结构纳米材料的发展历史及其应用，尤其是 $Fe_3O_4@SiO_2$ 磁性纳米微球的研究现状。

2. 设计一种制备核壳结构 $Fe_3O_4@SiO_2$ 磁性纳米微球的方案，包括制备、分离和表征方法。

3. 经指导教师审阅后，按预定的方案进行实验，并以小论文形式撰写实验报告。

4. 本实验建议 32 学时，其中实验 20 学时，查阅文献、编制实验方案与撰写实验报告等 12 学时。

【实验提示】

1. 核壳结构 $Fe_3O_4@SiO_2$ 磁性纳米微球的制备

① 制备 Fe_3O_4 纳米颗粒：通过溶剂热法合成 Fe_3O_4 纳米颗粒，控制反应条件以获得均匀的颗粒尺寸。

② 包覆 SiO_2 层：将 Fe_3O_4 纳米颗粒分散在乙醇-水混合溶剂中，加入氨水作为催化剂，

缓慢滴加 TEOS，控制水解和缩合反应，形成均匀的 SiO_2 层。并通过控制加入的 TEOS 的量来实现对 SiO_2 壳层厚度的控制。

③ 分离和干燥：通过磁分离收集 $Fe_3O_4@SiO_2$ 纳米微球，洗涤后真空干燥。

2. 测试和分析

① 使用透射电子显微镜（TEM）和扫描电子显微镜（SEM）观察 $Fe_3O_4@SiO_2$ 纳米微球的形貌和核壳结构。

② 使用 X 射线衍射（XRD）分析 Fe_3O_4 和 SiO_2 的晶体结构。

③ 使用振动样品磁强计（VSM）测量材料的磁性能。

④ 使用傅里叶变换红外光谱（FT-IR）和热重分析（TGA）表征材料的化学组成和热稳定性。

【参考文献】

1. Deng H，Li X L，Peng Q，et al. Monodisperse Magnetic Single-Crystal Ferrite Microspheres. Angew Chem Int Ed，2005，44：2782-2785.

2. Liu J，Sun Z K，Deng Y H，et al. Highly Water-Dispersible Biocompatible Magnetite Particles with Low Cytotoxicity Stabilized by Citrate Groups. Angew Chem Int Ed，2009，48：5875-5879.

实验 2.32 手性亚磷酰胺的制备及在不对称催化中的应用

【实验目的】

1. 掌握无水、无氧条件下的有机合成制备方法。

2. 掌握手性亚磷酰胺的合成制备方法。

3. 探索手性亚磷酰胺配体参与的不对称催化反应。

【实验原理】

手性磷配体是目前为止研究最多、应用最广泛的手性配体之一。近十几年来，新型手性磷配体开发为不对称合成的发展提供了新的动力。手性亚磷酰胺是一类重要的手性三价膦配体，其结构可分为亚磷酰基和氨基两部分，一个 P—N 键和两个 P—O 键，磷原子上含有一对孤对电子，能够和金属配位形成配位位点。该类配体由于其结构稳定、合成简便、易于修饰、效果独特等优点，广泛应用于多种不对称催化反应，如不对称氢化反应、不对称共轭加成反应、不对称烯丙基化反应、不对称 Heck 反应和不对称环加成反应等[1-3]。

【实验内容】

1. 通过文献检索，查阅手性亚磷酰胺的制备方法，设计合成手性亚膦酰胺配体[4-6]。

2. 通过文献的查阅将合成的手性亚磷酰胺配体应用到不对称催化反应中。

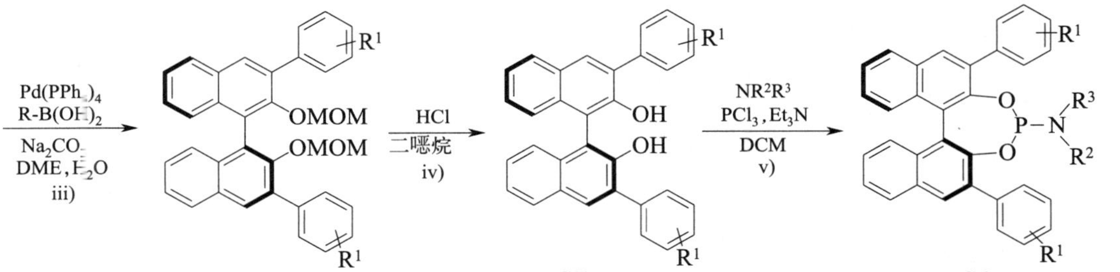

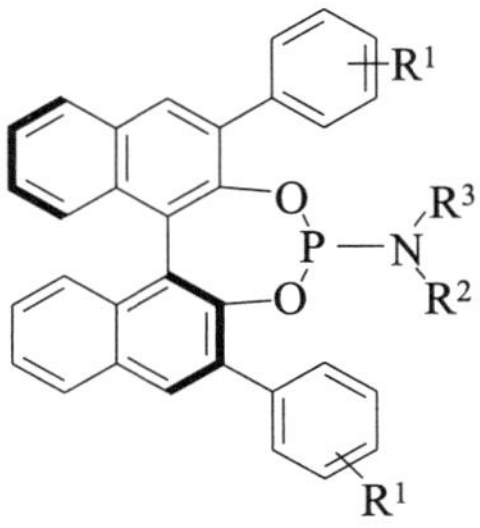

R¹=Ph
R¹=4-Me-Ph
R¹=4-OMe-Ph
R¹=4-Ph-Ph
R¹=4-ʲBu-Ph
R¹=4-CF₃-Ph
R¹=3,5-diMe-Ph
R¹=3,5-diCF₃-Ph
R¹=3,5-diʲBu-Ph

R²=R³=Me
R²=R³=Et
R²=R³=Ph
R²=R³=Bn
R²=R³=ⁱPr
R²=Ph,R³=Me
R²,R³=哌啶
R²,R³=5H-二苯并[b,f]䓬
R²,R³=(S)-双((S)-1-苯乙基)胺

【实验提示】

1. 倘用 NaH 除去四氢呋喃中的水，需待不再冒泡并出现 NaH 固体之后，再正常加入计算量的 NaH，以提高反应的产率。

2. ⁿBuLi 比较危险，谨慎滴加，防止其漏出。用完ⁿBuLi后，注射器需要用水猝灭。

3. 碘代反应中，可能会出现少量一取代碘的副产物，应尽量提纯，否则会影响后面的步骤。

4. 最后的产物是三价膦，易被氧化，处理时要避免高温，特别是在旋转蒸发溶剂时，可以适当充入惰性气体避免其氧化。

5. 在一些实验步骤中，反应需要在无水无氧的条件下进行。

【实验应用】

1. 手性亚磷酰胺参与的不对称烯丙基取代反应的应用[7]

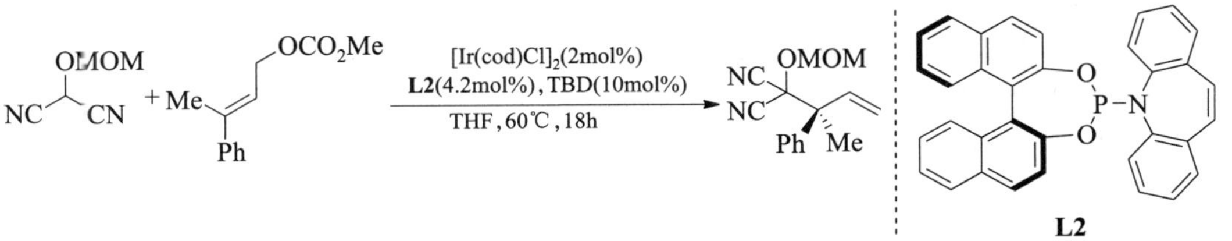

2. 手性亚磷酰胺参与的不对称氢化反应的应用[8]

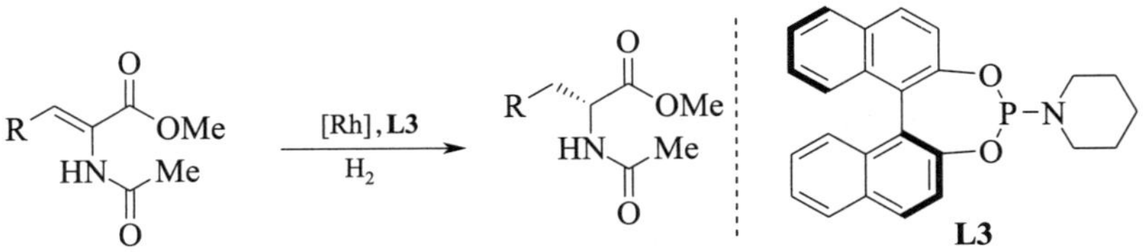

3. 手性亚磷酰胺参与的不对称 aza-Heck/Sonogashira 偶联反应的应用[9]

【参考文献】

1. Wang L, Zhang W, Wu S, et al. Org Lett, 2025, 27: 235-240.
2. Feng J-J, Oestreich M. Angew Chem Int Ed, 2019, 58: 8211.
3. Seal A, Mukherjee S. Org Lett, 2023, 25: 2253-2257.
4. Wang T-C, Zhu L, Luo S, et al. J Am Chem Soc, 2021, 143: 20454-20461.
5. Beck T M, Breit B. Angew Chem Int Ed, 2017, 56: 1903-1907.
6. González A Z, Toste F D. Org Lett, 2010, 12 (1): 200-203.
7. Shockley S E, Hethcox J C, Stoltz B M. Angew Chem Int Ed, 2017, 56: 11545-11548.
8. Alekseev L S, Lyubimov S E, Dolgushin F M, et al. Organometallics, 2011, 30: 1942-1950.
9. Wang L, Wang Y, Wu S, et al. J Am Chem Soc, 2024, 146: 4320-4326.

实验 2.33　2,4,5,6-四(9-咔唑基)间苯二甲腈的合成及应用

【实验目的】

1. 掌握 2,4,5,6-四(9-咔唑基)间苯二甲腈和 N-(二苯亚甲基)苯甲酰胺的合成方法。
2. 掌握精细化学品的常见分离纯化方法。
3. 设计还原性的光反应体系实现弱酸性 $C(sp^3)$—H 键参与的亚胺还原烷基化反应。

【实验原理】

可见光催化剂主要分为金属络合物和共轭分子两大类。其中,金属络合物主要是 Ru(Ⅱ)、Ir(Ⅲ)两种,如[Ru(bpy)$_3$]Cl$_2$、Ir(ppy)$_2$(dtbbpy)PF$_6$ 等;共轭分子主要是一些感光的天然色素和染料,如 Eosin Y、Rose bengal、4CzIPN 等。与贵金属光催化剂相比,共轭分子光催化剂具有廉价易得,氧化还原窗口宽、激发态寿命长等特点。特别是 2,4,5,6-四(9-咔唑基)间苯二甲腈 (简称 4CzIPN) 的氧化、还原电势与催化性能优越的 Ir[dF(CF$_3$)ppy]$_2$(dtbbpy)PF$_6$ 类似。

4CzIPN 是浅黄色的固体有机物,其分子中咔唑基是电子给体,二氰基苯是电子受体,属于典型的 "给体-受体" 型荧光分子。由于该类分子中同时含有电子给体和电子受体,常具有优良的光学特性,不仅在可见光区具有优良的摩尔吸光系数,并且在激发态能保持较长的荧光寿命,这些特性使得 4CzIPN 在充当有机光敏剂时能有效地将能量传递给底物分子,从而降低反应的能垒,将光能有效地转化为化学能,实现温和条件下光促进的有机化学反应。

基于 4CzIPN 优越的氧化、还原电势,尝试设计光催化还原性体系,利用三级胺作为非金属还原剂实现亚胺的单电子还原生成 α-氨基碳自由基中间体。同时,选用合适的氢原子转移(HAT)试剂攫取二苯甲烷碳上的氢原子,实现弱酸性 $C(sp^3)$—H 键的活化,生成双苄位碳自由基。进而,两个高活性的自由基中间体发生自由交叉偶联反应,合成目标产

物。基于该策略，反应以 4CzIPN 为光催化剂，尝试筛选不同的 HAT 试剂、非金属还原剂、溶剂和添加剂等，以确定最优的反应条件，高效、高收率地合成目标产物。

【实验要求】

通过文献检索，确定光敏剂 4CzIPN 和原料 N-(二苯亚甲基)苯甲酰胺的合成方法。在探究性实验中，反应需要在无水、无氧的条件下进行，以确保反应具有较高的可重复性。

本实验建议 32 学时，其中实验 20 学时，查阅文献、编制实验方案与撰写实验报告等 12 学时。

【实验提示】

1. 光催化剂 4CzIPN 的最大吸收波长在蓝光区域，所以反应选用 LED 蓝光灯作为光源。

2. HAT 试剂可以选用不同的硫醇，溴负离子及其替代物，氮、氧自由基前体等具有还原性的攫氢试剂。

3. 还原剂常选用非金属还原剂（如三级胺等）作为电子供体，避免了金属单质（如 Zn、Mn）和有机金属试剂（如 Et_2Zn）的使用，符合绿色化学的理念。

4. 添加剂可以尝试不同的 Lewis 酸、Lewis 碱等，以筛选最优的添加剂促进反应高效、高选择性地转化。

【参考文献】

1. Ju T，Fu Q，Ye J H，et al. Angew Chem Int Ed，2018，57：13897-13901.

2. Luo J，Zhang J. ACS Catal，2016，6：873-877.

3. Wu Q-A，Chen F，Ren C-C，et al. Org Biomol Chem，2020，18：3707-3716.

实验 2.34 Keggin 型杂多酸盐 $K_3PW_{12}O_{40}$ 纳米形貌的调控与光催化性质

【实验目的】

1. 了解多金属氧酸盐的定义、分类。

2. 了解 $K_3PW_{12}O_{40}$ 的制备方法、形貌调控以及表征方法。

3. 探索不同形貌的 $K_3PW_{12}O_{40}$ 在光催化降解污水中的作用。

【实验原理】

染料废水是纺织工业的重要废弃物之一，含有大量有机污染物，其高色度、成分复杂、难以生物降解且毒性大的特点使其成为环境保护领域的重大挑战。传统物理吸附法、化学氧化法和生物降解法在处理效果和环境影响方面存在局限性。而光催化技术作为一种高级氧化方法，可在温和条件下将有机污染物矿化为 CO_2、H_2O 及低毒无机物，避免了二次污染，成为近年来备受关注的研究方向。

多金属氧酸盐（polyoxometalates，POMs）是一类具有明确化学组成和规整结构的金属氧簇化合物。它除了具有其他光催化剂无毒、无二次污染、方便、快捷、高效等优点外，还具有表面富氧高的特点，并且由于其结构中存在大量的金属中心，可以表现出快速的可逆和多电子氧化还原转化。POMs 在光辐射下可激发生成高效氧化还原物质，能够降解染料等有机污染物，其光催化活性源于其类似半导体氧化物的化学组成与电子性质，同时其带隙窄，光谱响应范围宽，具有优异的光催化降解性能。多金属氧酸盐与大多数的酸相比，其酸性更强，当参与催化反应时，所需要的剂量会显著降低，同时固态的多酸在参与反应时有利于与反应介质分离，并且进行再利用；且它们是无毒的，在催化反应进行的过程中，也不产生有毒有害的气体和物质，反应条件也较为温和。POMs 的可调结构，提供了无限的合成修饰前景和可调性能，它们可以很容易地容纳有机、无机和有机金属部分，因此被称为绿色催化剂。作为绿色、无毒的光催化剂，POMs 在光催化降解染料废水方面具有重要应用潜力。因此，探索新型合成方法以开发高效 POMs 光催化剂，是当前研究的热点之一[1-3]。

【实验要求】

通过查阅文献，了解多金属氧酸盐的定义、种类、合成方法以及表征；了解废水中有机无机污染物的特点及其治理方法；了解 POMs 光催化降解污水的原理和前景。

通过溶剂热法合成不同形貌的不溶于水的 $K_3PW_{12}O_{40}$，以水中的亚甲基蓝为降解对象，考察制备的不同形貌的 $K_3PW_{12}O_{40}$ 的催化活性及稳定性（图 2.34-1）。经指导老师审阅后，按照预定的实验方案进行实验，并以小论文形式撰写实验报告。

本实验建议 32 学时，其中实验 20 学时，查阅文献、编制实验方案与撰写实验报告等12 学时。

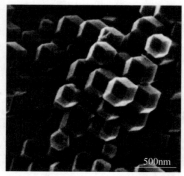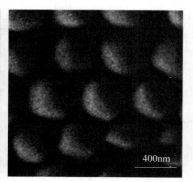

图 2.34-1 不同形貌 $K_3PW_{12}O_{40}$ 的扫描电子显微镜图像[2]

【实验提示】

1. 以磷钨酸和氯化钾为原料，采用水热法制备 $K_3PW_{12}O_{40}$ 纳米材料；通过控制水热的时间和温度调控 $K_3PW_{12}O_{40}$ 纳米材料的形貌；通过 SEM、TEM 和 BET 等表征方法验证不同形貌的 $K_3PW_{12}O_{40}$ 的区别。

2. 以水中的亚甲基蓝为降解对象，可见光和自然太阳光为光源，考察所制备不同形貌的 $K_3PW_{12}O_{40}$ 光催化活性和稳定性。

【参考文献】

1. 王亚军，陆科呈，冯长根. 安全与环境学报，2011，5（11）：41-47.

2. Li X R, Xue H G, Pang H. Nanoscale, 2017, 9：216-222.

3. Wu Y C, Wu N, Jiang X Y. et al. Inorganic Chemistry, 2023, 62：15440-15449.

实验 2.35　　普鲁士蓝类似物纳米酶的调控与比色检测有机磷农药

【实验目的】

1. 了解普鲁士蓝类似物的定义、分类。
2. 了解 PBAs 的制备方法、活性调控以及表征方法。
3. 探索不同金属组分 PBAs 纳米酶在比色检测有机磷农药中的应用。

【实验原理】

有机磷农药由于可以有效消除害虫，提高作物产量而被广泛应用于农业、畜牧业等各个领域。然而，滥用有机磷农药造成的有机磷残留对生态环境和人类健康造成严重威胁。传统的有机磷比色检测方法主要依赖于有机磷农药对乙酰胆碱酯酶的不可逆结合作用。电化学法和酶联免疫吸附法同样需要依赖天然酶或抗体修饰。上述方法在操作过程、酶/抗体保存及检测速度方面存在局限。纳米酶是一类具有模拟天然酶活性的纳米材料。作为天然酶的替代品，纳米酶具有优良的类酶催化活性、高的稳定性、易于批量制备、易于储存等优势，在环境监测、食品安全、医疗诊断等领域备受青睐[1-2]。

普鲁士蓝类似物（Prussian blue analogues，PBAs）是具有可控结构的金属有机框架的一个子类，由过渡金属阳离子和氰化物桥接配体组成，这形成了其独特的配位框架。其通式表示为 $A_x M_y [M'(CN)_6]_z \cdot n H_2O$，其中 A 和 M/M′分别表示碱金属阳离子和过渡金属阳离子。通过线型（C≡N）阴离子桥接 M 和 M′阳离子，构建了具有大间隙 A 位点的面心立方开放框架结构。其中，当 M＝M′＝Fe 时，产物名称为普鲁士蓝（PB），通过改变金属元素可以得到一系列 PBAs（图 2.35-1）。PBAs 因其组成可调、结构可控、稳定性高等特点，而被广泛用于能源和环境领域[3]。此外，由于金属原子充当催化活性位点，PB 和部分 PBAs 显现出天然酶的催化活性，具有成为天然酶替代品的潜质。PBAs 的类酶催化活性与其金属配位关系和金属种类密切相关。相较氧化物和硫化物纳米酶而言，PBAs 纳米酶合成过程简单，合成条件温和，合成产量可观，且其可控的组成与结构提供了潜在的合成前景。迄今为止，基于普鲁士蓝类似物纳米酶的比色分析方法已经被开发用于疾病标志物、生物小分子及活性氧检测。因此，探索不同金属普鲁士蓝类似物合成。开发高效普鲁士蓝类似物，以实现有机磷农药的快速可视化检测，是当前研究的热点之一。

【实验要求】

通过查阅文献，了解普鲁士蓝类似物的定义、种类、合成方法以及表征（图 2.35-2）；了解有机磷农药中有机磷的种类、特点及其检测方法；了解普鲁士蓝类似物纳米酶比色分析的原理和前景。

通过共沉淀法合成不同金属组分的 PBAs；以有机磷农药中的甲基嘧啶磷为检测对象，考察制备的不同金属组分 PBAs 纳米酶的类酶催化活性、稳定性及检测性能。经指导老师审阅后，按照预定的实验方案进行实验，并以小论文形式撰写实验报告。

本实验建议 32 学时，其中实验 20 学时，查阅文献、编制实验方案与撰写实验报告等12 学时。

【实验提示】

1. 以硝酸钴、铁氰化钾、醋酸镍、硫酸铜、柠檬酸钠为原料，采用共沉淀法制备 PBAs

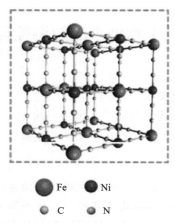

Fe 　　 Ni
C 　　 N

图 2.35-1 　镍铁普鲁士蓝类似物晶体结构的多面体模型

图 2.35-2 　镍铁普鲁士蓝类似物的扫描电子显微镜图像（a）和透射电子显微镜图像（b）[3]

纳米酶；通过控制金属摩尔比和共沉淀时间调控不同金属 PBAs 的类酶活性；通过扫描电子显微镜、透射电子显微镜和紫外-可见分光光度计等表征方法验证不同金属 PBAs 纳米酶的形貌和类酶催化性能的区别。

2. 以有机磷农药中的甲基嘧啶磷为检测对象，考察所制备不同金属组分 PBAs 纳米酶的类酶催化活性、稳定性及检测性能。

【参考文献】

1. 杨杰，陈创钦，黄文锋，等.我国食品中有机磷农药残留检验方法标准现状.中国卫生检验杂志，2021，31（18）：2297-2300.

2. Xiao J X，Shi F，Zhang Y，et al. Chem Commun，2024，60：996-999.

3. Liu R X，Shi F，Zhu H B，et al. Anal Chem，2024，96（38）：15338-15346.

参 考 文 献

[1] 石建新，巢晖．无机化学实验，中山大学等校编，4 版．北京：高等教育出版社，2019.
[2] 黄仲涛，耿建铭．工业催化．4 版．北京：化学工业出版社，2020.
[3] 兰州大学编，王清廉等修订．有机化学实验．4 版．北京：高等教育出版社，2017.
[4] 李妙葵，贾瑜，高翔，李志铭．大学有机化学实验．上海：复旦大学出版社，2006.
[5] 焦家俊．有机化学实验．2 版．上海：上海交通大学出版社，2010.
[6] 邢其毅等．基础有机化学．4 版．北京：北京大学出版社，2017.
[7] 王福来．有机化学实验．武汉：武汉大学出版社，2001.
[8] 王尊本．综合化学实验．北京：科学出版社，2003.
[9] 郭学益，田庆华，刘静欣．废弃电路板多金属粉末低温碱性熔炼：理论及工艺研究．北京：冶金工业出版社，2016.
[10] 肖进新，赵振国．表面活性剂应用原理．2 版．北京：化学工业出版社，2015.
[11] 胡跃飞，付华，席婵娟，巨勇．现代有机合成试剂：性质、制备和反应．北京：化学工业出版社，2006.
[12] 殷学锋．新编大学化学实验．北京：高等教育出版社，2013.
[13] 王佰姝．新编中级无机化学实验．南京：南京大学出版社，1998.
[14] ［美］Angelici R J 著．无机化学合成和技术．郑汝丽，郑志宁译．北京：高等教育出版社，1990.
[15] 徐志固．现代配位化学．北京：化学工业出版社，1987.
[16] 林国强，孙兴文，陈耀全，李月明，陈新滋．手性合成——不对称反应及其应用．北京：科学出版社，2013.
[17] 钟振声，林东恩．有机精细化学品及实验．2 版．北京：化学工业出版社，2012.
[18] 北京大学化学与分子工程学院有机化学研究所．有机化学实验．北京：北京大学出版社，2015.
[19] 徐家宁，张锁秦．基础化学实验．北京：高等教育出版社，2006.
[20] 方海林，张良，邓育新．高分子材料合成与加工用助剂．北京：化学工业出版社，2015.
[21] 钟山．中级无机化学实验．北京：高等教育出版社，2003.
[22] 黄枢，谢如刚，田宝芝，秦圣英．有机合成试剂制备手册．北京：科学出版社，2006.
[23] 何华，倪坤仪．现代色谱分析．北京：化学工业出版社，2004.
[24] 尤启冬．药物化学实验与指导．2 版．南京：中国医药科技出版社，2021.
[25] 张祖训．超微电极电化学．北京：科学出版社，1998.
[26] 谢亚杰，王伟，刘深．表面活性剂制备技术与分析测试．北京：化学工业出版社，2006.
[27] 王圣瑞．湖泊沉积物-水界面过程．北京：科学出版社，2013.